FICHTE · BRIEFE

PHILOSOPHIE
GESCHICHTE · KULTURGESCHICHTE

Johann Gottlieb Fichte

BRIEFE

1986

Verlag Philipp Reclam jun. Leipzig

Herausgegeben von Manfred Buhr

ISBN 3-379-00033-7

Reclams Universal-Bibliothek Band 1083
2., stark erweiterte Auflage
Reihengestaltung: Lothar Reher
Gesetzt aus Garamond-Antiqua
Printed in the German Democratic Republic
Lizenz Nr. 363. 340/4/86 · LSV 0116 · Vbg. 26,1
Gesamtherstellung:
Grafischer Großbetrieb Völkerfreundschaft Dresden
Bestellnummer: 661 305 6
00300

An seinen Vater

Schulpforta, 1. April 1775

Herzliebster Vater[1],
Euren Brief habe ich erst heute, als den 1. April, erhalten. Ich habe bisher mit Schmerzen gewartet, und fast vor Freuden wurde ich außer mir, als ich hörte, es sei ein Brief an mich da, denn ich glaubte gewiß, daß etwas darin sein würde. In etlichen Tagen ist der Examen aus, welcher 14 Tage währet, und wo wir verschiedene Sachen ausarbeiten müssen, die nach Dresden geschickt werden. Wir bekommen auch übermorgen die Zensuren, da wir entweder wegen unseres Fleißes gelobt oder wegen unserer Faulheit gescholten werden. Dieses wird nun alles nach Dresden in die Regierung berichtet. Da ich nun gewiß weiß, daß ich ein sehr gutes, ja fast das beste Lob bekommen werde, so kostet mich doch auch dieses entsetzlich Geld. Denn es ist hier die fatale Gewohnheit, daß wer eine gute Zensur bekommt, den 6 Obersten in seiner Klasse und 5 Obersten am Tische jeden ein ganz Stück Kuchen kaufen muß, welches 1 Gr. 3 Pf. kostet, also zusammen 13 Gr. 9 Pf. Ob ich nun gleich dieses Examen 5 Gr. 6 Pf. verdient habe, so bleibt doch noch 8 Gr. 3 Pf., welche mir auch schon mein Obergeselle[2], ein sehr hübscher Mensch, geborgt hat. Doch was ich übrigens verdiene, langt kaum zu den vielen Wasserkrügen, welche man hier kaufen muß, denn die Untersten müssen Wasser holen und mausen sich einander die Krüge dazu ganz entsetzlich, welches ich aber nicht tun kann, denn es ist und bleibt gestohlen. Doch bei allen diesen kümmerlichen Dingen danke ich doch noch Gott, daß ich keine Schulden als die vorhin erzählten 8 Gr. 3 Pf. habe. Daß es Euch, mein lieber Vater, sehr schwerfallen werde, glaube ich wohl, doch sollte ich denn nicht noch so ein gutes Andenken bei meinen Freunden haben. Mein unschickliches Verhalten wegen des Briefes an Herrn Boden glaube ich durch beigelegten Brief gutzumachen. An zwei Personen aber kann man auf einmal einen Brief nicht schreiben. Doch noch eins, was schreibt ihr mir denn von 6 Geschwistern, ich habe gerechnet und gerechnet, bringe ihrer aber nur 5 heraus. Ihr schreibt mir von Strumpfbändern, ich weiß aber wohl nicht, ob es gut getan sein würde, denn lei-

der fragt man hier nicht so viel nach dergleichen Sachen als nach Geld, ich würde auch noch dazu entsetzlich ausgehöhnt werden, wollt ihr aber so gut sein und mir ein Paar schicken, so wird es mir sehr angenehm sein, nicht allein, weil ich sie sehr notwendig brauche, sondern weil es mir auch ein sehr angenehmes Andenken an Euch verschaffen würde. Ich habe, weil ich hier bin, eine beständige Gesundheit gehabt. Grüßt meine liebe Mutter, mein Geschwister und besonders Gottloben und sagt ihn, er solle mir doch schreiben. Ich würde ihm auch schreiben, wenn es jetzo im Examen die Zeit litte. Lebet wohl.

PS. Warum denn aber zur Ostermesse. Ihr könnt mir Eure Briefe immer auf der Post unfrankiert schicken, denn das bezahl der Herr Rektor.

An Christian Friedrich Pezold[3] [Entwurf]

Oelzschau, 26. November 1787

Ew. Magnifizenz verzeihen gütigst, wenn ich der Aufforderung meines Herzens, Ew. Magnifizenz die Fortdauer meiner Rührung und innigsten Dankbarkeit über Deroselben bei meinem Schicksale geäußerte außerordentl. Güte u. Großmut zu versichern, u. dieselben von meiner gegenwärtigen Lage, an der Sie so warmen Anteil nehmen, zu benachrichtigen, nicht länger widerstehe.
Mit dem Betragen meines Herrn Prinzipals gegen mich, u. mit der ganzen Behandlung, die mir widerfährt, habe ich alle Ursache, zufrieden zu sein: von einer andern Seite aber, woher ich weniger befürchtete, wird meine Lage äußerst verbittert, eine Confidence, die ich nur Ew. zu machen wage. Der Charakter meines Eleven ist in einem Alter von 9 Jahren, durch unbegrenzte Nachsicht u. unglaubliche Unbehutsamkeit schon so ganz verschoben; die Schwierigkeiten, die sich dem Unternehmen, ihn umzuformen, von außen entgegensetzen, sind so unüberwindlich, daß ich von meinem hiesigen Aufenthalte gar keine Nutzbarkeit erwarten darf, u. daß mich also, selbst die Rechtschaffenheit den Wunsch abnötigt, i[h]n je eher, je lieber zu verlassen.
Überhaupt würde ich meine Aussichten sehr verzweifelt

nennen, wenn mich nicht unbegrenztes u. freudiges Vertrauen auf die Vorsehung, deren gütige Führung in allen meinen Schicksalen sich so deutlich zeugt, aufrechterhielte. Ich sehe nicht ab, wie ich meine Versäumnisse in der Theologie, besonders in der hebr[äischen] Sprache nachholen, wie ich mir einen Weg zur Versorgung werde bahnen können: u. – nur mittelmäßig vorbereitet den Theologen zu machen oder auf einem Nebenwege in eine Versorgung mich einzuschleichen, dazu ist mir Predigtamt u. Religion zu heilig. Ich habe einen Gedanken, über den ich mir Ew. Magnifizenz gütigen Rat ausbitte, der mir in allen Fällen, in denen Sie mich dessen würdigen wollen, Richtschnur sein wird.
Ich habe schon in Jena, in Leipzig, ehe ich unter Ew. Aufsicht kam, u. in Wittenberg juristische Collegia gehört, habe seit meinem Abgange von Universitäten meist mit lauter zum Teil sehr geschickten Juristen Umgang gehabt u. manches Juristische gelesen u. glaube sagen zu können, daß ich in meiner Jurisprudenz bei weitem nicht so beträchtliche Lücken habe als in der Theologie. Bei letzterer mein Glück zu machen, sind mir nun beinahe alle Kanäle abgeschnitten. Bei der erstern wäre es einer der sichern, teils um mich selbst in derselben noch mehr zu perfektionieren, teils um in der Folge mit einiger Zuverlässigkeit ein Emploi hoffen zu dürfen, wenn ich die Führung eines jungen Herrn auf der Universität erhalten könnte.
Es ist wahr, nicht ohne den innersten Kampf habe ich diesen Gedanken Raum gegeben, da ich das Wohltätige der Religion Jesu u. das Ehrwürdige, ein Lehrer dieser Religion zu sein, mit der innigsten Wärme erkannt habe: aber Schicksale, wie die meinen neuerdings gewesen sind, scheinen mir der Wink der Vorsehung, daß sie mich hierin nicht brauchen will. –
Euer Magnifizenz Rat soll mir in dieser Sache entscheidend sein, u. ich hoffe, Dieselben werden es nicht vor Schwärmerei halten, wenn ich mich auch zur Erholung dieses Rats durch einen deutlichen Wink der Vorsehung aufgefordert glaube.
So unglücklich ich mich von mehrern Seiten halten könnte, so werde ich es doch nie, solange ich einen Teil Ew. mir so unendlich schätzbaren Geneigtheit besitzen werde, welche

zu verdienen mein innigstes Bestreben sein wird. Ich habe mit den Empfindungen der vollen Hochachtung die Ehre zu sein

Ewer

An Johann Friedrich Fritzsche [Entwurf]

Zürich, 27.? Dezember 1789

Ich will Dich nicht wieder mit Klagen über Deine Vernachlässigung meiner noch mit Bemerkungen über mein liebes Ich amüsieren. Sosehr es mich schmerzt, so will ich doch lieber meinen Schmerz geduldig tragen, als ihn auch in Dich überflößen, wenn ich denn einmal Deine Freundschaft verloren haben soll. Und soll ich sie denn verloren haben? Und wenn Du es selbst glaubtest u. mir's sagtest, so glaubte ich es doch nicht. Laß mich nur wieder bei Dir gegenwärtig sein, nur einen Tag bei Dir sein, u. es ist mir nicht bange, sie wieder zu erobern. Und dies ist denn doch nicht weit entfernt, denn künftige Ostermesse hoffe ich in Leipzig zu sein, u. ein Abstecherchen nach Dresden oder durch ganz Sachsen ist mir schon gar wenig mehr. Die Örter nähern sich, in unsern Augen, wie sich die Welt in ihnen verkleinert.
Noch ist es ganz dunkel um mich: ob ich gleich arbeite, mir ein wenig Tag zu machen. Ich schreibe an alles, was etwas von mir wissen mag, u. hier habe ich Freunde gefunden, die alles für mich täten – und unter andern auch eine Freundin[4], die nicht weniger täte! – Keine Glossen bei der letzten *Bemerkung*! Nur Freundin? Im 28sten Jahre ist es nicht zu früh, vernünftig zu sein – Nichts ist fester beschlossen, als daß ich auf keinen Fall eine obskure Rolle mehr spiele, keinen Informator der zarten Pflanzen gar [?] eines petit bourgeois oder eines filzigen Krautjunkerleins mache, bei denen man nach glücklich vollendetem Geschäfte des Buchstabierenlehrens wieder gehen kann, wo man hinwill – Entweder etwas, das ich mit Vergnügen *und* Ehre und Aussichten tun kann, oder – einen kleinen Abstecher in die Elysäischen Felder, die ich auch gern einmal sehn möchte.
Inliegenden Brief hätte ich gar zu gern sicher u. schleunig bestellt. Gr[af] Callenberg ist wahrscheinlich in Dresden,

wo er in der Schloßgasse in seinem Hause glaub' ich wohnt. – oder in Muska p[er] Spremberg, oder sollte er, was ich nicht glaube, auf Reisen sein, so muß der Brief nach Muska geschickt werden. Besorge ihn ja schleunigst. Solltest Du mir etwa wieder einmal schreiben, so bitte ich Dich um Nachricht über Deine eigne Lage, wenn Du mir etwas davon wissen lassen willst. u. um einige v. Seeghitzen[5] [.] Man hat hier manches v. gewissen Vorfällen in Dresden gesagt. Kannst Du mir etwas darüber schreiben, so tue es. – Leb wohl, u. glaube, daß ich in jedem Falle ewig bleibe Dein. –
Jetzt ist es eben 2 Jahr[e], daß ich meine Desperationsreise machte, wo ich, ohne einige Wunder, zugrunde gerichtet war.

An Georg Alexander Heinrich Hermann von Callenberg [1. Entwurf]

Zürich, 27.? Dezember 1789

Wenn Ew. mich vergessen haben, so ist es natürlich: aber unnatürlich wäre es mir, die feierliche Stunde zu vergessen, da ich das Glück hatte, Denenselben bekannt zu werden u. eines Teils Dero Gnädige[n] Zufriedenheit gewürdigt zu werden: um so mehr, da es eine der angenehmsten u. eine der ermunterndsten Stunden meines Lebens gewesen ist, die auf alle folgende vielleicht einen Einfluß gehabt hat. (Mein folgendes Leben vielleicht den mächtigsten [?] Einfluß gehabt hat.) Wenn ich es wage, mich gegen Sie, unter Ihre Augen – durch einen Brief an Ew. Herz so lebhaft an Dieselbe zu erinnern, so konnte mich nur der Gedanke dadurch stärken, daß es dem Menschenfreunde nicht unangenehm sein könnte, an etwas erinnert zu werden, wodurch er wesentlich zur Verbesserung u. Mutigmachung eines andern gewürkt hat. U. eben dieser Gedanke u. die Überzeugung von Ew. Charakter mach[en] mich zugleich so mutig, ohne Umschweif eine Bitte an Ew. zu tun.
Nun fast 2 Jahre lebe ich in Zürich, als Hofmeister, u. denke künftigen Frühling wieder in mein Vaterland zurückzukommen u. wahrscheinlich in Leipzig zu leben. Ich habe mich durch Umgang [?] etwas mehr für die Welt zu bilden:

u. mir einige Kenntnisse, die in derselben vom gegenwärtigsten Nutzen sind, zu erwerben gesucht. Da ich aber noch zu jung bin, um ein Amt zu begehren, u. da mir überdies meine gegenwärtigen oder wahrscheinlich zu hoffenden Verbindungen wenig vorteilhafte Aussichten dazu eröffnen: so wünschte ich noch einige Jahre junge Kavaliers auf Akademien oder Reisen zu führen. – Ich habe in dieser Rücksicht an einen gütigen Gönner, Hrn. C. N. F. Weiße in L[eipzig], geschrieben u. könnte auch wohl von hier aus Empfehlungen zu Erreichung dieses Zwecks erhalten. Dürfte ich es wagen, auch Ew. mit so geringfügigen Wünsche[n] einer so geringen Person zu beschweren? – Dürfte ich's wagen, Dieselben untertänigst zu bitten, wenn unter dem ansehnlichen Kreise Deroselben hohen Bekannten etwas von der Art vorkommen sollte, sich meiner in Gnaden zu erinnern?
Ich fühle, gnädigster Herr, das Unschickliche, das Gewagte dieser Bitte an Ew. – Aber ich hoffte mit Überzeugung, daß eben die gnädige Gesinnung, die mir es zuließ, Vertrauen in Ew. zu setzen, mir auch das Unschickliche in den [?] Umstände[n] derselben verzeihen würde.
Während dieser Brief läuft, werden Ew. im glücklichsten Wohlsein – mein Herz wünscht es, in ein neues Jahr übergetreten [?] sein. Möge die dauerhafteste Gesundheit des Körpers noch sehr lange den Genuß der Freuden unterstützen, die Ew. Dero Geist in so reichem Maße schenkt.
Ich bitte Ew. zu glauben, daß ich es mir für das größte Glück meines Lebens schätze, mich mit den Empfindungen der Ehrfurcht u. Dankbarkeit nennen zu dürfen.

Ew. –

An Johanna Rahn

Zürich, Februar 1790

Liebste Freundin,
ist es der Glaube an Sie oder sind es Ihre Hausmittel selbst; – genug, der Schnupfen hat sich sogleich zurückgezogen, und ich habe so wohl geschlafen, wie sie mir es wünschten. Ich kenne Ihr freundschaftliches Herz so gut, um zu wissen, wieviel das gesagt ist. Überhaupt befinde ich

mich diese Tage daher zwar nicht ganz so gut, als Sie mir's wünschen; doch ist mir in meiner Haut recht wohl. Gewiß trägt Ihr gestriges liebes Billett viel dazu bei. –
Doch, bin ich nicht unartig, nur immer von mir selbst zu reden, ganz wie *wir Egoisten*, wie Ihr Papa sich ausdrückt, es zu machen pflegen! Aber, sehn Sie, Sie werden mich durch den freundschaftlichen Anteil, den Sie an mir nehmen, noch verderben, daß ich endlich im Ernste selbst etwas von dem Guten von mir glaube, was Ihnen zu glauben beliebt. – Also, von der Mad[ame] Titot[6]! Sie ist bei mir gewesen; ich habe mich herzlich gefreut, sie besser zu sehen: Sie ist auch bei Dame Ott[7] gewesen: aber ich bitte, bitte – suchen Sie es ihr begreiflich zu machen, daß sie sowenig als möglich oder gar nicht mehr ins Schwerdt kommt. Was ich anfangs nur vermutete und was ich beinahe, aus Beschämung vor Ihrem edlen Zutrauen, aufgegeben hätte, hat sich förmlich bestätigt: Dame Ott ist falsch. Müßte ich das noch mehr in Absicht auf die gute Titot sehen, so könnte das zu nichts dienen, als daß ich gewisse herbe Wahrheiten sagen müßte, die keine Besserung, aber böses Geblüt würken würden. – Wie es um Lavatern steht, hoffe ich heute zu merken.
Hat Ihr freundschaftliches Ohr nicht etwan in H. Toblers Urteile von meinen Aufsatze *schön* statt *gut* gehört und sich das *sehr* unbemerkt hinzugedacht? – Er ist, aus Achtung für Ihr und Ihres guten Papas gütiges Urteil, im Schmelztiegel. *Anders* wird er herauskommen: aber *besser*? Je n'en sais rien.
Hier ist der Rousseau; das ist also der Mann, der sich so oft beklagt, er könne keinen Brief schreiben? Oh! Welch ein Egoist mag ich sein, der ich es noch nie so innig gefühlt habe, daß ich keinen schreiben kann! Dies zugleich zur Antwort auf Ihr Urteil über meine schriftliche Sprache. Gern und so oft, als es die Umstände erlauben, will ich Ihnen schreiben, um zuweilen ein Billettgen von Ihnen zu erbeuten. Wenn Sie mir es nicht übel deuten wollen, so will ich Ihnen wohl gestehen, daß ich schon einmal meinen Stil durch häufigen Briefwechsel mit einem Frauenzimmer ein wenig geformt habe und daß ich es bloß diesem gütigen Zufall danke, daß er nicht noch steifer ist. Zugleich bitte ich Sie zu bemerken, daß die Antwort immer leicht etwas vom

Charakter der Zuschrift annimmt und daß es also würklich schwer sein würde, auf allerliebste Billetts ganz steif zu antworten. Es scheint mir selbst, daß ich Ihnen nicht so gedrechselt und geschraubt schreibe, wie es wohl sonst meine löbliche Gewohnheit ist, besonders an Sir Ott[8]: Aber, sagen Sie, wessen Verdienst ist das wohl? – Sehen Sie hier genug zu einer grundgelehrten Untersuchung über den Briefstil auf künftigen Freitag, wenn Sie nicht mehr werden singen wollen. – Ich hoffe, daß Sie, in Erwartung dessen, recht lange singen werden.

Die Ursache, warum es mich so innig freute, daß Ihre Heiserkeit geheilt sei, stand in Ihrem vorherigen Billett. Er war *mir zulieb* geheilt. Wie sehr mich das freuen mußte, kann ich Ihnen selbst jetzt nicht sagen. Mangel an Zutrauen gegen Sie – gestehn Sie es nur – haben Sie selbst nicht im Ernste bei mir gefürchtet.

Ich werde aus der Schweiz nichts Schätzbareres mit mir nehmen als Ihre Freundschaft. Sie müßten meinen Charakter so ganz kennen, als ich ihn vielleicht kaum selbst kenne, um zu wissen, wie teuer mir dieselbe sein müsse. – Wie kam es, daß auf den ersten Blick, die erste Unterredung, mein ganzes Herz so offen für Sie war, als es vielleicht noch nie gegen jemand war? Wie kam es, daß Sie es nicht sogleich verschlossen? – Wie kommt es, daß wir einander so gut verstehen? Ich habe Mißtrauen gegen Ihr Geschlecht, weil ich Mißtrauen in mein Talent, ihnen zu gefallen, habe: – Warum äußert sich dieses Mißtrauen auch nur nie mit dem leisesten Laute gegen Sie? – Oh! Ich weiß das alles sehr wohl. – Von meiner Abreise wollen Sie nichts hören, und ich rede so gern davon: – Aber wissen Sie nicht, daß die Kinder singen, wenn sie sich fürchten? – Ich schließe, um nicht ins Gerührte zu fallen. Sie werden die Ungleichheiten meines Tons nur schon zu deutlich bemerken. Der Brief ist beim Aufstehen angefangen, vor Tische fortgesetzt und nach Tische geendigt worden. Verzeihen Sie die schlechte Schreiberei: Ich mag nicht Federn schneiden, wenn ich Ihnen schreibe.

Leben Sie wohl. Können Sie mir noch vor Freitage schreiben, so tun Sie es.

Ich bin

Ihr aufrichtigster, wärmster Freund.

An Johanna Rahn

Zürich, Ende Februar 1790

Freilich, teuerste Freundin, werde ich Ihnen morgen etwas Geschriebnes geben, und um das zu tun, setze ich mich jetzt, um 11 Uhr, an das Pult, weil ich sonst wenig Zeit haben möchte. Nehmen Sie das nicht etwan für ein großes Opfer auf! Ich will nichts geltend machen, was wirklich nichts gilt: also gestehe ich, daß ich sonst mich zu dieser Zeit zu einer Partie Toccatillo niedersetze und diese nur Ihnen opfere und mich schäme, daß ich nichts Wichtigeres Ihnen opfern kann.

Über die warme Freundschaft, die in Ihrem Briefe, wie in allem, was Sie für mich tun, herrscht – was könnte ich Ihnen darüber sagen? Wie könnte ich Ihnen danken? Was könnte ich sagen, das nicht entweder der Schmeichelei oder einer verstellten Herabwürdigung meiner ähnlich sähe? Und auf beide habe ich bei Ihnen längst resigniert. Ich glaube es gern und finde mich in diesem Glauben zu glückselig, als daß ich es nicht völlig glauben sollte. – Dürfte ich im Gegenteil über meine Anhänglichkeit an Sie etwas sagen? – Oh, keine Tage schleichen mir langsamer vorüber als die vom Sonntage bis Freitag. Es war nicht so ganz von ohngefähr, daß ich Sie am Sonntage sah – ich, mit meinen schwachen Augen, zerstreut überdies und im Gespräche begriffen, hätte wohl kein anderes Frauenzimmer auf der Brücke erblickt und erkannt, wenn Sie es nicht gewesen wären. Träumen tue ich nicht; aber ich wette, daß ich diese Nacht es werde und von Ihnen es werde. Es kann nach der Beschäftigung, von der – und nach den Empfindungen, mit denen ich schlafen gehn werde, nicht anders kommen.

Meine Begebenheit mit jenem guten Geschöpfe sehn Sie, deucht mich, nicht aus dem rechten Gesichtspunkte an. Nicht, daß ich sie verließ, reut mich, kann mich nicht reuen: nicht, daß ich mich Eindrücken überließ, die zuerst in ihrer ganzen Reinheit und ursprünglichen Kraft auf mich würkten: (wenn ich mir Kraft genug zutrauen konnte, so durfte ich auch das) sondern, daß ich sie nicht recht brauchte; daß ich nicht verhinderte, was ich verhindern konnte, nicht nützte, was ich nützen konnte. Fliehen – hätte ich damals sollen; der Erfolg beweist's. Floh ich ein-

mal nicht, so hätte ich wenigstens dann meinen ganzen Verstand immer in der Hand haben sollen. Ob ich *jetzt* fliehen würde, fliehen sollte? – Ich glaube nicht. Bloße Schönheit oder Lebhaftigkeit oder Witz oder Phantasie kann mich nicht mehr fesseln. Ich kann keine starke Neigung mehr haben, als die sich auf Hochachtung für Verstand und Tugend gründet. Ist das der Fall, so könnte allenfalls der Gegenstand derselben für meine Ruhe gefährlich werden; *aber ich nicht für die seinige,* wenn ich seiner nicht wert bin oder wenn die Lage der Sachen unsern Wünschen widerstreitet. Und ich selbst, meine Ruhe – ich darf es sagen, denn es ist wahr und einer Seele wie die Ihrige sehr begreiflich – ist mir in solchen Fällen weniger teuer als die Ruhe des geliebten Gegenstandes. Und dann – Philosophen und Romanschreiber mögen über die Gefahr, sich einnehmen zu lassen, über die Notwendigkeit zu fliehen u. dgl. sagen soviel sie wollen – ich glaube mit ihrer Erlaubnis doch, daß bei Mischungen, wie nun eben die meinige ist, nach Verloderung des ersten Jugendfeuers und nach einer verwundenen starken Liebe, mit ein wenig Verstand die Gefahr nicht so groß ist.
Ob man *lieben* könne ohne *Hochachtung*? O ja, teure, reine Seele! Die Liebe ist mancherlei. Rousseau unter andern, durch sein Räsonnement und noch besser durch sein Beispiel, beweist das. La pauvre Maman z. B. und Mad[ame] N … liebte er auf sehr verschiedne Art. Aber bei weiten, glaube ich, kommen nicht einmal in Rousseaus Leben, wo doch verschiedne Arten von Liebe vorkommen, alle vor. Sie haben aber sehr recht, daß keine *wahre* und *dauerhafte* Liebe ohne innige Wertschätzung bestehen könne: daß jede andere Art derselben Reue nach sich läßt und einen edlen, menschlichen Charakter entweiht[.]
Noch ein Wort über *Frömmlerin.* Frömmlerinnen setzen die Religion meist ins Äußere; in Übungen der Andacht, zwecklos, maschinenmäßig und wie ein Frondienst an Gott, vollbracht; in Rechtgläubigkeit usw. und haben unter andern das charakteristische Kennzeichen, daß sie sich angelegentlicher um die Gottesfurcht *anderer* bekümmern als *um ihre eigene.* Diese – hassen sollte ich sie nicht, man soll keinen Menschen hassen – aber sie sind mir sehr verächtlich: denn ihr Charakter setzt die erbärmlichste Leerheit des Kopfs und die traurigste Schiefheit des Herzens voraus. Das kann

meine teure Freundin nicht sein: das kann sie nie werden, mit allen möglichen* Verderbnissen ihres Charakters – die auch nicht möglich sind – in Ewigkeit nicht werden; denn ihr Charakter hat dazu zu viel *Gehalt.* Ihr Vertrauen auf die Vorsehung; Ihr Hinüberblicken ins künftige Leben ist weise und christlich. Ich hoffe – wenn ich von mir reden darf –, daß man mich für alles eher als für einen Frömmling und steifen Orthodoxen halten wird: aber ich wüßte keine Empfindungen, die mehr mit dem Innersten meiner Seele verwebt wären, als eben diese.

Doch! Mitternacht ist vorbei. Schlafen Sie wohl: ein Lieblingstraum umschwebe sie! – Ich hoffe, zu diesem Papiere zurückzukommen, und nehme Ihren Brief, um ihn vorm Schlafen noch einmal zu lesen.

Eine Stelle in meinem vorigen Briefe muß ich noch erklären[.] – Sehn Sie wieder den halben Pedanten angestochen kommen, der seine eignen Schriften kommentiert[.] – *Was ich, was jeder gute Mensch hätte tun sollen; was ich jetzo tun würde:* folgt zunächst auf diese Stelle[.] – *Ich hätte sie können schätzenswert machen* usw. Ich verspreche Ihnen, daß Sie von Sachsen aus Nachricht über das Schicksal dieser Person erhalten sollen.

Ich arbeite schon seit mehrern Tage[n] an dem versprochnen Liede für Sie; – ich langsamer Dichter, den jeder Reim eine Stunde kostet! Wenn es fertig sein wird, steht noch bei den Göttern. Dazu habe ich die Eitelkeit, Ihnen nicht ganz Schlechtes geben zu wollen.

Was Sie mir zum Andenken bestimmt haben, darüber ermüde ich mich im Raten; und werde es auch nicht erraten: Ich weiß es wohl. Aber, ich will es nicht wissen; damit die Freude, wo möglich, größer sei, wenn sie größer werden kann. Nur sei es von Ihrer Hand und trage das Gepräge Ihres Charakters! – Doch, welch ein Zusatz! Könnte etwas von Ihnen das nicht tragen? Noch muß ich auf meine Erzählung zurückkommen, weil ich in diesem Briefe – ich weiß wohl warum? – so unzusammenhängend bin. Das Schicksal der Fräulein hat Sie *erschreckt.* Das tut mir leid, und wie konnte es das? *Wegen meiner?* Es war meine Ab-

* Ein übel gewähltes Wort: Sie werden es aber verstehen quand se gâteroit même son charactêre – wollte ich sagen.

sicht, mich Ihnen zu zeigen, wie ich bin: eine hohe Meinung von mir, wenn Sie sie gefaßt hätten, herabzustimmen: aber nicht, Sie von mir zurückzuschrecken. Diese Geschichte zeigt mich schwach, unbesonnen und leichtsinnig; aber nicht, wie ich glaube, durchaus unverständig und bösartig; u. sie zeigt mich, wie ich einst *war*, wie ich aber, durch eben diese traurigen Erfahrungen, längst aufgehört habe zu *sein*. *We-* (Da bestreue ich den Bogen statt [mit] der Sandbüchse mit dem Dintefasse und muß ihn noch einmal abschreiben – bedauren Sie mich!) *gen Ihrer?* Sie, meine Teuerste, können nie in ähnlichen Fall kommen. Sie haben Verstand, Gewissenhaftigkeit, Welt- u. Menschenkenntnis. Mit diesen Ingredienzien sind Sie gegen Empfindsamkeit und Unbesonnenheit; gegen unbehutsame Schwäche gegen Ihr Herz, ohne den Verstand zu fragen, völlig sicher[.]

Das Urteil Toblers, welches er nach meinen Aufsätzen über mich selbst gefällt hat, ist mir sehr schätzbar, weil ich glaube, es annehmen zu dürfen, und weil der Mann – Ihnen darf ich's sagen – richtig gesehn zu haben scheint. Ich danke Ihnen herzlich, daß Sie mir's gemeldet haben; ob ich gleich wünschte, daß ihm das propos vom Publizieren nicht entwischt wäre. *Entweder* er redet zu gefallen – so müßte mir das auch sein erstes Urteil verdächtig machen –, *oder* er ist nicht kompetenter strenger Richter genug, um zu sehen, daß beide Aufsätze sehr roh waren und daß, wenn ich bin, was er zu sein mir zugestand, ich solche Aufsätze gewiß nicht publiziere.

Wie empfindlich schmerzt mich's, daß ich Ihnen den Aufsatz über die Vorsehung nicht versprechen kann, den Sie wünschen! Ich sehe voraus, daß ich bis an meine Abreise nun mit Arbeiten genug überhäuft bin. Aber ich will Ihnen, wenn es irgend in Zürich aufzutreiben ist, ein Buch verschaffen, wo eine Predigt über diese Materie steht, die ganz meine Überzeugungen enthält und die ich um jeden Preis möchte gemacht haben. Und dann – verspreche ich Ihnen heilig, daß ich diese Materie die ersten ruhigen Tage, die ich in Sachsen haben werde, bearbeiten und sie Ihnen, geschrieben oder gedruckt, zusenden werde.

Gegenwärtigen Brief übergeb' ich Ihnen selbst. Dann werde ich ein Gedicht produzieren: Das werden Sie zum Abschreiben verlangen. Ich werde es Ihnen unter der Bedin-

gung lassen, daß Sie mir es künftige Woche in den ersten Tagen wiederschicken. Das wird in Gegenwart aller u. Ihres Papa geschehen. Sie können es dann einsiegeln, einen Brief beilegen, und nicht Sie – sondern Ihr Papa kann es dann durch die Magd an mich schicken. Das scheint mir praktikabel.
Sonnabends bin ich nicht so gern bei Ihnen als freitags. Der Achelis und der Doktor, besonders der erste, kommen mir immer mit ihren propos sehr querfeldein, und ich möchte doch nicht gern mir geradezu anmaßen, den Ton an Ihrem Näh'Küssen zu geben[.]
Lavater hat mir geschrieben; davon mündlich. Was ich aber mündlich vielleicht nicht so werde sagen können: – es ist ein alberner Zettel.
Ich muß schließen. Leben Sie wohl. Meine Seele ist bei Ihnen

Ihr treuster, wärmster Freund.

N[ach]sch[rift.] Nachdem ich schon zugemacht hatte. – Eben überzähl' ich Ihre Briefe, wie ein Geiziger seine Schätze. Ich habe ihrer nur fünf. Mich deucht, Sie haben mehrere. – Wie sonderbar! Ich habe noch nie etwas ohne Brouillon oder Kopie geschrieben: Ihre Briefe sind *das erste* dieser Art! Erklären Sie das! – Noch eins! Können Sie meine Briefe leicht weglesen? Wo nicht, so sagen Sie es; so schreib ich deutlicher. Die Klagen über meine Hand werden sehr häufig.

An Johanna Rahn

Zürich, 2. März? 1790

Traurig breche ich meinen Brief wieder auf. – O warum bin ich doch so ungeschickt? – warum mußte doch eben eine so häßliche alte Frau auf dem Lindenhofe sein? – warum mußte ich doch so lange aufgehalten werden, u. so noch eine Menge Warums.
Wie sehr mußte mir das Vergnügen vereitelt werden, das ich mir eingebildet hatte. Ich habe Sie gesehen – Ja! aber auf einen Augenblick: ich habe nichts gesehen, als daß Sie in Verlegenheit waren. Weiter habe ich keinen Gedanken

auf Ihrem lieben Gesichte entwickeln können. – Hat mehr darauf gestanden; wer so in Verlegenheit war als ich; wer so hier- und dorthin sahe u. so manches dachte u. empfand; der ist eben bestimmt, auf einem Gesichte, wie das Ihrige, zu lesen, das immer den Grundzug des Verstandes trägt und worauf ein gleichgültiger oder verlegner Zuschauer nichts sieht als den? – Ich hoffte, Sie noch zu finden: ich lief, nachdem ich mich von meiner Verlegenheit erholt hatte und Sie schon weit genug glaubte, um Sie nicht mehr in der Stadt zu treffen, auf die Promenade, wo ich Sie zu finden hoffte: ich durchrannte sie pfeilschnell mit der Lorgnette vor dem Auge, wurde durch jedes Frauenzimmer, das ich da sah, in der Ferne nämlich, getäuscht – wollte nun gerne noch Ihren Brief verschlingen u. konnte nicht – rannte nach Hause, wo kein Mensch mich erwartete: von 55 bis 60 Minuten auf 3 Uhr, verschlang ich ihn würklich und ging dann nach Ihrem Hause, in der Hoffnung, Sie da zu finden – klingelte – die teure Barbel que Vous connoissez antwortete, und indem kam Ihr Papa – wäre er nicht zu gut, um scharfer Beobachter zu sein, so hätte er mir meinen Verdruß über seine Erscheinung ansehn müssen – Ich machte eine lustige Miene zu schlechtem Spiele und ging mit ihm, ruhig, wie ich schien, zu Tobler[9]. Auf dem Rückwege fragte ich nach Ihnen – Sie wären zu Waagmeister Tobler! – Ich erwartete beim Abschiede noch – wie kindisch! –, ich könnte da noch mit ihm hinauf, Sie sehen u. Ihnen den Brief geben. Nichts: ich ging also verdrüßlich nach Hause.

Daß er heute die Gesellschaft hat, weiß ich; aber es ist mir 1. verdrüßlich, in solchen Gesellschaften zu sein, 2. brauche ich meine Zeit notwendiger, 3. würde ich Sie doch nicht sehen. Doch hätte ich ihm, wenn er mich *ausdrücklich* dazu eingeladen hätte, was er nicht tat, mit un peu de libertinage gesagt: ich würde mit der Bedingung kommen, wenn er Ihnen sagte, daß ich Sie einen Augenblick sehen müßte. Und nun ist die Sache so geworden und muß so bleiben; und ich, aus Verdruß, verriegele mich auf meine Stube; sehe keinen Menschen und arbeite im Ärger am Aufsatze über den Messias.

Auf den Freitag, um 5 Uhr seh' ich Sie. Dann – nicht eher – wird sich mein Verdruß verlieren. Meine Aufwärte-

rin wundert sich über meine heutige böse Laune. Oh! wenn sie wüßte, wieviel Ursache ich dazu hätte. Den Sonnabend hoffe ich ersetzt zu bekommen. Arrangieren Sie sich darüber: ich habe mich arrangiert. Ich lasse mir keine Stunde von den wenigen Stunden, die ich vorderhand noch Sie sehen werde, abbrechen. – Ich lache, u. die Tränen stehen mir in den Augen[.] Über Ihren Brief – den ich dann freilich langsamer genossen habe – werde ich ihnen weiter antworten; besonders über den Vorschlag wegen Bern, sobald ich ruhiger bin. Jetzt bin ich's nicht. Wie sehr ich auf Ihre Versicherung, daß Sie meine Hand leicht lesen können, lossündige, das sehn Sie.
Nur über eins. Ihr Mädgen hat gelogen, wenn Sie gesagt, daß ich vorigen Sonntag *manchmal* zu Ihrem Fenster hinaufgesehen. *Einmal* – wohlberechnet, in welcher Lage – lange vorher auf der Brücke berechnet, welche Lage die günstigste sei, habe ich hinaufgesehen; und das mit einem Blicke, daß ich mit meinen schwachen Augen ein großes Teil Ihrer Stube übersehn zu haben glaube – Aber dann zogen sich auch gleich meine Augen zurück u. blickten auf die Erde, wie ein Dieb, der auf der Tat ertappt ist, ohne daß ich's ihnen befahl. Ich habe alsdenn nachgedacht, wie ich, der ich doch nicht immer wegen meiner Bescheidenheit berühmt gewesen bin, zu dieser Schüchternheit komme? – Oh! Ich hab' es wohl gefunden.
Ich komme zur Beantwortung Ihres Briefs; besonders in Absicht des Artikels von Bern. Ihnen sagen, wie sehr ich hieraus von neuem Ihre Güte gegen mich erkenne; wie ich sehe, daß Sie einen großen Teil Ihrer teuren Gedanken mir widmen; wie könnte ich das? wie könnte ich Ihnen würdig dafür danken.
Bern oder Kopenhagen, Lissabon oder Madrid oder Petersburg ist mir in Absicht *auf mich* gleich: ich glaube auch, daß mein Körper so ziemlich alle Klimata verträgt. Wahre Winterkälte, wie z. E. die sachsische, ist mir nie sehr drückend gewesen: aber die scharfen Winde von Zürich waren mir's zuweilen. Vielleicht kam zu meiner mehrern Kränklichkeit allhier auch die veränderte Lebensart. Ich kann mich mit der hiesigen Kocherei u. vielleicht auch mit dem hiesigen Weintrinken nicht vertragen. Geräuchertes, gesalzenes, Seefische, Bier, voila, ce qui faut à mon estomac! Von dieser

Seite aus also würde ich von Kopenhagen wenig befürchten.
Aber Ihnen, meine Teuerste, Ihnen wäre es lieber, mich näher zu wissen? Ich bin von Ihrer Zärtlichkeit gerührt; ich erkenne Sie mit dem wärmsten Danke: ich *empfinde* auch hier gleich mit Ihnen; ob ich gleich darüber nicht ganz gleich *denke.* Die Briefe gehn von Kopenhagen z. E. ebenso sicher und machen ebendie Freude als von Bern. Reise ist Reise; sie sei lang oder kurz, u. schon jetzt ist es mir ziemlich gleichgültig, ob ich 10 oder 100 Meilen reisen soll. – So schließt mein Verstand, u. ich kann ihn nicht widerlegen, so gern dies täuschende Herz das auch möchte.
Im ganzen denke ich darüber so: Der Hauptendzweck meines Lebens ist der, mir jede Art von (nicht wissenschaftlicher – ich merke darin viel Eitles), sondern von *Charakterbildung* zu geben, die mir das Schicksal nur irgend erlaubt. Ich forsche dem Gange der Vorsehung in meinem Leben nach und finde, daß eben das auch wohl der Plan der Vorsehung mit mir sein könnte. Ich habe manche Situation erlebt, manche Rollen gespielt, mancherlei Menschen u. Stände kennengelernt, u. im ganzen habe ich gefunden, daß durch alle diese Vorfälle mein Charakter immer bestimmter geworden ist. Es fehlte mir bei meinen ersten Eintritte in die Welt alles als ein bildsames Herz. Manche dieser mir mangelnden Eigenschaften habe ich seitdem erhalten: viele, unter andern die, mich zuweilen nach andern zu akkommodieren, falsche oder meinem Charakter ganz entgegene Personen zu behandeln, etwas ins größere zu würken, fehlen mir noch gänzlich. *Ohne dies* kann ich die Kräfte, die mir die Vorsicht etwan könnte gegeben haben, nie so brauchen, wie ich es *damit* kann. –
Sollte die Vorsicht etwan den Plan haben, auch diese Fähigkeiten in mir zu entwickeln? sollte sie es etwa durch einen Auftritt mit mir, auf einem größeren Schauplatze wollen? sollte etwa mein Treiben an einen Hof, mein Projekt, eine Fürstenerziehung zu erhalten? Ihres Papa Plan, mich nach Kopenhagen zu bringen, Winke oder Wege der Vorsicht zu diesem Zwecke sein? und sollte ich dann, durch ein Drängen in eine kleinere Sphäre, das mir noch nicht natürlich ist, diesen Plan zu vereiteln suchen? – Ich habe zu wenig Talente, mich zu pliieren, Leute, die mir zuwider sind, zu

behandeln, kann nur mit braven Leuten zurechtkommen, bin zu offen – dies, was Ihnen ein Grund schien, daß ich an keinen Hof tauge, ist mir im Gegenteil einer, daß ich daran *muß,* wenn sich mir eine Gelegenheit darbietet, *um zu erlangen, was mir fehlt.*

Den Stand der Gelehrten kenne ich; ich habe da wenig neue Entdeckungen zu machen. Ich selbst habe zu einem Gelehrten von Métier sowenig Geschick als möglich. Ich will nicht bloß *denken;* ich will *handeln:* ich mag am wenigsten über des Kaisers Bart denken. – Und überdies ist ein schweizerischer Professor, d. i. ein Schulmann, mein Fach nun eigentlich gar nicht. –

So stehe ich mit meinen *Neigungen.* –

Nun aber zu meinen *Pflichten*! – Könnte nun nicht auch die Vorsicht, die besser wissen muß, zu was ich tauge und wo sie mich braucht, als ich selbst, nicht beschlossen haben, mich in eine solche Sphäre zu bringen? könnte nicht Ihr Einfall, *deren Schicksal sie mit dem meinigen zugleich entworfen zu haben scheint,* ein Wink, und das, was Sie mir vorschlagen, ein Weg dieser Vorsicht sein? könnte nicht mein Treiben in die große Welt eine Verblendung meiner Sinnlichkeit, meiner angebornen Unruhe sein, die diese Vorsehung jetzt fixieren wollte? Auch das ist ebenso möglich als das erste; und deswegen müssen wir auch hier tun, was von uns abhängt, u. das übrige von Gottes Leitung erwarten.

Nur glaube ich, daß der Weg, den Sie dazu vorschlagen, nicht eben die Würkung haben muß, die Sie davon erwarten. Meine Aufsätze können nicht das machen, was man *Sensation* nennt; das ist weder in ihrem noch in meinem Geiste überhaupt; viele werden gar nicht verstehen, was vielleicht darin liegt; die es verstehen, werden mich, ich glaube es, für einen nicht unbrauchbaren Mann halten, aber – comme il-y-en-a beaucoup. Ein anderes ist's, wenn man Interesse für den Verfasser hat und ihn kennt.

Sollten Sie durch Ihre Verbindungen ein dergleichen Interesse veranlassen können – ja dann ist es freilich ein anderes. Aber die Sache scheint nicht dringend. Vor allen Dingen müßte in Bern erst eine Professur, und zwar eine, die ich übernehmen könnte, offen sein. Dann ist es schwer, während meines Hierseins noch, eine Abschrift von meinen Aufsätzen zu nehmen. Und vielleicht schreibe ich binnen

der Zeit noch etwas Besseres oder kann vielleicht selbst mit diesen Aufsätzen in Leipzig ein Arrangement treffen, daß sie in Bern bekannt und bequemer bekannt gemacht werden können. Auf alle Fälle wissen Sie und jeder gute Mensch, der sich mit Ihnen für mich interessieren will, immer, wo ich bin. – Zu gleicher Zeit aber ersuche ich Sie, was ich nach Ihrer gütigen Denkungsart gegen mich nicht bedürfte, sowohl jetzt als nach meiner Abreise, keine Gelegenheit, die sich Ihnen darbietet, wo mir zu dienen wäre, vorbeizulassen und sie mir anzuzeigen. Ich glaube an eine Vorsehung, die uns leitet, und ich merke auf ihre Winke.
Bei der Gelegenheit noch etwas über mich. – Wenn Sie sagen, am Hofe, u. wenn ich selbst Premier-Ministre würde, *wäre kein wahres Glück,* reden Sie aus meiner Seele. Das ist unter dem Monde nirgends, beim Dorfpfarrer ebensowenig als beim Premier-Ministre. Der eine zählt Linsen; der andere Erbsen: das ist der Unterschied alle. Glück ist nur jenseit des Grabes. Alles auf der Erde ist unbeschreiblich klein; das weiß ich: aber Glück ist's auch nicht, was ich suche; ich weiß, ich werde es nie finden.
Ich habe nur eine Leidenschaft, nur ein Bedürfnis, nur ein volles Gefühl meiner Selbst, das: außer mir zu würken. Je mehr ich tue, je glücklicher scheine ich mir. Ist das auch Täuschung? Es kann sein: aber es liegt doch Wahrheit zum Grunde.
Aber das ist gewiß keine, daß es mir Himmelsgefühl gibt, von guten Seelen geliebt zu werden; Personen zu wissen, die Anteil, lebhaften, innigen, warmen, steten Anteil an mir nehmen. Seit ich Ihr Herz näher kenne, empfinde ich dies Gefühl in aller seiner Fülle. Urteilen Sie, mit welchen Empfindungen diesen Brief schließt

Ihr dankbarer Freund.

An Friedrich August Weisshuhn [Entwurf]

Leipzig, 20. Mai 1790

Bester Freund,
ich bin erst seit kurzem wieder in Leipzig u. eile, Ihr gütiges Andenken an mich zu erneuern. – Aber muß ich es auch erneuern oder darf ich nicht lieber glauben, daß es

sich nie *in Ihrer Seele* geschwächt habe? Ich suche mich dessen zu überreden, weil es meinem Herzen so wohl tut. Aber doch! – Ich freilich dachte immer an Sie, bei einsamem Nachdenken über meine Lebensgeschichte, beim Arbeiten, beim Gespräch mit neuen Freunden, die ich auch in der Entfernung fand, traf ich allenthalben auf Sie, weil Sie sehr viel oder alles dazu beigetragen haben, daß ich eben so existiere, wie ich existiere. In diesem Falle sind Sie mit mir nicht; Sie haben immer nur gegeben, nie bekommen. Darf ich aber nicht vielleicht etwas aufs Bedürfnis rechnen? Ich fühlte dies immer, ich hatte Freunde – gute Herzen u. offene Köpfe, aber sie übersahen mich nicht – aber seit ich in Leipzig bin, fühle ich es dringend. Ich konnte – Sie erwarten dies sicher von meinem Herzen – in Leipzig nichts Angenehmers suchen als Sie; von Gotha aus machte man es mir allenthalben wahrscheinlich, daß Sie da wären; ich komme an u. finde Sie nicht. Ich habe keinen Freund – zwar Raffen, die herzensgute Seele! – Aber Sie wissen selbst, ob er Sie ersetzen kann? Ihren Herrn Bruder[10] kenne ich wenig und – darf ich es Ihrem Herzen anvertrauen? – erwarte nicht viel; doch soll mir der Tag, wo ich ihm dienen kann, ein Festtag sein. Palmer?? – Doch hat er mir gedient. K[reis]St[euer]E[innehmer] Weiße – wenn er nur hier wäre? Wenn es nur möglich wäre, sich auf einen mehr freundschaftlichen Fuß mit ihm zu setzen! Daß er mir nicht abgeneigt sei, habe ich Ursache zu glauben: Ich habe ihm von Zürich aus fleißig geschrieben, u. mein eigner Prinzipal hat mich bei ihm empfehlen müssen. – Ich bedarf also Sie. Oh, wieviel hätte ich Ihnen zu sagen! Wieviel in Ihr Herz auszugießen! Werden jene süßen Stunden der sanften Wärme und der milden Herzensergießung, wie wir sie im Winter a[nno] 87 u. 88 bei einem Glase Medoc oft hatten – deren Andenken jetzt so lebhaft vor meiner Seele steht, deren ich mich immer am liebsten erinnern werde, nie wiederkommen? – Vielleicht ist es Ihnen auch so, lieber Freund! Vielleicht fehlt es Ihnen auch an Umgang, wie Sie ihn gern hatten; vielleicht stellt sich dann mein Bild vor Ihre Seele und Sie wünschen mich an Ihre Seite. – Aber Sie haben eine treffliche Mutter[11], treffliche Schwester: ihr Herz ist vielleicht befriedigt und – der arme Fichte!

Es wird Ihnen gemeldet worden sein, daß ich vor nun fast

2 Jahren nach Zürich ging. Der Aufenthalt daselbst hat meiner ökonomischen Lage nichts, meiner literarischen wenig, meinem Charakter vielleicht am meisten genützt. Ich war in sehr verwickelten Verhältnissen und mußte durch eine Menge von Vorurteilen, von Zudringlichkeiten, von Unverschämtheiten aller Art mich durchschlagen. Ich führte einen unaufhörlichen Krieg, wollte siegen und mir denn doch noch einen ehrenvollen Zurückzug aufbewahren. Es ist mir gelungen, aber Sie sehen, daß das wohl eine kleine Übung war.

Ich habe in Zürich u. auf meinen Reisen ziemlich interessante Bekanntschaften gemacht. Statt [aller] nenne ich Steinbrücheln u. Hottingern, welche meine Freunde sind, und von einer andern Seite Lavatern, der auch sehr gut von mir denkt.

Meine gegenwärtigen Pläne sind sehr verwickelt u. weit aussehend. Der nicht unansehnliche Kanzelredner steht immer noch am Ziele, der Weg aber, dahin zu gelangen, den ich mir vorgezeichnet habe, ist schwer u. kühn, aber interessant. Sie wissen, daß ich immer eine gute Portion Vertrauen auf mein Glück und meine Kräfte hatte. Durch Erfahrung, besonders der zwei letztern Jahre, ist dies Vertrauen zu einer solchen Stärke gelangt, daß ich mir nichts mehr für unmöglich halte, was ich fest will. Gott erhalte mir dies Vertrauen und meine Gesundheit, die sehr fest scheint, – und ich zittre vor nichts.

Die gegenwärtige Aufgabe ist die, das liebe Leben in Leipzig durchzubringen. Erwartete ich nicht irgendwoher Unterstützung, so würde für dieser mir doch grauen. In die Bibliothek[12] und wahrscheinlich ins Deutsche Museum werde ich arbeiten, u. Ideen zur Schriftstellerei auf eigne Hand habe ich auch. Aber das ist zukünftig, u. die Bedürfnisse sind gegenwärtig.

Ich höre leider, daß Ihre Gesundheitsumstände nicht die besten sind. Ich sage nichts von meinen Empfindungen dabei. O Gott! Eben diese Seele setztest Du in einen kränklichen Körper, während daß Holzhackerseelen in eisenfesten wohnen! – Kann ich, so besuche ich Sie, sobald ich etwas arrangiert bin, wenn es Sie freut. Empfehlen Sie mich den teuren Ihrigen.

Mit Beschämung muß ich Ihnen sagen, daß ich Ihr schwar-

zes Kleid noch nicht ausgelöst habe, noch vorderhand auslösen kann. In einigen Wochen aber hoffe ich, es tun zu können.
Ich bitte Sie um baldige Antwort. Sie ist eins meiner ersten Bedürfnisse. Ich bin ewig ganz der Ihrige.

An Marie Christiane von Koppenfels[13]

Leipzig, 11. Juni 1790

Ew. [?] gnädiges Antwortschreiben hat mir einige meiner angenehmsten Stunden in Leipzig gemacht: Ich kenne nur eine Freude, die ich darüber setzen möchte, die des persönlichen Gesprächs mit Ew. Gnaden. – U. keine, die ich zunächst nach ihr setzen möchte als die, welche ich empfinde, indem ich Ewer antworte.
Aber wie bald werde ich mich um dieses Vergnügen bringen? Eure Gnaden rechnen mit mir auf Unterhaltung aus der Literatur. – U. ich lese zu wenig Neues, was ich nicht etwan amtshalber lesen muß. Darf ich es gestehen? Es ist zwar bei mir noch nicht Zeit, die vergangenen Zeiten zu loben u. den Tadler der gegenwärtigen zu machen – aber es gefallen mir so wenige der neuern Produkte. Ich habe einige Lieblingsautoren; die Alten, wie sich versteht, – unter den Franzosen Rousseau u. Montaigne, unter den Deutschen Lessing, Wieland, Goethen in seinen neuern Arbeiten – diese lese ich u. lese sie wieder u. kann sie nie genug lesen – und vielleicht sind sie es, die meinen Geschmack so einseitig machen. Damit will ich aber nicht ganz bestreiten [?] sagen, daß ich nicht auch andern, z.B. Bürgern, Voß, den Stolbergen usw., Geschmack abgewinnen könnte. Täuscht mich nicht die jugendl[iche] Art, lieber zu hoffen, als zu fürchten, so ist das goldne Zeitalter unsrer Literatur erst im Werden, es zeigt sich nur Schritt vor Schritt, u. es wird dauerhaft sein und vielleicht die glänzendsten Epochen aller andrer Völker übertreffen. Was Lessing in den Literaturbriefen u. in der Dramaturgie ausstreute, fängt erst jetzt an, Früchte zu tragen. Seine Grundsätze fangen nun an, allgemein anerkannt u. zum Grunde der Beurteilung gelegt zu werden, u. für die Möglichkeit ihrer Ausführung ist Goethens Iphigenie der stärkste Beweis. Es ist nur wahrschein-

lich, daß der, der in seinem 20sten Jahre Räuber schrieb,[14] über kurz oder lang eben diesen Weg betreten u. im 40sten unser Sophokles sein wird. Die Übersetzung des Homers und Virgils von Voß, und des Sophokles von Stolberg wird uns von Nachahmung der Franzosen, die wir doch länger nachahmen, als wir es Wort haben wollten, u. der Engländer zu den einzigen wahren Mustern der literarischen Vollkommenheit führen. Durch eine gründlichere Philosophie, die schon anfängt zu siegen, werden auch unsere Grundsätze über die Kunst berichtigt werden; denn es scheint doch einmal, daß der Deutsche der Theorie bedarf, ehe er Meisterwerke liefert. Auch das Gros unsres Publikums, das doch wohlhergebrachtermaßen immer ein halbes Jahrhundert gegen seine bessern Köpfe zurück sein muß, wird sich bessern, so wie die Produkte, die bisher seinem verdorbenen Geschmacke schmeichelten, sich verlieren werden. – Doch wie komme ich in meinem prophetischen Eifer zu der Unschicklichkeit, daß ich Ew. Gnaden Dinge sage, die dieselben entweder schon längst gedacht haben oder die unrichtig sind. –
Ich werde das Schwert in der gelehrten Republik führen, sagen Eure Gnaden! Noch sind die Gelehrten nicht einig, was das bewußte Instrument eigentlich ist. Rost[15] nennt es einen Besen! Aber nun! Das ist Rost, und er redet mit Gottscheden, u. er redet im Namen des T ... Horaz ist artiger u. meint, es sei ein Schleifstein. – Dazu konnte er seine Ursachen haben. Er war selbst Kritiker u. konnte es also nicht herabwürdigen wollen: aber er war auch Dichter, konnte es nicht zu sehr erheben wollen. Wie sollen es nun Leute meines Schlages nennen, die von den ersten nur so eine gewisse Art, – u. von den letzten gar nichts sind?
Doch, ich weiß sogar nicht, ob ich auch in dieser gewissen Art viel tun werde. Eine kritische Schrift,[16] woran ich ehemals einigen Anteil hatte u. jetzt einen größern nehmen wollte, ist eingegangen, weil ein paar Mitarbeiter – nicht ich! bewahre mich der Himmel – einige Wahrheiten gesagt hatten, die sich nicht angenehm sagen und noch unangenehmer hören ließen. Eine andere, worein ich vielleicht zuweilen etwas liefern könnte, hat einen sehr eingeschränkten Plan.
Zu eignen Arbeiten bin ich verdorben. Kritisieren ist meine Erbsünde. Fast kann ich nichts, als die Arbeiten anderer ta-

deln oder bewundern. Nachdem es kommt. Ew. Gnaden werden mich so glücklich machen, etwas von den Werken Ihres Geistes zu sehen? Da werde ich in den Fall [?] kommen, nichts tun zu können, als zu bewundern – denn, ich erkenne es, ohne mich eben darum zu bessern – ich bin parteiisch für die Arbeiten derer, die ich liebe oder verehre: Freundschaft oder Ehrfurcht besticht bei mir die Kritik. Bei Ihnen, gnädige Frau, wird sie nicht nötig haben, bestochen zu werden; davon bin ich sehr überzeugt, aber selbst für die gute Sache wird ein verdächtiger Zeuge nicht gehört.
Ich bitte um Verzeihung, daß ich mich von dem Vergnügen, an Sie zu schreiben, so habe hinreißen lassen, um das Ende zu vergessen und – den Abgang der Post zu versäumen. Bestraft bin ich dafür schon dadurch, daß ich wahrscheinlich Ew. Antwort, wenn Sie mich damit beehren wollen, auch – einen Posttag später erhalte. –
Ich halte es – erlauben Euer Gnaden meinem Herzen nur noch diese Ergießung, ohne welche ich sehr unbefriedigt diesen Brief fortschicken würde – für eine besondre Leitung der Vorsehung, deren Finger ich in allem erblicke, daß ich das Glück hatte, Ihnen bekannt zu werden. Ich verehre in Ihnen, gnädige Frau, nicht den Rang u. die Stelle, auf die die Vorsehung Sie gesetzt hat. – Das haben Sie mit mehrern gemein – das würde mir nur stummen Respekt einflößen u. mich an die Pflicht erinnern, mich zurückzuziehen, sondern ich verehre die Dame von Geist, von Geschmack, von Herz, von ausgebreiteten Kenntnissen, und diese zu verehren ist mir ein Bedürfnis, erweitert mein Herz u. wird mir Sporn zu allem Edlen und Guten. Könnte ich je so glücklich sein, einen Teil Ihres Beifalls zu erhalten, so würde ich selbst mir dadurch werter werden. Drum dünkte ich mich so glücklich, durch Ew. Erlaubnis, Ihnen zu schreiben. – Verzeihen Ew. diese Aufwallung. Ihnen ist es das größte Lob, kein Lob zu sagen: aber mir ist es Erleichterung[.] Wie glücklich wird meines Freundes Bischof Tochter sein, wenn ein Teil von dem Geiste Ihrer erhabnen Pate auf ihr ruhen wird. U. wie gnädig sind Sie!
Ich versichere dero hoche[delgeborenem] u. dero Fräul[ein] Töchtern mein fortdauerndes ehrfurchtvolles Andenken u. habe die Gnade, mit wahrer inniger Verehrung zu sein

Ew.

Leipzig, 20. Juni 1790

Liebste Eltern,
Ich bin seit 6 Wochen und drüber in Leipzig. Wenn ich es Ihnen nicht eher meldete, so kam es bloß daher, weil ich keine Gelegenheit; und wenn Gelegenheit, keine Zeit hatte.
Ich bin 7 Wochen auf der Reise gewesen: bin sehr gesund und angenehm gereist: habe viel Schönes gesehen und viel große Männer kennengelernt. Jetzt habe ich keine *bestimmten* Aussichten: Hoffnungen und Versprechungen genug, aber noch nichts sicher. Sobald sich welche finden werden; sobald ich meinen Aufenthalt verändern werde, werde ich nicht ermangeln, es Ihnen zu melden. Lieber wäre es mir fast, wenn ich etwa ein Jahr in Leipzig bleiben könnte. Könnte ich dies möglich machen, so würde ich die vorteilhaftesten Anträge ausschlagen.
Mein Plan ist noch der ehemalige. Nur will ich nicht mehr zu Kindern; sonst könnte ich längst eine Stelle haben. Ich will reisen oder an einen Hof. – Sollte dies etwa jemand nicht begreifen können: so – wundert mich das nicht. Wenn ich es nur begreife.
Ich bin mit höchster Ehre von Zürich abgegangen. Weise ist mehr als je mein Freund. Der Hr. von Miltitz[17] ist gut auf mich zu sprechen. Ich wechsele Briefe von Zürich bis Kopenhagen – und mit großen Personen.
Ich gehe einen Weg, es entweder sehr hoch zu bringen oder ganz zu verlieren, sagt ein hiesiger Professor, der mein Freund ist. – Er hat recht; aber ich hoffe das erstere; und würde das letztere ertragen.
Den gewöhnlichen Weg schleichen – mich auf eine Dorfpfarre setzen, kann ich einmal nicht, und Gott, der mir diesen Sinn gab, weiß, daß ich es nicht kann.
Ich bitte Sie, mich in Ihrem gütigen Andenken zu behalten und zu glauben, daß ich unverändert bin

Ihr gehorsamer Sohn
Gottlieb.

PS. Es tut mir leid, daß ich diesen Brief nicht frankieren kann. Ich schicke ihn durch Einschluß bis Dresden, gebe ihn also nicht hier auf die Post. – Aber über 1 Gr. 3 Pf. darf er nicht kosten, denn er kömmt von Dresden.

An Christoph Gottlob von Burgsdorff[18] [Entwurf]

Leipzig, Juni–Juli 1790

Ew. erlauben gnädigst, daß ich Denselben meine Lage aufrichtig, so aufrichtig entdecke, wie ich selbst sie kenne.

Auf der Schule war ich nicht ungeschickt in den Kenntnissen, die man sich daselbst erwerben kann, wie meine damaligen Arbeiten und mein Schultestimonium beweisen. In meinen akademischen Jahren drückte mich der herbste Mangel zu Boden, der desto trauriger für mich war, als – ich wage mich Ew. mit allen meinen Fehlern zu zeigen – ich mich desselben bitterlich schämte; und dies benahm mir alle Möglichkeit emporzukommen. Ich nannte mich studiosus theologiae. Seit dem Jahre 1784 bin ich in verschiedenen Häusern in Sachsen nicht ohne Ehre Hauslehrer gewesen.

Von dem Einflusse, den die klassischen Autoren auf die ganze Wendung des Geistes haben, ist mir vielleicht etwas übriggeblieben; das eigentliche gelehrte Studium derselben habe ich aber nicht fortsetzen können, weil ich den größten Teil meiner Zeit andern Geschäften schuldig war und einen gänzlichen Mangel an eigenen Büchern hatte. Doch habe ich seit der Zeit viel französische und deutsche Schriften gelesen, meinen Stil nie ohne Übung gelassen, oft gepredigt und mir durch Umgang die Leichtigkeit, meine Gedanken zu entwickeln und diejenige Welt- und Menschenkenntnis zu erwerben gesucht, deren gänzlicher Mangel ein Unglück über meine ersten Jahre verbreitete, dessen traurige Folgen wohl nie aufhören werden.

Ich habe über die meisten Gegenstände der Theologie gedacht, geredet und gearbeitet; aber ich gestehe, daß ich in einzelnen historischen Zweigen derselben, besonders im Hebräischen, Lücken habe.

Ich hatte deshalb schon vorlängst den Plan gemacht, diesen Weg gar nicht zu gehen, sondern meine Versorgung von irgendeiner glücklichen Fügung außer meinem Vaterlande abhangen zu lassen, einige Korrespondenz zu halten und von der Protektion eines Großen, wenn ich die Erziehung seiner Kinder zu seiner Zufriedenheit vollendet, meine künftige Versorgung zu erwarten. In dieser Hoffnung be-

stärkte mich der Beifall, mit dem ich in allen Gegenden, in die ich kam, predigte, und die Leichtigkeit, die ich in einigen fand, mir Bekanntschaft und Gönner zu erwerben.
Jetzt mehr als je, wo es Entscheidung gilt, und da ich vielleicht die letzte Veranlassung habe, umzukehren, fühle ich das Gewagte, das Unregelmäßige und das Unvaterländische dieses Planes. Aber ich allein kann mir nicht helfen, und deshalb wage ich es, mich an Ew. zu wenden.
Ich glaube überhaupt sagen zu dürfen, durch den Fleiß, den ich gewiß anwenden würde, mit den natürlichen Gaben, die mir Gott verlieh und bis jetzt gnädig erhielt, binnen hier und Ostern das Versäumte nachholen und dann nicht mit Unehren vor dem Oberkonsistorium zur Prüfung erscheinen zu können, wenn ich, von andern Beschäftigungen und Nahrungssorgen frei, meine Zeit ganz und freudig diesem Geschäfte widmen dürfte. Ohnedies hilft mir mein Aufenthalt in Leipzig nichts, weil ich alle meine Zeit auf ganz heterogene Dinge wenden muß, um zu leben.
Ich habe in meinen akademischen Jahren nie einen Anteil an den öffentlichen Wohltaten für Studierende gehabt, nie ein Stipendium oder des etwas genossen, ohnerachtet meine Armut klar zu erweisen ist. Wäre es möglich, in dieser Rücksicht eine auf die kurze Zeit völlig hinreichende Unterstützung zu erhalten, die mich in den Stand setzte, nur bis Ostern sorgenfrei mich der Theologie widmen zu können? Wollen Ew. mich dazu Ihres gnädigen Fürworts und Ihrer Verwendung würdigen?
Wenn Ew. so gnädig gewesen sind, bis hierher zu lesen, so wage ich es, Dieselben zu bitten, beiliegende Predigt durchzusehen. Ich sehe, wieviel ich durch ein Verlangen wage, das Ew. Geschäfte noch weiter stört; und ich kann nichts zur Entschuldigung anführen, als daß ich es ganz von Ew. Urteil wollte abhängen lassen, ob eine Unterstützung an mich zu wenden sei. Die Predigt selbst halte ich nur für sehr mittelmäßig; aber ich kann sie vorderhand nicht besser machen. Ich habe es durch einige Übungen darin nicht weiter gebracht, als zu sehen, was und wieviel mir noch fehlt und wie unendlich viel zu einer guten Predigt gehört, das Ziel dunkel schimmern zu sehen, dessen Erreichung meine Kräfte oder meine Lage wohl nie mir erlauben werden. Überdies ist die gegenwärtige nie gehalten worden, und es

fehlt ihr daher ein gewisses Leben, das ich ihr erst nach dem gehaltenen Vortrage geben kann.
Über mein moralisches Betragen, seitdem ich in Leipzig bin, kann der Herr Professor *Palmer* und der Herr Kreissteuereinnehmer *Weiße* Zeugnis ablegen. Aus den übrigen Gegenden, wo ich gelebt habe, kann ich die unbescholtensten Zeugen dafür aufstellen.
Sollten Ew. geruhen, mir meine Bitte zu gewähren, so versichere ich Sie bei allem, was mir heilig ist, daß ich mich ganz dann meinem Zwecke widmen, meinem Vaterlande, das mich auf der Schule unterstützte und das mir seitdem nur teurer geworden ist, mich ganz weihen, nach meinem Examen vor dem Oberconsistorio im Lande in Kondition gehen und meine Bestimmung von seiner fernern Verfügung ruhig erwarten würde. Ich bitte Ew., die Versicherungen meiner unbegrenzten Hochachtung, die ich mit allen Wohlgesinnten im Lande teile; die von denselben die glücklichsten Zeiten für Religion und Wissenschaften erwarten, gnädig anzunehmen, mit welcher ich die Ehre habe

An Christoph Gottlob von Burgsdorff [1. Entwurf]

Leipzig, Juli 1790

Ew. Exz. verzeihen gnädigst, wenn ich es meinem Herzen nicht länger abschlagen kann, denenselben nochmals für die gnädige Herablassung, mit der Sie meinen Brief, meine geringfügige Arbeit u. mich selbst aufnahmen, u. für die Hoffnung, die mir dieselbe übrigließen, daß etwas für mich getan werden könnte, den untertänigsten Dank abzustatten. Möchte ich doch diese Gnade nicht mißbrauchen, wenn ich es wage, Ew. meine fernern Entschließungen vorzulegen.
Humanistisches Studium scheint mir das wirkendste Mittel, den Geist zu bilden, zu nähren u. ihn, wenn er von andren Beschäftigungen ermüdet ist, zu stärken; aber – doch habe ich mir vielleicht zuviel zugetraut – es hat mir immer zuwenig geschienen, um mein ganzes Leben auszufüllen. Ich wollte so viel wirken, als ich nach meinen Kräften nur immer könnte. Die Laufbahn eines akademischen Dozenten hat in neuern Zeiten für einen Menschen, der ganz ohne eignes Vermögen ist, Schwierigkeiten, die ich mir nicht ge-

traute zu überwinden. Ich bestimmte mich also schon in den frühsten Jahren für die Kanzel. Ich suchte in dieser Absicht meine Begriffe so hell u. so mitteilbar als möglich zu machen, mir Fertigkeit im Stil u. mdl. Vortrage u. besonders Kenntnis des menschl[ichen] Herzens zu erwerben, deren Anfang mir die Kenntnis des eignen schien. Leider habe ich es durch meine etwaigen [?] Bemühungen um diese Dinge nicht weiter gebracht, als um immer heller zu sehen, wie viel mir noch fehlt. Ich wollte meinem Geiste so viel Bildung geben, als seine Empfänglichkeit u. die Umstände mir nur irgends erlauben würden; ich vermied es also, von einigen Gelegenheiten, die sich mir schon ehemals anzubieten schienen, durch Kollatoren in ein Amt zu kommen, Gebrauch zu machen. Was das wesentlichere, d. h. die vorzutragenden Wahrheiten selbst anbelangt, so bin ich mir bewußt, daß ich mit Unparteilichkeit u. mit der reinen Begierde, Wahrheit zu finden, forsche u. bin es von der Güte Gottes überzeugt, daß sie einen aufrichtigen Forscher nicht wird fortirren lassen, wenn sie ihn auf dem Irrwege erblickt. Ich glaube also in dieser Überzeugung mit gutem Gewissen fortfahren zu können, meinem ersten Plane treu zu bleiben.
Denn – Vaterland ist mir kein leerer Name. Ich glaube, daß es gegen Gottes Ordnung ist, dem Staate, in welchem er uns geboren werden ließ, sich entziehen, solange derselbe nur einen Gebrauch von uns machen will. In meinem Fache sind Ew. mit heiliger Repräsentant des Vaterlands.

An Dietrich von Miltitz [Entwurf]

Dresden?, Anfang August 1790

Ich habe aus den Zeitungen gesehen, daß Ew. die Stelle eines Lieutenants erhalten, u. ob ich gleich eben in einer Lage war, in der ich nicht glaubte, daß mich irgend etwas würde freuen können, hat dies doch mich innig gefreut. Ich sehe durch so ein geschwindes Avancement von der einen Seite Ihren Diensteifer u. Geschicklichkeit öffentlich anerkannt: von der andern sehe ich es als die erste Stufe u. gleichsam als das Anfangsglied [?] glänzenderer u. ausgebreiteter Ämter an, in denen Ew. dem Ruhme großer

Ahnherren u. den eigenen Verstandes u. Herzenstalenten entsprechen werden. – Es wäre beschämend für mich, wenn Ew. hierinne mehr die Stimme des eigennützigen Schmeichlers als die des Herzens u. der Empfindung entdeckten, ohnerachtet ich mich durch das nachfolgende derselben nicht verdächtig machen oder, wenn ein Verdacht dieser Art gegen mich stattfinden könnte, ihn bestätigen müßte.
Ich hoffe nicht, daß mich Ew. des Mangels an Ökonomie verdächtigen, wenn ich denenselben schon in meinem letztern Briefe gestand u. jetzt abermals gestehe, daß die Früchte von deroselben Freigebigkeit keinen dauernden Nutzen für mich hatten. Wie weit dieses an sich für mich große Geschenk, in einer Lage, da man Wohnung u. Unterhalt auf ein paar Tage in Dresden zu bezahlen, die Reise bis Leipzig zu machen u. da wieder das Reisegeld der Hinreise bis Dresden u. noch andere Kleinigkeiten zwar, aber mehrere Kleinigkeiten, zu bezahlen hatte, [reichen konnte,] ergibt sich von selbst. Ich war bald wieder in dem ersten drükkenden Mangel, schmeichelte mir von Tage zu Tage einer Antwort von Ihnen – u. mußte endlich, um Leben u. Ehre zu erhalten, meine Kleider, außer denen, die ich trug, auf Wiederkauf verpfänden, weil ohne diese Bedingung kein Geld zu erhalten war. Ich schäme mich auch dieses nicht zu gestehen; weil ich gern gestehe, daß, sobald ich zwischen Verlust des Lebens u. der Ehre von einer Seite, die ich unter anderm in pünktliche Haltung des gegebnen Worts, etwas mit einem gewissen Tage zu bezahlen, setze; und von der andern zwischen den Verpfändungen meiner Habseligkeiten zu wählen habe, ich allerdings das letztere wähle. Binnen einigen Tagen also wird, wenn ich auch bis dahin den Mangel alles Notwendigen ertrage, das wenige, was ich außer dem Leben bisher noch hatte, verloren, und ich werde auch im Falle einer nachfolgenden Rettung unwiederbringlich zugrunde gerichtet sein.
Warum ich mit diesen Klagen mich eben an Euer wende, eben von Ihnen Hilfe hoffe, können Ewr allerdings fragen: u. ich bin verbunden, Ihnen darüber meine Grundsätze zu sagen: – Ich schäme mich keineswegs, in unverschuldetem Mangel zu sein. Er ist etwas, das jedem, der Mensch ist, widerfahren kann. Da ich keine Wunder erwarte, so halte ich

es in diesem Falle für Pflicht, mich einem Menschenfreunde zu entdecken, der helfen kann u. von dem ich wenigstens einige Hoffnung habe, daß er helfen will. Dies, nichts weiter, ist meine Pflicht, u. die tue ich, indem ich zu Ew. als zu dem einzigen mir bekannten, dem ich das Können u. das Wollen zutrauen kann, meine Zuflucht nehme. Mein Schicksal ist also jetzt ganz in Ihren Händen: Im Falle es Ihnen an einem von beiden fehlen sollte, so werde ich meinen Untergang mit eben dem Mute ertragen, mit dem ich in meinem kurzen Leben so vielerlei Ungemach u. so oftmaligen herben Mangel ertrug; zugleich mit der Überzeugung, kein Rettungsmittel versäumt zu haben, das mir übrigblieb.
Mein Schicksal ist auch in einem andren Verstande in Ihren Händen. Sollte ich diesmal gerettet werden, so bliebe die Verzeihung deroselben gnädigen Fr. Mutter ein notwendiges Bedürfnis für meine Ruhe. Dieselbe aber würde in meiner abermaligen Verlegenheit eine neue Gelegenheit zum Unwillen gegen mich finden, weil Sie sogar erklärlich[er]weise[?] sich nie wird denken können, wie weit in der Lebensart von meinesgleichen der Mangel gehen, wie unverschuldet er sein u. zu welchen Auswegen er nötigen kann. Ich müßte also, im Falle Euer mich retten wollen, untertänig bitten, ihr mein jetziges Elend zu verschweigen. Im Falle, daß Sie mich nicht retten wollen, so habe ich nichts weiter zu wagen oder zu hoffen.
Übrigens zeigen sich mir nicht unvorteilhafte Aussichten. Eben hat ein Studierender sich eine Privatvorlesung über die Kantische Philosophie bei mir ausgenommen: eine zwar sehr geringe Unterstützung, die überdies nur bis Michaelis währt, weil er dann L[eipzig] verläßt, die aber doch vielleicht etwas beitragen könnte, mich bekannter zu machen. Zu Michaelis habe ich Hoffnung, eine Handschrift zu verkaufen; und entweder eine Stelle zu finden, wie ich sie wünsche, oder durch Vermittlung des H. Präsident von Burgsdorff, dem ich nicht ganz unvorteilhaft bekannt zu sein hoffe, meine ganze Lage etwas sicherer zu arrangieren. Das Detail meiner Lage habe ich weder diesem noch sonst irgend jemand entdeckt, weil ich in diesem Falle [?] nicht nur nirgends Unterstützung hoffen, sondern gar Verachtung befürchten mußte. Zu Ew. allein habe ich das Zu-

trauen, daß ich wenigstens das Letzte nicht von Ihnen zu befürchten habe[.]
Darf ich wohl die Bitte noch hinzufügen, daß Ew. so gnädig seien, mir deroselben Entschluß zu melden, um mich wenigstens aus einer Ungewißheit zu reißen, die mir quälender ist als das Elend selbst.
Ich habe mit der entschiedensten Hochachtung die Ehre zu sein pp.

An Johanna Rahn

Leipzig, 1. August 1790

Zuerst Deine Verzeihung, zärtlich Geliebte meines Herzens, daß ich Dir nicht gleich auf Deinen Brief, den ich vor einigen Wochen durch die Post erhielt, antwortete. Daß ich Deiner vergessen oder Dich vernachlässigt habe, oh, Du fühlst es selbst zu tief in Deiner eigenen schönen Seele, daß das nicht sein kann. Aber ich hatte so mancherlei, so unaufhörliche und ineinander eingreifende Beschäftigungen und Sorgen, verreiste überdies bald nach Erhaltung Deines Briefes und war fast zwei Wochen abwesend. Deinen letztern durch den Fuhrmann erhielt ich erst den 31. Juli.
Dein Kummer um meinetwillen, sosehr er mir Deine Zärtlichkeit von einer Seite versichert, ist mir dennoch sehr bitter. Ich bitte Dich, Kind, so lieb Dir meine Ruhe ist, sorge, gräme Dich nicht um meinetwillen! Ich werde mir helfen; ich könnte mir längst geholfen haben, wenn ich gewisse Projekte wollte fahrenlassen, wenn ich mir hier und da vergeben, wenn ich mich gewissermaßen – nicht moralisch, versteht sich – degradieren wollte. Ich für meine Person ginge lieber zugrunde, ehe ich meine Pläne fahrenließe; aber für Dich werde ich mich, wenn das Schlimmste zum Schlimmen kommt, erhalten; und sollte ich auch wieder die zärtlichen Zweige eines sächsischen Edelmanns beschnitzeln.
Aber dafür bitte ich auch Dich – erhalte mir Deine Gesundheit! Daß Du der Liebe das Unrecht zufügen würdest, mir Deine Unpäßlichkeit zu verschweigen, das wolle die Liebe nicht! Ich würde es also wissen, und wie würde mich das kränken! Ich für meine Person versichere Dich, daß ich

mir helfen will, oder ich müßte keine Kraft mehr haben; und Euch wird auch geholfen werden. Euer Verlust kränkt mich bitterer, als je einer mich gekränkt hat. – Über das Offenbacher Projekt habe ich schon geschrieben. Bösartig kann ich den Fürsten wohl nicht genannt haben, aber borniert, und also nimmt er gewiß keinen Lutheraner; denn ein bornierter Reformierter muß ebenso intolerant sein als ein bornierter Lutheraner. Überdies ist zu befürchten, daß das Beispiel der Intoleranz, welches die Lutheraner in diesen Gegenden geben, auch die Reformierten überhaupt anstecke. Ich habe sogar während meiner Durchreise manches davon bemerkt. Madame *Tobler* z. B. konnte sich nicht genug verwundern, daß ich als Lutheraner in Zürich gepredigt habe; und ihr Mann sagte es ihr mit einigem Nachdruck, vermutlich, um ihr ein Beispiel der Toleranz aufzustellen, von welchem er wissen mußte, wie sehr sie desselben bedürfe. Ich für meine Person bin mit Leib und Seel für die reformierte Partei, weil sie *unter den drei im Römischen Reiche tolerierten* in ihrer gegenwärtigen Gestalt der wahren christlichen Religion am nächsten kommt. Aber was tut hier meine Überzeugung?
Mein Plan zu einem Journale ist, solange ich in Leipzig lebe, in Zürich nicht ausführbar. Ich muß in dem Lande leben, für welches ich schreibe; muß wissen, *was* das Publikum in demselben liest; *wie* es davon affiziert wird; wie sein Geschmack überhaupt ist und wie er sich von Zeit zu Zeit modifiziert. Das kann nur in Sachsen der Fall für mich sein, wo ich allerorten Bekannte habe, reisen, in Gesellschaften aller Art kommen, unbemerkt den Volksgeschmack beobachten, überdies in alle Winkel korrespondieren kann. Dies könnte in Z[ürich] kaum von dem geschehen, der immer da gelebt hat, weil man da verschloßner ist.
Sachsen hat freilich für den geistlichen Stand seine Unbequemlichkeiten; aber das Licht ringt jetzt mächtig mit der Finsternis, und ich sehe die Morgenröte besserer Tage. Ich muß gestehen, daß es ein Unternehmen ist, das mich seiner Schwierigkeiten halber reizt, mich durch alle die Verschanzungen durchzuschlagen und mir doch eine Laufbahn zu machen. Ich habe unsern Präsidenten – das ist ein großer, großer Mann, souveräner Generalaufseher der Gelehrsamkeit und Religion durch ganz Sachsen – neulich gespro-

chen. Es ist ein Mann, der für Gelehrsamkeit und Talent wirklich Gefühl hat; dabei ehrlich und nach seiner Art gerecht, aber in der Theologie ...! Ich habe mit Fleiß in einer theologischen Abhandlung, die ich ihm mitteilte, mich ihm ganz gezeigt, wie ich bin. Er nahm mich, auf dieselbe hin, mit Distinktion auf, ließ mir alle Gerechtigkeit widerfahren und suchte mich durch gute Aussichten für das Katheder zu bestimmen; für die Kanzel schien er mich zu fürchten.

Geschieht dies aber nicht, wie ich fast rechnen kann, so wird doch zu Michaelis sich eine Stelle für mich finden, außer Landes zu gehen. Ich nehme alles, es sei nach Rußland oder nach Spanien, und erwarte dann mein ferneres Glück vom Schicksal und von meinem Unternehmungsgeiste. Die Männer alle, die Verschreibungen von der Art bekommen, habe ich auf meiner Seite.

Übrigens ist es unbegreiflich, wie viele Projekte mir seit meiner Abreise aus Z[ürich] entweder ganz verunglückt oder ins Stocken gekommen sind. *Bernstorff* muß Brief und Aufsatz richtig erhalten haben; ich habe es Herrn *Bohn* von Hamburg in seine eigene Hände gegeben, und er versprach mir, es sogleich zu besorgen. Noch hat er nicht geantwortet. Eine Dame in Weimar hatte ein Projekt gemacht, mich an einen gewissen sehr guten Hof zu bringen. Es mag gefehlt haben, sie schweigt seit ein paar Monaten. Von andern Aussichten, die ich so gut als gewiß hatte, zu schweigen! Für Schriftstellerei hat auch wenig oder nichts getan werden können, weil ich, unter beständigen Unternehmungen und Entwürfen herumgeworfen, wenig ruhige Tage gehabt habe. Michaelis ist nahe, und in dieser Messe werden von mir schwerlich Geschäfte gemacht werden. Kurz, entweder die Vorsehung behält mir etwas anderes auf, um dessen willen sie mir bis jetzt nichts hat geben wollen, wie sie es wohl sonst auch getan hat; oder sie will meine Kraft durch Verlegenheiten noch mehr stärken und üben. Ich habe fast alles verloren als den Mut.

Du! Engelsseele, hilf Du mir, ihn aufrechtzuerhalten – und Du tust es! Welcher Kummer kann mich wohl kränken, welche Verlegenheit mutlos machen, solange ich mit fester Überzeugung weiß: die beste, edelste Seele nimmt Anteil an mir, sie betrachtet mein Schicksal mit dem ihrigen als genau verbunden; sie ist nur ein Herz mit mir? Die Vorsehung erhalte mir Dein Herz, und mir mangelt nichts. Das meinige ist ewig Dein.

Liebe Seele! ich bitte Dich, betrübe Dich doch nicht so, wenn Du zuweilen einige Zeit ohne Briefe von mir bist. Glaube, daß ich deswegen doch auch in der Abwesenheit nur durch Dich lebe, daß jede geschäfteleere Stunde ich bei Dir zubringe. Jetzt z. B., da die Tage schon kürzer werden und es eine Abenddämmerung gibt, lasse ich mir allezeit etwas spät Licht geben, um die Zeit der ersten Dämmerung nur zum Andenken an Dich zu widmen. Aber nicht zu schreiben – dazu treten bisweilen unwiderstehliche Ursachen ein. Es gibt Lagen, in denen ich Dir nicht schreiben kann. – Deine ersten Briefe, die ich mit dem Fuhrmann bekam: oh, einige Stellen derselben haben mich tief, tief geschmerzt! Aber Du hattest sie schon vorher widerrufen. Ich werde, da Du doch einmal über ungewöhnlich langes Stillschweigen Dich kränkst, Dir diesen Schmerz soviel als möglich oder ganz zu ersparen suchen. Vom Namenstage Deines Papa wußte ich nichts. In unserm Kalender heißt er anders. Durch Zufall habe ich ihn in einem Städtchen, 2 Meilen von Dresden, in Gesellschaft eines mir sehr werten Freundes sehr vergnügt zugebracht. Gratuliere Deinem Papa in meinem Namen und versichere ihn der Fortdauer meiner unbegrenztesten Hochachtung und der wärmsten Wünsche für sein Wohlsein. Vor einigen Wochen reisete der B[aron] v. *Walldorf* hier durch, der auch einmal in Eurem Hause in der Sonnabends-Gesellschaft gewesen ist. Ich habe mehrere Tage ziemlich in seiner Gesellschaft zugebracht, und wir haben uns gemeinschaftlich nach Zürich versetzt.

Achelis hat mir eine große Freude durch Deine sehr edel getroffene *Silhouette* gemacht. Sie ist über meinem Pulte, weil ich an dem mein Leben verlebe und sie mir also immer vor Augen ist. – Ihm wird kein Unglück begegnen. Der Himmel muß einen so guten Menschen schützen. Ich liebe keinen meiner ältesten Jugendfreunde mehr als ihn. Ich kann mir's nicht versagen, ein paar Zeilchen an ihn beizulegen. – Ich danke für die überschickten Vergißmeinnicht und Rosenknöspchen. Es ist süß, etwas zu haben, das durch Deine Hände gegangen ist. – Warum kann ich Dir doch auch nicht durch den Fuhrmann schreiben, teils um Dir auch et-

was dergleichen schicken zu können, teils um Dir längere Briefe zu schreiben? Melde mir doch, wer es ist und wo er zu treffen ist? Ich sehe ihn nie, weil die Briefe durch Palmern gehen. – Wenn Du nichts dagegen hast; ich habe nichts dagegen, daß Du mir Deine Briefe geradezu adressierst. Geöffnet werden sie nicht. Wer sollte sich das unterstehen? – Doch weiß ich von Michaelis an den Ort meines Aufenthaltes noch nicht sicher.
Madame *Titot,* soviel teil ich auch an ihr nehme, kann ich aus eben dem Grunde jetzt nicht antworten. Grüße sie herzlich. – *Lavater* scheint mich ganz vergessen zu haben. Es sei!
Grüße alle, die sich meiner gütig erinnern. Schreiben kann ich niemanden. *Escher's* Faulheit lasse ich auch grüßen und sie bitten, sich wenigstens einem weit entfernten Freunde zu Gefallen, nur ein klein wenig in Unkosten zu setzen. Ich bin ewig

der Deinige.

NS. Chorherr *Tobler* schreibt mir sehr freundschaftlich; aber nichts von Wichtigkeit. Seine Reisebemerkungen freuen mich in mehr als einer Rücksicht. – Mit *Orell* bin ich schlimm daran. Er erwartet etwas von mir, das nicht zu leisten ist. Ich schreibe ihm das rund, weil ich muß.

An Johannes Tobler [Entwurf]

Leipzig, 1. August? 1790

Ew. Hochwürden beschämen mich durch Ihre Güte. Schon längst wäre es meine Pflicht gewesen, Ihnen sowohl für die treffliche Bekanntschaft, die Sie mir an dero H[rn.] Sohn verschafften, als insbesondere überhaupt für alle deroselben mir in Z[ürich] bewiesene Freundschaft zu danken. Aber es war Ihnen vorbehalten auch darin, wie in allem, mich weit zu übertreffen.
Leipzig soll Deutschlands Athen sein? Nun ja – dasjenige, zu dem Paulus[19] sagt: Ich sehe, daß ihr in allen Stücken abergläubig seid. Im Ernste: L[eipzig] hat noch immer Gelehrte, die ihm Ehre machen: es hat gute Köpfe, die weniger bekannt sind, aber jenen nichts nachgeben: es ist auf

den Universitäten, die ich kenne, immer noch die, wo man am meisten Geschmack und schöne Literatur mit den solideren Wissenschaften verbindet; aber es ist, als wenn über der ewigen Verfeinerung alle Energie aus den Charakteren aller geborenen oder gemachten Leipziger vertilgt wäre; daher die Schleicherei, die Akkommodation an bejahrte Systeme; die man fast in allen Büchern auch unsern besten Gelehrten anmerkt. Man sagt: es ist gefährlich, mit der Sprache geradeheraus zu gehen; – u. eben durch diese Furcht wird es gefährlich. Wenn alle akademischen Dozenten, in Sachsen u. alle die in geistl. Ämtern stehen, auf einmal ihre Meinung sagten, so müßte man sie alle, einige wenige alte Dorfpastores ausgenommen, absetzen, u. also würde man wohl keinem viel tun. Unser Volk ist in den meisten Gegenden zu einer Verbesserung schon längst reif. Nur die furchtsame Politik, die sich aus der Staatsökonomie bis in die religiöse verbreitet, und der Herrnhutismus, der die Köpfe unserer meisten Großen beherrscht, ist Ursache, daß Sachsen in einer so scheinbaren Finsternis bleibt, die mit dem Grade seiner wirk[lichen] Aufklärung einen so besonderen Kontrast macht. – In Jena ist man um ein Jahrhundert weiter. Der Leipziger Grundsatz überhaupt scheint: Quaerendo pecuniam etc., u. dieser teilt sich denn auch den Gelehrten mit u. muß sich ihnen mitteilen.
Ich danke Ihnen für die gütige Mitteilung Ihrer Reisebemerkungen. Sie sind mir um so schätzbarer, weil sie meistens in Gegenden fallen, durch die ich auch reiste.
Wie es allemal eine große Freude ist, wenn man einen sehr geachteten, u. geliebten Mann mit einem seiner geheimen Gedanken gleichstimmig findet, so ging es mir besonders bei Ihrer Bemerkung über Zollikofers[20] Predigten. Ich habe immer gedacht, daß es noch eine stärkere, ergreifendere, wirksamere Manier im Predigen gebe als diese, u. ich war wohl einmal willens nach meinem geringen Talent, dem Publiko ein Wort darüber zu sagen: aber es ist bei uns – ich glaube fast allenthalben, bei Ihnen hat mir's auch so geschienen – schon so fest ausgemacht, daß nur der sanfte Überredungston – kalte, einförmige Eintönigkeit will man sagen – der einzige wahre für die Kanzel sei, daß man die Gegenmeinung gar keines Draufhörens mehr würdigen würde.

Wie gern hätte ich den Johannistag wenigstens im Herzen mit Ihnen gefeiert, wenn ich gewußt oder mich gleich besonnen hätte, wie interessant er Ihrem Herzen ist. Ich wünsche, daß Sie ihn noch oft vergnügt feiern; mir soll er in der Abwesenheit auch ein Feiertag sein.
Ich empfehle mich Ihren fortdauernden gütigen Gesinnungen u. bin mit der größten Hochachtung u. Ergebenheit

Ew. Hochwürden. –
gehorsamster G. Fichte.

An Friedrich August Weisshuhn [Fragment]

Leipzig, August–September 1790

[...?]– – Ich lebe in einer neuen Welt, seitdem ich die „Kritik der praktischen Vernunft" gelesen habe. Sätze, von denen ich glaubte, sie seien unumstößlich, sind mir umgestoßen; Dinge, von denen ich glaubte, sie könnten mir nie bewiesen werden, z. B. der Begriff einer absoluten Freiheit, der Pflicht usw., sind mir bewiesen, und ich fühle mich darüber nur um so froher. Es ist unbegreiflich, welche Achtung für die Menschheit, welche Kraft uns dieses System gibt! Doch was sage ich das Ihnen, der Sie es längst werden empfunden haben, wie ich! Welch ein Segen für ein Zeitalter, in welchem die Moral von ihren Grundfesten aus zerstört und der Begriff *Pflicht* in allen Wörterbüchern durchstrichen war: – denn – verzeihen Sie mir – ich überrede mich nicht, daß vor der *Kant*ischen Kritik irgend jemand, der seinen Verstand selbständig zu brauchen wußte, anders gedacht hat als ich, und ich erinnere mich, niemanden gefunden zu haben, der gegen mein System etwas Gründliches eingewendet hätte. Ehrliche Leute habe ich genug gefunden, die anders, nicht *dachten* – das konnten sie überhaupt nicht –, sondern *fühlten*. So täuschte es mich durch die scheinbare Konsequenz, und so täuscht es vielleicht noch tausend.
Haben Sie die *Kant*ische „Kritik der Urteilskraft" schon gelesen? Es ist eine Ästhetik und Teleologie, von denen die erste, da Sie sich mit Untersuchung des Schönen beschäftigt haben, Sie doppelt interessieren wird; – evident, wie alles von *Kant*, deutlicher und besser geschrieben, wie mir

scheint, als seine vorigen Werke, und – besser gedruckt! Haben Sie seine Schrift gegen *Eberhard*[21]: „Über eine ältere Kritik, die alle neue Kritik überflüssig machen soll", gelesen? Sie wirft viel Licht auf die „Kritik der reinen Vernunft" und noch mehr über die Verdrehungen und hinterlistigen Wendungen *Eberhards* und ist hier und da mit mehr Witz geschrieben, als man von *Kant* hätte erwarten sollen. Er verspricht nun noch eine Metaphysik der Natur und eine Metaphysik der Sitten.
Ich habe mich jetzt ganz in die *Kant*ische Philosophie geworfen: anfangs aus Not; ich gab eine Stunde über die „Kritik der reinen Vernunft"; nachher seit meiner Bekanntschaft mit der „Kritik der praktischen Vernunft" aus wahrem Geschmack. Ein gewisser *Peuker*[22] in Schlesien hat eine „Darstellung der Kritik der reinen Vernunft, nebst kurzer Widerlegung der dagegen gemachten Einwürfe", geschrieben, es ist größtenteils ein Auszug, der mir indes trefflich scheint; der mich aber im Grunde nicht freut, weil ich halb und halb willens war, etwas Ähnliches zu tun. Eine Hauptursache von der Unverständlichkeit der Kritik scheinen mir die oftmaligen Wiederholungen und Digressionen, welche die Ideenreihe unterbrechen; und ich glaube, sie würde leichter sein, wenn sie halb so dick wäre. [...?]

An Johanna Rahn

Leipzig, 5. September 1790

An einem so angenehmen Sonntagsmorgen, als ein Herbstmorgen nur immer sein kann, setze ich mich hin, um meine Woche mit dem angenehmsten Geschäfte anzufangen, mit welchem ich sie anfangen kann; mit dem, an Dich zu schreiben. – Ich habe in der vorigen Deinen zärtlichen und liebevollen Brief erhalten. Oh! wie leid tut es mir, daß ich Dich so oft durch Verziehung meiner Antworten habe betrüben müssen. Jetzt will ich es nicht tun. Aber habe ich es wohl je tun *wollen*? Nein; das glaubst Du von mir gewiß nicht: aber ich habe es nicht ändern können.
Wie soll ich Dir die Zärtlichkeit belohnen, die sich in Deinem wiederholten liebevollen Bitten zeigt, nach Zürich zu kommen; in der Art zeigt, wie Du alle Schwierigkeiten zu

heben denkst! Wird mein ganzes Leben hinreichen, mit allem, was ich vermag, der Anhänglichkeit einer so schönen Seele würdig zu werden? Es ist Dir geweiht; Du weißt es; und hiemit weihe ich Dir auch alle meine Projekte und meinen unruhigen Ausbreitungstrieb und will mein ganzes Leben darauf einschränken, mich von Dir glücklich machen zu lassen und Dich glücklich zu machen, wenn ich's kann. Ich gebe mich Dir in allem hin; leite Du meine Schicksale, und ich weiß, sie sind wohl geleitet. Nur eine einzige Erinnerung erlaube mir jetzt. – Ich bin Deiner noch nicht würdig, und wenn auch Du mich dafür hieltest, so werden doch Deine Freunde, Deine Landsleute einen Menschen, der weder Amt noch Ruf hat, noch sich auf irgendeine Art bekannt gemacht hat, Deiner nicht würdig finden. Es wäre auffallend, wenn ich gleich jetzt in Zürich wieder erschiene, ohne seit der Zeit das Geringste getan zu haben. Wie soll ich mich nennen? Laß mich also nur wenigstens erst meinen Anspruch auf den Namen eines Gelehrten rechtfertigen. Ich habe vor einiger Zeit eine Arbeit angefangen, die in die eigentliche Gelehrsamkeit, in die höhere Philosophie einschlägt. Wenn Gott mir Gesundheit erhält und mir nur dürftiges Auskommen beschert; so hoffe ich, daß sie künftige Neujahrsmesse die Presse verlassen wird. Ich werde sie unter meinem Namen herausgeben. Daß sie den dortigen Gelehrten bekannt würde, dafür werde ich schon sorgen. Dann erst könnte ich doch nicht ganz mit Unehre erscheinen, wenn ich einige Hoffnung gegeben hätte, daß ich nicht willens wäre, mein Dasein ganz unnütz für die Welt zu verleben. In diesem Falle hoffte ich nach Ostern künftigen Jahres die Reise anzutreten. Sollte ich dennoch, wie ich sehr befürchte, wieder eine Hofmeisterstelle annehmen müssen; so laß Dich dadurch ja nicht auf den Gedanken bringen, daß ich darum von diesem Plane abginge. Ich würde keine andere als im Lande und in der Nähe von Leipzig annehmen; meine Arbeit dennoch fortsetzen; sie nicht aus Neigung, sondern aus Not annehmen; und künftige Ostern gewiß wieder aufgeben. *Weiße* will mich nach Livland oder Kurland schicken; aber das wird in keinem Falle geschehen. Die Unannehmlichkeiten des Hofmeisterlebens kenne ich zu gut, als daß ich mich von ihnen sollte schrekken lassen. Sie sind groß, aber doch sind sie zu ertragen.

Überhaupt habe ich vor meinem projektvollen Geiste Ruhe gefunden, und ich danke der Vorsehung, die mich kurz vorher, ehe ich die Vereitlung aller meiner Hoffnungen erfahren sollte, in eine Lage versetzte, sie ruhig und mit Freudigkeit zu ertragen. Ich hatte mich nämlich durch eine Veranlassung, die ein bloßes Ohngefähr schien, ganz dem Studium der *Kant*ischen Philosophie hingegeben; einer Philosophie, welche die Einbildungskraft, die bei mir immer sehr mächtig war, zähmt, dem Verstande das Übergewicht und dem ganzen Geiste eine unbegreifliche Erhebung über alle irdische Dinge gibt. Ich habe eine edlere Moral angenommen, und anstatt mich mit Dingen außer mir zu beschäftigen, mich mehr mit mir selbst beschäftigt. Dies hat mir eine Ruhe gegeben, die ich noch nie empfunden; ich habe bei einer schwankenden äußern Lage meine seligsten Tage verlebt. – Ich werde dieser Philosophie wenigstens einige Jahre meines Lebens widmen; und alles, was ich, wenigstens in mehreren Jahren, von jetzt an schreiben werde, wird über sie sein. Sie ist über alle Vorstellung schwer und bedarf es wohl, leichter gemacht zu werden. Sollte ich in Zürich selbst, wo kein einziger ist, der sie versteht – dies unter uns! – denn wenn sie es gleich selbst öffentlich sagen, so könnte es ihnen vielleicht doch unangenehm sein, wenn es einer nachsagt, der sie zu verstehen glaubt –, etwas beitragen können, sie bekannter zu machen, so würde es mir doppelte Freude sein. Die Grundsätze derselben sind freilich kopfbrechende Spekulationen, die keinen unmittelbaren Einfluß aufs menschliche Leben haben; aber ihre Folgen sind äußerst wichtig für ein Zeitalter, dessen Moral bis in seine Quellen verdorben ist; und diese Folgen der Welt in einem anschaulichen Lichte darzustellen, wäre, glaube ich, Verdienst um sie. – Sage Deinem teuren Vater, den ich liebe wie meinen: wir hätten uns bei unsern Untersuchungen über die Notwendigkeit aller menschlichen Handlungen, *so richtig wir auch geschlossen hätten,* doch geirrt, weil wir *aus einem falschen Prinzipe disputiert hätten.* Ich sei jetzt gänzlich überzeugt, daß der menschliche Wille frei sei und daß *Glückseligkeit* nicht der Zweck unseres Daseins sei, sondern nur *Glückswürdigkeit.* – Auch Dich bitte ich um Verzeihung, daß ich Dich oft durch dergleichen Behauptungen irregeführt habe. *Achelis* hatte doch recht, freilich

ohne es zu wissen, warum? Glaube nur hinfort an Dein Gefühl; wenn Du auch die Vernünftler dagegen nicht widerlegen könntest; sie sollen auch widerlegt werden und sind es schon; freilich verstehen sie die Widerlegung noch nicht! – Wie traurig die Grundsätze sind, die ich ehedem hatte, sehe ich unter anderm an dem Beispiele eines mir sehr lieben Freundes, der sie vorlängst von mir annahm, ohne sie ganz fassen zu können, und der durch sie auf andere geführt wurde, die die meinigen nicht waren und die auch nicht notwendig daraus folgen. Er ist jetzt nicht glücklich und findet keinen Trost *in* sich, weil er ein Ungläubiger ist. Er wünschte bessere Grundsätze und kann sie nicht fassen, und mich kränkt's, daß ich ihm die Hülfe, die er von mir in dieser Rücksicht erwartet, nicht leisten kann, da er in Dresden ist und ich in Leipzig. Was schriftlich möglich ist, tue ich freilich; aber das ist für ihn zuwenig. Die etwanige Anlage, die ich zur Beredsamkeit habe, werde ich aber neben diesem Studium nicht vernachlässigen; ja dies Studium selbst muß dazu beitragen, sie zu veredeln; weil es derselben einen weit erhabneren Stoff liefert als Grundsätze, die sich um unser eigenes kleines Ich herumdrehen. Nach meinem Plane werde ich, nach meiner jetzigen Schrift und nach einer, die darauf folgen wird, welche freilich nur für gelehrte Denker bestimmt sind, nichts tun, als eben diese Grundsätze populär und durch Beredsamkeit auf das menschliche Herz wirksam zu machen suchen. Diese Beschäftigung steht mit der Bestimmung eines Predigers in einer sehr nahen Beziehung; bin ich also noch zu derselben bestimmt, so würde sie zur Vorbereitung und Legitimation für diesen Beruf dienen. Bin ich aber nicht für denselben bestimmt, so habe ich wenigstens die Beruhigung, das getan zu haben, was von mir abhängt: – mich zu demselben tüchtig zu machen. Das Weitere ist nicht *meine* Sorge. Von meinem Lehrer in der Deklamation lerne ich in Absicht der Ausübung derselben nichts, was ich nicht schon vorher wußte; allenfalls zur Beurteilung der Deklamation anderer lerne ich mehr. Gepredigt habe ich seit meiner Abreise aus der Schweiz nicht und werde auch, wenigstens in Leipzig, schwerlich predigen. Es wäre nach meinen jetzigen Plänen verlorene Zeit; denn auch ein Tag ist mir kostbar.
Um Dich wegen Deiner sehr gütigen Sorge für meine Ge-

sundheit zu beruhigen, so schreibe ich Dir meinen Lebenswandel, wie ich ihn seit ungefähr fünf Wochen führe; denn vorher war ich zu unstet, um eine feste Ordnung zu befolgen. Um 5 Uhr stehe ich auf, was mir anfangs, weil ich zeitlebens spät aufgestanden bin, sehr schwer ward: desto dringender suchte ich es von mir zu erzwingen, weil ich dadurch zugleich mich zur Selbstüberwindung zwingen wollte. Von da bis 11 Uhr (die halbe Stunde ausgenommen, die ich zum Ankleiden brauche) studiere ich. Von 11 bis 12 Uhr gebe ich einem jungen Menschen[23] eine griechische Stunde. Ich suchte sie mit Fleiß, um durch das ewige Denken für mich nicht die Gabe, andern etwas vorzutragen, zu vernachlässigen und nach der Arbeit des Kopfs auch der Lunge etwas zu tun zu geben. Von 12 bis 1 Uhr zu Tische, in einer erträglich artigen und unterhaltenden Gesellschaft. Von 1 bis 2 in einem der Stadt nahen Garten spazierengegangen und meistens dabei nicht viel Ernsthaftes gedacht. Von 2 bis 3 etwas Leichtes gelesen oder Briefe geschrieben, wenn solche zu schreiben sind. Von 3 bis 4 gebe ich einem Studenten Privatunterricht über die Kantische Philosophie (dies war die Gelegenheit, die mich zum Studium derselben veranlaßte). Dies ist nun freilich von einer Seite eine kopfangreifende, von der andern aber eine Arbeit, die zum Deutlichmachen, also für die Einbildungskraft gehört und also zur Herstellung des Gleichgewichts unter den Seelenkräften beiträgt. Von 4 bis 6 Uhr wird bei jeder Witterung, nicht spazieren*gegangen,* sondern *gelaufen* und der Einbildungskraft völlig freier Lauf gelassen: durch Felder, durch Wälder gestürmt – besonders wenn es sehr regnet oder windig ist. Von 6 Uhr bis zur Dämmerung wird wieder ein wenig studiert. Die Anwendung der ersten Dämmerung kennst Du schon. Sobald Licht kommt, wird ernsthaft fortstudiert; aber nicht länger als bis 10 Uhr. Urteile selbst, ob eine solche Ordnung sehr gesundheitzerstörend ist. Auch befinde ich mich wirklich, was ich teils dem frühen Aufstehen, teils der ernsthaften Kopfarbeit zuschreibe, so wohl, daß ich vor Gesundheit jauchzen möchte, den ganzen Tag völlig bei guter Laune bin und an meinem ganzen Tage keine verdrießliche Minute kenne. Hierzu kommt aber noch eine Übung, die die Gesundheit des Leibes und der Seele in gleichem Grade befördert. Ich suche nämlich völlig

Herr über mich selbst zu werden und lege mir in dieser Absicht jetzt etwas auf, was ich nicht gerne tue; versage mir jetzt etwas, was ich gern gehabt hätte, bloß *darum,* weil ich es gerne gehabt hätte; kündige jeder aufkeimenden Leidenschaft, sowie sie sich blicken läßt, den Krieg an, und so werde ich dann dieser Störer unserer Ruhe und unserer Gesundheit immermehr entledigt.
Zu meinem Umgange habe ich nur einen Freund, bei welchem ich nicht viel gewinne. Ich suche dagegen ihn gewinnen zu lassen, und auch das gibt mir eine angenehme Beschäftigung.
Wie errietest Du, daß Sachsen Unruhen bevorstehen? Wirklich hat seit einigen Wochen das Feuer des Aufruhrs[24] im stillen gelodert, und vorige Woche ist es in helle Flammen ausgeschlagen. In ganz Sachsen war vielleicht kein Ort ruhiger als Leipzig. Die Bauern wüteten gegen ihre Herrschaften. Und – siehe den Nationalcharakter! – einige Regimenter sind marschiert; einige billiger denkende Herrschaften haben etwas nachgegeben, und heute, da ich dieses schreibe, ist, nach allen Nachrichten, *alles ruhig.* Schon vorher hatten eben auch die Bauern dem Kurfürsten[25] selbst wegen seines Wildhegens den Krieg angekündigt. Er gab nach, ließ sie sein Wild niederschießen, und – sogleich war alles gut. – An eine Verbesserung von Grund aus ist jetzt noch nicht zu denken. Der Bauer, welcher allein dabei gewinnen könnte, ist dazu noch nicht aufgeklärt genug, ohnerachtet er *Schlözers* „Staatsanzeigen" lieset; und die höhern Stände alle können dabei nur verlieren. Es sind also nur Palliative, die den einstigen Ausbruch des Feuers mit doppelter Kraft nicht verhindern werden. Von außen behält Sachsen Friede; so wie ganz Europa bald einen allgemeinen Frieden haben wird. Dennoch aber werde ich es an Deinem Arme, an Deiner Seite, in Deinem Umgange nicht vermissen. Sei Vaterland und Freunde und alles Deinem Dir ewig ergebenen

F.

Leipzig, November? 1790

[...?] – – Seit einiger Zeit habe ich mich besonders mit dem Studium der „Kritik der Urteilskraft" beschäftigt, und da sie mir ziemlich dunkel vorkam, so glaubte ich, sie könnte andern leicht ebenso vorkommen, und es würde kein ganz überflüssiges Werk sein, sie etwas deutlicher zu machen. Bis hierher dachte ich vielleicht richtig; aber ob ich es sein könnte, der sie deutlicher mache, dachte ich darin ebenso richtig? Dies ist es, was ich von Ihnen erfahren will, und deshalb schicke ich Ihnen hier den Anfang des Manuskripts, d. h. alles, womit ich aus dem Gröbsten im reinen bin. – Meine Absicht war, Wiederholungen abzuschneiden, die synthetische Methode, die *Kant* in Absicht des Ganzen unerreichbar durchführt, auch in die einzelnsten Teile desselben, wo er mir oft unordentlich zu sein scheint, zu bringen; – was sehr dunkel ist, mit andern, wenn auch nicht bessern, doch deutlichern Worten zu sagen, damit ein Leser, der zugleich des *Kant*ischen Buches sich bedient, eine Sache von zwei Seiten sehen könne. Bei Stellen, die mir hell genug zu sein schienen, habe ich möglichst den *Kant*ischen Ausdruck beibehalten. Ob dies nicht ein Plagiat sei? Ich glaube nicht, wenn die Vorrede es ausdrücklich sagt, wie sie es sagen wird.

Die Einleitung[26] schien mir das Dunkelste im Buche. Mühe habe ich mir freilich gegeben, Licht hineinzubringen; aber wie es gelungen ist, weiß ich nicht. Hier und da bin ich von der *Kant*ischen Vorstellungsart abgewichen, weil eine andere mir deutlicher zu sein schien, die zu eben den Resultaten führt.

Hinterher scheint es mir, ich hätte besser getan, bei der Anordnung der einzelnen Materien von *Kant* abzugehen: die Darstellung müßte an Deutlichkeit, wäre es auch nur durch veränderte Gesichtspunkte, gewonnen haben; wenigstens hätte sie mehr das Ansehen eines wissenschaftlich verbundenen Ganzen äußerlich bekommen. Vielleicht, und wenn es nicht an Zeit gebricht, schicke ich in einem Anhange eine kurze Darstellung der Kritik in einer andern Gedankenfolge nach.

Wegen des Stils muß ich erröten – so holpricht, so voll von Tautologien und Wiederholungen derselben Worte ist er, so viel lange Perioden sind darin! Aber es ist schwerer, als man denkt, auch *Kant*ische Ideen in einer fließenden Schreibart vorzutragen, und ich hatte mehr zu tun nicht Zeit. Ich habe so schon mehrere Paragraphen mehr als fünfmal umgearbeitet.

Meine Bitte dabei an Sie ist diese: Wollen Sie wohl das Manuskript durchsehen und mir ihren freundschaftlichen Rat erteilen, ob es so bleiben kann oder ob es ganz umgeschmolzen werden muß?

Sollten Sie es nun, wie ich leider mehr wünsche als hoffe, billigen, so – ich werde unverschämt, aber es ist Ihre Art nicht, ein gutes Werk halb zu tun; und wenn es dies nicht ist, sollen Sie es gar nicht tun! – kurz, Sie merken, warum ich bitten will. Ich habe keinen Bekannten unter den hiesigen Buchhändlern und Gelehrten, und wenn ich ihn auch hätte, so wüßte ich doch niemanden, von dem ich lieber in die Schriftstellerwelt eingeführt werden wollte als von Ihnen. Könnten Sie mir wohl entweder dadurch, daß Sie selbst an einen Buchhändler schrieben – verlegt *Dyk*[27] wohl philosophische Sachen? –, oder auch durch einen Brief an *Heydenreich*[28] zu einem Verleger verhelfen?

Aber ich eile und wünschte, daß, wenn es irgend möglich wäre, das Buch mit künftiger Neujahrsmesse herauskäme; nämlich nur der erste Teil, enthaltend die ästhetische Urteilskraft, während der zweite, enthaltend die teleologische Urteilskraft, dann nach meinem Plane zu Ostern folgen sollte. Da müßte man freilich wenigstens mit Anfang künftigen Monats mit dem Verleger richtig sein, damit dann der Druck sogleich angefangen werden könnte.

Über den Titel bin ich noch unentschieden. – *„Versuch eines erklärenden Auszugs aus Kants Kritik der Urteilskraft“*: was meinen Sie? Meinen Namen werde ich in jedem Falle daruntersetzen.

Über eine Revolution in meinem Geiste habe ich Ihnen schon geschrieben, glaube ich. Ich denke so fort, und es erhält und befestigt mir meine Ruhe immer tiefer. Ich weiß nicht, was mir bevorsteht; aber ich mag es auch nicht wissen. Ich habe nur eine Sorge: mein Herz und womöglich meinen Geist in Ordnung zu bringen; ist auch letzteres nicht ganz möglich, wie es denn bei so heterogenen Beschäftigungen nicht möglich ist, nun wohl, so ist es nicht meine Schuld.

An Johanna Rahn

Leipzig, 2. November 1790

Einzige, teuerste Freundin,
wirst Du mir verzeihen – doch ja! Du wirst es – aber soll ich mir's selbst verzeihen, daß ich Dich so lange auf Antwort habe warten lassen? Auf Antwort auf zwei so liebevolle, zärtliche Briefe? Mein ganzes Herz dankt Dir für Deine fortdauernde Zärtlichkeit u. Liebe. Glaube ja nicht, daß Mangel dieses Gefühls die Ursache meiner verzögerten Antwort war; sondern, wie immer, die Ungewißheit meiner Lage. Ich wußte nämlich nicht, ob oder wie lange ich in Leipzig bleiben würde; und ich wollte doch wenigstens unsern Briefwechsel sichern, damit nicht Briefe von Dir in Leipzig ankämen, wenn ich vielleicht weit davon wäre. Jetzt ist diese Ungewißheit gehoben; ich bleibe in Leipzig; bis ich da sein kann, wo allein es mir gefallen wird, bei Dir. – Ich hatte einige Anträge; aber ich ging ungern daran, mich wieder zu verändern. Jetzt lebe ich in Leipzig so wohl, als ich leben kann, wo Du nicht bist. Ich habe Gelegenheit gefunden, mich nützlich zu beschäftigen; und meine Subsistenz ist gesichert. Zu glänzen verlange ich nicht; nach großen Gesellschaften ringe ich nicht: Ich befinde mich zu wohl bei der Ruhe, die ich mühsam erarbeitet habe, um sie durch neues Treiben in die Welt wieder zu verlieren.

Ich wäre jetzt sehr glücklich, teuerste Geliebte, bis auf einen Punkt. Ich bin vollkommen gesund; habe Lust zu arbeiten und finde Arbeit genug; sie geht mir vonstatten; ich bin frei von allen Leidenschaften; nichts stört meine Ruhe – aber wo habe ich einen Freund, mit dem ich dieses Glück teilen könnte? Der mit mir harmonierte? Der etwas von dem empfände, was ich empfinde? Und das treibt mich denn zu Dir und macht, daß mir mein Leben dennoch sehr unschmackhaft vorkommt, weil ich es ohne Dich verlebe. Dies ist jetzt der Gegenstand meines Strebens, die Zeit zu beschleunigen, da ich zu Dir abreisen kann; und es ist mein Schmerz, daß ich sie bis jetzt noch nicht gewiß bestimmen kann.

Ich versetze mich im Geiste oft zu Dir; denke Dich, Seele voll Teilnehmung an allem, was mich angeht, neben mich; erzähle Dir alles, was mir begegnet, welches freilich Klei-

nigkeiten sind; teile Dir alles mit, was ich etwa Neues finde, welches freilich nicht Wichtiges ist: und so finde ich, ohngeachtet der Trennung von Dir, das Mittel, sie zu erleichtern: ein Mittel, das freilich nur dann gut ist, wenn man kein besseres hat.
Ich habe diese Michaelis mehrere Schweizer hier gesehen. Steinern, der mir einen Gruß von Deinem teuren Vater, aber keinen Brief von Dir brachte; welches mir in manchem Betrachte nicht unangenehm war, weil ich ihm nicht genug traue. Ich weiß nicht, wie es kommt: Er hat mir hier weit schlechter gefallen als in Zürich. Er zeigte verschiednes, das ich vielleicht jetzt entwohnt bin. Ferner Fäsi[29], der in Jena studiert hat u. vielleicht schon jetzt wieder in Zürich ist: ein junger Mensch, der sehr viel Freundschaft u. Anhänglichkeit gegen mich zeigt und den ich sehr liebe. Auch Usteri[30], der in Halle studiert und der mir – ich glaube, ich habe nicht ganz unrecht – herzlich zuwider ist. Noch der völlige Zürcher an Leib u. Seele: dabei plump und bauernstolz und pedantisch; was doch ein Zürcher nicht notwendig sein muß. Mehr würde ich mich gefreut haben, wenn Dein Vetter Rahn[31], der in Halle studiert, mit nach Leipzig gekommen wäre.
Was macht doch Achelis? Ohne Zweifel hat er Zürich schon längst verlassen; aber ich wundere mich sehr, daß er mir nicht schreibt. Ich würde ihm selbst schreiben, wenn ich seine Adresse hätte. Es würde mir leid tun, wenn unsre Verbindung durch seine Nachlässigkeit unterbrochen würde. – Nach D. Beyer? – ins Ohr sage ich Dir's – weiß ich nicht, ob ich fragen soll oder nicht. Es scheint, daß er seine Freunde vergißt, sowie sie nicht mehr unter seinen Augen sind. Seit meiner Abreise von Zürich habe ich, ohngeachtet ich ihm geschrieben habe und noch neuerdings ihn durch Achelis habe grüßen lassen, kein Lebenszeichen von ihm. So hat er's auch der guten Seele, dem Baron Walldorf, gemacht. Wenn das nun einmal seine Art ist, so darf man freilich es ihm nicht übelnehmen: aber eine feine Art ist's nun einmal nicht. – Escher schmerzt mich bitterlich; da ich weiß, was an ihm verlorengeht: u. er schmerzt mich desto mehr, da er nicht Mann genug ist, sein trauriges Schicksal zu ertragen; freilich ist es auch eine harte Prüfung. – Vom Ottischen Hause bekomme ich auch kein Le-

benszeichen: doch es sei. Ich kann sie leicht vergessen. – Gedenkt wohl noch einer der dortigen Gelehrten an mich? Frage doch darüber Deinen Papa, den ich herzlich zu grüßen bitte. – Es ist traurig, daß man so leicht vergessen wird und daß man von so vielen Verbindungen immer nicht leicht eine behaupten kann, wenn man nicht an dem Orte gegenwärtig ist. Doch habe ich es vielleicht sonst auch so gemacht; jetzt aber werde ich mich von diesem Fehler zu bessern suchen, weil ich selbst sehe, wie unangenehm er ist.

Ich habe meine Logis verändert u. so glücklich verändert, daß ich eine der schönsten Aussichten und vielleicht die gesündeste Luft in Leipzig habe. Aus meinen Fenstern sehe ich oft in der Morgensonne zunächst vor mir die Promenade, über ihr einen der schönsten Gärten, weiter hin eine lange Vorstadt und über ihr hinaus eine unabsehbare Ebene, mit Dörfern und Wäldchen besät, deren Laub durch den Herbst mit dem sanftesten Gemisch von rot und röter und braun tingiert ist.

Da nichts vollkommen sein kann, so habe ich dabei Wirtsleute, die mir sehr zuwider sind. Nun verschlägt das zum Glück bei mir nicht viel. Meine Adresse ist auf dem Neuen Kirchhofe, in Leutschens Hause, 4 Treppen.

Ich beschäftige mich jetzt mit einer Menge von Dingen, weil ich Unterricht darin gebe und gern alles so gut als möglich mache. Außer der Kantischen Philosophie, der ich fortfahre, alle meine Zeit zu widmen, die mir von meinen Stunden übrigbleibt und über deren einen Teil ich an einer Erklärung arbeite, die meinem Willen nach zur Neujahrsmesse die Presse verlassen soll, habe ich besonders Geschmack an der Mathematik gefunden, über welche ich gleichfalls Unterricht gebe.

Du siehst also, daß ich mich meistens mit abstrakten Denken beschäftige und der Einbildungskraft wenig Spielraum gebe; und das ist der Grund meiner Ruhe.

Wie mag es unserer guten Titot gehen? Gern antwortete ich ihr, wenn ich wüßte, daß es ihr Freude machte, und wenn ich wüßte, wo den Brief hinschicken. Alle die Schritte, die sie gemacht hat, werden ihr, glaub ich, nicht viel helfen. Ganz verderben wird man sie wohl nicht lassen; aber bis an ihr Ende wie ein Ball aus einer Hand in die andre geworfen

zu werden, dazu scheint sie doch bestimmt zu sein. Oh, was ist doch Menschenschicksal. Sooft ich so eine Geschichte höre oder lese, so verstärkt sich mein Blick in jene Welt, wo alles gleich sein wird und wo die Arbeit der Mühevollen herzlich enden wird. Oh, könnte man doch allen Geplagten diesen Gedanken recht stark in ihr Herz rufen.
Ich danke Dir herzlich für die überschickten Schweizer Kräuter. Es ist mir ein herzerhebendes Vergnügen zu denken: dies ging durch Ihre Hände: dabei dachte die Liebevolle an Dich: als Sie dies in Ihrer Hand hatte, war ein Teil Ihrer Empfindungen in Dich verschlungen: – und bei diesem Gedanken wird mir unnennbar wohl.
Bahrdts Leben[32] habe ich nicht gelesen, weil ich leider! wenig Zeit habe, Schriften, die bloß zur Unterhaltung geschrieben sind, zu lesen: aber daß es Dir ein Vorurteil gegen Leipzig beigebracht hat, ist mir darum nicht lieb, weil es Dein liebes Herz betrüben könnte, mich da zu wissen. Die Umgänglichkeit der Gelehrten, die auf andern deutschen Universitäten herrscht, ist freilich hier nicht anzutreffen u. kann nicht anzutreffen sein. Denn die Stadt ist zu groß; das Interesse der Menschen zu sehr verschlungen; reines Interesse für Wissenschaft gibt's an allen Enden der Welt wenig; Bedürfnis nach Gesellschaft, welches in kleinern Orten das Band der Geselligkeit knüpft, findet bei denen, die lange hier sind, nicht statt; und die Menschen, die in so großen Haufen beisammen leben, haben überhaupt die wenigste Gelegenheit, sich recht kennenzulernen. Dagegen hat Leipzig, eben wegen seiner Größe, den Vorzug, daß man recht unbekannt u. unbemerkt leben, ungestört studieren kann; wegen vieler Bedürfnisse, die nur der Meinung wegen erfunden sind, nicht im geringsten geniert ist. Jeder lebt, wie er kann; kleidet sich, wie es ihm gefällt; geht, wie es ihm die Natur gab; tut, was ihn gut dünkt: u. kein Mensch hat was dagegen. Was Bardth zu seiner Entschuldigung wegen seiner bekannten Liederlichkeit anführt, scheint mir nicht hinreichend zu sein; denn ein Mensch von Charakter – u. ein Geistlicher sollte das doch wohl sein – läßt sich nicht verführen. Für einen jungen Menschen möchte eine solche Entschuldigung hinreichen.
Doch was verteidige ich Leipzig, das doch nicht der Ort ist, wo ich zu leben wünschte, weil Du nicht da bist u. nicht da

sein kannst.
Antworte mir bald u. glaube, daß alle Tage mir unschmackhaft verfließen werden, solange ich von Dir getrennt bin, und daß nur an Deiner Seite mich mein Glück erwartet. Bleib die Meine und glaube, daß ich mit der innigsten Zärtlichkeit ewig bin ganz der

Deinige F.

An Christoph Friedrich Gottlieb Wenzel[33] [Entwurf]

Königsberg, nach dem 4. Juli 1791

Meine Geschichte in Warschau werden Sie ohne Zweifel bei Empfang dieses Briefes schon wissen. Ich will Zeit und Papier besser anwenden als dazu, sie zu erzählen. Es ist keine Schmeichelei, sondern es strömt aus ganzer Fülle meines Herzens, wenn ich Sie versichere, daß ich diesen Vorfall als das größte Glück preisen würde, das mir je widerfuhr, wenn er mich nicht der angenehmen Aussichten auf Ihren Umgang beraubt, nicht alle die schönen Luftschlösser umgeweht hätte, die ich mir mit Ihnen schon baute. Ich weiß nicht, ob Sie es je gefühlt haben, wie ich Sie liebte, wie mein Herz, das eines Freundes bedarf u. das [?] lange kaum Gesellschafter gehabt hatte, im Begriff war, sich an Sie anzuschließen. Aber – vielleicht will das Schicksal, das unsre Bildung weit voneinander entfernt, dennoch mit einiger Gleichförmigkeit anhob, sie auch entfernt weiter fortsetzen, u. wir sind nur bestimmt, einander einst durch die Freude, uns vollkommener wiederzufinden, zu überraschen. Ich wenigstens werde auch in der Entfernung fortfahren, Sie zu lieben u. jede Gelegenheit zu ergreifen, um es Ihnen zu sagen, wenn ich Ihnen dadurch nicht lästig werde, u. das erwarte ich von Ihrem guten offnen Herzen nicht. – Verzeihen Sie, daß ich Ihnen auf Ihren Brief von Leipzig aus nicht antwortete. Die Abreise überraschte mich, u. da ich von der Reise schrieb, suchte ich Sie nicht mehr in Leipzig. Hätte ich Ihnen doch meine Manuskripte gelassen. Ich konnte sie in Dresden nicht verhandeln, u. nun – sind sie mir entwendet. Meine Reise dauerte gegen 5 Wochen, hatte durch Sachsen und Schlesien, wo ich sie zu Fuße machte, ihre Freuden; u. durch Polen, wo ich mit

Fuhrleuten ging, ihre Leiden. Ich wünsche, daß Sie derselben sowenig als möglich mögen [?] erfahren haben.
Ich werde wahrscheinlich bis Michaelis in Königsberg bleiben, Kantische Philosophie studieren, alles anwenden, um meinem Geiste, der nun wieder so lange dienstbar war, einen neuen freien Schwung zu geben. Ob Kant, in Rücksicht auf welchen ich vorzüglich nach Königsberg ging, mir viel helfen werde, weiß ich noch nicht. Seine Kollegia sind nicht so brauchbar als seine Schriften. Sein schwächlicher Körper ist es müde, einen so großen Geist zu beherbergen. Kant ist schon sehr hinfällig, u. das Gedächtnis fängt an, ihn zu verlassen. Bei Gelegenheit der Kantischen Philosophie, in der ich mich immer inniger weide – ich erwarte sie auch noch da. Ihr unverdorbenes Herz bedarf einer Moral (versteht sich, einer wissenschaftlichen, denn daß Sie eine fürs Leben haben, wer könnte daran zweifeln), u. ich bin von Ihrer Konsequenz überzeugt, daß sie Ihnen über kurz oder lang sicher bestimmen [?] wird, daß Sie nach Ihren jetzigen Prinzipien keine haben können.
Von Michaelis, vielleicht noch eher, stehe ich wieder unter der unmittelbaren Vormundschaft der Vorsehung.
Sie erhalten diesen Brief durch Fuhrleute von Königsberg, die im Hotel d'Allemagne, wo sie bei Ihrer Ankunft einkehrten, stehn.
Sind Sie noch nicht nach Litauen abgereist, so haben Sie die Güte, mir durch eben dieselben in ein paar Zeilen zu melden, daß Sie gesund u. wohl sind, u. daß Sie mir erlauben zu sein.

Ihr treu[?] F[reun]d.

An Immanuel Kant

Königsberg, 18. August 1791

Verehrungswürdiger Mann,
Denn andre Titel mögen für die bleiben, denen man diesen nicht aus der Fülle des Herzens geben kann: – Ich kam nach Königsberg, um den Mann, den ganz Europa verehrt, den aber gewiß in ganz Europa wenig Menschen so lieben wie ich, näher kennenzulernen.
Ich stellte mich Ihnen dar. Erst später bedachte ich, daß es Vermessenheit sei, auf die Bekanntschaft eines solchen

Mannes Anspruch zu machen, ohne die geringste Befugnis dazu aufzuweisen zu haben. Ich hätte Empfehlungsschreiben haben können. Ich mag nur diejenigen, die ich mir selbst mache. Hier ist das meinige.
Es ist mir schmerzhaft, es Ihnen nicht mit dem frohen Bewußtsein übergeben zu können, mit dem ich mir's dachte. Es kann dem Manne, der in seinem Fache alles tief unter sich erblicken muß, was ist und was war, nichts Neues sein, zu lesen, was ihn nicht befriedigt; und wir andern alle werden uns ihm, wie der reinen Vernunft selbst in einem Menschenkörper, nur mit bescheidner Erwartung seines Ausspruchs nahen dürfen. Es würde vielleicht mir, dessen Geist in mancherlei Labyrinthen herumirrte, ehe ich ein Schüler der Kritik wurde, der ich dies erst seit sehr kurzer Zeit bin, und dem seine Lage nur einen kleinen Teil dieser kurzen Zeit diesem Geschäfte zu widmen erlaubt hat, von einem solchen Manne und von meinem Gewissen verziehen werden, wenn meine Arbeit auch noch unter dem Grade der Erträglichkeit wäre, auf welchem der Meister das Beste erblickt. Aber kann es mir verziehen werden, daß ich sie Ihnen übergebe, da sie nach meinem eignen Bewußtsein schlecht ist? Werden die derselben angehängten Entschuldigungen mich wirklich entschuldigen? Der große Geist würde mich zurückgeschreckt haben, aber das edle Herz, das mit jenem vereint allein fähig war, der Menschheit Tugend und Pflicht zurückzugeben, zog mich an. Über den Wert meines Aufsatzes habe ich das Urteil selbst gesprochen: ob ich jemals etwas Besseres liefern werde, darüber sprechen Sie es. Betrachten Sie es als das Empfehlungsschreiben eines Freundes oder eines bloßen Bekannten oder eines gänzlich Unbekannten oder als gar keins. Ihr Urteil wird immer gerecht sein. Ihre Größe, vortrefflicher Mann, hat vor aller gedenkbaren menschlichen Größe das Auszeichnende, das Gottähnliche, daß man sich ihr mit Zutrauen nähert.
Sobald ich glauben kann, daß Dieselben diesen Aufsatz gelesen haben, werde ich Ihnen persönlich aufwarten, um zu erfahren, ob ich mich ferner nennen darf

Euer Wohlgeboren
innigsten Verehrer
Johann Gottlieb Fichte

An Immanuel Kant

Königsberg, 2. September 1791

Euer Wohlgeborn verzeihen gütigst, daß ich abermals lieber schriftlich als mündlich mit Ihnen reden will.

Dieselben haben mich mit einer gütigen Wärme empfohlen, um die ich nicht gewagt hätte, Sie zu bitten; eine Großmut, die meine Dankbarkeit unendlich vermehrt und mir Mut macht, mich Euer Wohlgeborn ganz zu entdecken; welches ich in Absicht Ihres Charakters zwar auch vorher wagen, aber ohne eine nähere Erlaubnis von Ihnen mir nicht verstatten durfte, ein Bedürfnis, das derjenige, der sich nicht gern jedermann entdeckt, gegen den ganz guten Charakter doppelt fühlt.

Zuerst erlauben mir Euer Wohlgeborn, zu versichern, daß mein Entschluß, lieber nach Königsberg als sogleich zurück nach Sachsen zu gehen, zwar insofern eigennützig war, daß ich das Bedürfnis dem Manne, dem ich alle meine Überzeugungen und Grundsätze, dem ich meinen Charakter bis auf das Bestreben, einen haben zu wollen, verdanke, einen Teil meiner Empfindungen zu entdecken befriedigen, soviel kurzer Zeit möglich, Sie benutzen, und wenn es sein könnte, mich Ihnen für meine etwanige künftige Laufbahn vorteilhaft empfehlen wollte; daß ich aber ein so gegenwärtiges Bedürfnis Ihrer Güte nicht voraussetzen konnte; weil ich mir teils Königsberg so reich und noch reicher an Hülfsmitteln als z. B. Leipzig vorstellte, teils im äußersten Falle durch einen Freund[34], der in einem angesehnem Amte in Riga steht, von hier aus in Livland unterzukommen glaubte. – Ich glaube diese Versicherung teils mir selbst schuldig zu sein, um auf Empfindungen, die rein aus meinem Herzen flossen, keinen Verdacht eines niedern Eigennutzes zu lassen; teils Ihnen, wenn ein freier offener Dank des durch Sie unterrichteten und gebesserten Ihnen lieb ist.

Ich habe das Geschäft des Hauslehrers 5 Jahre lang getrieben und die Unannehmlichkeit desselben, Unvollkommenheiten sehen zu müssen, die von wichtigen Folgen sind, und an dem Guten, das man stiften könnte, kräftig verhindert zu werden, so empfunden, daß ich es nunmehr vor 1½ Jahre auf immer aufzugeben glaubte; und daß ich ängstlich werde, wenn ein wohlwollender Mann es übernimmt, mich zu diesem Geschäfte zu empfehlen, indem ich befürchten muß, daß es nicht ganz zu seinem Vergnügen ausschlagen möchte. Ich ließ mich durch die wenig gegründete Hoffnung, es einmal besser anzutreffen, und vielleicht unmerklich durch Aussicht auf Geldvorteil und Größe ohne gehörige Überlegung hinreißen, dies Geschäft noch einmal in Warschau zu übernehmen; ein Entschluß, dessen Vereitlung ich nach Entwicklung der Verlegenheiten, in denen ich jetzo bin, segnen werde. Ich fühle dagegen das Bedürfnis, alles das, was zu frühes Lob gütiger, aber zuwenig weiser Lehrer, eine fast vor dem Übertritte ins eigentliche Jünglingsalter durchlaufene akademische Laufbahn und seitdem die beständige Abhängigkeit von den Umständen mich versäumen ließen nachzuholen, ehe die Jahre der Jugend vollends verfliegen, mit Aufgebung aller ehrgeizigen Ansprüche, die mich eben zurückgesetzt haben, mich zu allem zu bilden, wozu ich tüchtig werden kann, und das übrige den Umständen zu überlassen, täglich stärker. Diesen Zweck kann ich nirgends sichrer erreichen als in meinem Vaterlande. Ich habe Eltern, die mir zwar nichts geben können, bei denen ich aber doch mit geringem Aufwand leben kann. Ich kann da mich mit schriftstellerischen Arbeiten beschäftigen (das wahre Mittel der Ausbildung für mich, der ich alles in mich hineinschreiben muß und der ich zu viel Ehrliebe habe, um etwas zum Druck zu geben, worüber ich nicht selbst völlig gewiß bin) und eben beim Aufenthalte in meiner vaterländischen Provinz (der Oberlausitz) am ehsten und leichtesten durch eine Dorfpfarre die völlige literarische Muße erhalten, die ich bis zu meiner völligen Reife wünsche. Das beste für mich scheint also, in mein Vaterland zurückzugehen. Hierzu aber sind mir die Mittel abgeschnitten. Ich habe noch 2 Dukaten, und diese sind nicht mein, denn ich habe sie für Miete u. dgl. zu bezahlen. Es scheint also kein Mittel übrig zu sein, mich zu retten, wenn sich nicht jemand findet, der mir Unbekannten, bis auf die Zeit, da ich sicher rechnen kann, wieder zu bezahlen, d. i. bis Ostern künftigen Jahrs, gegen Verpfändung meiner Ehre und im festen Vertrauen auf dieselbe, die Kosten der Rückreise vorstrecke. Ich kenne niemanden, dem man dieses Pfand, ohne Furcht, ins Gesicht gelacht zu bekommen, anbieten dürfte, als Sie, tugendhafter Mann.

Ich habe die Maxime, niemanden etwas anzumuten, ohne untersucht zu haben, ob ich selbst vernünftigerweise bei umgekehrtem Verhältnisse eben das für jemand tun könnte; und habe in gegenwärtigem Falle gefunden, daß ich, die physische Möglichkeit vorausgesetzt, es für jeden tun würde, dem ich die Grundsätze sicher zutrauen könnte, von denen ich wirklich durchdrungen bin.

Ich glaube so sicher an eine eigentliche Hingebung der Ehre zum Pfande, daß ich durch die Notwendigkeit, etwas auf sie versichern zu müssen, einen Teil derselben zu verlieren glaube; und die tiefe Beschämung, die mich dabei betrifft, ist Ursache, daß ich einen Antrag von gegenwärtiger Art nie mündlich machen kann, da ich niemand zum Zeugen derselben wünsche. Meine Ehre scheint mir so lange, bis das bei derselben geschehene Versprechen erfüllt ist, wirklich problematisch, weil es dem andern Teile immer möglich ist, zu denken, ich werde es nicht erfüllen. Ich weiß also, daß, wenn Euer Wohlgeborn meinen Wunsch erfüllen sollten, ich zwar immer mit inniger Verehrung und Dankbarkeit, aber doch mit einer Art von Beschämung an Sie zurückdenken werde, und daß das völlig freudige Andenken einer Bekanntschaft, die ich bestimmte, mir lebenslang wohl zu machen, mir nur dann möglich sein wird, wenn ich mein Wort werde gelöst haben. Diese Gefühle kommen aus dem Temperamente, ich weiß es, und nicht aus Grundsätzen, und sie sind vielleicht fehlerhaft; aber ich mag sie nicht ausrotten, bis die völlige Festigkeit der letztern mir diese Ergänzung derselben ganz entbehrlich macht. Insoweit aber kann ich mich auch auf meine Grundsätze verlassen, daß, wenn ich fähig sein sollte, mir ein Ihnen gegebnes Wort nicht zu halten, ich mich zeitlebens verachten und scheuen müßte, einen Blick in mein Inneres zu tun, Grundsätze, die mich stets an Sie und an meine Ehrlosigkeit erinnerten, aufgeben müßte, um mich der peinlichsten Vorwürfe zu entledigen.

Dürfte ich eine solche Denkungsart bei jemanden vermuten, so würde *ich* das, wovon die Rede ist, sicher für ihn tun; *wie* aber und *durch welche Mittel* ich mich, wenn ich an Ihrer Stelle wäre, von der Anwesenheit einer solchen Denkungsart bei mir überzeugen könnte, ist mir nicht ebenso klar.

Ich, verehrungswürdiger Mann, schloß, wenn es mir erlaubt ist, sehr Großes mit sehr Kleinem zu vergleichen, aus Ihren Schriften mit völliger Zuversicht auf einen mustermäßigen Charakter, und ich würde, auch noch ehe ich das geringste von Ihrer Handlungsart im bürgerlichen Leben wußte, alles verwettet haben, daß es so sei. Von mir habe ich Ihnen, jedoch zu einer Zeit, da es mir noch gar nicht einfiel, je so einen Gebrauch von Ihrer Bekanntschaft zu machen, nur eine Kleinigkeit vorgelegt, und mein Charakter ist wohl noch nicht fest genug, um sich in allem abzudrücken; aber dafür sind Euer Wohlgeborn auch ein ohne Vergleich größrer Menschenkenner und erblicken vielleicht auch in dieser Kleinigkeit Wahrheitsliebe und Ehrlichkeit, wenn sie in meinem Charakter sind.
Endlich – und dies setze ich beschämt hinzu – ist, wenn ich fähig sein sollte, mein Wort nicht zu halten, auch meine Ehre vor der Welt in Ihren Händen. Ich denke unter meinem Namen Schriftsteller zu werden; ich werde Sie, wenn ich zurückreisen sollte, um Empfehlungsschreiben an einige Gelehrte bitten. Diesen, deren gute Meinung ich dann Ihnen dankte, meine Ehrlosigkeit zu melden, wäre, meiner Meinung nach, Pflicht; so wie es überhaupt, glaub ich, Pflicht wäre, die Welt vor einem so schlechterdings unverbesserlichen Charakter zu warnen, als darzu gehören würde, um zu dem Manne, in dessen Atmosphäre der Falschheit weh' werden sollte, zu kommen und durch angenommene Miene der Ehrlichkeit seinen Scharfblick täuschen und der Tugend und der Ehre so gegen ihn zu spotten.
Das waren die Betrachtungen, die ich anstellte, ehe ich's wagte, Euer Wohlgeborn diesen Brief zu schreiben. Ich bin, zwar mehr aus Temperament und durch meine gemachte Erfahrungen als aus Grundsätzen, sehr gleichgültig über das, was nicht in meiner Gewalt ist. Ich bin nicht das erstemal in Verlegenheiten, aus denen ich keinen Ausweg sehe; aber es wäre das erstemal, daß ich in ih[n]en bleibe. Neugier, *wie* es sich entwickeln wird, ist meist alles, was ich in solchen Vorfällen fühle. Ich ergreife schlechtweg die Mittel, die mir mein Nachdenken als die besten zeigt, und erwarte dann ruhig den Erfolg. Hier kann ich es um desto mehr, da ich ihn in die Hände eines weißen und guten Mannes lege.

Aber von einer andern Seite überschicke ich diesen Brief mit einem ungewohnten Herzklopfen. Ihr Entschluß mag sein, welcher es will, so verliere ich etwas von meiner Freudigkeit zu Ihnen. Ist er bejahend, so kann ich das verlorne einst wiedererwerben; ist er verneinend, nie, wie es mir scheint.
Indem ich schließen will, fällt mir die Anekdote von jenem edlen Türken bei, der einem ganz unbekannten Franzosen einen ähnlichen Antrag machte. Der Türk ging gerader und offener; er hatte unter seiner Nation wahrscheinlich nicht die Erfahrungen gemacht, die ich unter der meinigen gemacht habe: aber er wußte auch nicht mit der Überzeugung, daß er mit einem edlen Manne zu tun habe, mit der ich es weiß. Ich schäme mich der Scham, die mich zurückhält, bei dieser Empfindung meinen Brief ins Feuer zu werfen; hinzugehn; und Sie anzureden, wie der edle Türk den Franzosen.
Wegen des Tones, der in diesem Briefe herrscht, darf ich Euer Wohlgeborn nicht um Verzeihung bitten. Das ist eben eine Auszeichnung des Weisen, daß man mit ihm redet wie ein Mensch mit einem Menschen.
Ich werde, sobald ich hoffen darf, Dieselben nicht zu stören, Ihnen aufwarten, um Ihren Entschluß zu wissen; und bin mit inniger Verehrung und Bewunderung

Euer Wohlgeborn
ganz gehorsamster
J. G. Fichte.

An Friedrich August Weisshuhn [Entwurf]

Königsberg, 11. Oktober 1791

An Weißhuhn projektiert.
Denn hier bin ich, liebster Freund, in Verbindung mit Kant, Schultz[35] u. andern würdigen Männern dieser Stadt. Wie ich hieher kam, will ich Ihnen kurz erzählen, um mehr Raum für merkwürdigre Dinge zu haben. Daß ich nicht eben sehr klüglich [?] nach Warschau ging, habe ich Ihnen von Oppach aus geschrieben. Madame[36] – denn in Warschau ist Madame alles – agreierte ich nicht: Ich sollte ein Franzose sein u. war Deutscher, ich sollte unter ihrer

Oberdirektion dirigieren u. mochte ihr eine etwas störrige Miene zu haben scheinen; sie versuchte beim ersten Besuche, mich etwas zu beugen, u. ich schrieb ihr, daß aus uns nichts werden könnte, ehe ich ihr den zweiten machte. Wir zerrten uns ein Weilchen, ich wollte Entschädigung in barem Gelde, sie wollte es lieber selbst behalten, es ward ihr gedroht, ich werde sie verklagen, sie rückte ein paar Dutzend Dukaten heraus, u. ich, froh, nun soviel zu bekommen, der ich mit Fug u. Recht freilich noch mehr hätte fordern können, u. meine um ein schnödes Sündengeld verkaufte Freiheit wiederzuhaben, reiste nach Königsberg: Sie erraten, warum? Ich schloß mich 6 Wochen auf mein Zimmer ein u. schrieb eine Abhandlung: Als sie fertig war, war ich herzlich mißvergnügt mit ihr, aber in der Bedürfnis, endlich die Bekanntschaft des großen Mannes zu machen, schickte ich sie ihm. Er dachte gütiger von ihr, als ich selbst gedacht hatte, würdigte mich seines nähern Zutritts, empfahl mich hier u. da mit Wärme, munterte mich endlich, da meine Dukaten zu schmelzen anfingen u. ich ihm daraus kein Geheimnis mache, wie ich denn für ihn keins haben könnte (dies ja unter uns), auf, sie drucken zu lassen, u. verschaffte mir durch eine Mittelsperson[37] einen so ziemlich wohlgezognen Verleger. Dieser Brief geht mit dem ersten Transport des Manuskripts nach Halle: u. geradheraus sage ich Ihnen, daß ich hierüber eine Bitte an Sie habe.
Es ist ein Versuch einer Kritik aller Offenbarung. Sie schließen schon aus dem Titel, daß Sie es sind, dem ich die Idee u. vielleicht das Beste, was in der Behandlung ist, verdanke. K[ant] hat wegen überhäufter Geschäfte sie nicht ganz, sondern nur ohngefähr bis § 3 gelesen. Das Gelesene, ob es gleich meinem Gefühle nach [?] nicht das beste der Abhandlung war, es hat seitdem beträchtl[iche] Veränderungen erlitten, hat seinen Beifall. Der mir von K. empfohlne Vermittler zwischen mir und dem Verleger[38], ein gewisser Pf[arrer] Borowski, hat es so zieml[ich] ganz gelesen u. mit seinem Beifall beehrt: aber ich trau ihm nicht Fähigkeit genug zu, es zu beurteilen. Schultz liest es gegenwärtig. An Fähigkeit möchte es dem wohl nicht fehlen; aber ich sehe voraus, daß er viel, u. das mit Unrecht, mißbilligen wird, weil er, dieser scharfe strenge [?] Philosoph, der – in Religionsfragen[?] [–] denn ich weiß nicht, ob Sie sich mit

dergleichen Art [?] – für diese nicht weniger getan hat als K. für die Philosophie, über positive Religion – wer sollte es glauben! – rechtgläubigere Begriffe hat, als ein kritischer Philosoph u. Mathematiker haben sollte. Einen Fr[eund] wie Sie wünschte ich zum Beurteiler; aber den hat mir der Himmel versagt. Das Manuskript soll schleunigst abgedruckt werden, um womöglich noch zur Messe zu erscheinen. Ich selbst bin – es ist nicht erheuchelte Autorbescheidenheit – herzlich schlecht damit zufrieden. Den Beweis ein andermal, denn vor jetzt werde ich mich wohl hüten, mein eignes Kind mit grausamer Blutgier zu zerfleischen. Meinem Willen nach hätte es ruhig unter andern Exerzitien modern sollen, aber Sie wissen das Schicksal der Mestra, Praebebat – misero (non justa?) alimenta parenti[39][.]
Dennoch muß ich sehen, wie ich noch halb mit Ehren aus diesem Schritte komme; unter anderm liegt mir daran, mein Ansehen bei meinem Verleger nicht zu verlieren, der wunder welch ein Werk an sich gekauft zu haben glaubt (weil es *auch* eine Kritik ist, denk ich) u. soviel an mir liegt, das Debüt zu befördern. Aus dieser Ursache mit hab ich einen Namen vorgesetzt. Nicht wenig [?] [...] die aus Neugier machen [?] Kann die Freundschaft Sie bewegen, lieber Freund, nicht ein falsches Zeugnis abzulegen, – das soll sie nicht – aber wenigstens mit leichterer Hand die Schäden [?] zu streichen, die ein Fremder etwa unsanfter berühren möchte, so erweisen Sie dem Kindgen bei seiner Erscheinung den ersten Liebesdienst u. kündigen es in der Leipziger Gelehrten-Zeitung an. Es soll sogleich nach vollendetem Abdrucke von Halle aus Ihnen zugesendet werden. Noch lieber würde ich Sie um diesen Dienst in der J[e]n[aer] Literatur-Zeitung bitten, wenn ich hoffen dürfte, daß Sie einen Kanal dahin hätten. Doch das vermittle ich vielleicht von Königsberg aus. In die Leipziger aber hat Kindervater[40] gearbeitet, arbeitet, glaube ich, noch zuweilen herin u. steht in Verbindung mit Beck[41]. Wenn Sie diese Rezension also an ihn schicken, so wird sie sicher eingerückt. Ich hätte an ihn selbst darob geschrieben, aber – er könnte es übelnehmen, daß ich den Auftrag nicht ihm selbst gäbe, u. das möchte ich doch nicht. Ich weiß nicht, ob er Kantianer [?] u. überhaupt Philosoph genug dazu ist. Sie werden das schon nach Ihrer eignen Klugheit einzurichten

wissen. Nur nicht ambitiose bitten; aber dieses erlauben Sie mir hinzuzusetzen: Wenn es Ihre Lage erlaubt, u. wenn Sie nicht Bedenklichkeiten haben, die lediglich von Ihnen selbst hergenommen sind, so lassen Sie sich ja nicht durch diejenigen, die man bei einer solchen Bitte von mancher [?] Person wohl haben könnte, abhalten, sie zu erfüllen. Ich wünsche außerdem, daß meine Schrift bald bekannt würde [?], nur zwei Dinge, teils, daß man einen Aufsatz, der einen doch nicht ganz unwichtigen Gegenstand des Nachdenkens auf eine neue nicht ganz nutzlose [?] Art behandelt, nicht völlig en bagatelle karikiere, teils, daß der Tadel in anständigem Tone gesagt werde; mit einer freiern scharfen Prüfung aber ist mir wirklich gedient. Die Resultate sind enge [?] nach K. Meinung, wie ich aus Unterredungen mit ihm darüber weiß. Dies sage ich nicht etwa, um Sie im voraus zu schrecken. Es ist nichts Neues, durch unrichtige Prämissen auf richtige Resultate zu kommen. –
Das nächste, was ich jetzt arbeiten möchte, ist eine Kritik des Begriffs der Vorsehung, besonders mit Beziehung auf die mögl[ichen] Trostgründe bei den Leiden des Lebens, wenn Sie es nicht übel empfinden, daß ich auf Ihre Fußtapfen gehe. Ich muß aber gestehen, daß ich es besonders mit in dieser Rücksicht tun möchte. Ich habe erst in Leipzig Urteile von Halle aus über Ihre damalige Rezension gehört, die mich ärgerten. Fest[42] ist auch hier – freilich [?] nicht bei den Kantianern [?] – vorteilhaft bekannt; tröstet er aber so, wie ich mir's denke, nämlich aus Prinzipien [?] der Theodizee – denn ich habe sein Buch nur einmal bei Ihnen *gesehen* –, so will ich ihm ohne viel Mühe das Garaus machen, wenn Sie mir die Sache überlassen wollen, der ich so unparteiisch dabei scheine. Dazu wünschte ich aber wohl, ihre Rezension[43] zu haben. Den Weg dazu werde ich Ihnen anzeigen.
Was machen Sie jetzt. Sie schreiben einen philosophischen Traum, sagte mir Ihr Herr Bruder in Leipzig. Seit der Zeit haben Manso[44], Scholz u. Compagnie ähnliche herausgegeben. Ich habe sie nicht gelesen, den Ihrigen aber möcht ich. Gern möchte ich Sie Kanten bekannt machen. Aber ich habe nichts von Ihnen. Um Ihr[e] Sinngedichte hat mich leider! Fritzsche nicht auf die edelste Art gebracht, u. ich kann ihm dies weniger verzeihen, als daß er bei Packung [?] mei-

nes Koffer einige Manuskripte an sich genommen hat, die er gewiß weder liest noch versteht u. die ich jetzt, da das Eisen warm ist, vielleicht verkaufen könnte. Wollen Sie so gütig sein, gegenwärtige Absendung [?] an ihn zu schicken. Ich habe ihm nicht geschrieben, seit ich beides entdeckt, u. tue ihm hiermit nur kund, daß ich verreist. Sie können den Brief an ihn besorgen, wie Sie wollen, da ich ihm nicht schreibe, an wen ich ihn eingeschlagen habe.

An Immanuel Kant

Krockow, 23. Januar 1792

Ich habe ohnlängst die meinem Herzen sehr erfreuliche Nachricht erhalten, daß Euer Wohlgeborn mit der liebevollsten Besorgsamkeit bei jener unerwarteten Zensurverweigerung und Herrn Hartungs darauf gefaßten Entschlusse in Ihrem Rate dabei auf mein mögliches künftiges Wohl bedacht gewesen sind. Das Andenken und die Besorgsamkeit eines Mannes, der meinem Herzen über alles ehrwürdig ist, ist mir teuer, und ich versichere *Dieselben* hierdurch meiner wärmsten Dankbarkeit dafür; eine Versicherung, die ich, um *Ihrer* Zeit zu schonen, erst später würde gegeben haben, wenn ich nicht zugleich *Ihres* Rats bedürfte.
Ein Gönner nämlich, den ich verehre, bittet mich in einem Briefe über diesen Gegenstand, der mit einer Güte geschrieben ist, die mich rührt, bei einer durch diesen Aufschub des Drucks vielleicht möglichen Revision der Schrift doch noch ein paar Punkte in ein ander Licht zu stellen, die zwischen ihm und mir zur Frage gekommen sind. Ich habe nämlich gesagt, daß der Glaube an eine gegebne Offenbarung vernunftmäßig nicht auf Wunderglauben gegründet werden könne, weil kein Wunder, als solches, zu erweisen sei, habe aber in einer Note hinzugesetzt, daß man, nach anderweitigen guten Gründen, daß eine Offenbarung als göttlich annehmbar sei, sich allenfalls der Vorstellung von bei ihr geschehnen Wundern bei Subjekten, die so etwas bedürfen, zur Rührung und Bewunderung bedienen könne; die einzige Milderung, die ich diesem Satze geben zu können glaubte. Ich habe ferner gesagt, daß eine Offenbarung weder unsre dogmatischen noch moralischen Erkenntnisse

ihrer Materie nach erweitern könne; aber wohl zugestanden, daß sie über transzendente Gegenstände, über welche wir zwar das *Daß* glauben, über das *Wie* aber nichts erkennen können, etwas bis zur Erfahrung provisorisch und für die, die es sich so denken wollen, subjektiv Wahres hinstellen könne, welches aber nicht für eine materielle Erweiterung, sondern bloß für eine zur Form gehörige verkörpernde Darstellung des schon a priori gegebnen Geistigen zu halten sei. Ohnerachtet fortgesetzten Nachdenkens über beide Punkte habe ich bis jetzt keine Gründe gefunden, die mich berechtigen könnten, jene Resultate abzuändern.
Dürfte ich Euer Wohlgeborn, als den kompetentesten Richter hierüber, ersuchen, mir auch nur in zwei Worten zu sagen, ob und auf welchem Wege andere Resultate über diese Punkte zu suchen seien, oder ob eben jene die einzigen seien, auf welche eine Kritik des Offenbarungsbegriffes unausweichlich führen müsse? Ich werde, wenn Euer Wohlgeborn die Güte dieser zwei Worte für mich haben sollten, keinen andern Gebrauch davon machen als den, der mit meiner innigen Verehrung gegen Sie übereinkommt. Auf eben gedachten Brief habe ich mich schon dahin erklärt, daß ich der Sache weiter nachzudenken nie ablassen u. stets bereit sein würde, zurückzunehmen, was ich als Irrtum anerkennen würde.
Über die Zensurverweigerung an sich habe ich, nach den so deutlich an den Tag gelegten Absichten des Aufsatzes und nach dem Tone, der durchgängig in ihm herrscht, [mich] nicht anders als wundern können. Auch sehe ich schlechterdings nicht ein, woher die *theologische* Fakultät das Recht bekam, sich mit der Zensur einer solchen Behandlung einer solchen Frage zu befassen.
Ich wünsche Euer Wohlgeborn die unerschüttertste Gesundheit, empfehle mich der Fortdauer Deroselben gütiger Gesinnungen und bitte Sie zu glauben, daß ich mit der innigsten Verehrung bin

Euer Wohlgeborn
ganz gehorsamster
J. G. Fichte.

Krockow, 17. Februar 1792

Euer Wohlgeborn gütiges Schreiben hat mir, sowohl um der Güte willen, mit der Sie meine Bitte so bald erfüllten, als um seines Inhalts willen, innige Freude gemacht. Ich fühle jetzt über die in Untersuchung gekommenen Punkte ganz die Ruhe, welche nächst eigner Überzeugung auch noch die Autorität desjenigen Mannes geben muß, den man über alles verehrt.

Wenn ich Ew. Wohlgebor. Meinung richtig gefaßt habe, so bin ich den durch Sie vorgeschlagnen Mittelweg der Unterscheidung eines Glaubens der *Behauptung* von dem eines durch Moralität motivierten *Annehmens* in meinem Aufsatze wirklich gegangen. Ich habe nämlich die meinen Grundsätzen nach einzig mögliche vernunftmäßige Art eines Glaubens an die Göttlichkeit einer gegebnen Offenbarung, welcher (Glaube) nur eine gewisse Form der Religions-Wahrheiten zum Objekte hat, von demjenigen, der diese Wahrheiten an sich als reine Vernunftpostulate annimmt, sorgfältig zu unterscheiden gesucht. Es war nämlich eine auf Erfahrung von der Wirksamkeit einer als göttlichen Ursprungs gedachten Form dieser Wahrheiten zur moralischen Vervollkommnerung sich gründende freie Annahme des göttlichen Ursprungs dieser Form, den man jedoch weder sich noch andern beweisen kann, aber eben so sicher ist, ihn nicht widerlegt zu sehen; eine Annahme, welche, wie jeder Glaube, bloß subjektiv, aber nicht, wie der reine Vernunftglaube, allgemeingültig sei, da er sich auf eine besondre Erfahrung gründe. – Ich glaube diesen Unterschied so ziemlich ins Licht gesetzt zu haben, und ganz zum Beschlusse suchte ich die praktischen Folgen dieser Grundsätze darzustellen; daß sie nämlich zwar alle Bemühungen, unsre subjektive Überzeugungen andern aufzudringen, aufhöben, daß sie aber auch jedem den unstörbaren Genuß alles dessen, was er aus der Religion zu seiner Besserung brauchen kann, sicherten und den Bestreiter der positiven Religion nicht weniger als ihren dogmatischen Verteidiger zur Ruhe verwiesen, usw. – Grundsätze, durch die ich bei wahrheitsliebenden Theologen keinen Zorn zu verdienen glaubte. Aber es ist geschehen, und ich bin jetzt entschlossen, den Aufsatz zu lassen, wie er ist, und dem Verleger zu überlassen, damit zu verfahren, wie er will. Euer Wohlgeborn aber, Denen ich alle meine Überzeugungen überhaupt als besonders die Berichtigung und Befestigung in denen, wovon hier vorzüglich die Rede war, verdanke, bitte ich die Versicherung der Hochachtung und vollkommensten Ergebenheit gütig aufzunehmen, mit der ich die Ehre habe zu sein

Euer Wohlgeborn
inniger Verehrer
J. G. Fichte

An Immanuel Kant

Krockow, 6. August 1792

Durch einen Umweg, weil ich selbst die Literaturzeitung sehr spät erhalte, bekomme ich eine unbestimmte Nachricht, daß in dem Intelligenzblatte derselben meine Schrift für eine Arbeit von Euer Wohlgeborn ausgegeben[45] worden, und daß Dieselben sich genötigt gesehen, dagegen zu protestieren. In welchem Sinne es möglich war, so etwas zu sagen, sehe ich nicht ein; und kann es um so weniger einsehen, da ich die Sache nur unbestimmt weiß. – So schmeichelhaft ein solches Mißverständnis an sich für mich sein müßte; so erschreckt es mich doch sehr, wenn ich es mir als möglich denke, daß Euer Wohlgeborn oder ein Teil des Publikum glauben könnten: ich selbst habe durch eine Indiskretion diejenige Art der Hochachtung, die Ihnen jedermann um desto mehr schuldig ist, da sie fast die einzige bleibt, die wir Ihnen erweisen dürfen, verletzt und dadurch auch nur die entfernteste Veranlassung zu diesem Vorfalle gegeben.
Ich habe sorgfältig alles zu vermeiden gesucht, was Dieselben die eigentlich *wohltätige* Verwendung – ich weiß das und anerkenne es – um meinen ersten schriftstellerischen Versuch bereuen machen könnte. Ich habe *nie, gegen irgend jemand* etwas gesagt, das Ihrer Äußerung, daß Sie nur einen kleinen Teil meines Aufsatzes gelesen und aus diesem auf das übrige nur geschlossen, widerspräche; ich habe vielmehr eben das mehrmals gesagt. Ich habe in der Vorrede

den kaum merklichen Wink, daß ich so glücklich gewesen bin, wenigstens zum Teil gütig von Ihnen beurteilt zu werden, vertilgt. (Ich wünschte jetzt, leider zu spät! die ganze Vorrede zurückbehalten zu haben.)
Dies ist die Versicherung, die ich Euer Wohlgeborn, nicht aus Furcht, daß Sie ohne gegebne Veranlassung mich für indiskret halten würden, sondern um Denenselben meine Teilnahme an dem unangenehmen Vorfalle, die sich auf die reinste Verehrung gegen Sie gründet, zu erkennen zu geben, machen wollte. Sollte, wie ich vor völliger Kunde der Sachen nicht beurteilen kann und worüber ich mir Euer Wohlgeborn gütigen Rat erbitte, noch eine öffentliche Erklärung von meiner Seite nötig sein, so werde ich sie ohne Anstand geben.
Werden Euer Wohlgeborn der Frau Gräfin von Krockow, in deren Hause ich so glückliche Tage verlebe, welche mir aufträgt, Ihnen ihre Hochachtung zu versichern und welche selbst die aller Welt verdient, eine kleine Neugier für gut halten? Sie findet ohnlängst im bischöflichen Garten zu Oliva an der Statue der Gerechtigkeit Ihren Namen angeschrieben und wünscht zu wissen, ob Sie selbst da gewesen sind. Ohngeachtet ich ihr nun vorläufig zugesichert habe, daß aus dem angeschriebnen Namen sich gar nichts schließen lasse, weil Sie es sicher nicht gewesen, der ihn hingeschrieben; so hat sie sich doch schon zu sehr mit dem Gedanken familiarisiert, an einem Orte gewesen zu sein, wo auch Sie einst waren, und besteht auf ihrem Verlangen, Sie zu fragen. Ich finde aber, daß dieser Neugier noch etwas anders zum Grunde liegt. „Sind Sie in Oliva schon einmal gewesen, denkt sie, so könnten Sie wohl einst in Ihren Ferien wieder dahin und von da aus wohl nach Krockow kommen" – und es gehört unter ihre Lieblingswünsche, Sie einmal bei sich zu sehen und Ihnen ein paar vergnügte Tage oder auch Wochen zu machen; und ich glaube selbst, daß sie den zweiten Teil ihres Wunsches sicher erreichen würde, wenn sie den ersten erreichen könnte.
Ich bin mit warmer Verehrung

Euer Wohlgeborn
gehorsamster Diener
J. G. Fichte

An Heinrich Theodor von Schön[46]

Krockow, 23. August 1792

Es ergreift mich in allem Ernste, sowie ich die Feder ansetze, eine unangenehme Empfindung, daß ich Ihrer Verzeihung so oft bedürfen soll,

Würdigster Freund. Besonders ist für dieses Mal, ich gestehe es, mein langes Stillschweigen desto häßlicher, da Sie seit Ihrem letztern Briefe in eine einsamere Lage gekommen sind, wo man sich, wie ich selbst aus Erfahrung weiß, an seine abwesenden Freunde enger anschließt und lebhafter wünscht, sich wenigstens schriftlich mit ihnen zu unterhalten – nur das einzige, liebster Freund, schreiben Sie mein Stillschweigen ja nicht einer Erkaltung der Freundschaft oder einer Stumpfheit, den Wert der Ihrigen zu schätzen, sondern lieber jeder andern Ursache zu und bestrafen Sie mich ja nicht mit gleichem Stillschweigen.

Doch wenn ich zu entschuldigen bin, so habe ich die triftigsten Entschuldigungen von der Welt. Seit Ihrem letztern Briefe habe ich Unruhen, Zerstreuungen, Geschäfte von so mancherlei Art gehabt: habe eine so starke Korrespondenz führen müssen, daß ich eine meiner angenehmsten, die mit Ihnen, eine Zeitlang aufschob.

Mein Aufsatz hat nun längst, wie Sie vielleicht wissen werden, die Presse verlassen und auch seit seiner öffentlichen Erscheinung sowie vor derselben mancherlei Schicksale gehabt. Was in der Allgem[einen] L[i]t[e]r[atur-]Z[ei]t[un]g darüber zur Sprache gekommen, werden Sie, der Sie dieselbe eher bekommen als ich, vielleicht schon gelesen haben. Ich weiß es nur durch die Nachrichten meiner Königsberger Freunde, d. h. sehr unbestimmt. Über das Geträtsch, das sich in dem Intelligenzblatte derselben erhoben, hat mich Kant benachrichtiget. Kant ist ein edler Mann, und ich – Ihnen darf ich das sagen, denn Sie wissen, daß ich es Ihnen in keiner andern Absicht mitteile, als um Ihrem freundschaftlich gesinnten Herzen eine Freude zu machen – ich darf mir schmeicheln, seine Freundschaft in einem hohen Grade zu besitzen. –

In den Königsberger Anzeigen hat man mich sehr günstig beurteilt, u. die Rezension ist von einem Manne, der in meine Schrift sich so hineingedacht hat, daß er einen Auszug von derselben geliefert, den ich – ich sage nicht [nicht] besser, sondern gewiß nicht so gut gemacht hätte. Die Rezension in der A[llgemeinen] L[iteratur-]Z[ei]t[un]g habe ich noch nicht gelesen. Kant schreibt: sie sei weitläuftig, mir sehr rühmlich und auch gründlich. – Kurz, bis jetzt habe ich mit meinem ersten Ausfluge viel unverdientes Glück gehabt.

Seit meiner Abreise von Königsberg habe ich – ich sage es wahrlich nicht zu meinem Ruhme – so ziemlich das Leben eines Tagediebs geführt. Ganz müßig sein kann ich nun freilich nicht, aber nichts Vollkommnes, Ganzes, Zweckmäßiges. Wie werde ich meinen gütigen Freunden; wie werde ich dem Publikum, wenn dies sich um mich bekümmern sollte, Rechenschaft von meiner Muße ablegen können? –

Doch zu etwas Angenehmern! Sie haben das gütige Zutrauen zu mir, mir Ihren Aufsatz über Inklination zur Beurteilung zu übersenden. Ohne Verbeugungen einer stolzen Demut, die unter uns nie stattfinden müssen, haben Sie hier mein unvorgreifliches und gar nicht etwa auf besondre Beobachtungen oder auf sehr tiefes Nachdenken sich gründendes Urteil.

Die ausschließende Vorliebe eines Individuum des einen Geschlechts gegen eins des andern ist allerdings ein merkwürdiges, eine philosophische Untersuchung lohnendes Phänomen. Ihr Aufsatz stellt auf die ingeniöseste Weise die Art dar, wie diese Vorliebe in jedem so gut gebildeten Herzen entstehen müsse, wie das Ihrige es ist. Sie sind *vom Geiste* ausgegangen. Ein anderer, der bloß *vom Körper* ausginge, würde die seinige ohngefähr folgendermaßen machen:

> Den Menschen, als Naturprodukt betrachtet – ist ein Geschlecht dem andern so notwendig, daß nur vereint sie ein organisierendes Ganzes ausmachen: (Getrennt sind sie nur halb, sind nicht einmal ein wahres Ganzes.) Wie diese wechselseitige Bestimmung für die ganze Art gilt, so läßt sich a priori wohl auch eine durch besondre bloß physikalische Gesetze des Individuum notwendige Bestimmung eines gegebnen Individuum eines Geschlechts für ein gegebnes des andern denken; so daß nur dies eine seiner Organisation das adäquateste und jedes andere nur in unmerklichen Abstufungen es weniger wäre. Es fragt

sich nur, wie diese Bestimmung sich äußern solle; und ob wir etwas einer solchen Äußerung Ähnliches in der Erfahrung wirklich wahrnehmen? –
Ähnliche Äußerungen eines Bedürfnisses der organisierenden Kraft in uns in Rücksicht der *Materie* bemerken wir an dem Appetite, der uns, besonders bei Kränklichkeiten, eben zu den Speisen reizt, welche diejenigen Säfte enthalten, die unsrer Mischung am meisten fehlen: und vielleicht bedarf es nur noch größerer Vorschritte in der Kunde des menschlichen Körpers, um zeigen zu können, daß die Verschiedenheit des Sinnengeschmacks in Rücksicht des Angenehmen oder Unangenehmen (vid. Kants Kr[i]t[i]k d[er] Urteilskraft, 1. T[eil]) sich auf dergleichen geheime Winke der Organisation von der Heilsamkeit oder Schädlichkeit der Objekte dieses Geschmacks für die besondre Konstitution des Subjekts gründe.
In Rücksicht auf *Personen* (die wir hier bloß als organisierte Materie betrachten) bemerken wir eine dunkel gefühlte Sympathie oder Antipathie gegen gewisse Menschen oder Tiere. Die Ursache davon habe ich zwar bei Menschen meist immer in der dunkel gefühlten Ähnlichkeit mit Personen gefunden, die uns einst wohl oder übel getan haben: und sollten wir auch nicht immer eine solche Erinnerung mit Bewußtsein in uns antreffen, so verhindert doch nichts, anzunehmen, daß die Erinnerung selbst verwischt und nur ihre Folgen geblieben seien. Aber ebensowenig verhindert etwas, es durch obige Hypothese zu erklären. (Die Gedanken, die ich mir hier denke, erklärt eine launige Erzählung in einer englischen Wochenschrift von einem Beobachter, dem die Ausdünstungen der Menschen in Gestalt kleiner Kügelchen mit Häkgen sichtbar gewesen, von welchen Kügelchen die einiger Personen sich gegenseitig angezogen u. aneinandergehängt, die andrer aber sich gegenseitig zurückgestoßen hätten.) Denkt man daran, daß wir ohne Unterlaß uns mit Personen, mit denen wir viel u. häufig umgehen, Atomen wechselseitig mitteilen; daß dieses Kommerzium in der engsten Vereinigung beider Geschlechter sehr merklich und von den wichtigsten Folgen seie – (NB. Ich rede hier bloß von der Mitteilung durch die un-

merkbare Transpiration) –, so läßt sich wohl einsehen, daß solche geheime Winke der Natur nicht überflüssig und ohne Zweck sein würden.

Das Wohlbehagen, die Leichtigkeit der vitalen Bewegungen usw. in der Atmosphäre gewisser Personen wäre dann ein Wink der Natur, im Mittelpunkte derselben zu bleiben und uns so innig mit ihnen zu verwechseln, als sie uns leiten würde; und so wäre denn das augenblickliche Ergriffenwerden, ehe man den Geist der andern Person nur im mindesten kennt, und das um so merkwürdiger ist, wenn es gegenseitig ist – das schnellere Rollen des Bluts, kurz alles das, was Sappho ihrem Phaon gegenüber empfand, erklärt.

Eine solche Deduktion nun, deren roheste Idee ich Ihnen hinwarf, die sich aber, wir mir's scheint, sehr stattlich herausputzen ließe, wäre, als bloß vom Körper aus geführt, das gerade entgegengesetzte Extremum von der Ihrigen. Die Wahrheit aber liegt nie an den äußersten Enden; sie liegt in der Mitte. Kein Mensch ist bloßer Geist und vielleicht keiner bloßes Tier. Aus einer unmerklichen, freilich der Menge der Ingredienzien nach bei verschiednen Subjekten unendlich verschiedenen Mischung von beiden entsteht meiner Meinung nach die Inklination. Glücklich derjenige, bei dessen Inklination Ihr Prinzip am meisten wirksam war. Bei Ihnen wird es so sein, und Ihre Freunde, unter denen ich nicht der unempfindlichste bin, werden sich Ihres Glücks freuen.

Doch es scheint, werden Sie denken, daß ich auf mein Geplauder einen großen Wert setze, da ich es Ihnen auf solch Papier (aber ich lebe auf dem Lande, und wenn da das Briefpapier einmal ausgegangen ist, so ist es so leicht nicht, wieder welches an sich zu bringen) in so einer unleserlichen und klecksigen Hand (aber von allen Eigenschaften eines Gelehrten besitze ich wenigstens die male pingendi) ohne Schonung auftische. Ich eile also zum Schlusse.

Erfreuen Sie mich ja recht bald wieder mit einem angenehmen Briefe: Sein Sie versichert, daß ich Ihnen das beste Glück wünsche, und daß ich mit einem wohltätigen Gefühl und mit Stolz Sie unter meinen Freunden nenne; denn Sie wurden es bloß darum, weil Sie einigen Geschmack an meinem Geiste u. Herzen fanden, und Sie sind ein Mann, des-

sen Beifall ehrt. Ohnlängst lernte ich einen andren jungen Mann kennen; den Graf v. Lehndorf, der hier durch auf Reisen ging. Er hat mir – das sub rosa gesagt! – sehr schlecht gefallen. Sein Wissen ist Stückwerk; aber seine Meinung davon groß. Sein Geist ist mit Vorurteilen geschwängert, die man kaum dem halbpolnischen Landjunker, aber schlechterdings nicht dem gelehrten Kavalier verzeiht. Sein Betragen ist sehr ungebildet, suffisant u. dedaigneux. Er kann ein guter Mann werden; aber es wird Zeit und scharfe Lauge erfordern. Von der letztern habe ich ihm eine solche Provision mitgegeben, daß er, wenn er sie wohl einteilt, damit recht gut bis Berlin ausreichen kann. Aber leider fühlt er sich nicht und hält sich bei versilberten Pillen bloß an das Silber. – Das alles bloß unter uns; denn ich mag keinen Menschen zum Feinde haben.
Leben Sie recht wohl und bleiben Sie der Freund

Ihres warmen innigen Freundes
Fichte.

An Heinrich Theodor von Schön

Krockow, 30. September 1792

Teuerster Freund,
meinen herzlichen Dank, daß Sie mir so bald antworteten. Ebenso schnell kann ich – verantworte es meine Lage, die mir Zerstreuung über Zerstreuung und Zeitversplitterung über Zeitversplitterung über den Hals sendet! – nicht im Schreiben sein: aber davon sein Sie versichert, daß es für mich eins der angenehmsten Geschäfte ist, Ihnen zu sagen, daß ich Sie liebe u. schätze. –
Über Inklination wüßte ich jetzt kaum etwas nachzuholen. – Die Deduktion, die ich machte, machte ich nicht als gültig oder mir wahrscheinlich in meinem Namen; ich stellte nur das zweite Extrem auf, um dadurch die „Antinomie", wie Kant es nennen würde, gehörig zu heben. Mein Partikulärurteil war: daß Inklination aus geistigen und körperlichen Ingredienzien gemischt sei, daß aber diese Mischung bei jedem Individuum verschieden. Will man den Gegenstand dieser Inklination das Ideal nennen, so geht das an sich, inwiefern man sich das letztere als durch Geist

u. Einbildungskraft entstanden denkt, sehr wohl an. – Es gibt allerdings einen gar nicht unrichtigen Maßstab zur Beurteilung des Charakters Jemandes, ob dieses sein „Ideal" mehr geistigen oder mehr körperlichen Ursprungs sei.
Ihr Urteil über Ökonomie finde ich vortrefflich, u. es würde hinreichen, mich Sie lieben zu machen, wenn es dazu noch eines Grundes bedürfte. Unter allen Mitteln zur physischen Erhaltung u. Vermehrung der Menschheit (welche wieder das Mittel zur geistigen Kultur ist) ist der Ackerbau das erste, und *ihm* müssen alle übrigen Zweige *untergeordnet* werden. Aber wie will man das den Völkern begreiflich machen, ehe sie begriffen haben, daß die Menschheit ihr eigener Zweck ist und daß kein König lebt, um sich vom Volke die Kasse füllen zu lassen, sondern um das Volk zu beglücken. –
Maçon bin ich nicht. Ohnerachtet der vielen Veranlassungen, es zu werden, hatte ich wichtige Gründe, ihnen aus dem Wege zu gehen. – Ich bin – verzeihen Sie, wenn Sie schon eingeweiht sind – so sicher überzeugt, als ein Uneingeweihter es sein kann, daß sie keinen *allgemeinen* Zweck haben, daß ihre ganze Arbeit ist, diesen Zweck, den sie aus Symbolen u. Altertümern aufzufinden hoffen, zu suchen u. daß sich manche andere Gesellschaft hinter sie gesteckt hat, um ihre partikulären Zwecke unter ihrer Maske zu erreichen. Ich befürchtete ferner durch eine nähere Vereinigung mit einer Art des Maçons – u. zu einer muß man sich doch halten – eben mit den übrigen feind zu werden. – Vom Unterschiede der strikten u. laten Observanz weiß ich wenig mehr, als daß die erstern durch ihre innere Verfassung sich mehr geschützt haben, keinem fremden Einflusse ausgesetzt zu sein, daß also sie am meisten zu empfehlen sind. – Als ein Mittel, sich Bekanntschaften u. heilsame Verbindungen zu erwerben, ist es vortrefflich, u. ich rate es Ihnen in dieser Absicht gar sehr.
Und damit Sie überzeugt seien, daß dieser Rat von Herzen kommt, so nehme ich keinen Anstand, Ihnen zu sagen, daß ich selbst darauf denke, es zu werden, und daß ich in einiger Zeit es vielleicht sein werde. Da ich nicht darauf denke, je eine Rolle in der Welt zu spielen, sondern wahrscheinlich zeitlebens privatisieren werde, so tue ich es nicht um der erstern Absicht willen, sondern um einer höhern. Es

scheint mir nämlich in unserm durch Luxus zur Sklaverei und durch diese zu allem Verderben gebrachten Zeitalter eine Gesellschaft, die für dasselbe ein Same des Guten – die ihm ohngefähr das werde, was das Femgericht u. die Ritterschaft unsern verdorbenen Voreltern war, sehr nötig; und dazu könnte sich denn die Freimaurerei, – nicht in ihrer gegenwärtigen Verfassung, aber wenigstens ihre schon autorisierte Hülle qualifizieren. – Zu so etwas mit beizutragen – – doch, ich rede, was bis jetzt noch Träume sind, u. nur einem Freunde, wie Sie sind, durfte ich einen Wink über meine Träume geben. – Werden Sie also Freimaurer; einst, so Gott will, begegnen wir uns.
Meines Buchs fürs schöne Geschlecht gedenken Sie noch. Daraus sehe ich, seit wie lange ich Ihnen nicht mußte geschrieben haben. Diesen Plan habe ich längst, wahrscheinlich auf immer aufgegeben. Oh! Könnte ich doch nur diejenigen, die mich näher angehen, ausführen! Hartung verlangt eine zweite Ausgabe meiner Kritik, die, wie ich auch aus Zuschriften von ganz unbekannten Personen gesehen habe, mehr Beifall hat, als meine kühnste Hoffnung sich schmeicheln konnte. Ich muß meinen durch ein glückliches Ohngefähr mir zugeworfnen Ruf behaupten, so gut ich kann: Ich darf keine neue Ausgabe, sondern ich muß statt derselben ein ganz neues, umfassenderes Werk geben. Dazu habe ich jetzt nur nicht Freiheit des Geistes. Ich arbeite an etwas weniger Spekulativem: an Reden über Wahrheitsliebe,[47] worin ich meinem Zeitalter überhaupt u. besonders den Königen u. Weisen desselben einige nützliche u. nötige Worte sagen möchte. Werde ich auch das vollenden? Ich weiß es nicht.
An Reisen kann ich vorjetzt nicht denken; erst müssen einige Arbeiten, die mehr in Bildung meiner selbst als in Arbeiten für das Publikum bestehen, ins reine. Künftigen Frühling aber werde ich wahrscheinlich nach Königsberg kommen. Sollten Sie dann mich so glücklich machen wollen, bei meiner Anwesenheit eben dahin zu kommen, so würde meine Freude vollkommen sein.
Die gütige Meinung von mir, die sich in mehrern Stellen Ihres Briefs verrät, ist mir, ob ich sie gleich nicht ganz verdiene, dennoch sehr schätzbar, weil sie in Ihnen Freundschaft gegen mich begründet und selbst wieder auf diese

sich stützt. – In den Wissenschaften – oh, je tiefer man in sie sich einläßt, desto mehr bemerkt man seine Mängel; u. besonders zu unsern Zeiten ist es sehr schwer, mit fortzukommen, da so große Männer vorhanden sind u. da unser Jahrzehent wahrscheinlich mit weit größern schwanger ist. Nur das darf ich von mir sagen, daß ich ein ehrlicher Mann zu sein, den wenigen hellen Begriffen, die ich habe, auch gemäß zu leben suche u. zur Verbesserung meiner Mitmenschen hier u. da etwas beitragen möchte; daß ich meine Freunde liebe bis an den Tod u. daß ich mich glücklich schätze, Sie unter der Zahl derselben zu wissen.

Ganz der Ihrige
Fichte.

Den Lieut. v. Jasky haben wir hier nicht gesehen; aber er ist bekannt im Hause, u. das von einer sehr guten Seite.

An Immanuel Kant

Krockow, 17. Oktober 1792

Verehrungswürdigster Gönner,
Schon längst würde ich Eur Wohlgeborn meine Dankbarkeit für Ihr letztes gütiges Antwortsschreiben bezeigt haben, wenn ich nicht vorher, um ganz übersehen zu können, wieviel ich Ihnen schuldig sei, Ihre Anzeige im Intelligenzblatte der A[llgemeinen] L[iteratur-]Z[eitung] zu lesen gewünscht hätte. Das gütige Privaturteil eines Mannes, den ich unter allen Menschen am meisten verehre und liebe, war mir das beruhigendste und das mir nun bekannte öffentliche Urteil eben des Mannes, den der ehrwürdigere Teil des Publikums wohl nicht viel weniger verehrt, das rühmlichste, was mir begegnen konnte. Die erste ehrenvolle Folge eines so gewichtvollen Urteils war die ohnlängst erhaltene Einladung zur Mitarbeit an der A[llgemeinen] L[iteratur-]Z[eitung]: eine wichtige Zunötigung zum Fortstudieren, der ich mich, nach Erhaltung einiger mir notwendigen Nachrichten, um die ich gebeten habe, wohl unterwerfen dürfte.
Der Frau Gräfin von Krockow, die Sie ihrer fortdauernden

Hochachtung versichert, tat es weh, einen schönen Traum vernichtet zu sehen; und mich hat die Stelle Ihres Briefs, wo Sie von der Reise in eine andere Welt reden, innigst gerührt.
Ich bitte Sie, mir das schätzbarste, was mir der Aufenthalt in Königsberg geben konnte, Ihre gütige Meinung, zu erhalten und mir gern zu vergönnen, mich zu nennen

Eur Wohlgeboren
dankbarsten Verehrer
Johann Gottlieb Fichte.

An Franz Volkmar Reinhard[48] [Entwurf]

Danzig, 20. Februar 1793

Reinhard.
Ich würde es nicht so lange haben anstehen lassen, die dankbaren Empfindungen meines Herzens sowohl für die erteilte Erlaubnis, meine Hochachtungsgefühle gegen Ew. auf die gebotne Art zu befriedigen, als für alle übrigen gütigen Äußerungen deroselben Briefs zu entdecken, wenn ich es nicht für eine Art von Pflicht gehalten hätte, Ew. bei Ihren Geschäften soviel als möglich zu schonen, da ich überhaupt nichts, was für jemand andern als mich wichtig wäre, zu schreiben. – Noch eine Nachricht abzuwarten.
Ich bitte um Erlaubnis, mit dem letzten Punkte Ihres Briefes anzufangen u. mich der Erlaubnis zu bedienen, mein Herz dem großmütigen Gönner frei hinzugießen. – Ich habe mir eine an sich sehr große, mich vielleicht übermögende [?] Aufgabe aufgegeben, zu der ich sorgenfreier Muße bedarf u. die ich unbemerkt [?] aller Welt vollenden möchte. Es zeigt sich mir eine wahrscheinliche Gelegenheit, dieser Muße auf eine Art teilhaftig zu werden, wodurch denn ich zugleich eine heilige Pflicht erfülle: Werde ich ihr unterliegen, so habe ich wenigstens nicht den Willen gehabt. Habe ich nach Jahren meine Aufgabe vollendet, so wird mir jedes Plätzgen in meinem Vaterlande, das mir immer teuer war, das mir ungeheuchelt teurer wurde, als es Sie zu schätzen wußte u. das ohne Zweifel auch noch schätzbarer sein wird, wenn es eine längere Zeit Ihre Ein-

wirkung wird empfunden haben, lieber sein als das glänzendste in einem fremden.
Dennoch trägt mich mein Weg in kurzem durch mein Vaterland hindurch, und ich erwarte begierig die Stunde, da ich Ihnen persönlich meine Verehrung bezeigen werde. Besonders freue ich mich auf Ew. Einwürfe gegen [?] die kritische Philosophie, wenn dieselben mir die Belohnung [?] erteilen wollen, Sie mir mitzuteilen. Zweifel eines Reinhard können nicht anders als belehrend sein und zur Vervollkommnung der Wissenschaft gereichen. Ich erlaube mir, wenn diese Anmaßung nicht zu groß ist, hierbei den Gedanken, daß es ein wesentlicher Verlust für die Wissenschaft sein würde, wenn dieselben nicht allgemein bekanntgemacht würden. Ich habe die kritische Philosophie, nämlich ihrem Geiste nach, den weder Kant noch Reinhold[49] dargestellt haben u. der mir nur dämmert, immer für eine unüberwindliche Festung gehalten; auch sind mir wenigstens noch keine Einwürfe, selbst die Reinholdschen nicht ausgenommen, die jedoch bloß Kants Buchstaben treffen, vorgekommen, die sich mir [?] auf etwas anders als Mißverständnisse zu gründen geschienen hätten; bis mir neulich in einem Gespräche mit einem Selbstdenker, dessen Ew. mir hernach zu erwähnen erlauben, ein Zweifel anfiel, der nichts Geringeres als das erste Prinzip betrifft, den ich bei jetzigen Umständen freilich auf eine bequemere Zeit abweisen mußte, welcher, wenn er nicht abzuweisen wäre, die ganze Philosophie zerstören u. den unseligsten Skeptizismus, weit härter, als den unwidersprechlich widerlegten Humischen, an ihre Stelle setzen würde. Aber auch diesen würde ich lieber ergreifen als ein System, das sich nicht hält. –

An Johanna Rahn [Bruchstück]

Danzig, 5. März 1793

– Im Juni oder höchstens Juli bin ich bei Dir: aber nur als Dein Gatte wünsche ich in die Mauern von Zürich zu treten. Wird das möglich sein? Deine liebevolle Seele setzt meinen Wünschen gewiß kein Hindernis entgegen; die Umstände kenne ich nicht. Aber ich hoffe, und diese Hoffnung erquickt mich sehr. – Gott, welch eine Seligkeit bereitest Du mir Unwürdigen! Habe ich es je innig gefühlt, daß mein Dasein nicht bestimmt sei, vergebens für die Welt vorüberzugehen, so war es, als ich Deine Briefe las. Was ich in Dir erhalte, habe ich nicht verdient; es kann also nichts anderes sein als eine Stärkung auf die mir noch bestimmten Mühen und Arbeiten. Fließe nur Dein Leben sanft, Holde, Gute!

Du willst durch mich Dich bilden? Was ich Dir allenfalls geben könnte, bedarfst Du nicht; was Du mir geben sollst, bedarf ich sehr. Geuß, du gute Seele, eine gehaltnere Ruhe in mein stürmendes Herz unter der kalten Stirn, geuß Sanftheit und herzgewinnende Milde in meinen Feuereifer für die Veredlung meines Brudergeschlechts. An Deinem Herzen will *ich* mich bilden, bis ich nützlicher hervortreten kann.

Ich habe große, glühende Projekte, – *nicht für mich.* Meinen Ehrgeiz (Stolz wäre richtiger) wirst du begreifen. – Mein Stolz ist der, meinen Platz in der Menschheit durch Taten zu bezahlen, an meine Existenz in die Ewigkeit hinaus für die Menschheit und die ganze Geisterwelt Folgen zu knüpfen: ob *ich's* tat, braucht keiner zu wissen, wenn es nur geschieht. Was ich in der bürgerlichen Welt sein werde, weiß ich nicht. Werde ich statt des unmittelbaren *Tuns* zum *Reden* verurteilt, so ist meine Neigung Deinem Wunsche zuvorgekommen, daß es lieber auf einer Kanzel als auf einem Katheder sei. An Aussichten dazu fehlt es mir vorderhand nicht. *Sogar* von Sachsen aus tut man mir die vorteilhaftesten Anerbietungen. Nach Hamburg und Lübeck werde ich gehen. In Danzig läßt man mich sehr ungern weg. Alles das für die Zukunft! Ob ich eitel bin, entscheide das, daß ich seit einem halben Jahre manche Anerbietung, die den Eitlen sehr reizen würde, abweise. Ich will für jetzt nichts sein als *Fichte,* auch nicht Magister bin ich.

Ich werde vielleicht nach einigen Jahren ein Amt wünschen. Ich hoffe, es wird mir nicht entgehen. Bis dahin kann ich durch meine Feder haben, was ich haben muß. Wenigstens hat es mir bis jetzt, bei meinen vielen Reisen und Aufopferungen für andere nicht gefehlt. [...?]

An Gottlieb Hufeland[50]

Berlin, 28. März 1793

Wohlgeborner Herr,
Höchstzuverehrender Herr Professor,
als ich Euer Wohlgeborn hätte schreiben sollen, konnte ich es nicht wegen überhäufter Arbeiten, und seitdem ich es allenfalls gekonnt hätte, verhinderte mich die Scham. – Einmal aber muß diese Scham doch überwunden werden!
Zuerst dem Redakteur der A[llgemeinen] L[iteratur-]Z[eitung]! – Ich habe das Duplikat des mir so ehrenvoll zugeschickten Kontrakts noch nicht zurückgeschickt, weil ich anderweitiger Arbeiten und Reisen halber vor der Ostermesse doch nicht arbeiten konnte. Ich denke, es in kurzen in Jena oder wenigstens in Leipzig persönlich zu übergeben. Mit Anfang des Julius hoffe ich für eine lange Zeit in Ruhe und in eine sorgenfreie Muße versetzt zu werden; und dann verspreche ich dem wohltätigsten Institute[51] meine Dankbarkeit für seine ehrenvolle Wahl, wenn auch durch nichts anders, doch durch Pünktlichkeit u. Fleiß zu beweisen. Haben Sie die Gütigkeit, dies den übrigen Unternehmern mitzuteilen. Ihnen selbst es zu sagen, schäme ich mich.
Jetzt meinem gütigen literarischen Gönner! Keinen Dank für die mutige und mir so unendlich rühmliche Verteidigung[52] meiner Schrift gegen den hämischen Angriff des ungenannten Korrespondenten in der A[llgemeinen] D[eutschen] B[ibliothek]! Sie taten, was Sie für recht erkannten, edler Mann: Ihr Herz lohne es ihnen! Aber was mögen Sie jetzt bei dem neuen wütenden Angriffe des Rez[ensenten] in der N[euen] A[llgemeinen] D[eutschen] B[ibliothek] empfinden! Es tut mir weh, sehr weh, daß ich die unschuldige Ursache einer literarischen Fehde sein soll, die in einem solchen Tone geführt wird. Die ganz unschuldige Ursache – ich hatte der Schrift meinen Namen und eine bescheidne Vorrede vorgesetzt, die mein Verleger im Anfange unterschlug und nur seit ohngefähr Michaelis des vorigen Jahres mit ausgibt. Und jetzt hat Rez[ensent] die boshafte Unverschämtheit zu sagen: ich hätte die Kantische Manier mit Fleiß nachgeahmt, um mir mit dem Publikum einen Spaß zu machen! Ob man solche Unverschämtheiten

nicht am besten durch stillschweigende Verachtung beantwortet? Das ist mein Entschluß. – Die Ehre aller in dieser Sache Verwickelten wird, glaube ich, davon abhängen, ob ich meine Theorie werde behaupten können oder nicht. Die Einwürfe des Rez[ensenten] gründen sich alle auf eine offenbare Verdrehung meiner Deduktion des Offenbarungsbegriffs, die er als *objektiv gültig* angibt, um mich zu einem Quenstedt[53] u. Hollatz[54] zu machen und mit der folgenden Behauptung, daß ein Beweis für die Wirklichkeit einer Offenbarung gar nicht stattfinde, in den offenbarsten Widerspruch zu setzen. Dieser Handgriff ist freilich nicht fein; aber, wer kennt nicht unser Publikum? Es wird eben jetzt eine zweite vermehrte Auflage abgedruckt, die aber schon seit einiger Zeit fertig war und in der ich erst heute in obiger Rücksicht eine kleine Note beigefügt habe. Womöglich zur Michaelismesse, gewiß aber zur Ostermesse 94 werde ich eine in streng mathematischer Lehrart geschriebene Kritik der Reflexions-Ideen (der Begriffe von Vorsehung, Wunder, Offenbarung) herausgeben, von der ich sagen zu können wünschte: das Wort sie sollen lassen stahn und kein'n Dank dazu haben. Könnte überdies die Rezension aller in dieses Fach einschlagenden Schriften in der A[llgemeinen] L[iteratur-]Z[eitung] mir überlassen werden, so hoffe ich mit Gottes Hülfe die Sache wohl durchzusetzen und den Rez[ensenten] in der N[euen] D[eutschen] B[ibliothek] am Ende beschämt dastehen zu lassen. Direkt seiner zu gedenken bin ich gar nicht willens. – Damit aber bis dahin er sich nicht weise dünke, würde es mir gar nicht übel getan scheinen, wenn ein andrer ihm ein wenig zu Leibe ginge. Mir fiel dabei M[agister] Niethammer[55] ein, der auch sein gutes Anteil bekommen hat. Ich schreibe hierüber an ihn und bin so frei, den Brief bei Ihnen einzulegen, damit Sie, falls Ihnen die Sache nicht wohlgetan scheint, ihn zurückbehalten: denn ich will alles lediglich von Ihrem Rate abhängen lassen, wenn Sie die Güte haben wollen, mich desselben zu würdigen.

Noch ein paar Beiträge zur Geschichte der mir so rühmlichen, die Gegner so erzürnenden Verwechselung. – Ein Mann, der wissen sollte, was Kantisch ist, wenn einer es wissen soll, sagte längst vor dem Abdrucke meiner Handschrift, die er durchgelesen hatte, zu einem seiner Freunde;

er sehe die Möglichkeit einer solchen Verwechselung im voraus. – Einer unsrer berühmtesten Theologen, einer der ersten, die auf Akademien über die Kantische Kritik gelesen haben, schreibt mir, er habe die Schrift gleichfalls Kanten zugeschrieben. – Kant selbst nannte in einem Briefe an mich meine Schrift und die Rezension derselben in der A[llgemeinen] L[iteratur-]Z[eitung] gründlich; und es ist wahrlich sein Wille nicht gewesen, dem ihm damals unbekannten Rezensenten oder mir durch die Anzeige meines Namens weh zu tun, wie Rez. in der N. D. B. hämisch insinuiert.

Verzeihen Sie, verehrungswürdiger Mann, daß ich mich Ihres gütigen Vertrauens, das ich noch zu verdienen habe, im voraus bediene. Ich bedarf Ihres Rats und werde ihn befolgen. Möchte ich Sie doch auf der Leipziger Messe sehen, wo Sie vermutlich hinkommen werden! Wo nicht, so soll mich nichts abhalten, der mir kärglich zugemessnen Zeit die zu einer Reise nach Jena nötige abzubrechen. Möchte ich dann so glücklich sein, die Freundschaft eines Mannes zu erhalten, den das Publikum nicht weniger um seines edlen Charakters willen, als seiner großen Talente und Kenntnisse wegen verehrt! Bis dahin empfiehlt sich desselben Wohlgewogenheit

Euer Wohlgeborn
wahrer Verehrer
J. G. Fichte.

An Johanna Rahn

Berlin, 29. März 1793

Gute, teure,
aus innigem Herzensbedürfnis schreibe ich jetzt an Dich; aus einem Bedürfnis, das wohl noch nie so stark gefühlt wurde. – Ich bin gegen 14 Tage in Berlin, mit Gesellschaften u. Zerstreuungen aller Art umringt, deren aber keine mein Herz – nicht etwa ausfüllt, – sondern auch nur beschäftiget. Ich fühle die Leere desselben stärker, als ich sie unter strenger Arbeit, der ich jetzt mich nicht widmen darf, zu fühlen pflege; und gestehe mir, seitdem ich mit Dir ausgesöhnt bin, offener, was ich vorher so ungern mir gestehen

mochte, woher diese Leere entsteht: – aus der Abwesenheit eines liebenden Herzens, dem ich mein volles, liebegebendes, liebeheischendes Herz aufschließen, mit dem ich in eine einzige Seele voll Zärtlichkeit zusammenfließen könnte. Da setze ich mich denn, wenn ich ein Stündchen lang dem Wirrwarr entfliehen kann, hin und lese Deine beiden süßen Briefe; spüre gierig alle den feinen Zügen der edelsten, zärtlichsten Seele nach, die sich darin verrät, ohne es selbst zu wissen; schwärme mich hin zu Dir, sinke in Deine Arme, zu Deinen Füßen, um vor Zärtlichkeit und Dank zu vergehen. Dann bin *ich* glücklich und schöpfe neue Kraft, die Gegenwart zu ertragen und die frohere Zukunft gehaltner zu erwarten. Aber mitten in diesem künstlichen Glücke fällt mir der Gedanke aufs Herz: was mag *Sie* machen, die Holde, die Schöpferin aller dieser Freuden? – Sie, in ihrer sich selbst überlaßnen Lage? – Sie, der du bei weitem nicht die Proben der Zärtlichkeit gegeben hast, die sie dir gab – der du gerechte Ursache gegeben hast, die Wankelmut deines Herzens zu fürchten? – Sie, der es nicht einmal vergönnt ist, sich an den Ort deines Aufenthalts hinzudenken, die dich auf Reisen weiß – was mag sie nicht alles für dich befürchten und für sich zugleich, weil du, Beneidenswerter, ein Teil ihres Ich bist? – Vielleicht kannst du durch ein paar arme Zeilen der Holden eine frohe Stunde machen, ihr, von der du das ganze Glück deines Lebens erwartest; der du dich selbst verdanken willst. Ich schreibe Dir diese Zeilen, und ich wünsche, daß sie Dir einiges Vergnügen machen, ohngeachtet sie ganz leer sind. Über die kleinen literarischen, politischen Reisebegebenheiten meiner werden wir ja wohl ein andermal reden können; jetzt überlasse ich mich ganz der Empfindung.
Wenn ich mich recht erinnere, so ist selbst mein letzter Brief aus Danzig nicht mit der hinschmelzenden Zärtlichkeit geschrieben, die Du verdienst, wenn je eine Sterbliche sie verdiente, und die ich jetzt bis in das Innerste meines Herzens fühle. Ich saß damals noch tief in Papieren, und dann fühle ich nur halb. – Armes Mädgen, daß Dein Herz Dich an einen Gelehrten kettete, der zwar, wo ich ihn recht kenne, kein Pedant, aber doch zuweilen in seine Zirkel zu sehr vertieft ist! Du wirst ihn bessern; Du wirst ihm weise Mäßigung, kluge Abwechselung der Stunden für den Ver-

stand mit den Stunden für das Herz lehren. – Jetzt, da ich von allen Seiten, kleine gelehrte Neckereien abgerechnet, die ich verachte, frei bin, fühle ich ganz anders. Der Frühling zeigt sich in der Ferne selbst unter unserm nördlichern Himmel, die Luft wird seit einigen Tagen gelinder, und das Gras fängt an, ins Grüne zu spielen. Ich schleiche in den wärmern Nachmittagsstunden in den Tiergarten an ein einsames Plätzgen, horche dem Lerchengesange und ziehe das, was jetzt meine einzige Lektüre ist, Deine beiden Briefe hervor – u. überlasse mich ganz meiner süßen Schwärmerei. Teure Gattin; ich hoffe es zu Gott, wir werden glücklich sein, wenn Liebe es macht; denn Du wirst geliebt, wie vielleicht noch nie eine Sterbliche es ward. Was ich einst gegen andre fühlte – wie hätte mein Herz sich nicht täuschen sollen, ehe es die einzige Auserwählte fand? – Was ich selbst gegen Dich ehemals fühlte, war süß: aber es war nicht das, was ich jetzt fühle: – eine Mischung zwischen dem Gefühle meiner Unwürdigkeit und der Würde, die ich durch Deine Liebe bekomme; innige Hochachtung gegen Dich, der doch das Bewußtsein, daß Du mich Deiner würdig achtest, ihr Niederdrückendes benimmt; Anhänglichkeit an Deine ganze liebe Art zu sein; Vergegenwärtigung der süßen Szenen, die wir ehemals zusammen verlebten: – dies alles vereinigt sich in das unbeschreibliche Gefühl: ich liebe Dich unaussprechlich.
Es steht nicht wohl, seine Gattin zu loben, weil das sich selbst gelobt heißt: aber zu seiner eignen Beruhigung darf man allenfalls sagen, daß man wisse, was man an ihr schätze und liebe. – Ward wohl je ein Frauenzimmer undankbarer behandelt; und hat je eins edler verziehen? Nur zwei Anekdoten, die ich Dir mündlich weiter erklären werde. – Ich hatte in Königsberg eine Freundin gefunden, die mir mehr war, als Mütter zu sein pflegen. Notgedrungen – wodurch? Mündlich – sage ich ihr meinen Entschluß, in Deine Arme zurückzukehren, und verschwieg ihr nicht meine Unwürdigkeit. „Ich kenne weibliches Herz“, sagte sie mir, „ich kann nur wünschen, daß man Ihnen verzeihe.“ – „Ich kenne meine Auserwählte“, antwortete ich, „und wenn kein Weib verzeihen könnte, so würde Sie es. Sie wird mir verzeihen.“ – Ich fand einen Freund; am Herzen unserm Achelis gleich, an Talenten u. Kenntnissen weit über ihm.

Ich ließ ihn bald in meinem Herzen lesen: auch meinen Entschluß und mein Vergehen in Absicht Deiner ließ ich ihn lesen. – „Sie werden nicht der einzige Glückliche sein, dem das so abgeht; Sie werden einen sehr höflichen und sehr kalten Brief bekommen", antwortete er mir. „Ich wette, ich bekomme einen herzlichen", sagte ich – und indessen kam Dein erster Brief, der mich vor Scham in den Abgrund der Erde geschmettert hätte, wenn nicht einer von mir unterwegs oder schon in Deinen Händen gewesen wäre, als ich ihn erhielt. – Das ist Dein Verdienst, meine Einzige! Du hast meinen Glauben an Menschheit kräftigst gestärkt; Du hast meinen Plänen zu ihrer Veredlung einen neuen Schwung gegeben; und – wo bin ich! – Sie, die die ganze Menschheit vertreten kann, wird – mein Weib. – Könnte ich es Dir in die Seele lodern, was ich jetzt fühle!
Den Plan, erst nach Hamburg u. Lübeck zu reisen, entwarf der noch in seine Papiere u. in seine literarischen Entwürfe vertiefte laue Liebhaber. Hat unser (ich erlaube mir diese Benennung) unser würdiger Vater noch nicht schon die Empfehlungsbriefe geschrieben, so schone seine schwachen Augen. Der einzige Augenblick, nach dem ich jetzt ringe, ist der, da ich in Deinen Armen von Entzücken vergehen werde. Einige Wochen muß ich in meinem teuren Vaterlande, das mich noch dazu, sowenig es sonst mich begünstigte, jetzt auf die schmeichelhafteste Art aufsucht, zubringen: Dann reise ich ungesäumt zu Dir. Noch im Mai hoffe ich bei Dir anzukommen. Ich werde Dir meine Reiseroute u. die Zeit meiner Ankunft an dem Orte, wo wir uns treffen können, melden. – Soll ich, o teurer Engel, soll ich als Dein Gatte nach Zürich kommen? Wird auch in diesem Wunsche, der jetzt mein sehnlichster ist, Deine Güte und das Schicksal mich beglücken?
Ich hoffe mit Deinem nächsten Briefe das Maß zum Porträte zu bekommen. Hier in Berlin hätte ich die schönste Gelegenheit, wenn ich es hätte – da doch Deine Liebe einmal auf etwas einen Wert setzt, das nur durch sie einen bekommt.
Und ob ich etwas zu unsers guten Vaters Augen Erleichterung mitbringen kann, schreibe mir doch ja. Ich hoffe noch einen Teil der Messe in Leipzig zuzubringen.
Lebe wohl. – Mit einer innigen Wehmut reiße ich mich von

diesem Blatte loß, das keinen Raum mehr hat, um darauf einen vernünftigen Perioden anzufangen; das zu nichts mehr Raum hat als zu diesem Lebewohl, welchem nichts einen Wert geben kann als das volle Herz

Deines zärtlichen Liebhabers
Fichte.

An Immanuel Kant

Berlin, 2. April 1793

Schon längst hat mein Herz mich aufgefordert, an Euer Wohlgeborn zu schreiben; aber ich habe diese Aufforderungen nicht befriedigen können. Euer Wohlgeborn verzeihen auch jetzt, wenn ich mich allenthalben so kurz fasse als möglich.

Da ich mir – schmeichelt mir das – eine jugendliche Eitelkeit, oder ist es in der Erhabenheit Ihres Charakters, sich auch zum Kleinen herabzulassen? – da ich mir einbilde, daß Euer Wohlgeborn einigen Anteil an mir nehmen, so lege ich Ihnen meine Pläne vor. – Jetzt habe ich vors erste meine Offenbarungstheorie zu *begründen*. Die Materialien sind da; und es wird nicht viel Zeit erfordern, sie zu ordnen. – Dann glüht meine Seele von einem großen Gedanken: die Aufgabe, S. 372–374 der Kritik d[er] r[einen] V[ernun]ft (dritte Auflage), zu lösen. – Zu allem diesen bedarf ich sorgenfreie Muße; und sie gibt mir die Erfüllung einer unerlaßlichen, aber süßen Pflicht. Ich genieße sie in einem mir sehr zuträglichen Klima, bis jene Aufgaben gelöst sind.

Ich habe zu meiner Belehrung und zu meiner Leitung auf meinem weitern Wege das Urteil des Mannes, den ich unter allen am meisten verehre, über meine Schrift gewünscht. Krönen Sie alle Ihre Wohltaten gegen mich damit, daß Sie mir dasselbe schreiben. Ich habe jetzt keine bestimmte Adresse. Kann nicht etwa Ihr Schreiben mit einem der Königsberger Buchhändler nach Leipzig zur Messe abgehen (in welchem Falle ich es abholen werde), so hat die Frau Hofpredigerin *Schultz* eine sichere, aber in etwas verspätende Adresse an mich. – Der Rez[ensent] der N[euen] D[eutschen] A[llgemeinen] B[ibliothek] setzt mich in den

krassesten Widerspruch mit mir selbst; doch, das weiß ich zu lösen: aber er setzt mich in den gleichen offenbaren Widerspruch mit dem Urheber der kritischen Philosophie. Auch das wüßte ich zu lösen, wenn es nicht nach seiner Relation, sondern nach meinem Buche gehn soll.
Und jetzt, wenn die Vorsehung nicht das Flehen so vieler erhören und Ihr Alter über die ungewöhnlichste Grenze des Menschenalters hinaus verlängern will, jetzt, guter, teurer, verehrungswürdiger Mann, nehme ich auf diese Welt für persönliches Anschauen Abschied; und mein Herz schlägt wehmütig, und mein Auge wird feucht. In jener Welt, deren Hoffnung Sie so manchem, der keine andre hatte und auch mir gegeben haben, erkenne ich gewiß Sie, nicht an den körperlichen Zügen, sondern an Ihrem Geiste wieder. Wollen Sie mir aber auch in meiner künftigen weitern Entfernung erlauben, schriftlich – nicht Ihnen zu sagen, was ewig unabänderlich ist, daß ich Sie unaussprechlich verehre – sondern mir Ihren Rat, Ihre Leitung, Ihre Beruhigung vielleicht zu erbitten, so werde ich eine solche Erlaubnis bescheiden nützen.
Ihrer Gunst empfiehlt sich

Euer Wohlgeborn
innigster Verehrer
Johann Gottlieb Fichte.

An Immanuel Kant

Zürich, 20. September 1793

Mit inniger Freude, verehrungswürdigster Gönner, erhielt ich den Beweis, daß Sie auch noch in der Entfernung mich Ihres gütigen Wohlwollens würdigten, Ihren Brief. Meine Reise war nach Zürich gerichtet, wo schon bei meinem ehemaligen Aufenthalte ein junges sehr würdiges Frauenzimmer mich ihrer besondern Freundschaft werthielt. Noch ehe ich nach Königsberg reiste, wünschte sie meine Rückkehr nach Zürich und unsre völlige Verbindung. Was ich damals, da ich noch nichts getan hatte, mir nicht für erlaubt hielt, erlaubte ich mir jetzo, da ich wenigstens für die Zukunft versprochen zu haben schien, etwas zu tun. – Diese Verbindung, welche bisher durch unvorhergesehne Schwie-

rigkeiten, welche die Zürcher Gesetze Fremden entgegensetzen, aufgehalten worden, in einigen Wochen aber stattfinden wird, gäbe mir die Aussicht, mich in unabhängiger Muße dem Studieren zu widmen, wenn nicht der an sich herzensgute, mit meinem individuellen Charakter aber sehr unverträgliche Charakter der Zürcher mich eine Veränderung des Wohnorts wünschen machte.
Ich erwarte die gleiche Freude von der Erscheinung Ihrer Metaphysik der Sitten, mit welcher ich Ihre Religion innerhalb der Grenzen etc. gelesen habe. Mein Plan in Absicht des Naturrechts, des Staatsrechts, der Staatsweisheitslehre geht ins weitere, und ich kann leicht ein halbes Leben zur Ausführung desselben bedürfen. Ich habe also immer die frohe Aussicht Ihr Werk für dieselbe zu benutzen. – Sollten bis dahin meine Ideen sich formen und ich auf unerwartete Schwierigkeiten stoßen; wollen Sie dann wohl erlauben, daß ich mir Ihren gütigen Rat erbitte? Vielleicht lege ich, doch anonym, in verschiednen Einkleidungen meine der Entwicklung entgegenstrebende Ideen dem Publikum zur Beurteilung vor. Ich gestehe, daß schon etwas dieser Art[56] von mir im Publikum ist, wovon ich aber vorderhand nicht wünschte, daß man es für meine Arbeit hielte, weil ich viele Ungerechtigkeiten mit voller Freimütigkeit und Eifer gerügt habe, ohne vorderhand, weil ich noch nicht soweit bin, Mittel vorgeschlagen zu haben, wie ihnen ohne Unordnung abzuhelfen sei. *Ein* enthusiastisches Lob[57], aber noch keine gründliche Beurteilung dieser Schrift ist mir zu Gesichte gekommen. Wollen Sie mir dieses – soll ich sagen Zutrauen oder Zutraulichkeit? – erlauben, so schicke ich es Ihnen zur Beurteilung zu, sobald ich die Fortsetzung aus der Presse erhalte. Sie, verehrungswürdiger Mann, sind der einzige, dessen Urteile sowohl als dessen strenger Verschwiegenheit ich völlig traue. Über politische Gegenstände sind leider! bei der jetzigen besondern Verwickelung fast alle parteiisch, selbst recht gute Denker, entweder furchtsame Anhänger des Alten oder hitzige Feinde desselben, bloß *weil* es alt ist. – Wollen Sie mir diese gütige Erlaubnis erteilen, ohne welche ich es nicht wagen würde, so wird, denke ich, der Herr Hofprediger Schultz Gelegenheit haben, Briefe an mich zu besorgen.
Nein – großer, für das Menschengeschlecht höchstwichti-

ger Mann, Ihre Arbeiten werden nicht untergehen, sie werden reiche Früchte tragen, sie werden in der Menschheit einen neuen Schwung und eine totale Wiedergeburt ihrer Grundsätze, Meinungen, Verfassungen bewirken: Es ist, glaube ich, nichts, worüber die Folgen derselben sich nicht verbreiteten. Und diesen Ihren Entdeckungen gehen frohe Aussichten auf. Ich habe Herrn H[of]pr[ediger] Schultz darüber einige Bemerkungen geschrieben, die ich auf meiner Reise gemacht, und ihn gebeten, sie Ihnen mitzuteilen.
Was muß es sein, großer und guter Mann, gegen das Ende seiner irdischen Laufbahn solche Empfindungen haben zu können als Sie! Ich gestehe, daß der Gedanke an Sie immer mein Genius sein wird, der mich treibe, soviel in meinem Wirkungskreise liegt, auch nicht ohne Nutzen für die Menschheit von ihrem Schauplatze abzutreten.
Ich empfehle mich der Fortdauer Ihres gütigen Wohlwollens und bin mit der vollsten Hochachtung und Verehrung

Euer Wohlgeborn
innigst ergebner
Fichte.

An Friedrich Immanuel Niethammer

Zürich, 6. Dezember 1793

Ich weiß Ihnen, würdigster, teuerster Freund, auf keine Ihrer würdigere Art für den gütigen Beweis Ihrer fortdauernden Freundschaft zu danken, als wenn ich Ihnen meine hohe Meinung von Ihrer reinen Wahrheitsliebe und mein angemeßnes Zutrauen zu dieser Ihrer Freundschaft durch die Tat zeige.
Ihre Abhandlung[58] ist mir ein sehr aufmunternder Beweis Ihrer guten Meinung von meinen etwanigen Einsichten, da Sie durch dieselbe zeigen, daß Sie meinen 2. § mit einer Aufmerksamkeit studiert, welche die Hoffnung, etwas darin zu finden, voraussetzt. Wenn der Inhalt desselben von einiger Bedeutung ist, so kann ich es Ihnen bezeugen, daß Sie den ersten Teil desselben, als soweit Ihre Abhandlung ihn begleitet, willig verstanden und meisterhaft dargestellt haben. – Daß ein Sittengesetz a priori im Menschen sei,

setzte ich mit allen bisherigen kritischen Philosophen, Kant selbst nicht ausgenommen, im zweiten Teil desselben als Tatsache voraus und beweise auf eine unter der Voraussetzung mir noch bis jetzt völlig evident scheinende Weise, daß dieses Gesetz sich nur an ein Vermögen, welches von einer Seite *notwendig bestimmt* und von der andern *spontan* sei (und welches man Begehrungsvermögen, oder wie man sonst will, nennen kann), sich richten könne. Weiter zurückgehen wollte und konnte ich damals nicht füglich. Der Grund, warum ich im ersten Teile des Paragraphen eine durchgeführte Erörterung des niedern Begehrungsvermögens gab, war der, um im dritten die Verbindung beider zur Hervorbringung eines Glaubens zu zeigen. Dieser Punkt scheint mir der wichtigste des Paragraphen, und ich glaube, daß eine Darstellung der beiden übrigen Teile für den jetzigen Zustand der kritischen Philosophie nicht ohne Nutzen sein würde.
In diesem Falle aber bediene ich mich der Erlaubnis, Sie außer dem in Ihrem Schreiben selbst angemerkten Punkte noch auf einige andere aufmerksam zu machen, in denen Sie sich durch Reinhold, meiner Meinung nach, irre haben führen lassen. – „Die Form der Vernunft besteht in der *absoluten Einheit*" ist an sich wohl richtig; aber daß sie in der *Hervorbringung* derselben bestehe, gilt nur vom Vorstellungsvermögen. Überdies ist die Einheit gar mancherlei: beim Vorstellungsvermögen eine *synthetische*, bei der praktischen Vernunft bloß eine *formelle*, die dem Widerspruche entgegengesetzt ist. – Sie beziehe[n] sich S. 50 auf die Operationen (die überhaupt nur empirisch vorgestellt werden) der Vernunft als *vorstellenden* Vermögens; aber insofern die Vernunft praktisch ist, ist sie schlechterdings nicht vorstellend, sondern das gerade Gegenteil davon. – Zu der Mißdeutung, daß man, um das Sittengesetz von seiten seiner Allgemeinheit zu unterscheiden, dasselbe in Anwendung auf alle vernünftige Wesen denken müsse, hat freilich Kant selbst den Anlaß gegeben; aber es sollte ihm nur ein empirisches Prüfungsmittel bedeuten; und keinen transzendentalen Charakter des Sittengesetzes. Die reine Philosophie weiß nur von *einem Ich*; und dieses eine Ich soll mit sich selbst nicht im Widerspruche stehen. – Kategorische Imperativen in der mehrern Zahl gibt es nicht, sondern nur einen. –

Verzeihen Sie diese Erinnerungen; und Sie werden sie mir gewiß verzeihen, wenn Sie weiterlesen.

Für den jetzigen Zustand der kritischen Philosophie, sagte ich oben, und nun mein aufrichtiges Bekenntnis, *welches ich Ihnen unter vier Augen tue*, daß ich mit demselben schlecht zufrieden bin. Meiner innigen Überzeugung nach hat Kant die Wahrheit bloß angedeutet, aber weder dargestellt noch bewiesen. Dieser wunderbare einzige Mann hat entweder ein Divinationsvermögen der Wahrheit, ohne sich ihrer Gründe selbst bewußt zu sein; oder er hat sein Zeitalter nicht hoch genug geschätzt, um sie ihm mitzuteilen; oder er hat sich gescheut, bei seinem Leben die übermenschliche Verehrung an sich zu reißen, die ihm über kurz oder lang doch noch zuteil werden mußte. Noch keiner hat ihn verstanden; die es am meisten glauben, am wenigsten; keiner wird ihn verstehen, der nicht auf seinem eignen Wege zu Kants Resultaten kommen wird, und dann wird die Welt erst staunen. – Nur ein paar Proben! – Erfahrung *ist*, sagt Kant und baut auf diesen Satz einen Beweis, daß Erfahrung nicht möglich ist. Wer durch Erklärung der zwiefachen Bedeutung dieses Wortes bei Kant diesen Widerspruch lösen wird, der wird mehr finden, als er glaubte. Kants Nachfolger aber dachten, sie müßten nur beweisen, *daß* Erfahrung wirklich sei. – Kant beweist, daß der Grundsatz der Kausalität bloß auf Erscheinungen anwendbar sei, und nimmt dennoch ein Substratum aller Erscheinungen an; – ohne Zweifel vermöge dieses Gesetzes; wenigstens beweisen so seine Nachfolger. Wer uns zeigen wird, wie Kant zu diesem Substrat komme, ohne jenes Gesetz über seine Grenze auszudehnen, der wird Kant verstanden haben. – Kant stützt das Sittengesetz auf eine Tatsache (richtig, wenn es richtig verstanden wird), und seine Nachfolger glauben sich dadurch berechtiget, allenthalben, wo ihnen das Beweisen und Erklären etwas sauer ankommt, zu einer Tatsache foi d'auteur ihre Zuflucht zu nehmen, ohne zu bedenken, daß das gleiche Recht auch ihren Gegnern zukommen müsse, und daß mithin jeder Unsinn aus irgendeiner angeblichen Tatsache, für die kein weiterer Beweis gegeben wird, sondern bei der sich jeder auf sein Bewußtsein beruft, bewiesen werden könne; ohne dartun zu können, warum sie mehr Glauben verlangen als ihre Gegner. Es gibt nur eine ursprüngliche Tatsache des menschlichen Geistes, welche die allgemeine Philosophie und die theoretische und praktische, ihre zwei Zweige, begründet: Kant weiß sie gewiß, aber er hat sie nirgends gesagt; wer sie finden wird, wird Philosophie als Wissenschaft darstellen. Der Erfinder wird keiner von denen sein, welche geeilt haben, ihr System nach dem Studium der bloßen „Kritik der reinen Vernunft" abzuschließen; und ich fürchte, daß keiner von diesen ihn je verstehen wird.

Dies sind meine Hoffnungen und Erwartungen, teurer Freund, die ich aber in meiner Brust verschließe. Ich wünsche Ihnen und mir von Herzen Glück, daß wir weniger geeilt und unsern Geist reifern Überzeugungen offengelassen haben, und ich wünsche dasselbe jedem guten jungen Manne. Ich wünsche Ihnen sorgenfreie Muße, aus Liebe zu Ihnen und aus Liebe zu der Wissenschaft. Mir ist die Aussicht zuteil worden, ihr wenigstens noch einige Zeit in Ruhe zu widmen. Ich habe in Zürich mich mit einer Person verehelicht, die mich allen ihren Landsleuten vorzog und mir bei unglaublichen Proben während einer dreijährigen weiten Entfernung unverbrüchliche Treue hielt; und so innig mir auch dieses moderne Abdera an sich selbst mißfällt, so lebe ich doch durch eheliche Freundschaft und Wissenschaft mir selbst recht glückliche Tage, bis mein Schicksal anders über mich gebietet. Gewiß aber werde ich diese Muße nicht aufgeben, ohne ihr ein Denkmal gestiftet zu haben.

Sein Sie versichert, daß ein fortgesetzter Briefwechsel mit Ihnen mir sehr viel Freude machen wird, und bleiben Sie der Freund

Ihres wahren, hochachtungsvollen Freundes
Fichte.

An Heinrich Stephani[59]

Zürich, Mitte Dezember 1793

Teurer Freund!

Ihre Briefe machten uns allen die größte Freude; unser guter Vater und mein Weib hatten nämlich nach Alten- und Weiberart schon wer weiß welche Besorgnisse Ihretwegen;

ich, der ich mutiger bin, dachte, daß Sie sich's recht wohl sein ließen und daß Sie zu Ihrer Zeit uns wohl schreiben würden. Diese Zeit ist nun gekommen, und wir danken Ihnen herzlich dafür.

So viel Interessantes, wie Sie mir schreiben, kann ich Ihnen nicht mitteilen. Daß ich seit einigen Monaten verheiratet bin und mit meiner Frau eine kleine Reise gemacht habe, schreibt sie dem Herrn Grafen[60]. – Die Zürcher haben das Geheimnis gefunden, mir so herzlich fatal zu werden, daß ich oft in 4 bis 5 Wochen niemand sehe als meine Frau und unsern guten Vater und daß ich seit Ihrer Abreise nicht zweimal in Gesellschaft gekommen bin. Die wütende Parteilichkeit zwischen Aristokraten und Demokraten dauert fort: Man sagt öffentlich, daß wir bei Ihnen auf Otts Landgute einen Jakobinerklub gehalten hätten usw. usw. Hätte ich nicht ernsthaftere Sachen zu tun, so könnte es wohl kommen, daß ich diesen neuen Abderiten ein Liedchen sänge. Aber das einzige ihrer Würdige ist, weder im Guten noch im Bösen ihrer zu gedenken. Sein Sie übrigens mutig; es wird in Deutschland so nicht bleiben; ich habe neulich ein paar nur noch nicht ganz aufgedeckte Entdeckungen gemacht. Es ist Same des Guten da; er keimt, er wird zu seiner Zeit schon hervorbrechen. Was wir über dessen Realisierung so oft spekulierten, ist zum Teil schon realisiert. Bestimmtes weiß ich noch nichts.

Das Merkwürdigste, was ich weiß, ist aus meiner Studierstube. Nach dem gütigen Anteil, den Sie an meinem wissenschaftlichen Treiben nehmen, verschmähen Sie es vielleicht nicht. Haben Sie den Aenesidemus gelesen? Er hat mich eine geraume Zeit verwirrt, *Reinhold* bei mir gestürzt, *Kant* mir verdächtig gemacht und mein ganzes System von Grund aus umgestürzt. Unter freiem Himmel wohnen geht nicht! Es half also nichts; es mußte wieder angebaut werden. Das tue ich nun seit ungefähr 6 Wochen treulich. Freuen Sie sich mit mir der Ernte: Ich habe ein neues Fundament entdeckt, aus welchem die gesamte Philosophie sich sehr leicht entwickeln läßt. – *Kant* hat überhaupt die richtige Philosophie; aber nur in ihren Resultaten, nicht nach ihren Gründen. Dieser einzige Denker wird mir immer wunderbarer; ich glaube, er hat einen Genius, der ihm die Wahrheit offenbart, ohne ihm die Gründe derselben zu zeigen! Kurz, wir werden, wie ich glaube, in ein paar Jahren eine Philosophie haben, die es der Geometrie an Evidenz gleichtut. Was meinen Sie, daß daraus für die Menschheit folgen werde? Wir wollen es uns nicht verhehlen: Der Zustand der Philosophie ist noch immer traurig; die neuern Streitigkeiten über die Freiheit, die Mißverständnisse der kritischen Philosophen untereinander beweisen es nur zu sehr. – Von dem neuen Standpunkte, den ich mir verschafft habe, kommen einem die neuern Streitigkeiten über die Freiheit sehr komisch vor, erscheint es einem drollig, wenn Reinhold die Vorstellung zum Generischen desjenigen machen will, was in der menschlichen Seele vorgeht. Wer das tut, kann nichts von Freiheit, vom praktischen Imperativ wissen, wenn er konsequent ist; er muß empirischer Fatalist werden! – Daß Sie meine Rede[61] jetzt günstiger beurteilen, freut mich; ich gestehe, daß sie die liebste meiner Schriften ist. Mein *Beitrag* hat ziemliches Aufsehen gemacht, und leider werde ich, wie man mir schreibt, ziemlich allgemein für den Verfasser gehalten. *Reinhold*, höre ich, hat es bekanntgemacht. Der Druck des zweiten Teils ist zur Messe nicht fertig geworden, er wird es aber jetzt sein. – Ihr *Katechismus* wird nächstens gleichfalls erscheinen, an irgendeinem Ende der Welt, schreibt mir der Verleger[62], der sehr in Angst ist. Meine beiden Schriften sind in Berlin verboten. Ich habe sehr Lust, in meinen Erholungsstunden den Berlinern einen Bissen zu geben, den sie mir nicht verbieten sollen. – Ich schrieb Ihnen etwas von Fürstenleben! – Ich erhielt nämlich den Vorschlag, als Erzieher zu einem Prinzen von Mecklenburg-Strelitz zu kommen. Ich machte unannehmliche Bedingungen, und es zerschlug sich. Ich wünsche jetzt nichts als Muße, meinen Plan auszuführen; dann – mache das Geschick aus mir, was es will!

An Franz Volkmar Reinhard

Zürich, 15. Januar 1794

Mein letzter Brief an Ew. Hochwürden und Magnifizenz wurde, wenn ich mich desselben noch recht erinnere, in einer Spannung geschrieben, welche durch Reisen, mannigfaltige Empfindungen und angestrengte Arbeiten notwendig hatte entstehen müssen. Der reifere und kältere Menschenkenner erblickte in ihm gewiß nichts weniger als einen Mangel an Achtung von seiten des jungen Mannes. Jener Brief blieb also sicher nicht darum unbeantwortet, weil der Schreiber desselben durch ihn dero Wohlwollen verloren hatte, sondern vielleicht darum, weil Sie mir stillschweigend die Erlaubnis geben wollten, Ihnen das Resultat der erwähnten Untersuchung überschreiben zu dürfen. – Ich handle in diesem Glauben.

Aenesidemus hat meine Überzeugung, daß die Philosophie in ihrem gegenwärtigen Zustande gar noch nicht Wissenschaft sei, vollendet; die andere aber, daß sie wirklich Wissenschaft werden könne und in kurzem es werden müsse, nur noch verstärkt. Ich habe eine Rezension[63] desselben in die A[llgemeine] L[iteratur-]Z[eitung] abgesandt, welche ich Sie zu lesen und mir Ihre Meinung über die darin gegebenen Winke gütigst mitzuteilen bitte. Sie deutet, so gut es in den engen Grenzen einer Rezension möglich ist, auf die neuen Gesichtspunkte, aus denen ich die Sache jetzt ansehe. Solange man den Gedanken von einem Zusammenhange unserer Erkenntnis mit einem Dinge an sich, das, von ihr gänzlich unabhängig, Realität haben soll, übrigläßt, wird der Skeptiker immer gewonnenes Spiel haben. Es ist also einer der ersten Zwecke der Philosophie, die Nichtigkeit eines solchen Gedankens recht handgreiflich darzutun. Wird sie dadurch erst auf eine mittelbare Kenntnis des Nicht-Ich vermittelst des Unmittelbaren des Ich beschränkt; so ist es schon vorläufig mehr als wahrscheinlich, daß – da unser Geist, wie weit wir ihn beobachten, sich nach Regeln richtet, – er sich wohl überhaupt nach Regeln richten möchte und daß das System dieser Regeln, da ein solches doch einmal dasein muß, sich auch auf eine für alle Zeiten gültige Art werde ausführen lassen. Entweder es muß möglich sein, eine Philosophie als allgemeingültige Wissenschaft zu begründen, oder nicht. Ist es nicht möglich, so muß sich diese Unmöglichkeit dartun lassen, wie sich z. B. die Unmöglichkeit einer völlig vollendeten empirischen Naturforschung wohl dartun läßt: Ist es aber möglich, so muß es sich auch wirklich machen lassen. Diese Möglichkeit darum zu leugnen, weil es bis jetzt noch nicht gelungen ist, scheint mir geradeso, als ob vor Erfindung der Geometrie als Wissenschaft, wo wahrscheinlich *ein* problematisches System immer das *andere* gestürzt hat, wie es bisher mit der Philosophie ergangen ist, jemand hätte sagen wollen: die Geometrie wird wohl nie Wissenschaft werden, weil sie es bisher noch nicht geworden ist. Sagen, daß man doch immer nicht wissen könne, ob nicht etwa eine künftige Entdeckung unser System umstoßen werde, scheint mir geradeso, als ob [einer] dem Geometer, der ihm jetzt demonstriert hätte, die Summe der 3 Winkel in einem Dreiecke sei gleich zweien rechten, sagen wollte: das könne man nun so recht eigentlich nicht wissen, denn es dürften noch etwa in der Zukunft Triangel entdeckt werden, deren Winkel 170° oder 190° hätten. – Aber die Philosophie kann nicht, wie die Geometrie und die Mathematik, überhaupt ihre Begriffe in der *Anschauung konstruieren*? – Recht wohl; und es wäre sehr schlimm, wenn sie dies könnte; denn dann hätten wir keine Philosophie, sondern Mathematik: – Aber sie kann und soll sie aus einem einzigen Grundsatze, den jeder zugeben muß – durch *Denken deduzieren*. Die Form der Deduktion ist die gleiche, wie sie in der Mathematik gilt, nämlich die von der allgemeinen Logik vorgeschriebene. – Ich weiß wohl, verehrungswürdiger Gönner, wieviel ich durch dieses alles und wieviel ich in jener Rezension behauptet und versprochen habe: Ich tat es aber darum doch nicht so ganz ohne Überlegung. Ich habe wirklich schon den Grundriß auf meinen Grundsatz aufgebaut und den Übergang zur praktischen gefunden. Die letztere zu bearbeiten muß aber um so leichter gelingen, da die Form des Gebäudes von der theoretischen her für sie vorhanden ist.

Aber mit welcher Freiheit und Unbefangenheit unterhalte ich Sie von meinen Entwürfen, Planen, vermeinten Entdekkungen, ehe ich recht weiß, ob ich die Erlaubnis dazu nicht verloren habe! Doch hinweg aller Zweifel! Wenn mein erster Brief Ihnen nicht mißfiel, so konnte auch mein letzter Ihnen nicht mißfallen. In dieser Hoffnung erlaube ich mir noch eins. – Ich habe es von Ihnen erbeten, bloß den verehrungswürdigen Mann und Gelehrten und nicht den Oberhofprediger in Sachsen in Ihnen zu erblicken, und diese Erlaubnis ist mir zu teuer, als daß ich selbst mich ihrer entäußern sollte. Aber vielleicht darf ich jenem verehrungswürdigen Manne und Gelehrten zuweilen einen Namen nennen, der vor einem Manne genannt werden darf, welcher jedes Verdienst schätzt, weil er sie alle in sich vereinigt. – Dürfte ich es, so würde ich Ihnen jetzt M[agister] *Weißhuhn* nennen: (Friedrich August, nicht sein älterer Bruder.) Von seinen außerordentlichen Talenten, die sich von den frühesten Jahren an mit einer bewundernswürdigen Reife zeigten, kann Ihnen jeder sagen, der in den Jahren 1773–1779 in Schulpforte gewesen ist; von seinem trefflichen Charakter ich, der ich seit dem Jahre 1781 sein vertrautester Freund bin. Unter dem Druck der Umstände welkten in den letzten 5 Jahren Talente, wie sie selten vereinigt sind, in seines Vaters Hause zu Schönerwerda (bei Querfurt) langsam dem Grabe zu. Er schreibt mir, daß er jetzt etwas gesünder sei. Ich habe ihm geraten, sich Ihnen bekannt zu machen, und ich hoffe, er tut es. Einen Pfarrer B[ischoff] zu W[ohlsborn], dessen höchst dürftige, den Geist rein niederdrückende Umstände – wie die der thüringischen Landpfarrer im Durchschnitt sind; und um dies zu sein, studiert man? – ich auf meiner letzten Reise ganz in der Nähe gesehen habe, würde ich auch nennen; aber es liegt außer dem Zirkel, den mir die Bescheidenheit vorzeichnet.

Nun ein schriftlicher Beweis Ihrer fortdauernden gütigen Gesinnungen wird völlig beruhigen

Ew. etc. beständigen Verehrer
Fichte.

An Karl Leonhard Reinhold

Zürich, 15. Januar 1794

Baggesen[64], den ich vor einiger Zeit hier gesehen, der mir in kurzem für sich alles dasjenige eingeflößt, was ein solcher Mann jedem, der nur einiges Gefühl für wahre Würde hat, notwendig einflößen muß, und der vielleicht auch für mich einen guten Eindruck bekommen, machte mir von Ihnen eine Schilderung, welche meiner immer gehegten Hochachtung gegen den gründlichen Denker und gegen einen meiner verdientesten Lehrer durch Schriften noch die viel angenehmere Empfindung der Liebe für den reinen Charakter hinzufügte und mich überzeugte, daß ich manche Ihrer öf-

fentlichen Handlungen ehemals aus einem falschen Gesichtspunkte angesehen; er setzte insbesondere hinzu: Seien Sie je gegen irgend jemand zur Freundschaft gestimmt gewesen, so seien Sie es gegen mich. Ich würde, was ich jetzt tue, sogleich nach dieser Unterredung getan haben, wenn ich nicht von Zeit zu Zeit einer Antwort auf meine Zuschrift an Sie entgegengesehen hätte. Aber – Ihre Geschäfte können Sie verhindert haben zu antworten, Sie können aus andern Gründen die Antwort aufgeschoben haben; es läßt hieraus sich nichts schließen.
Ich tue es also jetzt und bitte mit den Gesinnungen des freien Mannes, der Ihren Wert von ganzem Herzen ehren, achten, lieben, sich seiner freuen, aber auch den seinigen nicht aufgeben will, Sie um Ihre Freundschaft, um Ihre Liebe, um Ihr Zutrauen, und versichere Sie, wenn Sie diese meine Bitte gewähren, der unbegrenzten Achtung, Anhänglichkeit und Zutrauens von meiner Seite. Halten Sie mich jener Gesinnung nicht wert – auch eine versagte Antwort würde mir das sagen, aber ein gerades Nein wäre Ihrer und meiner würdiger –, so werden Sie wenigstens darum mich nicht weniger achten, daß ich diese Bitte tat, und dann steht alles auf dem alten Fuße, und die jetzige Handlung ist gar nicht geschehen. Gewähren Sie mir dieselbe, so geben Sie dadurch meinem Herzen eine sehr angenehme Befriedigung, und zugleich entsteht daraus noch ein anderer Vorteil, der aber bei der Beratschlagung über das Wesentliche nicht in Anschlag kommen muß. Die Philosophie hat große Schulden an das Menschengeschlecht zu bezahlen; sie sollte auch insbesondere der gelehrten Welt das Beispiel zweier Männer geben, welche, bei aller Verschiedenheit ihres besondern Weges, das Ziel ihrer Arbeit vereinigte, welche einander herzlich lieben und ehren konnten, ohngeachtet sie nicht über alles gleich dachten, welche durch die Anstrengung, die ihre eigenen Arbeiten ihnen gekostet haben, nicht abgehalten wurden, den Wert des andern gehörig zu würdigen. Ich fühle mich fähig, der eine dieser Männer zu sein, und *Reinhold* ist gewiß zu allem, was gut und groß ist, fähig.
In Erwartung Ihres Entschlusses bin ich mit denjenigen Gesinnungen, die ich immer gegen Sie hegte

etc. etc.

An Johann Kaspar Lavater

Zürich, Anfang Februar 1794

Ich setze zu demjenigen, was ich gestern abend die Ehre hatte, Ihnen zu sagen, folgendes hinzu: – Mein Vortrag ist immer synthetisch; ich werfe meine Gedanken nie hin, wie ich sie unsichtbar in meiner Studierstube gedacht habe, sondern ich denke sie, finde sie, entwickle sie vor den Augen der Hörer und mit Ihnen; ich bemühe mich dabei, den strengsten logischen Gang auch in den kleinsten Teilen des Vortrags zu gehen. Da ich fast alles wörtlich niederschreiben werde, so hoffe ich diese Art des Vortrags dann so ziemlich in der Gewalt zu haben. Hierauf scheint mir der Grund aller Deutlichkeit zu beruhen: Noch höhere kann nicht anders erreicht werden als durch häufige Beispiele, wo die Natur der Sache es erlaubt, und durch Vorzeichnung des Ganges der Spekulation an einer Tafel. Aber damit läßt sich Ihr zweiter Wunsch, etwas Ganzes zu vollenden, soviel ich einsehe, nicht anders als auf folgende Art vereinigen. Ich muß notwendig 2 bis 3 Stunden Prolegomena über den Begriff, die Merkmale, die Beweisart der Philosophie; das Verhältnis dieser Wissenschaft zu andern, die damit vermengt werden, geben. Dann werde ich die ersten Grundsätze *aller Philosophie*; dann die ersten der *theoretischen* vollständig und mit der höchsten Klarheit, die ich ihnen geben kann, entwickeln, um daran das Verfahren in der Theorie zu zeigen. Die übrigen Sätze derselben würde ich dann bloß aufzählen und eine allgemeine Übersicht derselben und ihrer Verkettung geben. Das wäre für den ersten Monat. – Im zweiten würden ebenso die höchsten Grundsätze der *praktischen* Philosophie ausführlich entwickelt; und an den ersten besondern die Verfahrungsart in diesem Teile der Philosophie gezeigt; von den übrigen aber bloß eine Übersicht ihrer Verkettung gegeben. – Ich sehe kein anderes Mittel, um beide Wünsche zu vereinigen; denn wenn ich auch nur die praktische Philosophie ausführlich vortragen sollte, so würde dazu kaum ein ganzes Jahr zureichen. Ich werde ja wohl in einigen Jahren mein ganzes System dem Publikum vorlegen; und in jedem Falle werde ich mich geehrt finden, wenn die Herren, die mich jetzt ihrer mündlichen Unterhaltung über diese Gegenstände würdigen, sich

einst schriftlich über das, was ihnen dunkel bleiben könnte, mit mir unterhalten wollen.
Sollte dieses Expediens Ihren Beifall haben, so ersuche ich Sie, es den übrigen Herren gütigst mitzuteilen. Ich bin, teuerster Herr Pfarrer, mit wahrer warmer Hochachtung

Ihr ergebenster
Fichte.

An Karl Leonhard Reinhold

Zürich, 1. März 1794

Teuerster, verehrtester Freund,
im frohen Gefühl, mit dem würdigsten Manne nun in derjenigen Vereinigung zu stehen, die ich so innig wünschte, mache ich Gebrauch von dem Vertrauen, wozu dieselbe mich berechtigt. Gewiß bedürfen wir beide das so tief in unser Herz Geprägte uns nicht erst zu erweisen; und gewiß haben unsre Untersuchungen keinen andern Endzweck als den, diese heiligen Überzeugungen gegen den Schein, der sie in schwachen Stunden in uns selbst oder in andern erschüttern könnte, völlig sicherzustellen. Die Rezension des Aenesidemus in der A[llgemeinen] L[iteratur-]Z[eitung], als deren Verfasser ich mich Ihnen nenne, wird Ihnen gezeigt haben – ich wünsche beides mit gleicher Evidenz –, teils, wie sehr ich Ihre Untersuchung schätze und wieviel ich Ihnen verdanke, teils, wo ich auf dem Wege, den Sie so rühmlich gegangen sind, weitergehen zu müssen glaube. Ich habe das System, auf welches ich dort hindeute, wenigstens dem größten Teile nach, aber bei weitem nicht bis zur Mitteilung klar, entworfen. Und dennoch ist meine Übereinstimmung mit Ihnen nicht nur in den Hauptresultaten, sondern auch bis auf die kleinsten Bestimmungen – nicht etwa bloß in dem, was Ihnen von mir schon bekannt ist, sondern hauptsächlich in meinen neuen Überzeugungen – so groß, daß ich einer einstigen gänzlichen Übereinstimmung mit Ihnen fast sicher entgegensehe; und daß ich gern glaube, das, was ich bis jetzt für Verschiedenheit ansehe, beruhe darauf, daß ich Ihr System bis jetzt noch nicht völlig gefaßt habe. – Ebenso geht es mir mit Kant, dessen Schriften verstanden zu haben ich jedoch mit weit größerer Über-

zeugung glaube. Es wird mir immer wahrscheinlicher, daß K[ant] gerade aus meinen Grundsätzen gefolgert habe, ob er sie gleich nicht wörtlich, sondern öfters etwas, das ihnen den Worten nach zu widersprechen scheint, aufstellt, und weit weniger systematisch ist, als ich zu sein wünsche.
Was kann ich dabei tun? Ich muß, glaube ich, fürs erste mein eignes System bis zur Mitteilung aufklären. Entweder erhalte ich bei dieser Arbeit die Fähigkeit, das Ihrige völlig zu verstehen, oder ich bin so glücklich, Ihnen das meinige deutlich zu machen. Und dann muß es sich zeigen, wo der Grund der Verschiedenheit eigentlich liegt. Denn nur durch Sie, verehrtester Freund, wünsche ich beurteilt und berichtigt zu werden; auch würde mir, soviel ich mich kenne, kaum irgendein andrer, den ich wüßte, diesen Dienst leisten können.
Ihre vortreffliche Schrift[65] über das Fundament des philosophischen Wissens habe ich mehrere Male gelesen und sie immer für das Meisterstück unter Ihren Meisterstücken gehalten. Ich stimme mit dem, was sie daselbst über das allgemeine Verfahren bei der philosophischen Reflexion, über die Erfordernisse einer Philosophie überhaupt und insbesondre ihres ersten Grundsatzes sagen, so sehr überein, daß ich nachweisen könnte, ohngefähr das gleiche, noch ehe ich Ihre Schrift gelesen hatte, niedergeschrieben zu haben. Um desto unerklärbarer ist mir es bis jetzo, woran es liegen möge, daß ich dem Satze des Bewußtseins – (dem Ihrigen –) die Merkmale eines ersten Grundsatzes, über die wir völlig einig sind, nicht zuerkennen kann. Nach mir ist er ein Lehrsatz, der durch höhere Sätze bewiesen und bestimmt wird. – Den zweiten Teil Ihrer Beiträge[66], von dem ich besonders den Aufschluß erwarte, wovon Sie jetzt dic Kategorien ableiten werden – deren Ableitung von den logischen Formen der Urteile eine Gesetzgebung der Logik für die Philosophie voraussetzt, die ich nicht anerkenne – und worauf Sie eine praktische Philosophie bauen werden: habe ich begierig erwartet. – Überhaupt darf ich mir vielleicht das Zeugnis geben, daß ich die gehörige Mühe darauf gewandt habe, Ihr System zu verstehen; wie ich denn z. B. über Ihre neue Darstellung der Hauptmomente der El[ementar]ph[ilosophie] in den Beiträgen, auf Veranlassung obiger Rezension, mehr als 12 Bogen niedergeschrie-

ben habe. – Es bleibt mir nichts übrig, als die völlige Einsicht in das Ihrige von Ihren Bemerkungen über mein künftiges zu erwarten. Muß ich bis dahin das, was ich bis jetzt für Ihre Gedanken halte, beurteilen – und wie kann man irgend etwas über die kritische Philosophie sagen oder schreiben, ohne stets zu Ihnen zurückzukommen? –, so gilt mein Urteil natürlich nicht weiter [für] Sie, als insofern ich Ihre Gedanken wirklich getroffen habe; und ich würde, auch wenn nicht, wie jetzt, die innigste Freundschaft Ihren Ruhm zu dem meinigen machte, dennoch nie in einem andern Tone es getan haben als in dem, welchen die Ehrerbietung gegen den scharfsinnigsten Denker unsers Zeitalters erlaubt.

Den zweiten Teil meines Beitrags habe ich vorigen Sommer, unter beständigen Zerstreuungen und einem großen lärmenden Baue gegenüber, in 4 Wochen niedergeschrieben. Haben Sie daher Geduld mit ihm. Ich hoffte damals nicht, daß Männer wie Sie ihre Augen auf diese Schrift werfen würden, und schrieb sie hin, um nur den Verleger zu befriedigen. Beurteilen Sie sie aus diesem Gesichtspunkte. Das Kapitel über den Adel würde ich jetzt gewiß ganz anders bearbeiten. Über die Kirche aber glaube ich manches Neue gesagt zu haben. – Eine kleine Schrift: *Zurückforderung der Denkfreiheit* pp. *Eine Rede,* ist auch von mir. Der Rez[ensent][67] in der A[llgemeinen] L[iteratur-]Z[eitung] meint, es sei nichts Neues darin gesagt. Daran kann er recht haben. Er tadelt den Gebrauch des Ausdrucks *Denkfreiheit* und *Gewissen*; daran hat er gewiß recht; nur daß ich es so gut wußte als er, und um der Verständlichkeit willen mich des gewöhnlichen Ausdrucks bedienen wollte. Wenn er aber wegen einer gewissen Stelle mich des Jesuitism beschuldigt, so hat er gewiß unrecht. Wenn Jesuitism in der Verwechselung der Moral und des Naturrechts besteht, so ist er der Jesuit; denn er hat einen Satz, den ich ausdrücklich als einen naturrechtlichen aufstellte, für einen moralischen genommen. Es ist eine Kleinigkeit – jene Schrift; aber ich glaube, daß sie einiges Verdienst in Absicht der Diktion hat. Sie ist, wie mir der Verleger klagt, fast gar nicht bekannt geworden.

Wissen Sie, wer zu Ihrem Nachfolger in Jena ernannt ist? Ich bin dazu ernannt. Urteilen Sie, wie groß meine Freude

darüber ist, daß ich eben *Ihr* Nachfolger sein soll. Unendlich lieber wäre es mir freilich, wenn ich Ihr Kollege hätte sein können. Bis in die Mitte des Mai werden Sie wohl nicht in Jena bleiben: dann könnte ich die Freude haben, Sie daselbst zu sehen. Doch habe ich Hoffnung, daß auch diese mir einst zuteil werden wird. Meine Frau wünscht noch einmal Hamburg zu sehen, wo sie ihre Kindheit verlebt und wo sie Verwandten hat; ich könnte demnach sehr leicht einmal in den Osterferien von Jena aus dahin reisen; und Sie entweder dort oder in Kiel selbst sehen. – Haben Sie mir, Jena und meine künftige Lage daselbst betreffend, Nachrichten zu geben, so erwarte ich dieselben zutrauensvoll von Ihrer Freundschaft.
Eine angenehme Aussicht für die kritische Philosophie! Für Zürich schien sie bisher nicht gemacht zu sein: Seit einiger Zeit aber halte ich vor Lavater (diesem trefflichen Manne, dessen bessere Kenntnis ich auch unserm Baggesen verdanke und der mir täglich lieber und schätzbarer wird) und mehrern der ersten Männer Zürichs Vorlesungen darüber. Freilich kann binnen hier und dem Ende künftigen Monats nicht viel mehr als ein Vorgeschmack gegeben werden; aber wenn nur der Trieb des Selbstdenkens in einigen erweckt und das herrschende Vorurteil gegen die kritische Philosophie ein wenig erschüttert wird, so ist der Gewinn schon groß genug.
Ich freue mich, wenigstens auf schriftliche Unterredungen mit Ihnen Aussicht zu haben, da ich mündliche vorderhand kaum hoffen darf; und umarme Sie voll Verehrung und Freundschaft

Ganz der Ihrige
Fichte.

An Karl August Böttiger

Zürich, 2. April 1794

Ich werde Ihnen, mein teurer Freund, wenn auch nicht eben einen kurzen, doch vielleicht einen sehr unleserlichen Brief schreiben, weil ich nicht Zeit habe, einen sehr leserlichen zu schreiben.
Die Arrangements, die durch Ihre, des sehr gütigen G[ehei-

men] R[at] Voigts[68] und des sehr freundschaftlichen P[rofessor] Hufelands Vorsorge für mich in Jena getroffen werden, gereichen zu meiner höchsten Zufriedenheit, und ich danke allen auf das wärmste. – Von Hufeland habe ich Briefe, u. ich antworte heute auch.
Wegen der Einladungsschrift hat es seine Häkchen. Sie kann sobald noch nicht fertig sein. Bitten Sie demnach, Teurer, u. flehen Sie Hrn. *Bertuch*[69], daß er ja gegen Anfang des Mai oder auch wohl *zu* Anfange bereit ist, gerade von der Post die Handschrift auf die Presse zu schicken (nein, nicht Presse, sondern zum Setzer) u. ihn setzen zu lassen, bis ihm die Finger weh tun. Ich kann nicht wohl rechnen, ehe als in der Osterwoche Manuskript abzuschicken. 11 Tage gehn die Briefe. Also mit dem 4., 5., 6. Mai könnte die Handschrift in Weimar sein; wenn dann frischweg gedruckt wird, so kann doch den 14., 15., 16. die Schrift in den Händen der lehrbegierigen Weisheitsschüler sein: – Vielleicht muß ich zwei Sendungen machen: aber kurz d. 4. usw. kann u. soll Manuskript in Weimar sein, u. der angefangne Druck soll durch meine Schuld nicht unterbrochen werden. – Es ist mir bisher in dgl. Sachen noch immer gelungen, meinen Vorsatz durchzusetzen: vielleicht weil ich mir nichts ohne vorherige Berechnung aufgebe.
Diese Schrift wäre wohl leicht geschrieben, wenn mir nicht meine Zürcher Vorlesungen, zu denen ich mich nun einmal verbunden habe, schwer auf dem Halse lägen. Übrigens ist das gar nicht zweckwidrig für Jena. Mein Ruhm erschallt wacker in der Schweiz; und wird vielleicht manches gute Muttersöhnchen nach Jena locken, das sonst nie hingekommen wäre; u. dann ist es immer gut, wenn von dem Orte unsres letzten Aufenthalts aus eine kleine Wolke von wohlriechenden Düften nachfolgt. Dann ist es um der häufigen Reisenden willen, die hieher kommen, nicht übel. Wir Deutsche sind es ja so sehr gewohnt, uns mit unsern Männern durch Fremde bekannt machen zu lassen.
Sie haben wohl recht, daß eine solche Posaune nicht zu früh geblasen werden kann; aber ich möchte sie gern recht lauttönend blasen. Wenn ich etwa ein klein wenig aus dem Tone der Bescheidenheit, der in meiner Off[enbarungs]kr[itik] herrscht, fallen sollte, so geschieht das bloß darum, weil doch einmal manche Leute nur vom Schalle fal-

len. Einen andern Vorteil werde ich – NB. wenn die Zeit zulangt – darin suchen, daß ich von Sätzen einer Spekulation, die wirklich um ein gutes tiefer geht als die Kantische, mit einer Leichtigkeit des Tons rede, als ob es keine tiefsinnige Spekulation wäre. So etwas hat seinen guten Nutzen. – Doch ich will nicht reden von Dingen, die noch zu tun sind.

Ich wünschte, daß sie recht sehr in den Buchhandel käme; u. daß also Herr Bertuch eine recht starke Ausgabe machte, u. wenn es 2000 Exemplare sein sollten. Ich sollte glauben, er würde sie absetzen. Wieviel ich freie Exemplare brauchen werde, kann ich erst in Weimar berechnen. Auf Honorar – rechne ich nun eben hier nicht schlechterdings; aber ich weise auch nicht ab, was man mir gibt. – Wie stark an Bogen sie sein werde, kann ich jetzt nicht berechnen. Wenn Herr Bertuch sie etwa in den Meßkatalog eingerückt wünscht, so lege ich zu diesem Behufe den ohngefähren Titel bei. Sollte er hernach um ein paar Worte verändert werden, so hat das für diesen Zweck nichts zu sagen.

Wegen des Lehrbuchs denke ich alles in Weimar oder Jena selbst abzumachen. Man liest ja wohl eine oder 2 Wochen Prolegomena, u. unterdessen können schon ein paar Bogen gedruckt werden.

Durch Gotha werde ich nur reisen! Der gute liebe Geißler! Ich habe natürlich glauben müssen, daß er durch die Nachricht, daß ich Verfasser einer gewissen Schrift sei, eben nicht sehr mein Freund habe werden können. Aber dennoch bin ich sein Verehrer desto mehr u. in jedem Falle. Über die Professorpolitik bin ich allerdings Herr Voigts Meinung. Ich will Leuten, denen zu Dienste ich gewiß nicht den Ruf erhalten habe – Sie nennen in Ihrem Briefe einen –, nicht die Freude machen, zu sagen: Seht ihr, es ist euch recht, hättet ihr hübsch nach unserm weisen Rate gefragt, so wäre es so nicht gekommen. – Ich kenne ferner Jena u. die darüber herrschende *Publizität* nur zu gut; und kann sie kennen, weil ich selbst oft in der weitesten Entfernung gewußt habe, was die dortigen namhaften Gelehrten in Ihren Zirkeln sprechen. Jedes Wort des angegafften Mannes ist da wichtig und wird durch Briefe und Reisende an allen Ecken, wo die teutsche Sprache gesprochen wird, herumgetragen, verbessert, neu aufgelegt, mit Zusätzen und

Anmerkungen versehen. Es bleibt dabei nichts übrig als die größte Zurückhaltung gegen nicht ganz genau bekannte, und vielleicht der Anschein einiger Frivolität. Ich weiß dies alles so gut, daß ich es schon längst manchem Gelehrten in Jena hätte sagen wollen, wenn er mich gefragt hätte. – Daß ich allenfalls wohl unter dem Scheine der Frivolität recht gut beobachten und meine Geschäfte treiben kann, habe ich, seitdem ich ein wenig bekannt worden bin, auf Reisen mit mir selbst versucht: und ich weiß sehr gut, daß von jetzt an ich noch mehr der Gegenstand der Gaffer sein werde. Aber Glück zu! – Mein Geheimnis unter uns!
Ich weiß, daß *Reinhold* ein edler Mann und daß er mein Freund ist. Was mein Verhältnis gegen *Schmid*[70] anbelangt; so werden Sie ohne Zweifel eine gewisse Erklärung u. eine gewisse Gegenerklärung im I[ntelligenz]b[latt] d. A[llgemeinen] L[iteratur-]Z[eitung] jetzt gelesen haben. Er hätte wirklich etwas Klügeres und Opportuneres beginnen können als diesen Ausfall. *Ich* werde ihm weder öffentlich und noch weniger heimlich ein Leid zufügen: aber ich wollte wetten, daß er darüber verlieren wird und daß mein Benehmen gegen das seinige abstechen wird.
Mein Schwiegervater, der würdige Greis, und meine Frau empfehlen sich herzlich Ihnen u. Ihrer würdigen Gattin. – Ich u. alle freuen sich darauf, bald bei Ihnen zu sein.
Leben Sie wohl. Ganz

der Ihrige
Fichte.

Von Bischof u. der Fr. v. Koppenfels höre ich nichts?
Verzeihen Sie die Eile, mit der der Brief geschrieben ist. Ich habe noch gar viele zu schreiben.
N[ach]sch[rift]. Mit unsern Briefen hat es eine sonderbare Bewandtnis. Schon ist der meinige an Sie auf der Post, u. ich erwarte ihn eben zurück, um dieses Blatt noch hineinzulegen; denn in dem Augenblicke erhalte ich die Ihrigen.
An Voigt kann ich heute nicht schreiben. Haben Sie die Güte, mir darüber Verzeihung zu erbitten u. ihm zu melden, daß ich lesen würde
privatim. 1. *Über theoretische Philosophie*
2. *allgemeine praktische Philosophie.* NB.

allgemeine, weil in meinem System die praktische Philosophie ganz etwas andres wird, als sie bisher war

publice. 2 Stunden. *Moral für Gelehrte.*

Recht bald bitte ich mir Ihre Antwort über das aus, was ich Ihnen über das Programm und über das Lehrbuch schreibe.

Die Stunden kann ich erst in Jena bestimmen; am schwarzen Brette, mithin nicht einmal im Programm.

Über Herrn Voigts Erhöhung freue ich mich innig. – Bekommt er den Titel *Exzellenz*? Haben Sie ja die Güte, mir das zu melden.

Daß Ihr Herzog[71] nicht mehr preußischer General ist, habe ich nicht gewußt: aber es tut meinem Herzen sehr wohl. Onkel und Neffe könnten in den jetzigen Umständen eine Tat tun, die ihre Namen über Gustav Adolf[72] u. Bernhard von Weimar[73] setzen würde. Sie könnten Friede gebieten; und Teutschlands Freiheit auf Jahrhunderte sichern.

An der Insurgenz der Schweizer ist kein Wort wahr. Dieses Gerücht ist ganz sicher in boshaften Absichten ausgestreut und kömmt aus der vergifteten Quelle alles gegenwärtigen Unheils in Europa.

Eben erhalte ich noch mehr Zeit, mit Ihnen noch ein längers zu schwatzen, indem man mir den Brief erst in einer halben Stunde von der Post zurückschicken kann.

Die Besorgungen, um die ich Sie bat, können Sie freilich in Weimar nicht gut übernehmen. Aber wird sie Hufeland übernehmen wollen und können? Doch haben Sie die Güte, ihn in meinem Namen herzlichst zu grüßen, ihn um Verzeihung zu bitten, daß ich ihm nicht schreibe, indem ich mit meinen Vorlesungen und mit Redaktion meines Systems sehr viel zu tun habe. Ich werde noch ein paar stürmische Monate in Zürich verleben. – Wollte u. könnt er – Hufeland, ohne seinen Nachteil etwas in meinen Angelegenheiten tun, so haben Sie die Güte, ihm meine Wünsche zu überschreiben.

Es freut mich, daß die Rezension des Aenesidemus Aufmerksamkeit erregt und daß die Art, in der ich von Reinhold rede, Ihren Beifall hat. Ich gestehe, daß ich schon lange in Verlegenheit war, wie ich mich gegen diesen großen Selbstdenker und würdigen Menschen würde zu benehmen haben; da ich ihm geradeheraus widersprechen und die Unzu-

länglichkeiten seines Systems zeigen mußte. Jetzt aber glaube ich von dieser Seite völlig sicher zu sein. Ich hoffe, daß wir beide der Welt das Beispiel geben werden, das die Philosophie ihr noch immer schuldig geblieben ist, das Beispiel zweier Männer, deren jeder seinen Weg gerade fortgeht und die sich dennoch herzlich schätzen und lieben.
Über Kants *Geist* hinaus gibt es keinen Raum mehr für die Untersuchung: Ich bin völlig überzeugt, daß er die Grundsätze, die ich *deutlich* und *bestimmt* aufstellen will, *dunkel* allen seinen Untersuchungen zum Grunde gelegt hat; über seinen *Buchstaben* hinaus aber hoffe ich kommen zu können; und es scheint mir dabei eine solche Deutlichkeit zu gelingen, daß die *Zürcher* mich recht sehr gut fassen. – Ich glaube, daß heißt etwas gesagt.
Meinen Lavater halten Sie nur in Ehren. Für ihn bräche ich wohl Lanzen, die ich für mich selbst noch nicht gebrochen habe – Er ist der scharfsinnigste unter meinen hiesigen Zuhörern. Der Mann ist so vielseitig und hat dem Publikum leider bis jetzt immer seine schlechteste Seite hergeboten, daß notwendig jeder, der ihn nicht ganz kennt, an ihm irre werden muß. Kennen Sie ein Gespräch: *Über Sein u. Schein, Wahrheit u. Irrtum* pp: das an *Blinden vom Berge* steht; in der Weidmannischen neuen Sammlung der besten prosaischen Aufsätze der Teutschen aber wieder abgedruckt ist; dies hat mich zuerst auf ihn aufmerksam gemacht. Wenn Sie es haben können, so lesen Sie es doch.
Meine Frau will selbst schreiben. Ich muß es wohl zulassen: kann ich doch durchstreichen! [Johanna:] Empfehlen Sie mich, verehrungswürdiger Freund! ich hoffe, Sie hoffe, Sie so nennen zu dörfen, Ihrer teuren Frau Gemahlin, und sagen Sie ihr, daß ich mich auf Ihre Freundschaft innigst freue und versichert bin, daß ich in Ihrem schätzbarem Umgang alle meine Zürcher Freundinnen ersetzt finden werde.
Sie werden bei meinem persönlichen Bekanntschaft gewiß finden, wie sehr mein Fichte im ganzen Sinn des Worts Philosoph sein müsse, daß er eben mich wählen konnte. Muß ich nicht Gott aus der Fülle meines Herzens danken, daß der Teure so dachte, sonst wär ich nicht die Glückliche, welche ich im itzt im ganzen Verstande des Worts bin. Leben Sie wohl! Und vergönnen Sie mir die frohe Hoffnung Ihrer beiderseitigen Freundschaft.

[Fichte:] Was soll ich nun dazu sagen? Ich muß es nun wohl stehenlassen. Was geschrieben ist, ist geschrieben. Mein alter Vater empfiehlt sich Ihnen herzlich. Unter die angenehmern Umstände bei dieser Veränderung mit mir gehört der gewiß obenan, daß dieser Vater, den wir nie verlassen haben würden, mit wahrem jugendlichen Mute sich zu dieser Reise entschlossen hat; und daß er durch die Aussichten auf Jena wieder verjüngt wird. Unsere Angelegenheiten sind in so gutem Train, arrangiert zu werden, daß sich, wie Sie ohne Zweifel von Herrn Voigt werden gehört haben, mein Plan geändert hat. Ich reise nicht wieder zurück, sondern meine Lieben kommen mir bald nach.
Die ausgesetzten 100 R[eichs]t[ale]r Reisegeld wünschte ich bei meiner *Ankunft in Weimar*, das ich ohne Zweifel passieren werde, heben zu können.
Ich bin mit voller Hochachtung u. warmer Freundschaft ganz

der Ihrige
Fichte

An Johann Gottfried Ebel[74]

Jena, 16. Junji 1794

Den herzlichsten Dank, mein Teurer, für Ihr gütiges Andenken und für das Zutrauen, das Sie mir durch Ihren Auftrag bezeugt haben. Es freut mich, daß ich Ihrem Wunsche sogleich entsprechen können. Die *Gablerische* Buchhandlung zu Leipzig (eigentlich allhier zu Jena) erbietet sich, Ihr Werk[75] zu verlegen. Sie bittet, und ich bitte mit ihr um Mitteilung der Handschrift. Sie glaubt erst nach der Durchsicht derselben sich völlig bestimmen zu können; ich weiß sehr wohl, daß sie das gar nicht nötig hätte und daß die Sache schon so gut als völlig abgemacht ist. Es soll dann sogleich mit dem Drucke angefangen werden, daß es zur Michaelis-Messe erscheinen könne. Auch eine Anzeige will sie geben. Wollen Sie etwa selbst eine einschicken? – In Absicht des Honorarium habe ich sie von 3 R[eichs]t[ale]r zu 4 heraufgetrieben. Sind Sie damit zufrieden? Sonst wollte ich allenfalls mein bißgen Kredit bei ihr versuchen, um sie noch höher zu treiben. Ihren Namen habe ich selbst der Handlung nicht genennt; und es hängt gänzlich von Ihnen ab, ob Sie ihr wenigstens sich nennen wollen oder mir auftragen, Sie zu nennen. Wollen Sie ganz inkognito sein, so tun Sie freilich besser, auch ihr sich nicht zu nennen, u. dann stehe ich dafür, daß es *von mir* niemand erfährt.

Sinclair[76] habe ich ohnlängst gesprochen. Er fragte nach Ihnen u. sagte mir, daß Sie mit dieser Übersetzung beschäftigt wären. Sie können, falls Sie sich der Handlung nicht nennen wollen, die Handschrift an mich schicken. Ich werde dann alles in Ihrem Namen besorgen, als ob Sie selbst zugegen wären.

Mir geht es sehr wohl. Grüßen Sie Prof. Fischer[77] u. den jungen Catoir herzlich von mir und behalten Sie lieb

den Ihrigen
Fichte

An Immanuel Kant

Jena, 17.? Juni 1794

Es ist vielleicht Anmaßung von mir, wenn ich durch meine Bitte dem Antrage des Herrn Schiller, der vorigen Posttag an Sie ergangen, ein Gewicht hinzufügen zu können glaube. Aber die Lebhaftigkeit meines Wunsches, daß derjenige Mann, der die letzte Hälfte dieses Jahrhunderts für den Fortgang des menschlichen Geistes, für alle künftigen Zeitalter unvergeßlich gemacht hat, durch seinen Beitritt ein Unternehmen autorisieren möchte, das darauf ausgeht, seinen Geist über mehrere Fächer des menschlichen Wissens und über mehrere Personen zu verbreiten; vielleicht auch die Aussicht, daß ich selbst mit Ihnen in einem Plane vereinigt würde, läßt mich nicht lange untersuchen, was der Anstand mir wohl erlauben möge. – Sie haben von Zeit zu Zeit in die Berliner Monatsschrift Aufsätze gegeben. Für die Verbreitung dieser ist es völlig gleichgültig, *wo* sie stehen; jede periodische Schrift wird um ihrer willen gesucht: aber für unser Institut wäre es vor Welt und Nachwelt die höchste Empfehlung, wenn wir Ihren Namen an unsrer Spitze nennen dürften.

Ich habe Ihnen durch Herrn Hartung meine Einladungs-

schrift überschickt; und es würde höchst unterrichtend für mich sein, wenn ich – jedoch ohne Ihre Unbequemlichkeit – Ihr Urteil darüber erfahren könnte. – Ich werde von nun an durch den mündlichen Vortrag mein System für die öffentliche Bekanntmachung reifen lassen.
Ich sehe mit Sehnsucht Ihrer Metaphysik der Sitten entgegen. Ich habe besonders in Ihrer Kritik der Urteilskraft eine Harmonie mit meinen besondern Überzeugungen über den praktischen Teil der Philosophie entdeckt, die mich begierig macht, zu wissen, ob ich durchgängig so glücklich bin, mich dem ersten Denker anzunähern.
Ich bin mit innigster Verehrung Ihnen ergeben.

Fichte

An Johann Wolfgang Goethe

Jena, 21. Juni 1794

Verehrungswürdiger Mann,
Ich suchte Sie bald nach Ihrer Abreise, um Ihnen den eben erst fertig gewordnen ersten Bogen zu übergeben. Ich fand Sie nicht; und überschicke, was ich lieber übergeben hätte.
So lange hat die Philosophie Ihr Ziel noch nicht erreicht, als die Resultate der reflektierenden Abstraktion sich noch nicht an die reinste Geistigkeit des Gefühls anschmiegen. Ich betrachte *Sie* und habe Sie immer betrachtet als den Repräsentanten der letztern auf der gegenwärtig errungnen Stufe der Humanität. An *Sie* wendet mit Recht sich die Philosophie: *Ihr* Gefühl ist derselben Probierstein.
Für die Richtigkeit meines Systems bürgt unter andern die innige Verkettung alles mit einem und eines mit allem, die nicht ich hervorgebracht habe, sondern die sich schon vorfindet; sowie die ungemeine und alle Erwartung übertreffende Fruchtbarkeit, die ich ebensowenig selbst hineingelegt habe; so daß sie mich sehr oft zum Staunen hingerissen hat und hinreißt. Beides entdeckt sich nicht im Anfange der Wissenschaft, sondern nur allmählich, so wie man in ihr weiter fortschreitet.
Ob ich die Empfehlung einer klärerern Darstellung auch jetzt noch behaupte, weiß ich nicht. So viel weiß ich, daß

ich es zu einer höhern und zu jeder beliebigen Klarheit erheben könnte, wenn die erforderliche Zeit gegeben wird: – aber ich habe, mit meinen öffentlichen Vorlesungen, die Woche wenigstens drei Druckbogen zu arbeiten, andere Geschäfte abgerechnet; und erwarte deshalb Nachsicht.
Ich hoffte – vielleicht weil ich es sehnlich wünschte – mich mit Ihnen in einem Werke vereinigt zu sehen. Ich weiß nicht, ob ich es noch hoffen darf. Wenigstens hatte vor einigen Tagen Hr. Schiller Ihren Entschluß noch nicht.
Ich bin mit wahrer Verehrung

Ihr innigst ergebener
J. G. Fichte

An Johann Wolfgang Goethe

Jena, 24. Juni 1794

Verehrungswürdigster Gönner und Freund,
Noch in meinem letzten Brief nahm ich bloß des edlen Mannes und großen Geistes Freundschaft in Anspruch; ich glaubte nicht binnen ein paar Tagen in der Lage zu sein, Ihr politisches Ansehen in Anspruch zu nehmen.
Man meldet mir von Weimar aus: „es würden daselbst Schändlichkeiten (es sind genau zu reden nur Dummheiten) herum geboten, die ich in meinen Vorlesungen vorgetragen haben solle. Meine Lage sei gefährlich. Es sei von einer gewissen Klasse eine förmliche Verbindung gegen mich parteit[?]. Der Herzog höre Sie, und was es noch an Männern gibt, seltner als andre, die in jenen Bund gehörten; ich solle nicht so sicher sein, der Folgen halber, – kurz, ich könne abgesetzt sein, ehe ich mir's versähe, usw. usw.“ Man gibt mir Ratschläge, die ich sicher befolgen würde, wenn ich – Parmenio[78] wäre. – „Ich soll eine gewisse anonyme Schrift[79] ableugnen, die mir zugeschrieben wird.“ Mag ein andrer sich so etwas erlauben; ich halte es *mir* nicht für erlaubt. *Anerkennen* werde ich auch keine anonyme Schrift. Wer seine Schriften anerkennen will, der tut es gleich bei der Herausgabe. Wer anonym schreibt, will sie nicht anerkennen.
„Ich soll mich doch nur wenigstens dieses halbe Jahr in acht nehmen, um die Politik nicht zu berühren.“ Ich lese nicht

Politik und bin dazu nicht berufen. Das Naturrecht werde ich freilich, *wenn es in meinem Kursus an der Reihe ist,* meiner Überzeugung gemäß lesen, *man verbiete es mir denn ausdrücklich, und öffentlich;* aber es kommt im ersten Jahre gewiß noch nicht an die Reihe. Ich handle dieses halbe Jahr nach Regeln, nach denen ich immer handeln werde; und werde immer so handeln, wie ich dieses halbe Jahr handle. Ich habe keine besondre *Sommer-* und keine besondre *Winter-Moral.*

„Ich soll mich verstecken, um desto mehr Gutes stiften zu können." Das ist Jesuiter Moral. Ich bin dazu da, Gutes zu tun, *wenn* ich *kann*; aber Böses tun darf ich unter *keiner* Bedingung und auch nicht unter der des künftigen Gutestuns. Betrachte ich mich hierbei völlig *isoliert,* so wäre ich der letzte unter den Menschen, wenn ich bei meinen Grundsätzen und bei der etwanigen Kraft, mit der ich sie gefaßt habe, irgend etwas fürchten und darum auch nur um eines Fußes Breite von meiner Bahn weichen wollte. Wer den Tod nicht fürchtet, was unter dem Monde soll der doch fürchten? – Überhaupt, es wäre dann lächerlich, wenn ich jene Dinge nur einer ernsthaften Maßregel würdigen wollte.

Aber ich bin leider nicht mehr isoliert. An mein Schicksal ist das Schicksal mehrerer Menschen gebunden. Ich rede nicht von meiner Frau. Sie wäre es nicht, wenn ich ihr nicht die gleichen Grundsätze zutraute. Aber an sie ist ein 74jähriger Greis, ihr Vater, unzertrennlich gebunden. Sein Alter bedarf der Ruhe; er kann nicht der Gefahr, umhergetrieben zu werden, sich aussetzen, der ich selbst mich wohl aussetzen darf. Es ist also die Frage, und es ist nötig daß diese Frage beizeiten beantwortet werde: Kann und will der Fürst, dem ich mich anvertraut habe, mich schützen? will er's unter folgenden Bedingungen?

Ich *komme künftigen Sonnabend nach Weimar* und stelle mich den Leuten, die mir etwas zu sagen haben könnten, unters Gesicht, um zu sehen, ob sie Mut genug haben, *mir* zu sagen, was sie andern *von mir* sagen. Ich lasse die *bis jetzt öffentlich gehaltnen 4 Vor*lesungen, in welchen ich jene Torheiten gesagt haben soll und welche ich mit *gutem Vorbedacht* wörtlich niederschreibe und wörtlich ablese, ehestens unverändert *wörtlich abdrucken.* Es würde die höchste Vergünstigung für mich sein, wenn der Herzog mir erlauben

wollte, ihm dieselben zuzueignen. Mit voller Wahrheit könnte ich diesen Fürsten einer unbegrenzten Verehrung versichern, die alles, was ich je von ihm gehört, später das, daß er mir bei der Meinung, die das Publikum nun einmal von mir gefaßt hat, ein Lehramt auf seiner Universität anvertraute, in mir gegründet und welche die persönliche Bekanntschaft mit demselben ins unendliche erhöht hat. Es würde mich sehr freuen, vor dem ganzen Publikum zeigen zu können, daß ich einen großen Mann verehren kann, auch wenn er ein Fürst ist; und ich sollte glauben, daß diesem Fürsten, der in sein Menschsein seinen höchsten Wert setzen *kann*, die Versicherung einer Verehrung, die dem Menschen in ihm und nicht dem Fürsten gilt, nicht unangenehm sein könnte. – Ich bin erbötig auf diesen Fall hin, Ihnen oder dem Herzoge selbst die Schrift in Probebogen vorher vorzulegen; sowie auch, wenn es verlangt wird, die Dedikation: ob es mich gleich, ich gestehe es, noch mehr freuen würde, wenn man mir ohne vorläufige Untersuchung zutraute, daß ich mich in einer so delikaten Sache würde zu benehmen wissen.
Wenn man es verlangt, so will ich versprechen, daß eine *gewisse anonyme Schrift nicht fortgesetzt werden soll*; ja ich will sogar versprechen, binnen einer beliebigen Zeit *keine anonyme Schrift über politische Gegenstände zu schreiben* (wenn nicht etwa die Selbstverteidigung es notwendig macht) – Daß ich dies leicht versprechen und hinterher doch tun könne, was ich wolle, da ich unentdeckt zu bleiben hoffen dürfte – diesen Einwurf erwarte ich von niemanden, mit dem ich unterhandeln soll. Was ich verspreche, halte ich, und wenn auch keiner, als ich selbst, weiß, daß ich es halte.
In meinen *Vorlesungen aber* kann ich nichts ändern; und werden sie nicht gebilligt, so müssen sie mir *überhaupt öffentlich* untersagt werden. Ich *soll* und *werde* sagen, was ich nach meiner besten Untersuchung für wahr *halte*, ich kann irren; ich sage es meinen Zuhörern täglich, daß ich irren kann; aber nachgeben kann ich nur *Vernunftgründen*. (Wenigstens hat bis jetzt noch niemand sich auch nur den *Schein* gegeben, als ob er das, was man für meine Irrtümer hält, *aus Prinzipien* widerlegen *könnte*.) Ich werde es *an seinem Orte* und *zu seiner Zeit*, d. i. wenn es in der Wissenschaft, die ich lehre, an die Reihe kommt, sagen. Es wird in meinen Vorle-

sungen zu seiner Zeit auch *von der Achtung gegen eingeführte Ordnung* usw. die Rede sein; und diese Pflichten werden mit nicht geringerm Nachdrucke eingeschärft werden.
Unter diesen Bedingungen nun erwarte ich *Schutz und Ruhe zu Jena, wenigstens solange mein alter Schwiegervater* lebt: und bitte darüber um das *Wort* des biedern Fürsten.
Darf ich einige Betrachtungen hinzusetzen, um die Billigkeit meiner Bitte darzutun. Ich habe keinen Schritt getan, um den Ruf zu erhalten, den ich erhalten habe. Man kannte mich, als man mich rufte; man wußte, welche Schriften mir zugeschrieben würden; man wußte, welche Meinung das Publikum von mir gefaßt hatte; ich habe an den gehörigen Mann geschrieben, und der Brief muß noch existieren, „daß ich eher Mensch gewesen als akademischer Lehrer, und es länger zu bleiben hoffte, und daß ich nicht gesinnt sei, die Pflichten des erstern aufzugeben, und daß ich, wenn das die Meinung sei, auf den erhaltnen Ruf Verzicht tun müsse"; ich schrieb dies, als von gewissen Grundsätzen die Rede war.
Ich bin gewarnt worden; man hat mir in der Schweiz von verschiednen Orten her gesagt, daß man mich bloß deshalb riefe, um mich in seine Gewalt zu bekommen. Ich habe diese Drohungen verachtet; ich habe der Ehre des Fürsten, der mich rief, getraut. Er wird mich schützen; oder kann Er's unter den genannten Bedingungen wenigstens bis auf die bestimmte Zeit nicht, so wird Er mir's freimütig sagen. In diesem Falle schreibe ich künftigen Dienstag den Meinigen, die ich *nicht ohne Vorbedacht* in der Schweiz zurückgelassen habe, zu bleiben, wo sie sind; und kehre nach Vollendung meiner halbjährigen angefangnen Vorlesung in mein ruhiges Privatleben zurück.
Vergeben Sie den entschiednen Ton, mit welchem ich geredet habe. Ich wußte, daß ich mit einem Mann und mit einem gütig gegen mich gesinnten Manne redete. Mein Antrag wäre lächerlich, wenn bloß von mir die Rede wäre; *ich* darf keine Gefahr fürchten: aber mein Bewegungsgrund entschuldigt mich vor meinem Herzen und wird mich vor dem Ihrigen entschuldigen.
Mit wahrer warmer Hochachtung

Ihr innigst ergebner
Fichte.

An Johann Wolfgang Goethe

Jena, 25. Juni 1794

Ich kann Ihnen jetzt, verehrungswürdiger Herr Geheimer Rat, nur meinen innigen Dank sagen und Ihre gütige Einladung auf künftigen Sonnabend [28. Juni] annehmen.
Über Verschiedenes, was mir nicht ganz deutlich ist, verspreche ich mir Ihre nähere gütige Erklärung. – *Verteidigen* kann ich mich nicht, denn ich bin nicht *angeklagt*; ich bin nur *lügenhaft verleumdet*; und hinterm Rücken verleumdet, und ich weiß nicht, ob jemand mir selbst sagen wird, was mich zu einer Verteidigung nötigte.
Ich bin mit der wahrsten Hochachtung

Ihr innigst ergebner
Fichte.

An Friedrich August Weisshuhn

Jena, Juli? 1794

Sie konnten mir keine größere Freude machen, mein liebster, bester Freund, als durch Ihren letzten Brief, durch den Sie mir von neuem und in einer neuen schönern, liebenswürdigern Gestalt sich mir wiederschenkten. – Jetzt will ich's Ihnen sagen: Ich fing an zu glauben, daß Ihr Herz durch Ihre Lage sich verengt habe, daß es eingeschrumpft sei, und ich verzweifelte, den Ehemaligen wieder in Ihnen zu finden. Jetzt sehe ich Sie größer, als Sie je waren, – größer, ich gestehe es. So aufrichtig haben Sie gegen mich nie einen Fehler zugestanden.
Ich weiß gar nicht – erlauben Sie mir hierbei diese allgemeine Bemerkung –, ob es sich mit andern Menschen nicht ebenso verhält wie mit mir. Mir ist es einer der erhabensten Genüsse, frei und frank, wo ich ableugnen, Winkelzüge suchen, Sophistereien machen könnte, zu sagen: Ich habe gefehlt. Ich erhebe mich dadurch vor mir selber weit höher, als ich mich je herabsetzen kann. Ich unterwerfe mich frei dem Höhern in mir. Freilich – wo ich meinen Fehler nicht einsehen kann, erkenne ich auch keinen an.
Ich sehe mit Freude und Sehnsucht dem Tage entgegen, da

ich Sie hier bei mir sehen werde. Wieviel werden wir uns zu sagen haben!
Noch dies wenige über Philosophie. Ich gestehe Ihnen, daß mich Ihre Antwort, die Sie mir in Ihrem ersten Briefe nach Jena auf meine Ankündigung gaben, daß ich die gesamte Philosophie umzuschaffen gedächte, ein wenig befremdete. Ihre Antwort – verzeihen Sie – schien, als ob Sie gern etwas dagegen sagen möchten und nicht recht wüßten, was? – Ich konnte unmöglich glauben, daß Sie und gerade über die angezeigten Punkte so zufrieden mit der *aufgestellten* Kantischen Philosophie wären, als Sie es behaupteten. Ob da nicht abermals das alte Fleisch und Blut eine kleine Rolle mitspielte? Im vorletzten Briefe sagen Sie, daß meine Offenbarungskritik Ihre Erwartungen von mir noch übertroffen habe. Dann haben Sie keine großen Erwartungen von mir gehabt. Ich sage Ihnen vorderhand unter uns – bis ich's zu seiner Zeit der ganzen Welt werde sagen können –, daß mir die Offenbarungskritik sehr mittelmäßig schien, als ich sie geschrieben hatte, und daß es wirklich Kants Zureden und meines Geldmangels bedurfte, um mich zu vermögen, daß ich sie in den Druck gäbe. Seit der Zeit glaube ich eine gute Strecke weitergekommen zu sein. Urteilen Sie, wie Sie mir jetzo erscheint. Daß sie Glück gemacht hat, ist gut für mich: aber ich hätte sie nicht so gepriesen, wie sie gepriesen worden ist. – In Ihrem letzten Briefe wünschen Sie, daß mir mein Unternehmen gelingen möge. Ich hätte meine Sache schlecht gemacht, wenn es erst noch hätte gelingen müssen, als ich es ankündigte. Es war schon gelungen. Das ganze System ist fertig, wie nur eins sein kann. Mit dem Aufstellen aber hat es Zeit. Es soll nicht bloß seinem Inhalte, es soll auch seiner Form nach vollkommen werden.
Daß Ihnen die Schreibart in der Einladungsschrift gefällt, freut mich. Aber es macht mich ein wenig bange, daß Sie so sehr auf die Schreibart sehen. So wie diese Schrift und besonders die Vorrede geschrieben ist, schreibt es sich nicht so geradezu. Dafür muß man die Sache so vollkommen innehaben, daß man nur damit spielen kann, die Fesseln des Systemes frei trägt, als wären es keine, und so habe ich mein System nicht inne und werde es schwerlich je innebekommen: denn es ist tief. Doch werde ich es abwarten und mir Mühe geben. Mit meinem jetzigen Lehrbuche, das Sie

lesen sollen, wenn Sie herkommen, werden Sie über diesen Punkt schlecht zufrieden sein. Ich könnte wohl besser schreiben, aber wenn der Drucker Handschrift und ich einen Lesebogen brauche, so muß ich es gut sein lassen. – Aber über alles dieses bald mündlich.

Unser Institut[80] beschäftigt Sie sehr: es faßt Geschichte, Philosophie, schöne Literatur. *Schiller, Goethe,* noch einige andere, die Sie nicht kennen werden, und ich spielen – Schiller als *genannter* Redakteur, wir andern ungenannt, die Hauptrollen dabei. Hierein möchte ich Sie auch gern ziehen, aber dazu muß ich mir Zeit nehmen und es nicht übereilen. Machen Sie sich nur erst bekannter, und man soll mich wohl bitten, daß ich Sie überrede. Von äußerlichen Angelegenheiten ist die Frage nicht; dies besorgt *Schiller* und der Verleger[81]. Das Honorarium ist erklecklich, und ich werde alles anwenden, um Ihnen ein vorzüglich gutes zu verschaffen. Ich will nichts übereilen, besorge daher keine Einladung für Sie, ohnerachtet ich Sie schon genannt habe. Machen Sie sich nur kennen.

Sie müssen mich *allein* sehen? Was können Sie dazu für Gründe haben? Etwa *Juch*sche? – Teils machen wir in *Jena* aus *Juch*schen Verdiensten nicht gar viel, teils wird *Juch* wohl vernünftig sein! – –

Feinde habe ich hier allerdings mehrere: aber das tut nichts, denn es sind nicht eigentlich persönliche. Nämlich Sie wissen, daß wir hier junge gangbare und alte reduzierte Professoren haben. Die erstern halten zusammen, die letztern auch. Ich gehöre natürlich schon vermöge meines Taufscheins zu den erstern. Das drängt uns andere denn auch unter uns näher zusammen. *Schmid* konnte in Jena nicht eigentlich mir offenbar feind sein. Es wäre gegen die Natur gewesen. Er behauptet sich jetzt noch glänzend, es könnte aber wohl sein, daß er mit der Zeit unter die reduzierten käme.

*Goethe*n kenne ich wirklich erst seit gestern, aber ich liebe ihn sehr, und er verdient es auch um mich. Er ist weit mehr eingeweiht in das *freie* Forschen, als man bei seinem dichterischen Charakter glauben sollte, und übertrifft *Schiller* darin um vieles, der eigentlich in zwei Welten lebt, in der poetischen und dann und wann auch in der kantisch-philosophischen. – Mit Ihrem Urteile über jenen bin ich völlig

einverstanden. Was *Wieland* betrifft, so glaube ich, dieser beherrscht seinen Genius. *Goethe* wird von dem seinigen beherrscht, und dann ist ohne Zweifel der letztere stärker. – Als Mensch ist *Goethe* ungleich mehr wert als *Wieland.* Sonderbar; als Mensch ist Goethe wieder frei, und Wieland wird vom Genie Capriccio beherrscht. Man sollte glauben, er sei falsch; aber das ist er gewiß nicht; er ist prädikatlos.
Meine Freiheit, meine Offenheit nehmen Sie gewiß nicht übel: sie ist Ihnen ein Beweis meines völligen Zutrauens. Aus diesem Gesichtspunkte werden Sie betrachten, was ich geschrieben habe.
Kommen Sie bald; ich umarme Sie im Geiste.

Ganz der Ihrige
Fichte.

An Johann Kaspar Lavater

Jena, 22. September 1794

Mein verehrtester Herr Pfarrer,
sollte Herr *Perret*[82] entweder bei seiner Durchreise Zeit finden, Sie zu sehen, was er so innig wünscht, oder sollte ihm vergönnt werden, zurückzureisen, wo er Sie dann gewiß sieht: so mache ich mir das Vergnügen, Sie mit einem meiner Zuhörer bekannt zu machen, der im kurzen meine ganze Achtung und Freundschaft sich erworben hat; einem jungen Republikaner, von welchem ich mir für seine Republik, die er sehr liebt, viel verspreche. Es wird Ihnen, denk ich, Freude machen, einen jungen Franzosen zu sehen, wie wenig junge Franzosen sind. Seit mehrern Jahren beschäftigt er sich in Deutschland mit einem gründlichen Studium der Philosophie, in der er schon jetzt große Fortschritte gemacht hat, um dadurch seinem Vaterlande zu dienen.
Die Meinigen grüßen und befinden sich wohl; auch ich befinde mich wohl. Erneuern Sie mein Andenken bei unsern gemeinschaftlichen Freunden,

ganz der Ihrige
Fichte.

An Friedrich Heinrich Jacobi[83]

Jena, 29. September 1794

Mein verehrtester Herr Geheimer Rat,
der Herr von Humboldt[84] hat auf meine Bitte die Güte, mich bei Ihnen einzuführen, um meinem Herzen die Befriedigung zu gewähren, auch gegen Sie meine Hochachtung zu äußern, die ich schon längst Ihrem überwiegenden philosophischen Geiste gezollt habe.

Haben Sie die Güte, beiliegende Bogen, den bis jetzt fertigen Anfang eines Lehrbuches, das in ein paar Monaten vollendet sein soll, als einen Beweis jener Hochachtung anzunehmen. Ist irgendein Denker in Deutschland, mit welchem ich wünsche und hoffe in meinen besondern Überzeugungen übereinzustimmen, so sind Sie es, mein verehrungswürdigster Herr: – ich, der ich von den meisten berühmten philosophischen Schriftstellern nichts als Widerspruch erwarte und darüber eben nicht sehr betreten bin. Wenn Sie ein wenig gut von mir denken, so können Ihnen die Gründe dieser vorherrschenden Achtung für Sie und Ihr Urteil nicht verborgen sein. Ich bin mit Verehrung

Ew. Hochwohlgeboren
innig ergebener
Fichte.

An Immanuel Kant

Jena, 6. Oktober 1794

Darf ich Ihre Muße,
Verehrungswürdigster Mann,
durch die Bitte unterbrechen, beigeschloßnen kleinen Teil des ersten Versuchs den in meiner Schrift: Über den Begriff der Wissenschaftslehre etc. angedeuteten Plan auszuführen, wenn Ihre Geschäfte irgend es erlauben, durchzulesen, und mir Ihr Urteil darüber zu sagen.

Abgerechnet, daß der Wink des Meisters dem Nachfolger unendlich wichtig sein muß, und daß Ihr Urteil meine Schritte leiten, berichtigen, beschleunigen wird, wäre es vielleicht auch nicht unwichtig für den Fortgang der Wis-

senschaft selbst, wenn man dasselbe wüßte. Bei dem Tone, der im philosophischen Publikum herrschend zu werden droht; bei dem anmaßenden Absprechen derer, die in Posseß zu sein sich dünken; bei ihrem ewigen Machtspruche vom *Nicht-verstanden-Haben* und *Nicht-verstanden-haben-Können* und *gegenseitigem Nie-verstehen-Werden* wird es immer schwerer, sich auch nur Gehör zu verschaffen; geschweige denn Prüfung und belehrende Beurteilung.
Von innigster Verehrung gegen Ihren Geist durchdrungen, den ich zu ahnden glaube; des Glücks teilhaftig, Ihren persönlichen Charakter in der Nähe bewundert zu haben; wie glücklich wäre ich, wenn meine neuesten Arbeiten von Ihnen eines günstigern Blicks gewürdigt würden, als man bisher darauf geworfen! Herr *Schiller*, der Sie seiner Verehrung versichert, erwartet sehnsuchtsvoll Ihren Entschluß in Absicht des geschehenen Ansuchens in einer Sache, die ihn ungemein interessiert; und uns andere nicht weniger. Dürfen wir hoffen? Ich empfehle mich Ihrem gütigen Wohlwollen.

Ihr innigst ergebner
Fichte

Ich lege ein Exemplar von 5 *mir abgedrungnen* Vorlesungen[85] bei. Sie scheinen mir selbst, wenigstens für das Publikum, höchst unbedeutend.

An Christian Gottlob Voigt

Jena, 18.–19. November 1794

Der nie gebeten hat, bittet, und soviel ich einsehe, *um Gerechtigkeit.*

1

Ich habe ein Publikum angefangen, das auf den Zustand der Akademie einen Einfluß hat, den nur ich weiß und den ich, um nicht unbescheiden zu scheinen, nie sagen werde. Gesetzt es hat keinen; es ist ein Publikum, und ich bin *verbunden*, eins zu lesen.
In den *Wochentagen* sind die Stunden so besetzt, daß man

uns armen Nicht-Senatoren offiziell verbietet, die nötigen Privata zu lesen (worüber unter Nr. 2).

Ich opfere von meinem Sonntage, den ich nicht frei, sondern nur zu andern der Akademie gleichfalls gewidmeten Geschäften bestimmt habe, *eine* Stunde für dieses Publikum.

Menschen, die nie bekannt waren, viel Religion zu besitzen, schreien seitdem über den „Sabbatschänder“, hetzen die Bürgerschaft und die Geistlichkeit auf mich; erzählen an Studenten, daß sie die nächste Senatssitzung sich das Verdienst machen würden, gegen mich Klage zu erheben; und bis heute – dienstags – haben sie es schon so weit gebracht, daß sie ihre Indignation unsern frommen Weibern mitgeteilt. – *Ich nenne auf Nachfrage Mann u. Weib.*

Worum ich bitte, ist folgendes:

Ich habe mich sorgfältig nach dem Gesetze erkundigt, *laut der Beilage. „Es ist darüber kein Gesetz da.“*.

(Und dabei im Vorbeigehen! – Hat unsre Akademie Gesetze für die Professoren oder nicht? Ich bin in das zweite Halbjahr Professor *und weiß es gewiß nicht.* Was ich weiß, habe ich *bittweise* – Das ist für einen Mann, *der dem Gesetze buchstäblich nachkommt,* darum, weil er gern *frei* ist, allerdings hart.)

Ist wirklich keins da, so bitte ich binnen *hier* und *Sonntag um ein Gesetz,* d.i. nicht um eine bloß für mich geltende *Ordre,* sondern um einen *gemeingültigen, öffentlich promulgierten* Befehl: Um einen *fürstlichen* Befehl.

1. *binnen hier und Sonntag* – Ich habe mich anheischig gemacht durch öffentlichen Anschlag, jeden Sonntag zu lesen; ich bin in Vertrage mit den Studenten; ich *will* diesen Vertrag nicht brechen; und ich kann nur, wenn ich krank werde – ich habe alle Anlage, künftigen Sonntag gesund zu sein – oder wenn ich ein Verbot erhalte, das ich respektieren kann und mit Ehren darf.

2. *einen fürstlichen Befehl.* – Befehlen des Senats, ohnerachtet ich völlig *rechtlos* zu sein scheine, *will* und *werde* ich mich nicht unterwerfen.

3. sollte bis Sonntag ein solcher Befehl nicht auf eine mich überzeugende Art ankommen, so lese ich ohne Zweifel; *entledige durch gegenwärtige Anfrage mich aller möglichen Verantwortung und mache Anspruch auf Schutz in diesem Vorhaben.*

4. ich behalte mir vor, diejenigen, die mein Unternehmen verleumdet und mich beschimpft haben, gerichtlich zu belangen, sobald die Sache bis dahin ausgemittelt sein wird.

2

Es wird von mir, *lange nach dem Abdruck des Lektionskatalogus,* durch die besondern Bedürfnisse der Studierenden eine Art von Einleitung in die transzendentale Philosophie *gefordert.* Ich lege dafür Platners[86] Aphorismen über *Logik u. Metaphysik* zum Grunde und lese von 6–7 Uhr.
Der *Dekan* der philosophischen Fakultät Hr. H[of]r[at] *Ulrich*[87] meldet mir *offizialiter,* daß ich angehalten werde, diesen Unfug zu unterlassen, damit Hr. H[of]r[at] Reichardt[88] die Stunde von 6–7 zum – – „Duplieren" der Pandekten brauchen könne. Für Logik sei die Stunde von 3–4 festgesetzt. – Ich antworte darauf 1. daß mir kein solches Gesetz bekanntgemacht worden, noch ich es angenommen; 2. daß ich von 3–4 Uhr wirklich lese, was unsre guten Vorväter unter Logik gedacht haben mögen, die theoretische Philosophie; 3. daß demnach dieses Zumuten eigentlich soviel sage: ich solle *gar nicht* lesen; und daß ich mit mehrerm Rechte sagen könne, Hr. Reichardt solle nur nicht duplieren, sondern sich so einrichten, daß er auskomme.
Geradeso spielt man mit Prof. Woltmann[89]. Er liest Staatengeschichte von 6–7 Uhr. Um des gleichen Duplierens willen mutet man ihm an, sie von 4–5 Uhr zu lesen, welche Stunde dafür festgesetzt sei. Er liest in dieser Stunde Universalgeschichte, die auch darauf verlegt ist. – Mithin heißt jene Zumutung, er solle Staatengeschichte gar nicht lesen, damit Hr. Reichardt die Pandekten duplieren könne. Das wagen jene Menschen uns zu bieten, und wir stehen rechtlos da.

3

In meinen öffentlichen Vorlesungen sind oft gegen 500 Zuhörer gewesen. Ich habe im vorigen Sommer dazu das Griesbachische Auditorium mir erbeten, das für zahlreiche Versammlungen von jeher gebraucht worden. Der

Hr. G[eheime] K[irchen]r[at] *Griesbach*[90] findet seitdem, daß dadurch die Bänke abgerieben werden, und schlägt es mir ab mit seinem vollen Rechte. Ich, gleichfalls mit meinem vollen Rechte, frage nach einem öffentlichen philosophischen Auditorium; setze voraus, daß das doch ein möglicher Aufenthalt für Menschen sein müsse, und gehe vorigen Sonntag, morgens 9 Uhr, in dem größten Regen dahin. Ich finde meine Zuhörer vor der Tür, die mir sagen, daß im Auditorium die *Fenster eingeschlagen, daß es voll Unrat sei* usw., und sie bäten mich, daß ich nach meinem Hause gehen und daselbst lesen möchte. Ich gehe in diesem heftigen Regen zurück, weil ich ihr Begehren menschlich finde; und der Trupp meiner Zuhörer mit mir. Wenn dadurch ein Geräusch auf den Straßen entstanden; wo liegt doch die Schuld?

4

Man wird sagen, die Stunde von 9–10 falle während der kirchlichen Versammlungen. – 1. Man nenne mir nur eine andre. Um 1 Uhr, gleich nach Tische zu lesen, würde mir höchst ungesund sein; auch will ich für meine Betrachtungen den offenen Geist meiner Zuhörer in den Morgenstunden; nicht ihren gefüllten Bauch, der keine Ohren hat. In den spätern Nachmittags- und Abendstunden ist gleichfalls kirchliche Versammlung, Konzert, Klub. – In den frühern Morgenstunden schlafen die Studierenden noch, weil sie diesen einzigen Tag zum Ausschlafen haben. 2. Für die Studenten ist die Stadtkirche nicht, sondern die *Kollegenkirche.* Diese ist von 11–12 Uhr; und *darum* habe ich diese außerdem allerbequemste Stunde nicht gewählt. Ich selbst werde von nun an die Kollegenkirche besuchen und vielleicht mancher meiner Zuhörer mit mir. 3. Die physikalische Gesellschaft hat ihre Sitzungen gleichfalls sonntags während der Nachmittagspredigt, und ich wüßte nicht, daß ihr jemand ein Verbrechen daraus gemacht. Ohne Zweifel hat dieselbe sie aus dem gleichen Grunde auf diesen Tag verlegen müssen, weil in den Wochentagen keine Zeit zu zahlreichen Versammlungen ist. Auf unsrer Universität sind, gottlob, alle Stunden besetzt.

5

Von der moralischen Seite angesehen, müßte es allerdings jeden verständigen Mann gegen mich einnehmen, wenn er glauben könnte, daß ich durch jenes Unternehmen, ich weiß nicht welche Aufgeklärtheit affigieren wolle; und allerdings mögen viele unter den Tadlern, der Analogie ihrer eignen Kleingeisterei nach, mir so etwas zutrauen. Ein solcher Verdacht ist mir so lächerlich, daß ich keine Geduld habe, ihn zu widerlegen. Ich ging noch in die Schule, als ich über eine solche Aufklärung schon hinweg war. – Ich bin schwer darangegangen, ehe ich den Sonntag wählte. Das beweist mein *Aufschub* der Eröffnung dieser Vorlesungen, ohnerachtet ich sehr oft von den Studierenden dazu aufgefordert worden; weil ich noch immer hoffte, eine Stunde in der Woche auszumitteln: das beweisen meine sorgfältigen wiederholten Anfragen bei mehreren.

6

Es ist diesen Leuten nicht weder um wahre noch eingebildete Religion zu tun. Mein wahres Verbrechen ist dies, daß ich Einfluß und Achtung unter den Studierenden und Zuhörer habe. Möchte ich doch immer an den höchsten Feiertagen lesen, wenn es vor leeren Bänken wäre! Daher ergreifen sie jeden Vorwand, um mich zu hindern; und werden aus bloßem odio academico alt-orthodoxe Christen sogar.
Mein inniges volles Zutrauen zu Ihnen, mein verehrungswürdigster Herr Geheimer Rat, bewog mich, mich vorzüglich und ohne weitere Förmlichkeit an Sie zu wenden. Demohnerachtet ersuche ich Sie, jeden dienlichen Gebrauch von diesem Briefe zu machen und ihn, insoweit er es sein kann, als offiziell anzusehen; oder mich gütigst wissen zu lassen, was für Wege ich einzuschlagen habe, um binnen hier u. Sonntag zu meinem Zwecke zu kommen.
Mein Entschluß ist übrigens ganz fest. Ich kann unbeschadet meiner Ehre, nach diesen Vorfällen nicht heimlich, und in der Stille mir ein Dementi geben; dem Gesetze aber werde ich ohne Widerwillen, ohne Anmerkungen, mit

Freude, wie ein guter Bürger gehorchen; jetzt wie immer. – Außer dem Falle des Gesetzes aber bin ich auf das äußerste gefaßt.
Mit inniger wahrer Hochachtung

Euer Hochwohlgeborn
ganz gehorsamster Diener
J. G. Fichte. Prof.

An Christian Gottlob Voigt [Abschrift]

Jena, vor dem 9. Dezember 1794

Sie ließen mir sagen, verehrungswürdigster Herr Geheimer Rat, daß Sie mir mit ehsten Tagen auf meine Fragen antworten würden; und ich würde ruhig warten, wenn ich es nicht mit Leuten zu tun hätte, die ungeduldig genug sind und deren gegenwärtige Stimmung man nutzen muß, ehe sie sich ändert.
Ich melde Ihnen, so bestimmt ich kann, die gegenwärtige Lage der Dinge.
In *einem* unsrer drei Orden hat ein sehr gewichtiger Ordensbruder, den ich, nebst noch einigen seines Ordens, schon lange von der Torheit und Schädlichkeit dieses ganzen Wesens überzeugt, seit geraumer Zeit kräftig unter den seinigen gearbeitet. – Die Drohung einer nächst bevorstehenden Kommission hat freilich das Ihrige mit getan.
Ein Mitglied eines andern Ordens, der sich mir gleichfalls völlig anvertraut, hat in dem seinigen gleichfalls gewirkt; versteht sich, gleichfalls durch die angedrohte Kommission. – Durch bloße moralische Vorstellungen ist mit gewissen Subjekten schlechterdings nichts auszurichten. Schon das ist eine Verbesserung, und eine beträchtliche Verbesserung des Tons, daß sie die Strafe fürchten – und sie fürchten sie schrecklich. – Sonst denkt der Bursch von dieser Klasse nicht sehr auf die Zukunft.
(Ich sage den Punkt wegen der angedrohten Kommission, an der ich übrigens nicht den geringsten Anteil habe, nur Ihnen im Vertrauen. Öffentlich und wenigstens offizialiter dem Herzog würde ich ihn nicht sagen.)
Beide haben ihre Orden so weit gebracht, daß sie erbötig sind, *einer Kommission* (die Ehre, eine Kommission veranlaßt

zu haben, wollen Sie sich nun freilich nicht nehmen lassen) ihre Papiere auszuliefern und den Orden auf immer abzuschwören. – Auf einige reservationes mentales mögen, besonders unter dem zweiten Orden, doch einige denken. Der Eid müßte sehr bedächtig gegen die Kniffe derselben, die mir bekanntgemacht worden sind, eingerichtet werden. Darf ich mich anbieten, Ihnen, Verehrungswürdiger, im Vertrauen auf diesen Fall meine Gedanken mitzuteilen und Ihnen einige Winke, über gewisse Bücher besonders, die sie etwa zu entziehen suchen möchten, zu geben. Völlig rein von aller Schalkheit werden diese Leute nie.
Mit dem dritten Orden stehe ich noch in Unterhandlung. Vielleicht gewinne ich ihn auch. Sollte es nicht möglich sein, so könnte wohl bei diesem ein Exempel der Strafgerechtigkeit nichts schaden, da er ohnedies als der allerverdorbenste allgemein anerkannt ist.
Wohl zu merken; alle erwarten die angedrohte Kommission *bald*, und es ist zu fürchten, daß sie auf die Hinterfüße treten, wenn nicht recht bald etwas geschieht. Überdies kann ich es in der jetzigen Lage nicht lange mehr halten, ohne für meine guten Leute zu fürchten. Ich müßte mich selbst zurückziehen und die Dinge gehen lassen, wie sie gehen könnten. Sie fürchten unter andern für die der Untertanen des Herzogs und der übrigen sächsisch[en] Herzöge, die ehemals in den Orden gewesen; daß es ihnen zum Nachteil gereichen könnte. Ohnerachtet dies, wenigstens von unserm gnädigsten Herzoge, wohl nicht zu fürchten ist – könnte man dieser Furcht nicht dadurch abhelfen, daß ihnen versprochen würde, über die Namen der ehemaligen Mitglieder die Bücher nicht zu untersuchen, wenn nur die gegenwärtigen angezeigt würden. – Einer ist ein Untertan des Herzogs selbst, ein paar aus dem Gothaischen, einer aus dem Rudolstädtischen darunter. Diese fürchten besonders; und es sind außerdem, soviel mir bekannt ist, gute Subjekte. Wäre wohl der Herzog so gnädig, diesen besonders, auch als Untertanen, zu verzeihen; oder auch, ihre Namen überhaupt nicht wissen zu wollen.

An Friedrich Schiller

Jena, 10. Dezember 1794

Ich übersende Ihnen hier, mein teuerster Freund, was ich noch habe aufbringen können.
Zum Korrigieren bin ich gar nicht gemacht, sondern lediglich zum Umarbeiten. Dazu war die Zeit zu kurz; ich habe daher aus zwei Vorlesungen über diesen Gegenstand bloß ausgezogen, wie das skelettartige Aussehen des Aufsatzes Ihnen gar wohl verraten wird.
Es tut mir leid, über einen Gegenstand, der immer, und besonders jetzt, bei der offenbaren Falschheit und Unlauterkeit fast aller unsrer gepriesnen Philosophen, ein Wort zu seiner Zeit wäre, so kurz wegeilen zu müssen; fast nur einen Tischzettel geben zu können statt eines gesunden Gerichts. Vielleicht aber komme ich einmal wieder auf diesen Punkt zu reden.
Etwas länger ist der Aufsatz freilich geworden, als Sie wünschten. Es war aber nicht zu ändern. Nach meiner Rechnung wird er etwas über einen Bogen betragen.
Haben Sie doch die Güte, Beiliegendes Herrn Cotta mit zu übersenden und, wenn Sie wollen, die Idee mit zu unterstützen. Der Verfasser ist Professor *Ilgen*[91], von welchem ich allerdings etwas Gutes erwarte; und welcher redlichgesinnte Mann der Unterstützung durch ein gutes Honorar allerdings höchstwürdig und bedürftig ist. (Das letztere unter uns.)

Ganz der Ihrige
F.

An den Prorektor der Universität Jena, Johann Wilhelm Schmid[92]

Jena, ca. 5. Februar 1795

Magnifice Academiae Prorektor,
Das gnädigste Reskript, d[e] d[ato] Weimar, d. 28. Jänner a[nni] c[urrentis], die von mir unter dem sonntägigen Vormittags-Gottesdienst angefangnen moralischen Vorlesungen betreffend, habe ich erhalten und bescheinige hierdurch den Empfang desselben.

Ich ersuche Eur Magnifizenz, den H. Mitgliedern des illustern Senats meinen wärmsten Dank abzustatten für das laut des gnädigsten Reskripts mir erteilte vorteilhafte Zeugnis und zu versichern, daß ich keinen Anstand nehme, mit Freuden mich den Verfügungen der obrigkeitlichen Gewalt zu unterwerfen; daß ich aber, indem der im Reskripte bestimmte äußerste Fall mir wirklich einzutreten scheint, von der gegebnen Erlaubnis Gebrauch machen und folgenden Sonntag in der Nachmittagsstunde von 3–4 Uhr meine unterbrochnen Vorlesungen fortsetzen werde; auch das Nötige durch öffentlichen Anschlag an der schwarzen Tafel des nächsten darüber veranstalten werde;
Der ich die Ehre habe, mit pflichtschuldiger Hochachtung zu sein

Eur Magnifizenz

gehorsamster Diener

Johann Gottlieb Fichte.

d. Phil. öffentl. Professor.

An Christian Gottlob Voigt

Jena, 16. Februar 1795

Die Lage unsrer Akademie ist jetzt folgende: Die Stimmung der Majorität hat sich bei mehrern Gelegenheiten, da „Bursche raus“ und sogar „Feuer“ gerufen worden und niemand kam; sie hat sich besonders durch jenen Plan der literarischen Gesellschaft[93], wo ohne alles Zutun geschah, was wir mit den größten Aufopferungen hätten befördern sollen, erklärt. Der Geist der Renommisterei kämpft um das Leben, bietet alle seine Kräfte auf, und sie sind noch immer nicht gering. Sein Plan, der auch schon ausgeführt wird, ist der folgende: *Es sollen zu Ostern von andern Akademien, besonders von Göttingen, Ordensbrüder, Adlige, Reiche in Menge herkommen. Diese sollen die Orden wieder in Flor bringen.* Dies Projekt ist nicht so unausführbar, als es scheinen möchte. Man wählt Leute, die weniger von den Eltern als von sich abhangen. Seit aller Zeit haben *Göttingen* und *Halle* sich Renommisten geliehen, wenn ein Orden in Verfall kam, wie ich zuverlässig weiß. Ob mit *Jena* der gleiche Tausch bisher stattgefunden, ist mir nicht bekannt. – Ferner, es ist zum Teil schon

ausgeführt. Ein gewisser Hr. von *Hammerstein*[94], der in Göttingen und auch auf andern Universitäten relegiert worden, der schon in Göttingen den daselbst verfallenen Orden der Konstantisten wieder in Flor gebracht, der sich schon seit Jahren in Hildesheim, wo er Kanonikus ist, aufgehalten, kommt gleich nach Aufhebung des Konstantisten-Ordens[95], mitten im halben Jahre hierher, führt ein äußerst asotisches Leben, und unter seinen Auspizien sollen die Konstantisten – nicht *alle* – wieder beisammen sein. – Die Orden aller Universitäten hängen sehr genau zusammen. Sie betrachten alle Akademien als ihr Eigentum, und es ist ihr fester Grundsatz, auf keiner Akademie sich ausrotten zu lassen, wo sie einmal Posto gefaßt haben. Wo sie ins Sinken kommen, dahin schicken sie Sukkurs; daher ist ein großer Teil des Wanderns von Universität zu Universität zu erklären. Jetzt haben sie unser Jena zu ihrem Schauplatze ausersehen.
Die Orden können nur ausgerottet werden, wenn ihnen mit Vernunftgründen u.[?] mit physischer Gewalt zugleich zu Leibe gegangen wird. Man hat darum noch nicht reüssiert, weil man immer nur das eine Mittel gebraucht hat. – Das erstere habe ich aus freier Wahl auf mich genommen. Ich rede in meinen öffentlichen Vorlesungen jetzt von geheimen Orden überhaupt, werde zur Untersuchung des Begriffs von der akademischen Freiheit und der akademischen Orden insbesondre übergehen; gedenke auch diese Vorlesungen – sei es auch nur zu einem Zeugnisse über mich – drucken zu lassen und dadurch den akademischen Orden einen neuen heftigen Streich zu versetzen. Vor allen Dingen bezwecke ich dadurch (durch den mündlichen Vortrag) den Vorteil, die öffentliche Meinung zu bestimmen, die wankenden zu befestigen und in uneingenommenen die Orden mit Schande und Verachtung zu bedecken.
Aber ich siege dennoch nicht, wenn nicht der weltliche Arm dazukommt.
Wie der Senat sich gegen das Projekt der literarischen Gesellschaft benommen, habe ich Ihnen im allgemeinen geschrieben. In das einzelne zu gehen wäre eine widerliche Arbeit. Ich glaube nicht, daß auch nur bei einem böser Wille vorwalte; aber *die* Denkart ist's: an die alten wohlhergebrachten Unordnungen hat man sich gewöhnt; an einen neuen

Gang der Dinge sich zu gewöhnen, würde Mühe machen, und man ist gemächlich. Man hat auch seinen Zusammenhang mit den Studierenden in der alten Verfassung schon festgesetzt; es wäre die Frage, ob bei einer Umwälzung man wieder seine Leute fände. (Ich weiß nicht, ob die Leute so *räsonieren*, daß sie aber so *fühlen*, ist sicher.) – Dann werden diese Herren fast alle geleitet, ohne es zu wissen. Sie sind nur von Ordensbrüdern und ihren Affilierten umgeben, sind größtenteils ehemals selbst in Orden gewesen und werden von denselben noch betrachtet als ihre Mitglieder; diese stellen denn *ihre* Ansicht der Sache ihnen hin; sie halten das für die öffentliche Meinung und glauben sehr politisch zu votieren, wenn sie ihr durch den Orden diktiertes Votum hinschreiben. – Man muß auf einer Akademie, wo Orden sind, selbst leben, um den Einfluß dieser Verbindungen zu kennen, der dem Fremden lächerlich und unglaublich ist; und der vor einem halben Jahre mir selbst noch höchst lächerlich war. – Daher die große Unwissenheit der meisten über den eigentlichen Zustand der Sachen. Hierzu kommt noch das erbärmliche Vorurteil, daß man durch Entfernung eines Dutzends von Unwürdigen der Frequenz der Akademie schaden werde. Wenn wir öffentlich die Eltern versichern könnten: wir haben keine Orden und keine Trinkkommerse und keine Duelle mehr; wir würden die Folgen wahrlich sehr bald auch in unsern Inskriptionslisten sehen. –

Ein sehr geschätzter Lehrer gießt neuerlich in seinen Vorlesungen – gewiß in aller Unschuld, weil er die Lage der Dinge nicht kennt – seinen Witz aus über das Projekt der literarischen Gesellschaft. Die dagegen Interessierten klopfen ihm lauten Beifall zu; die entschiedenste Majorität würde ihm ihr Mißfallen zu erkennen gegeben haben, aber die gute Sache ist immer bescheiden, indes die böse lärmt; und das ist zwar eine Ehre für die letztere, aber nicht immer ihr Vorteil. Kurz, die allgemeine Stimme schien sich erklärt zu haben; und eine Menge schwacher Jünger traten zum Triumph des Renommistengeistes zurück. Das Projekt wird nur noch durch einige feste Charaktere gehalten.

Werde ich besiegt, und setzen die Orden ihr Projekt durch – und ohne schleunige, zweckmäßige Strenge setzen sie es sicher durch –, so kann ich nicht mehr, weder mit

Ehre noch Sicherheit, noch Nutzbarkeit in Jena sein. Ihr Haß gegen mich ist fürchterlich; denn daß ich sie auf der empfindlichsten Seite angreife, sehen sie wohl ein. Gestern abend sind meiner Frau auf öffentlicher Gasse Schändlichkeiten zugerufen worden, und sie, die freilich an den akademischen Ton nicht gewöhnt und bei ihm nicht aufgewachsen ist, getraut sich nicht mehr über die Schwelle. Mir wurden in dieser Nacht, freilich nur von einem lichtscheuen Diebe, die Fenster eingeworfen. Dies alles geht ab, ohne daß es jemanden auffällt: und wenn man sich beklagt, so wird man von den Herrn Kollegen verlacht: „das ist auf Universitäten nun einmal nicht anders; Sie sind es nur noch nicht gewöhnt, Sie werden sich schon daran gewöhnen; – das müssen wir alle uns gefallen lassen – das ist ein ehrenvolles Zeugnis für einen Professor“ usw.

Allerdings, wenn alle so denken, und es denn auch, um ihre Popularität zu zeigen, in ihren Vorlesungen und vor Studentengesellschaften öffentlich sagen, so wird es immer so bleiben, und man wird daran sich gewöhnen müssen. Ich sehe aber nicht ein, was denjenigen, der sich nun einmal daran nicht gewöhnen will – und *ich* bin fest dazu entschlossen –, nötigen solle, an einem Orte zu leben, wo dies nun einmal so ist.

Dazu unsre Polizei! – Dem Ex-Prorektor Schmid, der das sicher nicht um die Studenten verdient hat, werden die Fenster eingeworfen: er sieht die Täter, kennt sie und darf nicht klagen, denn – er hat nicht zwei Zeugen. Wenn ich demnach einen auf der Tat ergreife und ihn vor Gericht bringe, und er leugnet, so ist die Sache zu Ende, und ich bin lächerlich. – *Von Korf*[96] hat das Konsilium erhalten, und sollte nur drei Tage in der Stadt bleiben. Er geht seit mehrern Wochen öffentlich in der Stadt herum, und niemand sagt etwas dargegen. „Er halte sich hier auf als russischer Offizier, sagt man, und da könne ihm niemand etwas anhaben.“ – Ich habe Ursache zu glauben, daß dieser Held es ist, der diese Nacht gegen meine Fenster zu Felde gezogen. Es ist ganz im Geiste der Unitisten, einen solchen zu schicken. – So versichert man auch allgemein, daß Gr.[af] Plettenberg[97] in kurzem wieder hier sein würde, und daß man freilich gegen ihn als Reichsgrafen nichts anfangen könne.

Dies alles ist nun um so unverzeihlicher, da man jetzt die Entschuldigung gar nicht hat, die man sonst anführte – einen Tumult. Wenn man die Stimmung benutzt und dem Ganzen für den Augenblick etwa ein anderes Interesse unterschiebt, so kann man die Universität völlig säubern, ohne daß irgend jemand sich rühren wird.
Will man etwa von den Studierenden selbst an seine Pflicht erinnert werden (wie es durch einzelne schon geschehen ist)? Das Projekt, zusammenzutreten und sich Ruhe und Sicherheit zu erbitten, ist schon dagewesen, und ich fürchte, es könne erneuert werden. Dann wird man wenigstens nicht viel Ehre davon haben.
Ich habe Ihnen, verehrungswürdiger Herr Geheimer Rat, die ganze Lage der Dinge kurz und ohne Umstände, so wie ich sie kenne, geschildert, nicht aus persönlichen Absichten, denn ich habe mich schon auf alles gar wohl bedacht und will mir allenfalls schon selbst Sicherheit verschaffen – sondern aus Liebe für das gemeine Beste, das Sie gewiß befördern werden, so weit Sie können.
Mit innigster Verehrung

Euer Wohlgeboren untertäniger Diener
Fichte

An Karl Leonhard Reinhold [2. Entwurf]

Jena, Ende März–April 1795

1. [?] Geschäfte haben mich verhindert, Ihren Brief vom 7., den ich den 16. erhalten, eher zu beantworten. Ich habe mir dies um so eher verziehen,
2. Warum schreibe ich nun diesen Brief, sagen Sie gegen das Ende: u. es war mir allerdings lieb, daß Sie diese Frage aufnahmen [?] u. beantworteten: denn ich hatte es aus dem [?] Inhalte des Briefs gewiß nicht schließen können. Kurz, Sie kündigen mir Ihre Freundschaft auf, u. der Brief enthält Klage: Verhandlung, u. Rechtsspruch darauf [?]
4. Bitterkeiten.
Lassen Sie uns doch [?] diesen Prozeß mit gehöriger Kälte noch einmal revidieren.
Ich bin angeklagt, Sie bei allen mögl[ichen] Gelegenheiten in meinen Vorlesungen anzugreifen; denjenigen, die mir

ihr Mißfallen darüber zu verstehen gegeben, gesagt zu haben, daß dies bloße Repressalien seien: mich beklagt zu haben, daß Sie mich mit Heftigkeit u. Bitterkeit angriffen, usw. Es ist nicht völ[li]g klar, welches der wahre Grund des Rechtsspruchs ist: ob das, daß ich überhaupt getan, was ich getan haben soll, oder das, daß ich es zur Wiedervergeltung getan, u. also dem, was man mir von Ihnen gesagt, Glauben zugestellt. Sie beweisen aus Ihrem vorherigen Leben u. aus der ganzen Lage der Dinge, daß Sie es nicht getan haben können, aus dem Zeugnisse zweier Ihrer Zuhörer, daß Sie es wahrlich [?] nicht getan haben, u. tun darauf den Spruch. Verhalte sich dies, wie es wolle: ich will die Sache von beiden Seiten beleuchten.

Zuvörderst wäre Beklagter doch erst zu hören gewesen. Es wäre demnach ganz einfach gewesen, daß Sie mir einen ganz kalten [?] Brief geschrieben hätten des Inhalts „das u. das muß ich hören. Sagen Sie mir, was an der Sache sei. Ich sage Ihnen, was von meiner Seite daran ist. Ich verlange u. erwarte, daß Sie mich nicht für feig u. sich nicht für wichtig genug halten, daß ich aus Furcht vor Ihnen lüge u. mir ohne Zeugnis [?] auf mein Wort glauben: u. ich setze von Ihnen das gleiche voraus.“ Hätten Sie dies getan, so hätten Sie die Sache erfahren, wie Sie sie sogleich erfahren sollen.

Ihre Grundsätze über Kathedervortrag, die Sie mir entwikkeln, in Ehren, pflege ich für meine Person es so zu halten u. glaube, nach den allgemein geltenden [?] Begriffen über diesergl[eichen] Dinge das Recht zu haben, es so zu halten. Es ist mein Zweck nicht, meine Zuhörer an das Eigentümliche meines Systems glauben zu machen oder es Ihnen unter der Darstellung der Gründe bloß anzuzeigen, [?] sondern sie auf den Weg zu bringen, daß sie es selbst durch eignes Nachdenken finden. Nun hängt dies von der Eigentümlichkeit der Methode ab; u. diese läßt sich durch Unterscheidung von dem, meiner Meinung nach, nicht dahin führenden u. nicht erschöpfenden am deutlichsten darstellen. Ich bediene mich dazu sehr oft u. häufig einer Vergleichung der Kantischen u. der Ihrigen mit der meinigen: wie denn auf meinem Katheder u. in meinen Schriften von jeher nur Sie beide angeführt worden sind. Nun ist aber *meiner Meinung* nach im Verhältnisse [?] des Kantischen System u. dem Ihrigen zu dem meinigen der große Unterschied, daß der erstere einen Weg übrigläßt, darauf hinweist, u. vielleicht *mit*, vielleicht *ohne* Bewußtsein, durch sein großes Genie ihn wirklich gegangen ist, Sie aber denselben völlig abschneiden u. unmöglich machen. Es ist daher klar, daß bei dieser Vergleichung Kanten allenthalben recht u. Ihnen allenthalben, d. i. soviel Ihr [?] System bei dieser Vergleichung [?] meinem System entgegenzusetzen ist, unrecht gegeben wird. Dies geschieht nun, u. wenn es sich bei Ihnen nicht von selbst verstanden hat, so bedaure ich es – mit kalter trockner Anzeige des Satzes, ohne Verhöhnung oder Mitleiden, oder wie die menschl. [?] Bestimmungen alle heißen mögen – geradeso, wie es in meinem Programm geschehen ist, wodurch Sie doch wohl nicht beleidigt worden sind. Um alle Mißdeutung zu verhüten, habe ich einmal für allemal auf dem Katheder erinnert, daß ich Sie verehrte, ob ich gleich, auch auf Ihre Schriften gestützt, weiter zu sehen glaubte. Um die Zeit zu ersparen u. um überhaupt das würdige Ansehen zu vermeiden, das man sich dadurch gibt, wiederhole ich diese Äußerung nicht, allemal sooft ich von Ihnen sprechen muß, sondern ich setze sie als bekannt voraus.

Ließ hierauf sich ein Spruch gründen, wie Sie ihn tun? Ich konnte Ihr Freund sein u. bleiben, „so muß ich Sie verstehen – wenn ich Ihr Andenken in Jena, das daselbst noch in manchen guten Herzen lebt, schonte" – u. wie schont man dies? Wenn ich eine Lehre, von der ich in meinen Briefen u. gegen Baggesen mit Achtung sprach (dann hernach [?]), gegen Ihre ehemaligen Zuhörer nicht herabwürdigen überhaupt davon reden mußte, nach meinem oben Dargelegten. *Ich* glaube Ihre Unzulänglichkeiten zu sehen; u. zeigte sie – (soviel ich's verstand), also ist für mich *würdigen*, was für Sie *herabwürdigen* ist. Sie müssen als Richter sich in meinen Gesichtspunkt setzen. – Doch es sei: diese Sache ist unter uns streitig: aber ich bitte, wie hängt denn die Zulänglichkeit oder Unzulänglichkeit der Elementarphilosophie mit der Achtung zusammen, mit der Ihr Andenken in guten Herzen lebt? Hängt die Güte dieser Herzen oder hängt ihre Achtung gegen Sie oder hängt beides vereinigt von dem Glauben an die Zulänglichkeit derselben ab? Wer den einen stört, stört er auch das andere? Kann man Sie nur dann achten, wenn man an Ihre Infallibilität glaubt? – u. gesetzt, Sie wären es nicht – wie Sie doch immer als möglich annehmen müssen –, wollten Sie lieber, daß Ihre ehemaligen Schüler im Irrtume blieben, bloß damit sie jene Art der Achtung für Sie beibehielten? – Ich überdenke Ihre Worte nochmals, ich suche redlich nach einer andern Erklärung derselben: ich kann leider keine finden. – „Falls etwas [?] sich nicht behaupten kann, unser Platz dem bessern, ob ich oder ob ein andrer es aufgestellt habe" – wer nicht so denkt, der kann *mein* Freund nicht sein u. wird über kurz oder lang sich derselben gewiß begeben.

Es ist wahr, daß mir von mehrern Seiten aus gesagt u. geschrieben worden; Sie äußerten sich im Umgange nicht anders als mit inniger Bitterkeit über mich, das sicherste Mittel, Sie verdrießlich zu machen, sei das, in Ihrer Gegenwart meinen Namen zu nennen, u. Sie äußerten sich auch auf dem Katheder mit dem gewöhnlichen [?] vom Nichtverstehen u. Nichtverstehenwerden u. einander [?] Nieverstehenkönnen, mit Bitterkeit über diejenigen, welche einen Beweis des Satzes vom Bewußtsein verlangten, welches man, eben wegen jener bemerkten Bitterkeit im gesellschaftl[ichen] Leben auf mich deute. Es ist wahr, daß ich selbst einen Brief gesehen, in welchem [?] Sie sagen: Sie merkten, daß ich immer weiter aus Ihrem Gesichtskreise mich entfernen würde; daß Sie das woanders so ausgedrückt haben sollen: Ich habe mich verstiegen. Es ist wahr, daß solche Urteile von einem Manne Ihres Ansehens mir unangenehm sind. Es ist wahr, daß der Umstand, daß Sie mir allein nicht geschrieben, der Vermutung, daß Sie seit Ankündigung meines Entwurfs kälter gegen mich geworden, in meinem Herzen viel Wahrscheinlichkeit gegeben. – Übrigens glaubte ich das alles weder ganz noch halb, ich hielt es für möglich: nahm es aber übrigens weder an, noch verwarf ich es, ich ließ es ganz an seinen Ort gestellt sein, bis die Sache auf irgendeine Art sich aufklären möchte. Geschrieben würde ich Ihnen nicht haben, weil ich ein Recht zu haben glaubte, das von Ihnen zu erwarten.

Gründet sich darauf die Aufkündigung Ihrer Freundschaft? – Hätte ich vielleicht ein solches Gerücht geradezu abweisen, [für] schlechthin unmöglich erklären sollen. So scheint es. „Ich hätte aus dem Studium Ihrer Schriften u. aus dem Zeugnisse Ihrer Freunde mehr Zutrauen für Ihren unegoistischen Charakter schöpfen können, als aus meinem Benehmen in die Augen springt?" Hierbei zwei Betrachtungen:

Die erste: Fichte hört von Reinhold, dessen Schriften er gelesen u. von welchem er einen enthusiastischen Freund gekannt [?] hat, obiges, schweigt still u. wartet auf Aufklärung – u. daran hat er unrecht. Er hätte das für ganz unmöglich halten sollen? – Reinhold hört von Fichte, von welchem er einige Schriften auch mit enthusiastischem Beifall gelesen, u. für den jener gemeinschaftl[iche] Freund auch zeugt, er hasche nach allen möglichen Gelegenheiten, um ihn anzugreifen, und Reinhold – fragt ihn nur nicht erst, sondern spricht: Du hast's getan, u. bricht unmittelbar darauf den Stab – u. dieser hat daran recht. Der letzte muß aufs mindeste ein im Guten bestätigter Geist; der erste aufs mindeste ein schon längst völlig entlarvter Bube sein.

Die zweite: Sie irren, wenn Sie glauben, daß das Studium Ihrer Schriften so schlechterdings für Ihren unegoistischen Charakter entscheide; u. Sie sollten wenigstens an mich nicht darauf appellieren, der ich Ihnen schon vorlängst geschrieben, „daß die Art Ihrer Fehden mich an demselben irregemacht[“]. Ebenso halten *alle Ihre* Freunde, soviel ich deren kenne, es allerdings für möglich, daß Leidenschaft u. Persönlichkeit sich bei Ihnen in die Untersuchung der Wahrheit mischen könne, keiner hat meiner Besorgnis, daß ich durch mein System mit Ihnen Auftritte haben könnte wie der gegenwärtige, widersprochen; nur hat der, der Sie am besten zu kennen glaubt u. der Sie am meisten verehrt, versichert, daß Sie dennoch die Wahrheit laut anerkennen würden, sobald Sie sich von derselben nur [?] überzeugt. (Welches im Vorbeigehen gesagt – ich gleichfalls glaube: nur befürchte ich, daß Leidenschaft Ihnen das Verstehen derselben unendlich erschweren werde.) Statt in dieser Weitläuftigkeit mich einzulassen, will ich bloß den gegenwärtigen Fall untersuchen, kalt prüfen, ob denn aus Ihrem Benehmen dabei ein unegoistischer Charakter so ganz klar in die Augen leuchte.

Vorher die Grundsätze, nach denen ich mich in der Beurteilung richte, nicht um Sie zu belehren, sondern um Ihnen zu zeigen, daß ich selbst sie kenne, und daß ich daher doch wohl erblicken möchte, was vor Augen liegt.

Der reine Freund der Wahrheit vermischt dieselbe nie mit seinem Individuum; er hält sie zu heilig, als daß er sie den Einflüssen eines so gebrechlichen, als das letztere ist, bloßstellen sollte. Er fördert zutage, was er für Wahrheit [hält]; u. so wie es aus seinem Innern hervor ist, hält er es für ein Gemeingut, das ihm nicht mehr, als ihnen gehört [?], als jedem im Volke, der sich dessen bemächtigen kann. Ist das Aufgestellte wirklich die reine Wahrheit, so hat er dabei kein Verdienst, denn er hat sie nicht gemacht, sondern nur *gefunden*; u. daß eben er sie fand, ist Glück u. nichts weiter: Ist es falsch, so hat er ebensowenig eine Schuld, wenn er redlich forschte; sein Irrtum ist Unglück u. nichts weiter. Stellt ein andrer die Wahrheit an die Stelle seines Irrtums, so freut er sich der gefundnen Wahrheit, ohne an sich zu denken; daß er geirrt hat, darüber hat er sich nicht zu schämen, weil er sich nicht erhoben haben würde, wenn er die Wahrheit gefunden hätte. U. er kann mit unverletzter Würde auf den Unverständigen herabsehen, der ihn über seinen Irrtum höhnt. Nur der Wahrheitsfeind verdient den Haß und die strenge Geißel der stärkern Rechtschaffnen, nicht der Irrende. – Dies sind meine Grundsätze, u. ich bin bereit, von Ihnen, von Welt u. Nachwelt nach diesen Grundsätzen über mich Recht sprechen zu lassen. Ohngeachtet ich z. B. Ihr System für unrichtig u. das meinige für richtig halte, so kann ich Sie dennoch von ganzem Herzen verehren u. mich tief unter Sie beugen, wenn Sie mehr Charakterstärke u. mehr Wahrheitsliebe haben denn ich; und würde ich auch die Philosophie als Wissenschaft aufstellen, wie ich allerdings tun zu können glaube, so werde ich *dadurch* nicht den geringsten Wert erhalten zu haben meinen. Ich bin darin nur ein Werkzeug der Natur; nur [?] das ist mein, was ich durch Freiheit bin.

Ich glaube, daß Sie die gleichen Grundsätze haben, aber daß es Ihnen an Kälte und Stärke fehlt, um ihnen unverrückt zu folgen; daß Sie daher auch in der gegenwärtigen Angelegenheit Ihr Individuum mit Ihrem System vermischt haben. Sie haben Fehlschlüsse gemacht, die ein Philosoph wie Sie nicht machen kann, außer in der Übereilung oder tiefen [?] Leidenschaft. Und wie kann man über die Widerlegung seines Systems leidenschaftlich werden, wenn man nicht sein Individuum damit verschmolzen hat u. durch den

Angriff desselben sich selbst angegriffen glaubt. Sie konnten Ihrem Korrespondenten nur aus Leidenschaft glauben, „wie er zuverlässig berichtet werde [?] Fichte *hascht nach allen* mögl[ichen] Gelegenheiten, Sie in seinen Vorlesungen anzugreifen [".] Er war nicht selbst Zeuge, denn er wird berichtet; wir wollen noch das Vorteilhafteste annehmen, unmittelbar durch einen meiner Zuhörer – aber [?] geht die Nachricht durch noch mehrere Hände, so wird es nur noch schlimmer. – Von wem ist das Urteil, daß ich nach den Gelegenheiten, nach allen mögl[ichen] Gelegenheiten hasche u. nach *meiner Art* (welches dem Zusammenhange nach nicht die beste Art bezeichnen [?] möchte) widerlege? Von dem Zuhörer oder von dem Korrespondenten? Es tut mir leid, diese [?] großen Männer nicht zu kennen, um Sie nach Verdienst zu verehren; welche ein System, dessen Hauptgedanken ein Reinhold bis jetzt noch nicht hat fassen [?] [können] u. das noch gar nicht im Zusammenhange vorgetragen ist – so innig kennen u. so im ganzen übersehen, daß entweder der erste beim bloßen Zuhören oder der zweite auf Erzählung (denn es werden bei mir keine Hefte geschrieben) beurteilen kann, was herbeigezogen ist u. was nicht – beurteilen kann, wo u. [?] ob ich *alle mögl[ichen] Gelegenheiten*, etwas herbeizuziehen, benutzt habe oder nicht. –.* „Man hat mir sein Mißfallen darüber zu verstehen gegeben." Das könnten entweder meine Kollegen gewesen sein oder meine Zuhörer? Ich weiß nicht, ob Sie nun jetzo in Kiel oder ehemals in Jena mit den ersten oder den zweiten [sich] auf dem Fuße gesetzt [?], daß jemand sich gewagt, Ihnen sein Mißfallen zu erkennen zu geben. Ich wenigstens stehe mit keiner Klasse von beiden auf diesem Fuße und werde mich sehr hüten, je auf denselben

* Es tut mir leid, daß ich entweder den gewandten [?] Schüler oder den großen Mann nicht kenne, wie der erstre ein System, dessen Hauptgedanken ein Reinhold bis jetzt noch nicht gefaßt hat, u. das überhaupt seinem ganzen Umfange nach im Zusammenhange noch gar nicht da ist.
Es – tut mir leid, den großen Mann nicht zu kennen, der ein System, dessen Hauptgedanken pp. so völlig [?] übersieht, daß er entweder beim Zuhören oder gar beim Nacherzählen gründlich [?] beurteilen kann, was herbeigezogen ist oder nicht, u. sogar [?], wo es richtig [?] war, etwas herbeizuziehen oder nicht.

mich zu setzen. – Diesen Bericht, der voll Abgeschmacktheiten ist, glaubt ein Reinhold, schrieb ihn [?] ab u. macht ihn dadurch zu dem seinigen.

„Sie werden durch meine eigentümlichen [?] Gedanken weiterkommen; Sie werden nie vergessen, daß Sie nur durch sie weiterkommen, Sie werden von der höhren Stelle aus die Leiter nie verächtlich von sich stoßen." Sie wollen dadurch bezeichnen, was ich tue: und ich sollte den Satz umkehren; aber lasse ich ihn, wie er ist. – Warum wollten Sie es denn nicht vergessen, daß Sie z.B. nur durch Fichtes Schriften weitergekommen: Was tut denn der Name Fichte u. seine Person zur Sache, das ist's, was [?] ich nicht einsehe u. was ich auch niemals [?] werde einsehen lernen. Er hat sein Buch frei hingeworfen für den, der es aufnehmen möchte, ohne an Sie zu denken; Sie haben es aufgenommen u. durch eigne Kraft sich seiner Entdeckungen bemeistert. Das danken Sie sich u. dem Schicksale, nicht Fichten. Ich wenigstens für meine Person entbinde auf diesen Fall hin Sie sowie die ganze Menschheit alles Danks. – Sie werden die Leiter nie verächtlich mit dem Fuße von sich stoßen? Ich sehe nicht ein, warum Sie dies nicht tun sollten, wenn Sie etwa für diejenigen, die noch erst zu Ihnen hinauf [?] zusteigen haben, eine bequemere aushängen wollten, die keinen Platz hat, wenn die andre nicht entfernt ist. *Verächtlich* werden Sie es freilich nicht tun dürfen; denn Irrtum ist kein Gegenstand der Verachtung, sondern nur Unmoralität; aber daß diese Leiter nicht die beste ist, werden Sie allerdings sagen müssen. – „Nie werden Sie meine Gegner interessant u. lobenswürdig finden, bloß darum, weil es meine Gegner sind." Hier muß ich doch verstehen, wie Sie es verstanden haben wollen u. einen Augenblick lang mich verweilen. – Denn Sie haben diese Beschuldigung gegen mich, die in diesen Worten enthalten ist, auch anderwärts wiederholt. – Wenn ich einen Gegner von Ihnen wichtig finde, den Sie selbst für unwichtig ansehen, so sind zwei Fälle; entweder ich sehe ihn im Ernste für wichtig an u. urteile also nach Ihnen unrichtig, oder ich preise ihn gegen meine Überzeugung. Was berechtigt Sie denn und was treibt Sie denn, mich lieber [?] einen Fehler des Herzens als der Beurteilung zu bezichtigen? Ist das kalt und philosophisch oder ist es leidenschaftlich zu Werke gegangen? – Dann vergessen

Sie hiebei abermals, daß ich mit Ihrem System nicht zufrieden bin, daß mir daher allerdings ein Schriftsteller interessant sein muß, bloß darum, weil er Ihres Systems, oder wie man gewöhnlich [?] sagt, Ihr Gegner ist. Einen Schriftsteller, der Ihr, Ihrer Person Gegner wäre, kenne ich nicht; und ich werde weit entfernt sein, ihn darum interessant zu finden! Ihres Systems erklärter [?] Gegner bin ich selbst. Aber warum kann man doch nicht Ihres Systems Gegner u. Ihrer Person Freund sein? – Mein Urteil über Aenesidem glaube ich erwiesen zu haben; es sollte Ihnen daraus wenigstens so viel hervorleuchten, daß ich de bonne foi war. Ich denke zwar jetzt weit geringfügiger [?] von seinen schriftstellerischen Verdiensten als damals; aber doch glaub ich, daß er für Ihre Elementarphilosophie gefährlich genug war. – Was *Maimon*[98] anbelangt, sage ich Ihnen, was ich denke. Meine Verehrung für das Talent dieses Mannes ist grenzenlos; und ich glaube fest, daß durch ihn sogar die Kantische Kritik, so wie sie durchgängig und auch von Ihnen verstanden worden, völlig umgestoßen wird. Das alles hat er getan, ohne daß es jemand merkte. Die zukünftigen Jahrhunderte werden, glaub ich, unsres Zeitalters spotten. – [...] Ich übergehe die Attestate, die Sie beilegen. Gewiß hat Ihnen Ihr Gefühl hierüber [?] schon längst gesagt, was ich nicht wiederholen will. Schließlich – Sie haben etwas in die Menschheit gebracht, was ewig in ihr bleiben wird, so wie Kant. Er, daß man von Untersuchung des Subjekts ausgehen, Sie, daß diese Untersuchung aus einem einzigen Grundsatz geführt werden müßte. Lassen Sie vergehen u. verstäubt werden wie Spreu [?], was seiner Materie nach vergänglich ist; das Ewige bleibt ohne Ihr Zutun.

Ob Sie noch irgend etwas mehr oder wenigstens gleich wie die [?] Wahrheit lieben, ist mir wenigstens noch nicht entschieden, u. ich glaube, es ist überhaupt noch nicht entschieden. Sie stehn, glaube ich, auf dem Punkte, wo es allen Rechtschaffnen, wo es der Nachwelt, u. wenn ich nach denen mich selbst nennen darf, auch für mich entschieden werden wird. Jetzt bin ich weder Ihr Freund noch Ihr Feind, und kennen Sie mich nicht genug; wird die Entscheidung ausfallen, wie ich es wünsche, so werde ich Sie innigst verehren u. lieben, Sie mögen wollen oder nicht; aber Sie werden eine Liebe, die aus diesem Grunde her-

kommt, nicht abweisen, weil sie Ihnen zugleich dartun wird, daß ich würdig bin, Sie zu lieben.
(Sie haben sich gegen Ihre Freunde über mich beklagt und der allenthalben auf mich lauernden Verleumdung nur neue willkommne Nahrung gegeben.
Ob Sie in diesem Falle es der Gerechtigkeit angemessen finden werden zu melden [?], daß ich Sie befriedigt habe, wann u. womit ich Sie befriedigte, ob Sie über die Punkte, die Ihnen ganz unbegreiflich [?] sind, eine weitere Aufklärung fordern werden, ob ich überhaupt noch eine Erklärung von Ihnen erhalten werde, wie Sie ein Schreiben, das freilich [?] nicht den hergebrachten Sitten, das aber, wie es mir scheint, der V[ernun]ft sehr angemessen ist, aufnehmen werden, – alles das weiß ich nicht. Aber alles wird dienen, meine Meinung über Sie näher zu bestimmen, als sie es jetzt sein kann.)
Sie haben mitten unter den Schwachheiten, die Sie mir ein Recht gegeben haben, Ihnen vorzuhalten, einen edelern Zug von sich gegeben, den ich anerkenne u. fühle. Sie haben bei Ihrem Abgange von Jena, Sie haben auf Ihrer Reise höchst vorteilhaft von mir geurteilt und mir dadurch den Weg, den ich zu laufen hatte, geebnet. Dafür danke ich Ihnen nicht; denn Sie hielten für wahr, was Sie sagten, u. hielten sich für verbunden, Zeugnis für die Wahrheit abzulegen. Sie schreiben mir jetzt voll Unwillen; u. es entschlüpfte Ihnen auch kein Wink, der jenes Benehmen mir vorgerückt hätte. So kann man sich nur betragen, wenn die Anlage [?] entschieden gut ist.
Ich bin mit aller Hochachtung für die Verdienste, die ich an Ihnen anerkenne [?]

Ihr ergebenster Diener,
u. sobald Sie wollen, Ihr warmer Freund [?]
Fichte.

An [Jens Immanuel Baggesen?] [1. Entwurf]

Jena oder Osmannstädt April–Mai 1795?

Ich habe Ihnen einen Vorschlag zu machen, mein teurer Freund: aber ehe ich an die Sache gehe, muß ich Sie, als Bedingung desselben, bitten, Ihre Freundschaft, die Sie für

mich haben, in die Sache gar nicht eingreifen [?] zu lassen u. zu tun, als ob ein ganz Fremder Ihnen schrieben.
Was in Jena vorgefallen, u. was insbesondere auch mir widerfahren, wird Ihnen nicht unbekannt sein. Überhaupt muß man die Gedankenlosigkeit u. die schlechte Erziehung unsrer jungen Studierenden nur kennen, um depitiert zu werden von dem Geschäfte.
Ich werde immer mehr überzeugt, daß die Ausarbeitung der W[issenschafts]l[ehre] ein halbes Leben u. ein sorgen- u. geschäftsfreies Leben erfordert, wo man alles gehörig reifen lassen kann u. dem Publikum keine Buchstaben zu geben braucht, die nicht unsre völligste u. innigste Billigung haben u. ohne immer vor [?] dem einzigen Gedanken zu beben [?], vor dem ich beben könnte, daß ich sterben dürfte, ohne dieses weitläufige Gebäude zu vollenden. Welcher deutsche Gelehrte hat diese Muße. Klopstock wurde durch eine Pension in den Stand gesetzt, sein Gedicht zu vollenden: aber sie war von keinem deutschen Fürsten, sie war vom Könige von Dänemark. Vom Verf[asser] der W[issenschafts]l[ehre] wird kein König[99] oder Fürst eine Pension geben, weil man es den Grundsätzen derselben ansieht, daß sie nicht in ihr Garn taugen; oder, wenn sie auch einer gebe, er nähme sie nicht.
Das [?], wo ich sie nähme, wär die französische Nation, die jetzt ihre Augen anfängt auch auf Kunst u. Wissenschaft zu werfen. – Ich glaube, es steht dieser Nation zu. Mein System ist das erste System der Freiheit; wie jene Nation von den äußern Ketten den Menschen losreißt, reißt mein System ihn von den Fesseln der Dinge an sich, des äußern Einflusses los, die in allen bisherigen Systemen, selbst in dem Kantischen mehr oder weniger um ihn geschlagen sind, u. stellt ihn in seinem ersten Grundsatze als selbständiges Wesen hin. Es ist in den Jahren, da sie mit äußerer Kraft die politische Freiheit erkämpfte, durch innern Kampf mit mir selbst, mit allen eingewurzelten Vorurteilen entstanden; nicht ohne ihr Zutun; ihr valeur war, der mich noch höher stimmte u. jene Energie in mir entwickelte, die dazu gehört, um dies zu fassen. Indem ich über ihre Revolution schrieb, kamen mir gleichsam zur Belohnung die ersten Winke [?] u. Ahndungen dieses Systems. Also – das System gehört gewissermaßen schon der Nation, u. es

ist die Frage, ob sie es sich äußerlich öffentlich zueignen will, dadurch, daß sie mir das Vermögen gibt, es aufzustellen.

Wenn die Nation mir eine lebenslängliche oder wenigstens bis zur Vollendung meines Werks dauernde Pension gäbe, von der ich nicht im Überflusse, aber mit Anstand leben könnte, so versichert, daß sie vor etwaigen Kürzern [?] schlimmen Einflüssen, mir die Zukunft sichre, u. man es daraufhin wagen könnte, sich aus allen andern Verbindungen loszureißen u. selbst der Feindschaft zu trotzen, so werde ich mich anheischig machen, das Original meines Werks – es käme nun auf einmal oder stückweise heraus – in der Universalsprache, der lateinischen je [?] mit Zuziehen anderer, dieser Sprache mächtigern zu schreiben (in der französischen hat es weit größere Schwierigkeit, u. dann scheint es mir dieser Nation näher, nicht sich selbst, sondern dem ganzen kultivierten Europa ein Geschenk machen zu wollen) mit dem Bekenntnis an der Spitze, daß ich nur dieser Nation die Muße dankte, es vollendet zu haben; ich würde keinen Titel tragen als den eines französischen Bürgers, wenn die Nation mir ihn geben wollte; ich würde etwa im Elsaß: oder in einer andern deutschen Provinz der Republik leben, – das letztere darum, weil ich der fr[anzösischen] Sprache nicht so mächtig bin, um sie zur gewöhnl[ichen] Konversationssprache zu brauchen.

Ich wünschte, daß diese Gedanken angegeben würden: aber ich wünschte, daß, ehe es reussiert – ist es reussiert, so mag das ganze Publikum dieses Beweis meines Vertrauens auf die Nation kennen – und erfahren, daß der Vorschlag von mir kommt; u. daher – auch aus einem andern Grunde, weil Ihre Freundschaft für mich sie die Sache zu eifrig betreiben lassen möchte – möchte ich auch nicht, daß er von Ihnen käme. Können Sie nicht vielleicht Ihren Freund Bacher[100] für die Sache interessieren. Ist dieser schon in Berl[in], so müssen Sie freilich im voraus wissen, wie er über Philosophie, über Kantische Ph[ilosophie] insbesondre über mich denkt; u. ob er standhaft genug ist, denn in Berlin darf er sich nicht Rats erwarten [?], bei keinem. Man findet dort, die K[antische] Philosophie sei leeres Hirngeschäfte [?], u. mir ist man persönlich nicht gewogen.

Ich wünschte, daß es Ihnen möglich wäre, mir in einigen

Zeilen zu schreiben, was Sie von dem Vorschlage denken; u. ob Wahrscheinlichkeit ist, daß er reussieren könne. Reine [?] Versicherung meiner Freundschaft, u. im Geiste den biedern Händedruck des Mannes dem Manne

Fichte.

An Karl Leonhard Reinhold

Jena, 28. April 1795

Noch liegt ein Kleines zwischen uns, das nicht mein Herz von dem Ihrigen, aber ich befürchte, das Ihrige von dem meinigen trennt. Lassen Sie uns dies noch berichtigen, und sodann reiche ich Ihnen im Geiste die Hand zur herzlichsten Aussöhnung.

Die alte Sache ist abgetan; Ihre neue Klage ist die folgende: ich hätte Ihnen meinen vorigen Brief nicht schreiben sollen; ich hätte Sie nicht nach der Strenge allgemeiner Grundsätze, sondern nach Ihrem Gefühl beurteilen, mich in Ihre Stelle versetzen sollen u. dgl. Ich muß hierüber abermals räsonieren.

Zuvörderst habe ich das wirklich getan. Ich bin weit entfernt gewesen, Sie im Ernste der Gesinnungen zu beschuldigen, welche Ihr Benehmen, *wenn es überdacht gewesen wäre*, allerdings vorausgesetzt hätte. Ich will zeigen, daß Sie sich von Leidenschaft übereilen lassen. Ich führe den Beweis so: wenn Sie ruhig überlegt hätten, so müßte Ihrem Betragen der, der, der Grundsatz zugrunde liegen; das kann nicht sein, mithin usw. Über die Sache selbst sind wir gegenwärtig durch ein freimütiges Geständnis, das Ihnen Ehre macht, einig.

Aber ich hätte in jenem Beweise nicht so scharf oder „wütend“ verfahren sollen. – Beurteilen wir die Sache nach dem strengen Rechte, so geben Sie in Ihrem ersten Briefe Ihre heftigen Ausfälle nicht für einen Ausbruch der Leidenschaft, sondern selbst für Räsonnement, aus welchem hervorging, daß ich ein unbesonnener Dozent, ein boshafter und undankbarer Ehrenabschneider, ein Verräter der Freundschaft usw. wäre. Wir waren im Kriege begriffen und kämpften mit gleichen Waffen; ich konnte Ihr Räsonnement nur durch Räsonnement angreifen. War ich ver-

pflichtet anzunehmen, daß seit Absendung des Briefs Sie Ihre Übereilung schon bereut hätten? Durfte und sollte ich Sie nicht nehmen, wie Sie sich in dem Briefe, den ich zu beantworten hatte, zeigten?
Oder, wenn ich die Untersuchung auf das Gebiet der Billigkeit und Liebe führe, – gesetzt, ich konnte wissen oder voraussetzen, daß Sie sich seitdem besser bedacht hätten – konnte ich nicht noch einen andern Grund haben, die Sache so weit zu treiben, als sie gehen konnte? Ich hatte einen solchen Grund, und hier ist er. Ich wünschte sehnlichst, was ich jetzt hoffe, daß zwischen uns ein freundschaftliches Verhältnis hergestellt werden möchte. Dies war nicht möglich ohne ein Geständnis, daß Sie sich übereilt hätten. Dieses Geständnis beabsichtigte ich, und ich konnte nicht berechnen, wieviel Kraftaufwendung es dazu bedürfen möchte. Jetzt steht die Sache ganz anders; und jene Beleidigung mit den mannigfaltigen Folgen, die sie für mich schon gehabt hat und noch haben muß, ist aus meinem Herzen völlig ausgetilgt.
Auch kann ich jetzt die Empfindlichkeit, die sich in Ihrem letztern Briefe abermals äußert, die daher entstandene völlig unrichtige Erklärung meiner Worte und die bittern Repliken darauf, sehr wohl *entschuldigen,* weil ich Sie jetzt aus dem Gesichtspunkte beurteile, auf welchen Sie selbst mich gestellt haben; aber *berichtigen* muß ich sie doch, um Sie entweder zu einem *Erweise* oder zu einem *Widerrufe* zu veranlassen.
Wo ist die Äußerung in meinem Briefe, welche insinuierte, daß zwar meine Anhänglichkeit an mein System Wahrheitsliebe, die Ihrige an das Ihrige Eigenliebe sein müsse (usw., denn ich wünsche, daß Sie sich bestimmt erinnern, welcher Ausdrücke Sie sich bedient haben), oder, wenn Sie keine solche Äußerung finden, warum erlauben Sie sich diese und noch stärkere Bitterkeiten? Nicht, daß Sie über Ihr System halten, sondern daß Sie die *Prüfung desselben, von deren Inhalt Sie übrigens nichts wissen, es sei, wo es sei, übel empfinden,* das rügte ich.
Wo insinuiere ich, daß es Neid und Eifersucht von Ihnen sei, wenn Sie meine letzten Schriften dunkel finden und auf Befragen es gestehen? Habe ich nicht ausdrücklich erklärt – und ich hoffe, daß Sie mir glauben, sowie ich Ihnen über

Ihre Versicherungen unbedingt glaube –, daß ich über alle die Beschuldigungen, die man mir über Sie [„über Sie" aus: „von Ihnen"] zubrachte, und über alle Deutungen, die man Ihrem Benehmen gab, schlechterdings nicht urteilte, sondern den Aufschluß ruhig erwartete, den ich jetzt zu meiner völligen Befriedigung habe. „Wenn ich auf Ihrem Katheder ausrotte, was Sie gepflanzt haben, solle Ihnen, meiner Anmutung nach, dies darum gleichgültig sein, weil *Sie* gepflanzt haben und *ich* ausrotte." Allerdings mutet Ihnen die Vernunft zu, daß es Ihnen gleichgültig sei (unter der möglichen Bedingung, daß Wahrheit an die Stelle dessen, was möglicherweise Irrtum sein kann, komme), nicht, *weil* Sie gepflanzt haben, sondern *obschon Sie* gepflanzt haben. Ihre Persönlichkeit soll gar nicht in Anschlag kommen. Habe ich hierüber unrecht? Von *mir* ist gar nicht die Rede gewesen; und ich wünschte zu wissen, ob Sie zu dieser Bitterkeit irgendwo, außer in Ihrer Empfindlichkeit, einen Grund hätten. Auch kann nur diese die Quelle des außerdem unbegreiflichen Mißverständnisses sein, daß ich die *Anerkennung* meines Systems als Kriterium Ihrer Wahrheitsliebe aufgestellt hätte. Ich gebe Ihnen und aller Welt das Recht, mich tief, tief zu verachten, wenn ich je etwas der Art äußere.

Von der Verschiedenheit unsrer Systeme kann in dieser Sache nur insofern die Rede sein, inwiefern man glauben könnte (wie ich denn dieser Unlauterkeit auch wirklich durch Ihre Freunde bezüchtigt worden bin), daß ich sie für größer *ausgebe,* als ich sie wirklich *halte,* um meine Angriffe auf Sie zu beschönigen. Das ist, soviel ich das Innere meines Herzens kenne, der Fall nicht; aber irren in meinem Urteile kann ich wohl: ich kann ja Ihr System nicht richtig aufgefaßt haben.

Überhaupt ist der Streit gar nicht über die *Richtigkeit* Ihrer Behauptungen an sich, diese gebe ich Ihnen größtenteils zu, nur daß mir manches an sich Wahre nicht richtig erwiesen zu sein scheint; sondern darüber, *was* Ihr System eigentlich sei? Von der Beantwortung dieser Frage hängt sogar die *Existenz* der Wissenschaftslehre ab. Nach Ihnen ist es Elementarphilosophie, was Sie mehrmals durch *Fundament aller Philosophie erklären*; nach mir lediglich Philosophie des theoretischen Vermögens, welche wohl eine *Propä-*

deutik der gesamten Philosophie sein kann und soll, nimmermehr aber *Fundament* derselben. Hierüber glaube ich schon in der Rez.[ension] des Änesidemus, noch deutlicher aber im Programm, mich mit höchster Bestimmtheit erklärt zu haben. So einig wir daher in der Sache selbst sind, so uneinig sind wir in demjenigen, worauf es mir vorderhand ankommt. Meines Erachtens steht der Streit so. *Sie* müssen, wenn Sie das Fundament der gesamten Philosophie aufgestellt haben, das Gefühl und Begehrungsvermögen, als eine Art, vom Erkenntnisvermögen ableiten. *Kant* will jene drei Vermögen im Menschen überhaupt nicht unter ein höheres Prinzip unterordnen, sondern läßt sie bloß koordiniert bleiben. Ich bin mit Ihnen darüber ganz einig, daß sie unter ein höheres Prinzip subordiniert, darüber aber uneinig, daß dieses Prinzip das des theoretischen Vermögens sein könne, worüber ich mit Kant einig bin; uneinig mit ihm, daß jene Vermögen überhaupt nicht subordiniert sein sollen. Ich subordiniere sie dem Prinzip der Subjektivität überhaupt. Diesen Weg nun schneiden Sie durch ihre Elementarphilosophie völlig ab, indem Sie schon ein höchstes Prinzip, das ich aber nur für subordiniert halte, haben; Kant läßt ihn übrig, denn er hat sich nur gegen die Subordination unter das theoretische Prinzip erklärt. – Der Schluß meines Programms und der theoretische Teil der Grundlage der W.[issenschafts]L.[ehre] ist äußerst dunkel; ich weiß es sehr wohl, die W.[issenschafts]L.[ehre] hat überhaupt einen in- [bis hierher die Handschrift in Weimar] nern Grund der Dunkelheit und sogar der Unverständlichkeit für manche Köpfe (gewiß nicht für den Ihrigen) in sich selbst. Aber ich hoffe, daß durch den praktischen Teil der Grundlage und durch das, was ich insbesondre über die Theorie geschrieben, die Sache klarer werden soll. Der Abdruck derselben ist durch ein Ohngefähr verspätet worden. Sobald ich meine Exemplare habe, sende ich Ihnen eins.

Nach meiner innigen Überzeugung – weil doch nun einmal über dergleichen Dinge die Rede unter uns entstanden ist – haben Sie *die Kritik der reinen (theoretischen) Vernunft*, welche *allein* Sie zu großem Schaden der Philosophie, wie mir's scheint, bei Entwerfung Ihres Systems vor sich hatten, weitergeführt; und für die gesamte Philosophie die Überzeugung unter die Menschen gebracht, daß alle Forschung

von einem Grundsatze ausgehen müßte. Es scheint, daß keinem alles vergönnt sei. Ich habe nichts weiter zu tun gehabt, als Kants Entdeckung, der offenbar auf die Subjektivität hindeutet, und die Ihrige, zu verbinden; habe daher gerade das allergeringste Verdienst.
Verhalte es sich mit diesem Verdienste, wie es will; es ist, soviel ich mich selbst kenne, in dem Innersten meines Wesens gegründet, daß ich auf philosophisches und jedes theoretische Verdienst keinen Wert setze, und daß ich einen davon unabhängigen erstrebe. So gut ich es weiß, daß auch ich nach der Vollkommenheit nur streben kann, so werde ich doch wenigstens *mit meinem Wissen* keine Unlauterkeit in mir dulden, und wo ich gefehlt habe, sobald ich meinen Fehler erkenne, ihn freimütig bekennen und gutmachen, soweit ich kann, alles Gute außer mir mit Freuden anerkennen und wohldenkende, redliche Männer mit innigster Wärme wertachten und lieben; und dies um so mehr, wenn sie mit Güte des Herzens vorzügliche Talente verbinden. Ich rechne nach Ihrem letztern Briefe, ohnerachtet der Übereilungen, die ich darin erblicke, Sie unter diese Männer; ich werde Sie daher wertachten und lieben; ohnerachtet ich begreife, daß Sie, solange Ihnen das Andenken der Beleidigung, die ich Ihnen ohne *mein Recht* zugefügt haben soll, gegenwärtig ist, und solange Sie daher glauben, daß ich den vermeinten Stolz andrer nur durch größern eignen Stolz zu Boden schlage, usf., mir weder volle Gerechtigkeit widerfahren lassen, noch mich achten und lieben können. Aber ich erwarte alles ruhig von der Zeit und von meinem Betragen gegen Sie, das von nun an unverrückt das gleiche bleiben wird.
Wegen des Herrn v. Hammerstein melde ich Ihnen, was notorisch, und überlasse es, wie sich versteht, Ihnen, *was* Sie von diesen Nachrichten und *wie* Sie es bei der Gr.[äfin] v. Münster[101] brauchen wollen. Der vorherige Lebenswandel desselben in Göttingen wird derselben wahrscheinlich nicht unbekannt sein. Die Zeit seiner Erscheinung zu Jena, in der Mitte des Halbjahrs, bald nach Aufhebung des Konstantisten-Ordens, macht glaublich, was man hier durchgängig glaubt, daß er zur Wiederherstellung dieses Ordens, dessen erste Stütze er in Göttingen gewesen, aus Hildesheim, wo er schon geraume Zeit privatisiert, von Jena aus verschrie-

ben worden. Wenigstens hat er die meineidigen Glieder desselben, die erst vor einigen Wochen den Orden abgeschworen hatten, wieder vereinigt und diesen rohesten aller hiesigen Orden roher gemacht als je. Seit seiner Ankunft hat er eine Menge junger Leute beunruhigt, hat wegen einer greulichen Gewalttätigkeit schon das consilium abeundi unterschreiben müssen, hat aber seitdem nicht abgelassen, mehrere ihm als gesittete und ruhige bekannte junge Männer auf den Straßen zu schimpfen, zu stoßen usf. (v. Zwanziger[102], Phleps[103]), um sie dadurch in Händel und vermittelst ihrer in die Ordensverbindungen zu ziehen, welches ihm auch häufig gelungen. Seine letztern Vergehungen sind nicht zur Untersuchung gekommen. Die Furcht vor ihm ist allgemein. Jetzt eben liegt er mit seinen und den schlechtesten Subjekten eines andern Ordens bei einem schwerverwundeten Ordensbruder in Ziegenhain, wo diese Gesellschaft das schändlichste Leben führt. Vorlesungen hat er in den ersten Wochen seines Hierseins besucht, ist aber seitdem nicht wieder hineingekommen. Einige Studenten, die ihn näher kennen, haben mir viel Gutes über sein Betragen, wenn er ohne seine Rotte in besserer Gesellschaft und nüchtern sei, wie auch über seine Talente gesagt. Es scheint daher, daß er selbst besser sei als sein Betragen. So viel aber ist sicher, daß wegen der falschen Richtung, die sein Ehrgeiz genommen, und wegen der Rotte, die ihn umgibt, Jena weder ihm noch er Jena nützlich sein kann; da er ohnedies über lang oder kurz in Untersuchung fallen muß, die nach dem Vorhergegangenen sich unmöglich vorteilhaft für ihn endigen kann, und ihn mit seinem Vater, der ein würdiger Mann und mit dem bisherigen Betragen seines Sohns sehr unzufrieden sein soll, auf eine gefährliche Art entzweien müßte. – Mir für meine Person ist aller Eingang bei ihm abgeschnitten. Mit Hrn. Prof. Hufeland[104], der in diesen Tagen abwesend ist, werde ich darüber sprechen, sobald er zurück ist. Das Beste, was meines Erachtens für ihn geschehen kann, ist, ihn beizeiten und mit guter Art von Jena wegzubringen. Zwei, drei, vier Jahre bürgerliches Leben; dann, wenn er sich noch weiter ausbilden soll, auf eine Universität, wo es keine Orden gibt. Ich kenne sogar hier junge Männer, die jetzt durch Fleiß und Sittsamkeit Muster sein können; die ehemals vor langen

Jahren hier die schändlichste Rolle gespielt; aber weggegangen, in bürgerliche Verhältnisse verflochten worden und nach Jahren zurückgekehrt, um das, dessen Versäumnis sich schon bitter an ihnen gerächt, nachzuholen.
Mit den Gesinnungen, die ich durch meinen ganzen Brief unverkennbar geäußert zu haben glaube, empfehle ich mich Ihnen.

Fichte.

Ich bringe diesen Sommer außer Jena auf dem Lande zu, aus Gründen, welche heute zu schreiben ich nicht Zeit habe.

An Friedrich Schiller

Osmannstädt, 21. Juni 1795

Ich glaubte, auf den 24. versprochen zu haben, rechnete aber sicher, Ihnen den Dienstag das, was ich für das erste Stück (der „Horen“) bestimmte, zu schicken. Hier soviel als fertig ist. Das übrige – den Schluß des zweiten Briefs und den dritten, der aber nicht lang werden wird, auf den Dienstag.
S. 15 ist eine Strophe aus Goethes Meister, den ich nicht hier habe, aus dem Gedächtnis zitiert. Haben Sie doch die Güte nachzusehen und das Zitat zu berichtigen, wenn es so nicht richtig ist. Übrigens habe ich den Aufsatz mit Fleiß bearbeitet, die etwanigen Härten der Konstruktion hier und da sind absichtlich, und ich glaube nicht, daß er die geringste Änderung vertrüge. Mit der etwas tiefen Disquisition in der Mitte des zweiten Briefes hoffe ich den Leser durch den Verfolg auszusöhnen; und über die demokratisch scheinen könnende Stelle folgt zu Anfang des dritten eine Erklärung.
Mit meinem Abschreiber bin ich sehr übel angekommen und schäme mich sehr, Ihnen ein solches Manuskript zu schicken. Doch ist die übel aussehende Hand leserlich, wie ich hoffe, und ich habe es sorgfältig durchgesehen, so daß man sich fest darauf verlassen kann. Ich lasse bitten, die Interpunktion, auf die mir es ankommt, und die and*re* oder and*ere* u. drgl., zu beobachten.

Ich habe Ihren Brief erst diesen Abend erhalten und sogleich dies ausgefertigt.
Ich hatte v. Ziegler aufgetragen, morgen zu Ihnen zu gehen.
Meine drei Briefe können *leicht mehr füllen als zwei Bogen,* aber ich halte es für ganz untunlich, sie zu zerreißen.
Dienstag oder Mittwoch mehreres. Die Meinigen grüßen!

Der Ihrige

Fichte.

„*Buchstab*" in der Überschrift steht, der Etymologie nach, mit Fleiß. „*Buchstaben*" gibt eine erwässernde Zweideutigkeit. Ist es aber schlechterdings undeutsch, so haben Sie die Güte, es zu verbessern.

An Friedrich Schiller

Osmannstädt, 22. Juni 1795

Hier, mein teurer Freund, der Schluß dessen, was ich für dieses Stück der Horen bestimmte und was nicht füglich getrennt werden kann. Darf ich Sie mit einem kleinen Auftrage belästigen – oder vielmehr Ihre Frau Gemahlin. Schikken Sie wohl in das Rentamt mit beiliegender Quittung und lassen sich 50 R[eichs]t[ale]r auszahlen, (geben dem Träger etwa 4 gl. [Groschen] Trinkgeld ab) und übergeben das Geld Überbringern oder Überbringerin. – Vergeben Sie; aber ich habe niemand, dem ich zutraute, daß er mir diesen kleinen Dienst lieber leistet; ich weiß nicht, wenn ich selbst nach Jena kommen möchte; und ich habe nicht Lust, es so lange stehenzulassen, damit man nicht glaubt, ich wolle es ihnen schenken.
Haben Sie doch die Güte, beiliegenden Brief mit an Herrn Cotta zu senden.

Ganz der Ihrige

Fichte

Ich bin im Begriffe, sogleich auf einige Tage zu verreisen. Daher die dringende Eile.

Osmannstädt, 27. Juni 1795

Die Verworrenheit der Begriffe, die Sie mir zutrauen, ist ein wenig arg. Ich konnte Ihnen nicht zumuten, daß Sie die Aufgabe, gegen den gewöhnlichen Sinn der Worte, der mir keinen Sinn zu haben scheint, faßten, wie ich sie gefaßt habe, aber ich konnte erwarten, daß Sie einem Mann, von dessen philosophischem Talent Sie bis jetzt vorteilhaft geurteilt und dem Sie einen ehrenvollen Platz an den Horen bestimmt hatten, zutrauten, er möchte vielleicht durch Richtung seines Nachdenkens auf einen bestimmten Gegenstand etwas an demselben entdeckt haben, welches Sie ohne diese bestimmte Richtung Ihres Nachdenkens nicht sehen; nicht aber, daß Sie auf einmal in ihm den verworrensten aller verworrnen Köpfe vermuten würden! Ich habe mich geirrt, wie ich sehe.

Die Sache ist die: Sie haben meine Aufschrift unrichtig, oder, daß ich es geradeheraus sage, Sie haben die ganze Idee gar nicht verstanden; denn der Sinn, den Sie ihr geben, ist kein Sinn. Soviel *ich* weiß, ist Geist in der Philosophie und Geist in der schönen Kunst geradeso nahe verwandt als alle Unterarten derselben Gattung, und ich denke den Beweis dieser Behauptung nicht schuldig zu bleiben. Dagegen möchte ich von Ihnen hören, wie man sagen könne: Geist *der* Philosophie (nicht etwa der *Leibnizischen, Kantischen* Philosophie), so wie man etwa sagt: Geist des Preußischen Religionsedikts. *Die* Philosophie hat ursprünglich gar keinen Buchstaben, sondern sie ist lauter Geist, und es war darum zu tun, diesen Geist zu fassen und aufzustellen. Wo mögen doch wohl die Menschen dazu gekommen sein, zu philosophieren, wenn etwa Philosophie von aller eigentlichen *Erkenntnis* haarscharf abgeschnitten wäre. Es muß dazu doch wohl eine ursprüngliche Anlage im Menschen geben? Wie, wenn diese Anlage ein Trieb nach Vorstellung um der Vorstellung willen wäre, welcher auch der letzte Grund der schönen Kunst, des Geschmacks usf. ist? Hätten Sie sich diese Fragen, auf welche hoffentlich selbst der Anfang, die drei ersten Briefe meiner Abhandlung[105] leiteten, aufgeworfen, so hätten Sie sich wahrscheinlich Ihr übereiltes Urteil erspart. – Ich habe die Aufgabe nie anders genommen als

in diesem Sinne. In diesem Sinne habe ich sie in meinen öffentlichen Vorlesungen behandelt, wie vielleicht Herr von Humboldt bezeugen kann. Ich habe nie geglaubt, daß sie von einem gründlichen Kopfe, wenn er darüber nachdenkt, anders verstanden werden könne; ich glaubte mit Ihrem guten Willen *diese* Frage für die Horen zu bearbeiten, und ich fiel wie aus den Wolken als ich las: *„Geist im Gegensatze gegen den Buchstaben"* usf.
Sie haben mir unrecht getan, und ich hoffe, daß Sie, wie jedem rechtlichen Manne ziemt, dieses Unrecht gutmachen wollen. Ich werde den Aufsatz vollenden und Ihnen zusenden – nicht für die Horen, wie sich versteht –, und dann werden Sie vielleicht die Verachtung zurücknehmen, mit der Sie mir jetzt begegnen. Wo nicht, so werde ich ihn allerdings an einige der vorgeschlagnen Schiedsrichter absenden. Bis dahin bleibe die Sache unter uns beiden.
Ich hoffe, Sie sollen dann einsehen, was Sie eigentlich schon jetzt hätten einsehen können, daß das bis jetzt Vorgetragne unabtrennlich von der Sache war, und daß ich keinen so weiten Anlauf genommen, als Sie glauben. Ich erschrecke über den Wahnsinn und die unedlen Motive zugleich, die Sie mir leihen mußten, da Sie dies nicht einsahen. – Daß der Aufsatz 9–10 Bogen füllen würde, habe ich Ihnen gesagt; und er würde nicht mehr eingenommen haben.
Wer keinen Geist hat, ist *geistlos.* Derselbe verfertigt entweder gar kein Kunstprodukt, philosophiert gar nicht, oder er verfertigt eins oder ein philosophisches Buch, das alles Äußere, nur nicht den innern Geist desselben hat. Wie nennen Sie den letztern zum Unterschiede von dem erstern? Ich nannte ihn *Buchstäbler.* Ich habe anfangs dem Geiste Geistlosigkeit und dann den Buchstaben entgegengesetzt?? Keinesweges. Dem Geiste *im bestimmten Kunstprodukte* habe ich den Körper oder Buchstaben desselben entgegengesetzt und *unter Arbeitern in der schönen Kunst* geistreiche und Buchstäbler, nicht aber *unter Menschen überhaupt* unterschieden. Zu welchem Stümper machen Sie mich! Sie müssen den Aufsatz sehr flüchtig gelesen haben.
Wenn meiner Einteilung der Triebe nichts weiter mangelt, als daß der Trieb nach Existenz oder der Stofftrieb nicht daruntergeht, so ist sie wohl geborgen. Ein Trieb nach Exi-

stenz vor der Existenz; also eine Bestimmung des Nichtseienden!! Aller Stoff entsteht aus Einschränkung des Selbsttätigen, nicht aus seiner Tätigkeit. (Etwas anders ist *die Darstellung des Stoffs* im Gemüte; diese gehört begreiflicherweise unter den Erkenntnistrieb.) Der Trieb ist erst durch die Einschränkung *Trieb;* ohne sie wäre er *Tat.*

Das Wesen der Popularität scheint mir im synthetischen Gange zu liegen. Ich hatte zu dem Einteilungsgrunde der Triebe erst *aufzusteigen,* weil ich nicht von demselben herabsteigen wollte zu den einzelnen Trieben. Ob meine Bestimmung schwankend sei, wird sich zu seiner Zeit zeigen; bis dahin bitte ich Sie, zu glauben, daß ich meinen guten Einteilungsgrund gehabt habe. Sie finden denselben schwankend, weil Sie die Ausdehnung dessen, was ich vorläufig ästhetischen Trieb genannt habe, nicht vermuten; und weil Sie selbst anders bestimmen und einteilen. Wir sind verschiedner Meinung; und ich brauche Sie nicht zu erinnern, daß es von unsern Gründen abhängt, wer recht habe. Sie hatten die meinigen noch nicht gehört, und bis dahin blieb die Sache unter uns gleich. Aber in welchem Tone entscheiden Sie, und was berechtigt Sie zu diesem Tone? Ich muß mir freilich gefallen lassen, von Leuten, die ich nicht achte, behandelt zu werden wie ein Schüler, der seine Lektion hersagt; aber von Ihnen ist es mir nicht gleichgültig, weil ich Sie hochachte.

Es sollen schon jetzt nachteilige Folgen meines Prinzips auf die Geschmackslehre sich geäußert haben. Ich wünschte dieselben zu wissen; aber wie, wenn es Punkte betrifft, über die wir nicht eins sind?

Nach meinem Gange konnten die Resultate der Geschmackslehre hier noch nicht aufgestellt werden, denn ich schrieb nicht über diese, sondern über den Geist der Philosophie; und bei meinem synthetischen Aufsteigen sollte und mußte eins durch das andre bestimmt werden. Die Resultate werden sich finden. Doch sollte ich glauben, daß schon hier eine sonst nirgends befindliche Klarheit über mehrere dunkle Äußerungen Kants in der Geschmackslehre, über deren Resultate ich mit ihm größtenteils einig bin, verbreitet werde. Doch was sage ich? Gerade bei diesen Stellen befinden sich Ihre Fragezeichen.

Daß wir über den populären philosophischen Vortrag sehr

verschiedne Grundsätze haben, erfahre ich nicht erst seit heute; ich habe es schon aus Ihren eignen philosophischen Schriften gesehen. Sie gehen größtenteils analytisch, den Weg des strengen Systems; und setzen die Popularität in Ihren unermeßlichen Vorrat von Bildern, die Sie fast allenthalben statt des abstrakten Begriffs setzen. Ich setze die Popularität vorzüglich in den Gang, den ich nehme – das hat Sie verleitet, meine ersten Briefe zu schnell für seicht und oberflächlich zu halten. – Nachdem die streng philosophische Disposition fertig ist, mache ich ihn [?] nach ganz andern Grundsätzen: knüpfe an eine sehr gemeine Erfahrung an und führe so den Faden, scheinbar nach der bloßen Ideenassoziation, über die aber unsichtbar das System wacht, fort, bestimme nirgends schärfer, als vorderhand nötig ist, bis zuletzt die scharfe Bestimmung sich von selbst ergibt. Bei mir steht das Bild nicht *an der Stelle* des Begriffs, sondern *vor* oder *nach* dem Begriffe, als Gleichnis: ich sehe darauf, daß es passe; ich glaube, die in den Briefen gebrauchten passen sehr genau. Wo ich nicht irre, haben alle alte und neuere Schriftsteller, die in dem Ruhme des guten Vortrags stehen, es so gehalten, wie ich es zu halten strebe. Ihre Art aber ist völlig neu, und ich kenne unter den alten und neuern keinen, der darin mit Ihnen zu vergleichen wäre. Sie fesseln die Einbildungskraft, welche nur frei sein kann, und wollen dieselbe zwingen, zu denken. Das kann sie nicht. Daher, glaube ich, entsteht die ermüdende Anstrengung, die mir Ihre philosophischen Schriften verursachen und die sie mehrern verursacht haben. Ich muß alles von Ihnen erst übersetzen, ehe ich es verstehe; und so geht es andern auch. Was man meinen frühern Schriften auch alles vorwerfen und so gegründet auch der Tadel sein mag, den man gegen sie führt, so sind sie doch häufig gelesen und gemerkt worden, und man hört hier und da erzählen und nachsagen, was darin steht. Ihre philosophischen Schriften – ich rede nicht von Ihren poetischen, nicht von Ihren historischen, wovon z. B. die Geschichte der Belagerung von Antwerpen ein Meisterstück ist, das alles unwiderstehlich fesselt und mit sich fortreißt; ich rede ebensowenig von Ihrer philosophischen Gründlichkeit und Ihrem Tiefsinne, den ich verehre; ich rede nur von Ihrem Stil – Ihre philosophischen Schriften sind gekauft, bewundert, angestaunt,

aber, soviel ich merke, weniger gelesen und gar nicht verstanden worden; und ich habe im größern Publikum keine Meinung, keine Stelle, kein Resultat daraus anführen hören. Jeder lobt, sosehr er kann, aber er hütet sich wohl vor der Frage: was denn eigentlich darin stehe?
Der Anschein der Härte in meinem Periodenbau kommt größtenteils daher, daß die Leser nicht deklamieren können. Hören Sie mich gewisse meiner Perioden lesen, und ich hoffe, sie sollen ihre Härte verlieren. Aber Sie haben recht, unser Publikum kann einmal nicht deklamieren, und man tut besser, wie Lessing[106], seine Maßregeln darnach zu nehmen.
Ich glaube den geschärften Ton nicht verdient zu haben, mit dem Sie sich über meine Äußerung, daß der Aufsatz nicht leicht Änderungen vertragen dürfte, erklären. Sie hatten in meinem ersten Aufsatze Änderungen vorgeschlagen, die dem Sinne Abbruch taten, und wo ich um die Wiederherstellung der ersten Leseart bitten mußte. Da jetzt wegen der Kürze der Zeit der Aufsatz mir nicht wieder zur Revision geschickt werden konnte, *tat ich in aller Unschuld, mit dem freundschaftlichsten Herzen und in der zutraulichen Meinung, daß ich an einen Freund schriebe, der nicht geneigt sei, die Ausdrücke auf die Goldwaage zu bringen,* jene Bitte. (Mit tiefer Beschämung denke ich daran, daß ich gleich nachher die Familiarität beging, Sie mit einem ökonomischen Auftrage zu belästigen. Vergeben Sie, ich habe unser Verhältnis nicht gewußt; aber gewiß wird mir so etwas nicht mehr widerfahren.) Die Entdeckung aber, daß alles, was ich schreibe, ein so dringendes Bedürfnis der Korrektur habe, macht mich, wie sie soll, sehr aufmerksam. Ich werde es nicht an Fleiß fehlen lassen, den Grund davon aufzufinden und wegzuräumen. Wenigstens begreife ich jetzt noch gar nicht, warum Sie in dem jetzigen Aufsatze dies und jenes angestrichen, außer daß ich sehe, daß Sie es nicht richtig verstanden haben.
Ich nehme den Wink zu Ende Ihres Briefs, daß wir dennoch Freunde bleiben wollen, mit dankbarer Freude für vollkommnen Ernst. Ich hoffe, daß die Freimütigkeit, mit der ich die Ihrige beantworte, der Wiederherstellung unsrer Freundschaft kein Hindernis in den Weg legen soll. Aber ich glaube voraussetzen zu dürfen, daß Freundschaft zwi-

schen uns sich nur auf gegenseitige Achtung gründen könne. Die meinige für Sie kann durch ein übereiltes Urteil nicht geschwächt werden; nur fortgesetzte Ungerechtigkeit würde sie aufheben, und diese erwarte ich nicht von Ihnen. Sie aber haben mir die Achtung und das Vertrauen, das ich erwarten zu können glaubte, versagt. Ich könnte von nun an nichts für Sie sein, als Ihr demütiger Anhänger und Schüler, und das will ich nicht sein. Aber ich erwarte zu seiner Zeit Genugtuung.
Ich lege den Brief, den ich beantwortete, bei, weil nicht zu vermuten ist, daß Sie eine Abschrift von ihm haben. Ich erbitte mir ihn aber, zu meiner Rechtfertigung im Notfalle, zurück.

Fichte.

An Karl Leonhard Reinhold

Osmannstädt, 2. Juli 1795

Nichts macht solchen Eindruck auf mein Herz als Freimütigkeit. Sie haben sich, mein Teuerster, meines Herzens durch die Ihres letztern Briefes bemächtiget; durch die offne Gegeneinanderhaltung unsrer individuellen Charaktere, deren Schilderung ich so ganz wahr finde und von meiner Seite anerkenne. Sie haben gemacht, daß ich Sie innig lieben muß; dies ist nach Ihrem individuellen Charakter notwendig der Weg, auf welchem Sie Ihre Freundschaften schließen; ich bin immer den entgegengesetzten Weg gegangen und habe ihn gehen wollen, von Achtung zur Liebe. Ich ersehe aus Ihrem Briefe, daß Sie mir die erstere – nicht für mein philosophisches Talent, wovon hier nicht die Rede sein kann, sondern für meinen Charakter, nicht versagen; und ich bin fest überzeugt, daß Sie damit enden werden, mich zu lieben, wie ich Sie liebe.
Sie haben daran sehr recht, daß die Verschiedenheit unsrer Temperamente großen Einfluß auf unsre Art zu philosophieren gehabt haben müsse. Sie gehen allenthalben sichtbar darauf aus, sich selbst und andern Ihre teuersten Erwartungen nicht sowohl zuzusichern, als sie, die aus einer ganz andern Quelle entspringen, gegen alle Angriffe der nur spekulativ gewordenen, verkommenen Vernunft zu sichern.

Sie philosophieren mit und aus praktischem Interesse, und dieses ist das herrschende in Ihren Schriften. Ich, durch eine freiere Erziehung in der frühesten Jugend, darauf durch einen Druck, den ich bald abwarf, in der Schulpforte, durch ein leichtes Blut, eine ziemlich gute Gesundheit und, was durch jenes mir erleichtert ward, durch ein festes Beruhen auf mir selbst – dessen schädliches Übermaß ich zu vermeiden suchen werde – unterstützt, habe der Spekulation seit sehr früher Jugend getrost und kalt unter das Auge gesehen. Ohnerachtet es freilich kein geringes Gut für [?] mich ist, einer Philosophie mich bemächtigt zu haben, die mein Herz in Übereinstimmung mit meinem Kopfe setzt, so würde ich doch keinen Augenblick mich besinnen, sie aufzugeben, wenn man mir ihre Unrichtigkeit zeigte, eine völlig diese Eintracht zerstörende Lehre dafür annehmen, wenn sie richtig wäre, und auch dann meine Pflicht zu tun glauben. Der Aufsatz: Über Erhöhung u. Belebung des reinen Interesse für Wahrheit im Jännerstück der Horen, enthält so ziemlich, wie ich hierüber denke und auch zu handeln glaube. Ich philosophiere, soviel ich mich kenne, ohne alles andere Interesse als das für Philosophie. – Ich erwarte mit Begierde die Erscheinung Ihres *Sokrates.* Ich bin gleichfalls der festen Überzeugung, daß Geradheit des Sinnes ausschließende Bedingung des richtigen Philosophierens sei, ob ich gleich einer gewissen Gutmütigkeit, die man oft auch gutes Herz zu nennen pflegt, überhaupt und so auch in der Philosophie keinen großen Wert zuschreibe. Aber hierüber sind wir gewiß nicht im Streite; denn sicherlich geben Sie ihr ebensowenig Wert.
Erlauben Sie, daß ich Ihnen noch einen Wink gebe über den Grund der Unverständlichkeit der Wissenschaftslehre für Sie, und die meisten andern, welche wiederum andern, z. B. Schillern, v. Humboldt, mehrern meiner Zuhörer, verständlicher vorkommt als nicht leicht ein anderes philosophisches Buch. Ich denke, es ist der gleiche Grund, warum Ihnen das Studium der Kantischen Schriften so viel Mühe verursacht hat, das mir z. B. sehr leicht gewesen ist. – Setzen Sie auf meine Ausdrücke nicht so viel Wert, als etwa die Ihrigen allerdings haben. Man hat angemerkt, und ich glaube mit Recht, daß es fast unmöglich sei, die eigentümlichen Gedanken Ihrer Philosophie anders auszudrücken, als

Zwei Dinge sind hiebei schlimm; teils ist der Herzog, höre ich, abwesend, und ich weiß nicht, wann er zurückkommt, und doch sollte diese Schrift wenigstens zur Michaelis-Messe in aller Hände sein; teils hat sie dann das ganze geheime Konzil zu durchlaufen, wo das Übergewicht Ihrer Stimme und die des Herzogs erforderlich sein würde, um es durchzutreiben. Endlich ist diese Abschrift, ohnerachtet sie so gut geschrieben ist, als ich es kann, doch so beschaffen, daß ich mich schäme, sie unter Ihre *gütigen* Augen zu bringen, geschweige denn unter die wenigstens *indifferenten* des Herzogs. Durch eine fremde Hand abschreiben wollte ich nicht lassen, wenn ich *auch zu Osmannstädt* eine solche haben könnte, da ich nicht wünschen kann, daß von diesem Vorhaben vor der Ausführung geschwatzt werde.
Ich erwarte sehnlichst, Ihre Gedanken über dieses alles zu wissen; empfehle mich Ihrem Wohlwollen, woran ich so fest glaube, und diesen Glauben in allen meinen Handlungen und Entwürfen zeige

Ihr innigst ergebener
Fichte

Ich schreibe diesen Brief im Gasthofe, mit fremder Feder und Dinte; *zugleich ohne mein Petschaft.* Das Äußere desselben hat also noch mehr Verzeihung nötig, als es bei allen meinen Briefen nötig hat.

An Karl Leonhard Reinhold

Osmannstädt, 29. August 1795

Mancherlei Geschäfte haben mich verhindert, Ihnen eher zu schreiben und die seit einigen Wochen fertig gewordene W[issenschafts-]l[ehre] zuzuschicken.
Kein Urteil kann dem Verfasser derselben wichtiger sein als das des Verfassers der Elementarphilosophie, der den letztern Schritt zur Erfindung der erstern tat, wenn es eine gibt. Dürfte ich wohl noch dies vorschlagen, daß Sie diese Schriften vors erste ein- oder zweimal kursorisch durchläsen, und erst von dem Standpunkte aus, auf welchen mehrere einzelne Stellen Sie notwendig versetzen müssen, an das Studium und die Prüfung des Ganzen gingen. Vielleicht wird

§ 5 der Grundlage, vielleicht einzelne Betrachtungen im Grundrisse des Theoretischen, z. B. die Deduktion der Zeit und des Raums, die Arbeit sehr erleichtern. Besonders wiederhole ich meine Bitte, Worte Worte sein zu lassen; es vor dem Überblicke des Ganzen mit den einzelnen Teilen nicht genau zu nehmen; und ja diese Übersicht nicht durch Zusammensetzung der einzelnen Teile, sondern die Einsicht in die einzelnen Teile von der Übersicht des Ganzen aus zu suchen. – So ist nun einmal die fehlerhafte Einrichtung meiner Schriften, weil mein Kopf so eingerichtet ist, daß er entweder das Ganze auf einmal auffassen muß oder es nimmermehr bekommt. Bei den meisten der jetzt lebenden gemachten Philosophen ist es mir nicht der Mühe wert, [zu untersuchen,] woher ihr hartnäckiges Nichtverstehen komme; bei Ihnen, an dessen Wahrheitsliebe, an dessen Bereitwilligkeit, jedem Denker, und insbesondre mir, Gerechtigkeit widerfahren zu lassen, an dessen eifriges Streben nach Licht und Wahrheit ich so fest als an mich selbst glaube, muß die Schwierigkeit, mich zu verstehn, von jenem Umstande herkommen, der die Ökonomie unsrer beiderseitigen Schriften, so sehr zu Ihrem Vorteile, unterscheidet.
Es würde in hohem Grade belehrend für mich sein, bestimmt zu wissen, bei welchen Sätzen Sie anstoßen. Ich erwarte von einem Briefwechsel darüber so viel Vorteil, daß ich Sie dringendst darum bitte, wenn Ihre Zeit es erlaubt. In Streit soll er gewiß nicht ausarten.
Die weitere Anwendung meiner Grundsätze soll dieselben klar und, wie ich hoffe, gemeinfaßlicher machen, als es noch je die Grundsätze irgendeiner Philosophie waren. Ich habe diesen Sommer über das Naturrecht Untersuchungen angestellt und gefunden, daß es allenthalben an einer Deduktion der *Realität* des Rechtsbegriffes mangelt, daß alle Erklärungen desselben nur formale, nur Worterklärungen sind, die das Vorhandensein eines solchen Begriffs in uns, als ein Faktum, und was dieser Begriff bedeute, schon voraussetzen – ihn nicht einmal aus dem Faktum des Sittengesetzes, welches ich ebensowenig ohne Deduktion gelten lasse, gründlich deduzieren. Ich habe bei dieser Gelegenheit K[ants] *Grundlegung* z[ur] M[etaphysik] d[er] S[itten] revidiert und gefunden, daß, wenn irgendwo, *hier* die Unzu-

länglichkeit der Kantischen Prinzipien, und die von ihm selbst unvermerkt gemachte Voraussetzung höherer, sich handgreiflich dartun läßt.
Einer gewissen Maxime = A. widerspricht das Prädikat der Allgemeingültigkeit für vernünftige Wesen = B.: sagt und erweist Kant. Ich antworte ihm: Das kann wohl sein, geht aber mich nicht an, denn was soll mich denn vermögen, überhaupt A. auf B. zu beziehen? Ich will eben jene Maxime für mich allein behalten; wenn sie gemeingültig wird, dann ist mir freilich das Spiel verdorben, das weiß ich; aber warum soll ich denn Maximen aus einer gewissen Sphäre nur unter der Bedingung zu der meinigen machen, daß sie als gemeingültig gedacht werden können? Hierauf antwortet Kant nichts.
Es ist klar, daß erst die Notwendigkeit jener Synthesis des A. u. B. – daß ein höherer Widerspruch, welcher ohne diese Synthesis stattfinden würde, aufgezeigt werden müsse. Der Begriff eines Reichs vernünftiger Wesen, und überhaupt irgendeines vernünftigen Wesens außer mir, darf in einem solchen Beweise, durch den jener Begriff erst deduziert werden soll, nicht vorkommen. Er kann demnach nur aus dem bloßen Ich, er kann nur so geführt werden: Ich selbst kann *mich* nicht denken, ohne vernünftige Wesen außer mir anzunehmen. – Dies wäre sein Schema: 1. Ich muß mir notwendig ein gewisses Prädikat C. zuschreiben. (C. folgt auf dem Wege der Synthesis von sich selbst aus dem Ich. C. *ist im Ich*, (ist vorher bewiesen) aber im Ich ist nichts, ohne daß es sich *dasselbe zuschreibt*, mithin pp.) 2. Ich kann mir dieses Prädikat nur unter der Bedingung zuschreiben, daß ich vernünftige Wesen außer mir annehme (wird bewiesen durch vollständige Anwendung der Kategorie der Wechselwirkung, als des Gesetzes, nach welchem das Ich in seinem Sichzuschreiben des Prädikats C. verfährt), mithin pp. Die vernünftigen Wesen außer mir sollen der Annahme nach mir vollkommen gleichen, mithin muß ich auch ihnen das Prädikat C. zuschreiben. Summa summarum: ich kann C. mir nicht zuschreiben, ohne es Wesen außer mir zuzuschreiben. Beide Akte sind synthetisch vereinigt: einer und derselbe. (Diese ganze Argumentation hat nur theoretische Gültigkeit. Denke ich der aufgezeigten Bedingung zuwider, so denke ich widersprechend. Es ist leicht zu zeigen, wie

der Satz praktische Gültigkeit bekommt. Der höchste Trieb im Menschen geht auf absolute Übereinstimmung desselben mit sich selbst, des theoretischen und praktischen Vermögens, des Kopfes und Herzens; anerkenne ich praktisch nicht, was ich theoretisch wohl anerkennen muß, so versetze ich mich in klaren Widerspruch mit mir selbst.)

Dann liegt in den Kantischen Grundsätzen noch folgender großer Mangel, der aus dem ersten entspringt. Ich frage bei der Maxime A. herum nach Übereinstimmung, sagt ihr: – wie weit frage ich denn, und wo höre ich auf zu fragen, wo geht die Grenze? Bis zur Grenze der vernünftigen Wesen, habe ich gesagt, würde Kant antworten. Ich dagegen: das habe ich wohl vernommen; aber wo geht denn die Grenze der vernünftigen Wesen? Die Objekte meiner Handlungen sind doch immer Erscheinungen in der Sinnenwelt; auf welche unter diesen Erscheinungen übertrage ich denn nun den Begriff der Vernünftigkeit, und auf welche nicht? Das weißt du selbst nur gar zu wohl, müßte Kant antworten; und so richtig diese Antwort ist, so ist sie doch nichts weniger als philosophisch. Ich reite das Pferd, ohne es um Erlaubnis zu fragen, und ohne von ihm hinwiederum geritten sein zu wollen; warum bin ich doch bei dem Pferdeverleiher bedenklicher. Daß das arme Tier sich nicht wehren kann, kann nichts zur Sache beitragen. Und so bleibt es immer eine sehr bedenkliche Frage, ob ich nicht auf die allgemeine Meinung gestützt das Pferd mit eben dem Unrechte reite, mit welchem der russische Edelmann, gleichfalls auf die allgemeine Meinung gestützt, seine Leibeignen verschenkt, verkauft und zum Spaß knutet. – Diese Fragen werden abermals nur durch folgende Argumentation beantwortet: Ich kann mich nicht als Ich denken, ohne gewisse Dinge (diejenigen, welche nicht *anfangen* können) als mir völlig unterworfen zu denken. Zu ihnen stehe ich im Verhältnis der Ursache; zu andern Erscheinungen im Verhältnis der Wechselwirkung. Die menschl[iche] Gestalt ist für den Menschen Ausdruck der letzten Klasse. Ich muß diese Gestalt *an mir* als unverletzlich denken; aber ich kann das nicht, ohne sie *überhaupt* als unverletzlich zu denken; beide Akte sind synthetisch vereinigt.

Die Anwendung dieser Sätze zur Hervorbringung eines Naturrechts ist leicht. Es findet sich im synthetischen Gange der W.L. der Satz: Ich muß mich *als Individuum* denken, d. h. als *bestimmend* in einer Sphäre von Dingen, die nicht anfangen können. (Zunächst, mein Körper) (Die Individualität drückt sich nur in der Sinnlichkeit aus, das reine, unendliche Ich ist eins; und da es Individualität eines Ich sein soll, so kann sie nur tätig bestimmend sein) bestimmt in einer Sphäre vernünftiger Wesen außer mir: ich kann das nicht, ohne eine solche Sphäre, ... und jedes Objekt in dieser Sphäre gleichfalls als Individuum zu setzen: mithin pp. Es ist kein Individuum, wenn es ihrer nicht wenigstens zwei gibt. – *Die Bedingungen der Individualität* heißen *Rechte*. Es ist absolut unmöglich, daß ich mir ein Recht zuschreibe, ohne auch einem Wesen außer mir eins zuzuschreiben; da es absolut unmöglich ist, daß ich mich als Individuum setze, ohne ein Wesen außer mir als Individuum zu setzen.

Diese Resultate, die sich sehr klar und in die Augen springend machen lassen, die eine Menge täglich vorkommender und gerade darum wenig bemerkter, aber auf den ersten Augenblick anzuerkennender Phänomene frappant erklären, die den gemeinsten Begriffen eine den Menschen mächtig ergreifende und erhebende Stärke geben, sollen, denk ich, meine Grundsätze bald vor ferneren Verdrehungen sicherstellen und allgemein einleuchtend machen.

Ich werde zu Michaelis nach Jena zurückkehren. Durch militärische Gewalt ist die Ruhe wiederhergestellt. Wer nicht auf der Stelle eingesteckt sein will, muß wohl ruhen. Von einer Verbesserung der Grundsätze ist nichts merklich. Es ist auffallend, wie die Besten und Verständigsten auf einmal den Verstand völlig verlieren, wenn die Rede auf die Gegenstände ihrer Vorurteile, auf Burschenrechte, akademische Freiheit usf. kommt. Die Besten wollen freilich ihr Recht, Häuser zu stürmen, zu plündern und zu rauben, nicht gebrauchen, aber das muß von ihrem guten Willen abhangen: sie mit Gewalt daran zu verhindern, ist eine himmelschreiende Ungerechtigkeit. Gott mag es denen, die durch eine lange Praxis sie diese Grundsätze gelehrt haben, vergeben; ich kann es ihnen nicht vergeben. Ich bin dem Gedanken nahe, den ich sonst mit ganzer Macht bestritten, den ich im andern als ein sicheres Zeichen der Schlechtigkeit betrachtet – Gott verzeihe es mir – daß mit dieser Menschenklasse schlechterdings nichts anzufangen ist, daß man ihre Erziehung Gott und ihrem künftigen Schicksale überlassen muß und zufrieden sein, wenn es so einzurichten ist, daß andere Leute es neben ihnen nur eben aushalten können. – Es werden jetzt Dinge zum Vorschein kommen, die doch wohl jeden, in dem noch ein Funken Ehrgefühl ist, empören sollten. Bei D. Schmid hat die Rotte Zinn, Kupfer, Silber, Kleider und, wie man sagt, sogar Geld geraubt, und es ist Punsch versoffen. *Für diese Handlung haben gegen 500 Studenten eine kecke Forderung der Amnestie an den Herzog unterschrieben.* Es verlangt mich zu sehen, ob es sie demütigen wird, wenn diese ganze Schandtat aufgedeckt vor ihnen liegen wird; ob sie erschrecken werden zu sehen, wozu sie sich von den schändlichsten aller Menschen, den Direktoren der Orden, brauchen lassen. Schrecklich ist's, es zu sagen, aber es ist wahr – es ist schwerlich zu erwarten. Man hört, nicht unter Studenten allein, unter Professoren u. noch höhern, die lautesten Klagen, daß *um eines jugendlichen Mutwillens* willen so viele junge Menschen auf ihr ganzes Leben unglücklich werden sollen. Der Erfolg wird sein: es werden 40, 50 mit und ohne Infamie relegiert, auf die Festung gesetzt, mit dem Consilium bestraft werden; die grundverdorbne Verfassung und die noch verdorbnere Denkart und Sitten werden bleiben; und wir werden in einem halben Jahre oder in einem Jahre alle Greuel wiederholt sehen. Ich, ohnerachtet man mich in diesen Gegenden auf die hämischste Weise anfeindet, verfolgt und anschwärzt, besitze doch das Zutrauen der wenigen Rechtschaffnen. Noch *ein* braver mutiger Mann[126] unter den Professoren und ich, wir sagen, bitten, beschwören, raten, diskutieren am rechten Orte; man findet das alles schön, wahr, gut, versichert uns seiner Achtung – und ich wette, es bleibt, wie es ist, und wir werden zuletzt nichts gerettet haben als unsre Seele. Es ist, Sie wissen wohl, *wo*, nicht der stille Gang der Vernunft, sondern ein Aufbrausen der Leidenschaft, auf welches hinterher eine desto größere Entkräftung folgen wird, und jene schändliche Indifferenz, welche gewisse Leute theoretisch und praktisch immerfort lehren. Wie gern wollte ich den Verlust, den ich und die Meinigen durch diese weiten Reisen, durch wohlfeilen Verkauf und teuren Einkauf einer ganzen Haushaltung, durch dieses Ziehen und Wiederziehen, gemacht haben und wie-

der machen müßten, verschmerzen, wenn ich irgendwo ein Stücken Brot bekommen könnte, das man *mit Ehre* essen könnte; denn es ist wahrlich keine Ehre, solche Leute Weisheit zu lehren.
Ich hoffe, es werde bald meine öffentliche [?] Rechenschaft an das Publikum über meine Begebenheiten zu Jena erscheinen. Ich möchte sie gern recht legitim machen; und das hält die Sache auf.
Leben Sie wohl, Lieber, Teurer, und haben ein wenig lieb den, der Sie so sehr liebt.

Fichte.

N[ach]sch[rift]. Indem ich das Exemplar auf Schreibpapier, das ich Ihnen bestimmt hatte, durchsehe, *feh[l]t darin ein Blatt.* – Indem ich die andern gewöhnlichen Exemplare durchsehe, sind *sie halb*. Ich schicke daher diese Briefe an Gabler mit dem Auftrage, Ihnen das beste Exemplar zu schicken, das er noch hat. – Dieser Zufall ist mir äußerst unangenehm.

An Friedrich Heinrich Jacobi

Osmannstädt, 30. August 1795

Ich sende Ihnen, Verehrungswürdiger, die Fortsetzung der Grundlage der Wissenschaftslehre und den Grundriß derselben für die Theorie.
Ich habe diesen Sommer in der Muße eines reizenden Landsitzes Ihre Schriften wieder gelesen und abermals gelesen und nochmals gelesen und bin allenthalben, besonders in Allwill[127], erstaunt über die auffallende Gleichförmigkeit unsrer philosophischen Überzeugungen. Das Publikum wird an diese Gleichförmigkeit kaum glauben; vielleicht Sie selbst nicht, scharfsichtiger Mann, dem aber hier zugemutet würde, aus den wankenden Grundlinien des Anfangs eines Systems das ganze System zu folgern. Sie sind ja bekanntermaßen Realist, und ich bin ja wohl transzendentaler Idealist, härter, als *Kant* es war; denn bei ihm ist doch noch ein Mannigfaltiges der Erfahrung; zwar mag Gott wissen, wie und woher, gegeben, ich aber behaupte mit dürren Worten, daß selbst dieses von uns durch ein schöpferisches Vermö-

gen produziert werde. Erlauben Sie, daß ich noch in diesem Briefe über diesen Punkt mich mit Ihnen erkläre.
Mein *absolutes Ich* ist offenbar nicht das *Individuum;* so haben beleidigte Höflinge und ärgerliche Philosophen mich erklärt, um mir die schändliche Lehre des praktischen Egoismus anzudichten. Aber *das Individuum muß aus dem absoluten Ich deduziert werden.* Dazu wird die Wissenschaftslehre im Naturrecht ungesäumt schreiten. Ein endliches Wesen – läßt durch Deduktion sich dartun – kann sich nur als Sinnenwesen in einer Sphäre von Sinnenwesen denken, auf deren einen Teil (die nicht *anfangen* können) es Kausalität hat, mit deren anderm Teile (auf den es den Begriff des Subjekts überträgt) es in Wechselwirkung steht; und insofern heißt es Individuum. *(Die Bedingungen der Individualität heißen Rechte.)* So gewiß es sich als Individuum setzt, so gewiß setzt es eine solche Sphäre; denn beides sind Wechselbegriffe. Sowie wir uns als Individuum betrachten – und so betrachten wir uns immer *im Leben,* nur nicht im *Philosophieren* und *Dichten* –, stehen wir auf diesem Reflexionspunkte, den ich den *praktischen* nenne (den vom absoluten Ich aus den *spekulativen*). Von ihm aus ist eine Welt für uns, unabhängig von uns da, die wir nur modifizieren können; von ihm aus wird das reine Ich, das uns auch auf ihm gar nicht verschwindet, außer uns gesetzt und heißt Gott. Wie kämen wir auch sonst zu den Eigenschaften, die wir Gott zuschreiben und uns absprechen, wenn wir sie nicht doch in uns selbst fänden, und nur in einer gewissen Rücksicht (als Individuum) sie uns absprächen?
In dem Gebiete dieses praktischen Reflexionspunktes herrscht der Realismus; durch die Deduktion und Anerkennung dieses Punktes von *der Spekulation selbst* erfolgt die gänzliche Aussöhnung der Philosophie mit dem gesunden Menschenverstande, welche die Wissenschaftslehre versprochen.
Wozu ist denn nun der spekulative Gesichtspunkt und mit ihm die ganze Philosophie, wenn sie nicht fürs Leben ist? Hätte die Menschheit von dieser verbotenen Frucht nie gekostet, so könnte sie der ganzen Philosophie entbehren. Aber es ist ihr eingepflanzt, jene Region über das Individuum hinaus, nicht bloß in dem reflektierten Lichte, sondern unmittelbar erblicken zu wollen; und der erste, der

eine Frage über das Dasein Gottes erhob, durchbrach die Grenzen, erschütterte die Menschheit in ihren tiefsten Grundpfeilern und versetzte sie in einen Streit mit sich selbst, der noch nicht beigelegt ist und der nur durch kühnes Vorschreiten bis zum höchsten Punkte, von welchem aus der spekulative und praktische vereinigt erscheinen, beigelegt werden kann. Wir fingen an zu philosophieren aus Übermut und brachten uns dadurch um unsre Unschuld; wir erblickten unsere Nacktheit und philosophieren seitdem aus Not für unsere Erlösung.

Aber philosophiere ich nicht so treuherzig mit Ihnen und schreibe so nachlässig, als ob ich Ihres Interesses für meine Philosophie schon ganz sicher wäre? Aufrichtig; es ahnet mir, daß ich in der Voraussetzung dieses Interesses mich nicht irre.

Allwill macht den transzendentalen Idealisten, wenn sie sich nur begnügen wollen, ihre eigenen Grenzen zu decken und dieselben recht fest machen wollen, Hoffnung zum Frieden und sogar zu einer Art Bündnis. Ich glaube die Bedingung schon jetzt erfüllt zu haben. Wenn ich nun etwa noch überdies aus dem für feindlich gehaltenen Lande selbst dem Realismus sein Gebiet garantierte und befestigte, so hätte ich den Rechten nach nicht bloß auf eine Art von Bündnis, sondern auf ein Bündnis in aller Art zu rechnen.

Ihr aufrichtiger Verehrer
Fichte

An Heinrich Theodor von Schön

Osmannstädt, September? 1795

Ich danke Ihnen für Ihr gütiges Andenken, mein Teurer; danke Ihnen für die Aussicht, die Sie mir eröffnen, Sie bald in diesen Gegenden zu sehen; danke Ihnen für manche Nachrichten, die Sie mir aus Ihrem Vaterlande erteilen.

Zuvörderst – daß dem alt und bedenklich werdenden Kant mein Beitrag[128] nicht behagt, kann ich sehr wohl glauben: der Grund aber, den er dafür angibt, daß ich mich nicht dazu melde, ist nicht der rechte. Ich bin allerdings mit dem meisten nicht mehr zufrieden, was ich darin gesagt: aber

nicht, weil ich *zu weit*, sondern darum, weil ich *nicht weit genug* gegangen. Das Natur- und Staatsrecht muß, so wie die ganze Philosophie, noch eine ganz andere Umkehrung erfahren. – Die Fehler, die ich [in] diesem Buche finde, sind daher von der Art, daß mir sie so leicht kein andrer entdekken wird, wenn ich sie nicht selbst entdeckt hätte – wie ich denn auch bis jetzt von denen, die dagegen geschrieben, noch nichts gelesen als albernes, oberflächliches Geschwätz. Ich nenne mich darum nicht, weil ich seitdem in Verhältnisse gekommen bin, die diese kleine Rücksicht von mir zu erwarten ein Recht haben; es ist weltbekannt, daß ich der Verfasser bin; aber ein *öffentliches* Anerkennen könnte meine Regierung selbst in Unannehmlichkeiten verwickeln oder wenigstens ein Verbot für manche Landeskinder verursachen, die Akademie zu Jena nicht zu besuchen. Ich verteidige die Schrift nicht, weil noch nichts dagegen vorgebracht worden, das einer Antwort würdig wäre. Ich werde die Schrift sogleich anerkennen, sobald ich etwas Besseres an ihre Stelle setzen werde; und das wird bald geschehen, denk ich.
„Über reines Interesse an Wahrheit" im ersten Stück der Horen ist von mir, und ich danke Ihnen und drücke Ihnen im Geiste die Hand dafür, daß Sie mich erkannt haben. Aber welch ein Kritiker, der die Briefe über ästhetische Erziehung Dalberg[129] zuschreiben kann!!! Welch eine Erinnerung über Schiller, daß er aus einem guten Gedanken ein Buch wenigstens zu machen fähig sei! der gute Kopf gewisser Leute muß, wie sich auch aus andern Anzeichen vermerken läßt, anfangen schwächer zu werden. Die Wahrheit ist, daß jene Briefe von Schiller sind. Bindet man nicht mir noch etwa mancherlei aus den Horen auf? Etwa die Aufsätze über männliche und weibliche Form, mit ihren Fortsetzungen? Das halte ich für geschimpft; und ich wäre imstande, den zu verklagen, der eine solche Meinung äußerte. Sie sind nicht von mir, und es steht überhaupt nichts von mir in den Horen als jener Aufsatz. Was von mir ist, wird immer so kenntlich sein, daß mich jeder errät, der nur etwas von mir gelesen.
Ohne Zweifel wird Ihnen etwas von den Neuerungen zu wissen geworden sein, die ich in der Philosophie mache, und von der Art, wie die altgläubigen Kantianer sich dabei

benehmen. Die Sache soll, so Gott will, immer klarer werden und gewiß nicht zu ihrer Ehre ausfallen.
Auch wird Ihnen zu Ohren gekommen sein, daß ich von Jena weggegangen bin [Hs.: will], nebst den Veranlassungen dazu, welche ausgestreut worden. Ich schreibe Ihnen einige Worte darüber:
Ohnerachtet alles, was man von Zeit zu Zeit darüber vor das Publikum gebracht, ist in Jena immerfort das schändlichste Leben von den Studierenden, d. i. von einem Teile derselben – denn unsre Majorität ist sehr gut – geführt worden. Der Grund davon lag in den Studentenorden.
Ich, dem Sittlichkeit am Herzen lag und dem man dies bald anmerkte, arbeitete durch Vorstellungen, die Ordensmitglieder zu bereden, ihre Verbindungen gutwillig aufzugeben. Zwei der vorhandnen Orden waren willig und traten durch mich in Unterhandlungen mit den Höfen, die ihre Forderungen bewilligten und ihnen streng Wort hielten. Ein dritter Orden bestand dabei, zu bleiben; und ich, der ich keine obrigkeitliche Gewalt habe noch suche, hatte demnach mit ihm nichts weiter zu tun. Die Höfe hatten die Schwäche und Langsamkeit, diesem Orden seinen Trotz gelingen zu lassen: und nun verhetzten gewisse Leute diese Menschen durch die schändlichsten Lügen wider mich. Nicht sowohl verdroß mich das schändliche Betragen dieser wenigen schlechten, schon längst gebrandmarkten Menschen, als die sträfliche Gleichgültigkeit, die über dergleichen Dinge herrschte, und die gänzliche Schutzlosigkeit. Ich erklärte dem akademischen Senat und dem Hofe – welchem letztern ich jedoch alle Gerechtigkeit widerfahren lassen muß –, daß ich es unter der Würde des ehrlichen Mannes halte, an einem Orte zu leben, wo dergleichen Dinge geduldet würden, und ging aufs Land. Da ich indessen völlige Satisfaktion erhalten; da ferner diesen Sommer über die Sachen so arg geworden, daß sie so nicht länger bestehen konnten und man mit Ernst anfängt, Ordnung herzustellen, so werde ich zu Michaelis zurückgehen.
Machen Sie mir bald die Freude, Sie zu sehen. Leben Sie wohl; bleiben Sie der Freund des Ihrigen

Fichte.

Osmannstädt, 30.? September 1795

Soeben war ein Bote im Begriff, mit eingeschloßnem Briefe abzugehn. Der junge Streiber kam zu mir: wir gingen spazieren, als uns der Bursche begegnete. Ich lese Deinen Brief: lese die ersten Nachrichten; lese *die letzte*. –
Ruhe sanft, gute Seele, nach der langen Arbeit; schlafe deinen Abend nach dem heißen Tage. Ist ein Gott – u. es ist einer –, so ist es nicht möglich, daß das Leben dieses Guten nun geschlossen, daß mit ihm nun alles aus sei. Gewiß, es geht ihm jetzt wohl, indem Du über ihn weinst und indem auch meine Augen Wasser machen. – Hätte ich ihn nur noch gesehen! Ich habe so fest gerechnet, daß Du es mir würdest zu wissen tun, wenn die Umstände bedenklich würden. Ich wäre gekommen; ich hätte mir die Satisfaktion nicht versagt, ihm noch Lebewohl zu sagen. Ach! Ich spreche ihn nicht wieder! – Aber ich will Dich nicht quälen, Du Liebe; Du *mir* nun auf die Seele Gelegte; Du, der ich nun *seine* Liebe dazu schuldig bin. Du Arme hast nun nur mich; aber ich will versuchen, Dir alles zu sein, Teure, Gute, Liebe.
Im Namen der Vernunft werde, muß, will ich Dir zurufen: erhalte Dich selbst. Was Du Dir da ausgedacht hast; Du hättest ihn nicht mit genug Sorgfalt gepflegt, ist erbärmlich. Du hast es bei Gott getan.
Ich komme *morgen hinein*, um Dich zu sehen; um seinen erblaßten Leichnam noch zu sehen. Ich will Dich gewiß nicht quälen: aber sei so vernünftig, als es die Wehmut Dir zuläßt.
Besorge den Auftrag wegen meines Bruders *sogleich. Der Bursche muß diesen Abend noch zurück.* Tue das an einem Kranken, da Du dem Toten nicht mehr dienen kannst.
Sonderbar! Gerade in den Minuten, da der Gute verschied,[130] redete der Geh[eime] Rat Schmidt von Dingen, die zu seiner Ehre gereichen; von seiner Großmut gegen Klopstock.
Lebe wohl, Teure. Tue mir die Liebe und betrübe Dich nicht, bis ich Dich sehe. Morgen gegen 10 Uhr bin ich bei Dir. Gott sei mit Dir.
Mit dem Leichenbegängnis mache es, wie es Deinem Herzen am wohlsten tut. Ach, das arme Herz! Leider gehn mir

die Augen wieder über, nicht über ihn, sondern über Dich! Könnte ich doch gleich bei Dir sein! Ich denke, das beste wäre, Du kämest morgen mit mir herüber. Doch nicht mein weiser Rat, sondern die Sehnsucht Deines kranken Herzens werde erfüllt. Wir werden sehen.

Ganz, innig, ewig, der Deine, Du Liebe.

An Karl August Böttiger

Jena, 8. Januar 1796

Soeben erst habe ich den Reinholdschen Plan durchgelesen. Sie verlangen meine Meinung. Erlauben Sie mir, aufrichtig zu sein.

Die Punkte, die Sie berühren, und noch so manche andere sind ganz willkürlich aufgestellt, und das Ganze ist wahre Popularphilosophie. Das möchte sein.

Aber

1. Was ist denn nun das Ganze? Reinholds gegenwärtiges Glaubensbekenntnis, die *Hefte seiner in Kiel gelesenen Moral und Naturrechts* vorgeritten auf dem Steckenpferde, das er dermalen reitet, *seinem* gesunden Verstande? Und was sollen denn die Einverstandnen? Dieses Glaubensbekenntnis unterschreiben, als ein Symbol. Oder sehn Sie in dem Ganzen etwas anderes, so sagen Sie mir's.

2. Das alles möchte sein und wäre verzeihlich. Aber § 16. Wird das *Rechtwollen*, sowie allenthalben die Gesundheit des Verstandes, aufgestellt als Kriterium des *Rechtdenkens* usf.

Welches ist denn das *rechte Wollen,* und wie ist es denn zu bestimmen, ohne das *Denken?* Vermutlich also ist es, sowie die Normal-Gesundheit des Verstandes schon gefunden, und soll alles, *worüber* man künftig denken darf und *was* man darüber denken darf, bestimmen.

Wenn der Großinquisitor so folgert: Was nicht auf das *Rechtwollen* führt, ist ein unrichtiges Denken pp. Nun besteht das rechte Wollen darin, daß man dem Papste und der Kirche stets gehorchen wolle. Mithin pp. argumentiert er dann anders?

Dieser Geist herrscht durch die ganze Schrift.

Soll er bleiben, so ist es die Pflicht jedes Biedermanns,

eine unerlaßliche Pflicht, seine Stimme laut zu erheben.

3. Wir sollen unterschreiben dieses Symbol. Wenn wir aber nun dieses etwa nicht könnten, hat denn der Bund sonst noch einen Zweck? Wir sollen moralisch werden, unsre Kenntnisse auf Moralität beziehen usf. Das sollen wir und tun wir, wenn wir etwas taugen, ohne allen Bund. – Wir sollen nur den andern es *erklären*, damit sie es wissen? Was sind sie denn dadurch gebessert. Wenn wir *unmoralisch* sind, so *lügen* wir; nur wenn wir moralisch sind, ist uns zu trauen. Mithin müssen sie das, was sie durch uns *erfahren* sollen, schon wissen, um es nur *erfahren* zu können. Was ist eine Absurdität, wenn dies nicht eine ist?

Ich betrachte die Schrift nicht als *philosophische Schrift*, denn in dieser Rücksicht hat sie manches sehr Gute; sondern als Entwurf eines Bundes. Und darin hat sie die Mängel, daß 1. der angezeigte Zweck lächerlich und gemeinschädlich ist, 2., daß, wenn dieser wegfällt, wie er denn wegfallen muß, kein andrer angegeben ist.

Für den Zweck *der Befestigung der öffentlichen Überzeugung* wären in unsern Tagen ganz andre Dinge zu tun, und diese Schrift enthält darüber nur *unbenutzte* Winke. Diese müßten *bestimmt* werden, wenn die Gesellschaft eine Gesellschaft sein soll.

Ich werde mich darüber *weitläuftiger* u. *bestimmter* erklären. Haben Sie noch nichts getan, und wollen Sie mit mir gemeinschaftlich handeln, so lassen Sie uns noch eine kurze Zeit warten.

Reinhold will das Gute, das weiß ich; aber über die gerühmte Gesundheit des Verstandes könnte Frage entstehen. Dazu ist er schwer zu belehren, und die Lehren, die hierin gegeben werden müssen, sind teils nicht schmeichelnd, teils betreffen sie das *allerneueste* Steckenpferd. Er gibt Ihnen jetzt das ganze Bewußtsein preis, wenn Sie ihm nur die *Gesundheit* d[es] V[erstandes] lassen; und sollte nach Jahren etwa dieser ein Unfall begegnen, so – wer weiß, was es dann gibt –. Aber – gibt es *außer Reinhold noch mehrere brave Leute*, die gern tätig sein möchten, so kann man ihnen sehr würdige Gegenstände anweisen, und dann wäre es sehr erwünscht, an diese sich anzuschließen und mit ihnen

das, was ohnedies durch den Gang der Natur kommen wird, wenigstens zu beschleunigen. Ich rede immer von *Befestigung* und *Läuterung der öffentlichen Überzeugung.*
Was soll ich der armen Mutter Tripplin zum Troste sagen? Sucht sie gegenwärtige Hilfe oder Aussicht für die Zukunft? Das *erstere* anbelangend; wenn etwa Tripplin einen guten philosophischen Aufsatz hätte, so wollte ich suchen, ihn im Niethammerischen Journal anzubringen. Das *letztere* betreffend. Haben Sie etwa Reinhold in Absicht seiner geschrieben? Ich wollte lieber, Sie täten es. Doch werde ich es auch nächstens tun, denn ich habe es versprochen. Weiter weiß ich nichts, und wie ungewiß ist nicht immer diese Aussicht!

Ganz der Ihrige
Fichte

An Friedrich Heinrich Jacobi

Jena, 26. April 1796

Ihren Brief erhielt ich am Neujahrsmorgen, als ich eben mit einem braven jungen Manne, der Sie einige Zeit vorher gesehen hatte, mit Graf Purgstall[131], von Ihnen sprach. Es mußte mir Mut und Kraft geben zum neuen Leben, wenn ein Mann wie Sie, ein Mann, den ich für das schönste Bild der reinen Menschheit in unserm Zeitalter halte, mir sagt, daß er gut von mir denke. Ich wollte mir nicht erlauben, die Wonne, die Sie in mir erregt hatten, mit Ihnen zu teilen, bis ich etwas beilegen könnte zu meiner nähern Beurteilung: darum wartete ich mit der Beantwortung Ihres Briefes, bis der Druck meines Naturrechts[132] vollendet war.
Seitdem ist eine neue Ausgabe Ihres Woldemar[133] erschienen, und ich besitze ein Exemplar desselben durch Ihre Güte. Ich hatte ihn in der ersten Ausgabe gelesen. Lag es an meiner damaligen Stimmung (ich trieb eben ein sehr scholastisches Geschäft), oder hat das Werk durch die zweite Ausgabe wirklich so beträchtlich gewonnen – es befriedigte mich damals, wie alles, was von Ihnen kommt, aber es zog mich nicht so allmächtig an, als es jetzt getan hat.
Ja, teurer edler Mann, wir stimmen ganz überein; und diese Übereinstimmung mit Ihnen beweist mir mehr als irgend

etwas, daß ich auf dem rechten Wege bin. Auch Sie suchen alle Wahrheit da, wo ich sie suche, im innersten Heiligtum unsres eigenen Wesens. Nur fördern Sie den Geist *als Geist*, sosehr die menschliche Sprache es erlaubt, zutage: Ich habe die Aufgabe, ihn in die Form des Systems aufzufassen, um ihn, statt jener Afterweisheit, in die Schule einzuführen. Was geht auf dem langen Wege vom Geist zum System nicht alles verloren! Sie gehen gerade ein in den Mittelpunkt; ich habe es jetzt größtenteils mit den Elementen zu tun und will nur erst den Weg ebnen. Es wäre also sehr möglich, daß jeder andere denn Sie meine Übereinstimmung mit Ihnen nicht ebenso bemerkte, als sie mir selbst klar ist. Jeder andere denn Sie, sage ich, denn Sie haben es an Spinoza gezeigt, daß Sie ein System von seinem künstlichen Apparat zu entkleiden und den Geist rein hinzustellen, daß Sie von den Teilen auf das Ganze, zu welchem sie gehören, fortzuschließen vermögen.
Ich bin viel jünger als Sie; ich stehe, besonders was die Vereinigung aller geistigen Talente anbelangt, weit hinter Ihnen, aber durch Ziel und Endzweck glaube ich Ihre Freundschaft zu verdienen, und darum bitte ich Sie mit gutem Gewissen, mir dieselbe zu schenken und zu erhalten.
Ich wüßte gegenwärtig keinen angelegentlichern Wunsch in mir als den, Sie persönlich zu kennen. Ich war nahe daran, ihn erfüllt zu sehen. Ich hatte mir vorgenommen, in diesen Osterferien eine Reise nach Hamburg zu machen, von wo aus ich Sie dann gewiß aufgesucht hätte. Eine nur vorübergehende Kränklichkeit meiner Frau, (welche, so wie viel andere würdige Frauen, eine sehr dankbare Verehrerin von Ihnen ist, um Ihres Woldemar und Ihres Allwill willen), vereitelte den Plan. Wann, wo werde ich Sie sehen!

Ihr innigst ergebener
Fichte.

An Johann Erich von Berger[134]

Jena, 11. Oktober 1796

Ihr freier und froher Brief hat mir für Sie und für die Sache der Vernunft und der Menschheit viel Freude gemacht. Zuvörderst über Ihren Anteil an meinen Vaterfreuden. Ja, es ist mir ein Knabe[135] geboren, der jetzt in die 13te Woche geht, gesund und fröhlich ist und über sein Alter schon Anteil nimmt an der Freude, die er erregt. Ihr Anteil daran begegnet mir auf halbem Wege: denn Sie sind der Pate dieses Knaben. Daß ich mir dazu erst jetzt Ihre Einwilligung erbitte, kömmt daher, weil ich früher nicht Zeit hatte zu schreiben. Aber ich habe auf dieselbe so fest gerechnet, daß Sie schon seit dem 20. Juli in das hiesige Kirchenbuch eingeschrieben sind. Sie sind mein Freund, ich weiß es, und der Knabe kann auf Ihre Freundschaft rechnen, wenn ich nicht mehr sein werde. – Die außerwesentlichen Nachrichten, die ich dem Paten schuldig bin. Er ist geboren den 18ten Juli, gegen 1 Uhr des Nachts, heißt *Immanuel Hartmann*; das erste, Sie wissen wohl nach wem, das zweite nach meinem redlichen Schwiegervater. Ihre Mitpaten sind *Hülsen*[136], Smidt aus Bremen, und damit eine Frau dabeisei, die Hofpredigerin Schultz[137] in Königsberg, und ein *Klopstock* in Triest, als Onkel meiner Frau. Und hiermit sei der Knabe an Ihr freundschaftliches Herz gelegt: und wenn Sie einst nach Deutschland und Jena zurückkommen, wird er Ihnen hoffentlich entgegenlaufen können.

Über die philosophischen Ansichten, die Sie mir mitteilen, bin ich sehr einverstanden mit Ihnen. Der Ästhetische Geist und der Philosophische, beide stehen auf dem transzendentalen Gesichtspunkte: der erstere, ohne es zu wissen, denn dieser Standpunkt ist ihm der natürliche, und er hat keinen andern, von welchem er ihn unterscheiden könnte; der letztere mit seinem Wissen; und dies ist der ganze Unterschied. Der letztere beweist auch, daß ihr selbst es seid, die ihr die Welt macht: der erstere erblickt sie nur so, wie sie durch uns gemacht wird. – Jedes Objekt hat zwei Ansichten. Teils ist es zu betrachten als Produkt der übrigen Welt, ist nicht, was alles übrige ist: und insofern erblickt ihr es nur begrenzt, zusammengedrückt, verzerrt. Diese Ansicht der Welt ist sehr unästhetisch. Teils ist es ein Produkt seiner eignen innern Kraft; dann seht ihr es in seiner Fülle und in seinem Leben; und diese Ansicht ist die ästhetische. Aber woher kömmt denn die Kraft und das Leben in das Ding, außer aus euch selbst. Je mehr Leben und Kraft, desto mehr Ästhetisches und Philosophisches im Menschen. – Wenn etwa die erste Ansicht der Welt philo-

sophisch heißt – das soll bei einigen Leuten der Fall sein –, dann sind ästhetischer Geist und Philosophie allerdings Antipoden.
Mein Zürch kenne ich von innen und von außen. Der Charakter seiner Bewohner ist ein wahres Produkt der bloßen Beschränkung, und man könnte dem ästhetischen Sinne Trotz bieten, ihn nach seiner Weise anzusehen.
Die gesunde und fröhliche Mutter Ihres Paten empfiehlt sich Ihnen herzlich.

Ganz der Ihrige
Fichte.

An Karl Leonhard Reinhold

Jena, 21. März 1797

Ihr letzter Brief ist mir darum nicht weniger merkwürdig und erfreulich, weil ich einige Wochen habe vergehen lassen, ohne ihn zu beantworten. Ich habe oft im buchstäblichen Sinne des Wortes in mehren Wochen nicht die Zeit, einen Brief zu schreiben.
Nachdem Sie in die Wissenschaftslehre wirklich eingedrungen sind, ist Ihnen unter andern auch das nicht mehr denkbar, daß jemand auf die Entdeckung der darin gewonnenen Ansicht eitel sein und seinem unbedeutenden Individuum etwas Besonderes zueignen sollte, was reines Eigentum der gesamten Welt ist und lediglich durch einen glücklichen Blick gefunden wird. Ich habe sonach mit Ihnen, als einen Eingeweihten, unter andern auch den Vorteil, daß ich ohne den Firnis einer affektierten Bescheidenheit mit Ihnen sprechen kann.
Daß Sie wirklich eingedrungen sind, beweist mir teils die Erzählung, wie es zugegangen (durch bloßes Studieren der toten Buchstaben wird wohl niemand diese Lehre fassen; sie muß durch ein inneres Bedürfnis aus ihm selbst herausgetrieben werden); teils Ihre richtige Ansicht Ihres ehemaligen Systems, dessen böser Schaden allerdings der gegebene Stoff war. Ich statte Ihnen dazu den feurigsten Glückwunsch ab, teils um der Gemütsstimmung willen, die diese Einsicht bei sich führt, der unerschütterlichen Ruhe, des festen Blicks in das Gewühl alles menschlichen Meinens und

Treibens, die Ihnen von Stund an zuteil werden mußten; teils wegen des Charakters, den Sie schon haben mußten und den Sie dadurch sich selbst und jedem, der etwas von der Sache versteht, demonstriert haben. Ich darf es Ihnen nämlich jetzt, da mein Bekenntnis zugleich das des Irrtums bei sich führt, vielleicht wohl bekennen, daß ich nicht geglaubt, daß Sie sich dieser Lehre bemächtigen würden. Ich traue keinem Menschen die Verkehrtheit zu, daß er sich der erkannten Warheit hartnäckig verweigern werde; aber das traue ich so ziemlich allen zu, bis von einem das Gegenteil erwiesen ist, daß vorgefaßte Meinungen, Eigenliebe und Rechthaberei, ohne daß sie es selbst wissen, sie an der Erkenntnis der nicht von ihnen selbst gefundenen Wahrheit, der ihren Behauptungen entgegenstehenden Wahrheit, verhindern werden. Ich hielt Sie gewiß für einen der besten Menschen unter unsern Gelehrten; aber die Unbefangenheit, die nicht willkürliche, sondern inniges Bestandteil des schon erworbenen Charakters ausmachende Wahrheitsliebe, die dazu gehört, um sich aus einem Irrtume, in welchen man sich mit seltner Energie hineingearbeitet hat, herauszufinden, erwartete ich nicht. Erhalten Sie jetzt dafür das Geständnis meiner wärmsten Hochachtung und Bewunderung.

Daß die Denkart der Wissenschaftslehre viele Anhänger unter unsern Zeitgenossen, von denen ich nicht umhinkann, ein wenig klein zu denken, finden werde, darauf habe ich nie gerechnet. Ich hoffte nur, die Menschen auf den Weg zu führen, bis etwa in einem glücklichern Zeitalter längst nach meinem Tode vollendet würde, was ich angefangen. Wenn aber Männer wie Sie für den gleichen Zweck arbeiten, so kann ein großes Stück Weges gemacht werden.

Ich habe Hufeland sogleich nach Erhaltung Ihres Briefes wegen der Rezension der W[issenschafts]l[ehre] in der A[llgemeinen] L[iteratur-]Z[eitung] gesprochen. Er sagte mir, sie sei vergeben, er hoffe aber sicher, daß der bestimmte Rez[ensent] sie abgeben würde; er wolle auf der Stelle an ihn schreiben, und falls die Antwort nach Erwartung ausfalle, es Ihnen selbst berichten. Ich habe seitdem nicht wieder nachgefragt.

Meine Theorie ist auf unendlich mannigfaltige Art vorzutragen. Jeder wird sie anders denken und anders denken müssen, um sie *selbst* zu denken. Je mehrere ihre Ansicht derselben vortragen werden, desto mehr wird ihre Verbreitung gewinnen. *Ihre eigne* Ansicht, sagte ich: denn das Gerede, das hier und da über Ich und Nicht-Ich und Ichenwelt und Gott weiß wovon noch sich erhebt, hat mich herzlich schlecht erbaut. Es würde mich sehr freuen und vielen Nutzen stiften, wenn auch Sie Ihre Ansicht bekanntmachten, bei dem außerordentlich pünktlichen Gange der Analyse, den Sie in der Gewalt haben.

Über *meine* bisherige Darstellung urteilen Sie viel zu gütig; oder der Inhalt hat Sie die Mängel der Darstellung übersehen lassen. Ich halte sie für äußerst unvollkommen. Es sprühen Geistesfunken daraus; das weiß ich wohl: aber es ist nicht *eine* Flamme. Ich habe sie diesen Winter für mein Auditorium, das zahlreich ist, und in welchem ich von Zeit zu Zeit gute Köpfe bemerkt habe, von denen ich viel hoffe, ganz umgearbeitet; so als ob ich sie nie bearbeitet hätte und von der alten nichts wüßte. Ich lasse diese Bearbeitung in unserem Phil[osophischen] Journal[138] abdrucken (versteht sich, wieder von neuen aus den Heften bearbeitet). Wie oft werde ich sie noch bearbeiten! Für Ermangelung der Pünktlichkeit hat die Natur durch Mannigfaltigkeit der Ansicht und ziemliche Leichtigkeit des Geistes mich schadlos halten wollen.

„Mein Ton trifft und verwundet Personen, denen er nicht gilt", sagen Sie. Das bedauere ich aufrichtig. Aber er gilt ihnen denn doch gewissermaßen, wenn sie sich nicht aufrichtig sagen lassen wollen, in welchen schlimmen Irrtümern sie sich herumtreiben und nicht für sehr wichtige Belehrung eine kleine Beschämung fürliebnehmen wollen. Wem Wahrheit nicht über alles, auch über sein kleines Individuum geht, mit dem kann die W. L. ohnedies nichts anfangen. Der *innere* Grund dieses Tones ist der. Es erfüllt mich mit einer Nichtachtung, die ich nicht beschreiben kann, wenn ich den Verlust des Wahrheitssinnes, die tiefe Verfinsterung, Verwirrung und Verkehrtheit, die jetzt herrschend sind, so mit ansehen muß. Der *äußere* Grund ist der. Wie haben diese Menschen mich behandelt, und wie fahren sie fort, mich zu behandeln! Ich hatte zu nichts weniger Lust als zu Polemik. Warum könnten sie doch gar nicht Ruhe halten? Z. B. Freund Schmid. Ich habe ihn allerdings

nicht sanft behandelt. Aber jeder billige, der noch vieles andere weiß, was nicht fürs Publikum gehört, wird mir Engelsgeduld zuschreiben.
Haben wir nicht von Ihnen etwas für unser Journal zu erwarten? – Im ersten Hefte desselben, dessen Umdruck morgen vollendet sein wird, habe ich Ihrer gedacht. Diese Stelle ist geschrieben und abgedruckt, ehe ich Ihren letzten Brief erhielt. Für den Umdruck konnte ich sie nicht füglich ändern; da sie in dem ersten Abdrucke, der doch dann wohl auch unter die Leute kommt, steht. Allerdings gehört nicht notwendig Beisammenleben zur Freundschaft. Ich ehre und liebe Sie, weil ich Sie jetzt ganz kenne: doch wünschte ich sehnlich, daß wir uns einst irgendwo träfen.
In herzlichster Freundschaft

ganz der Ihrige

Fichte.

An Karl Leonhard Reinhold

Jena, 4. Juli 1797

Ich nehme, was Sie über „meine Freundlichkeit und Nachsicht mit Ihren Äußerungen, als eines zwar gelehrigen, aber noch sehr ungelehrten Schülers" sagen, nicht für Satire, weil ich unmöglich glauben kann, daß Sie, mein verehrtester Freund, mir meine natürliche Art zu sein und mich zu erklären, übelnehmen sollten.
Ich wünschte, daß Sie weniger Wert in meine Bearbeitung der Wissenschaftslehre setzten und weniger Zeit auf das Studium derselben verwendeten. Was an der Hauptsache ist, weiß ich wohl; aber hat man sich dieser bemächtigt, so hilft man sich durch sich selbst weit besser als durch diese sehr unreife Darstellung. Wie weit klarer sehe ich jetzt in dieser Wissenschaft! Mein Naturrecht ist ohne Zweifel besser.
Wenn Sie aus Ihrem bisherigen Systeme den gegebenen Stoff weglassen, so erhält es eine ganz andere Bedeutung, und alles, was Sie darin sagen, steht auf einem ganz andern Gesichtspunkte, aus dem es Wahrheit ist. Es kann niemand sehnlicher wünschen als ich, daß Sie mein Neues an Ihre ehemalige Vorstellungsart anknüpfen; auch darum mit, weil

Sie, wie Sie sehr richtig bemerken, nur dadurch recht fähig sind, die Wissenschaftslehre andern verständlich zu machen.

Es wird soeben eine Abhandlung von mir für das 4te Heft unsers Journals abgedruckt, in welcher ich mich über mehreres, was Ihr Brief enthält, nach Ihren Äußerungen in den vermischten Abhandlungen 2. T[eil] erkläre. Es hat mir geschienen, als ob Sie wirklich an die entgegengesetzte Klippe, von der Sie in Ihrem Briefe sprechen, geraten könnten, eine Klippe, an der *Beck*[139] wirklich scheitert, indem Sie das Setzen des Nicht-Ich in der Wissenschaftslehre wohl zu absolut nehmen. Ich habe in dieser Abhandlung, die wohl bald nach dem Briefe bei Ihnen ankommen wird, diesen Punkt klarer zu machen gesucht, als ich es bisher im Drucke getan habe.

Ebendaselbst habe ich mich auch über das Verhältnis der Kantischen Philosophie zu meinem Systeme erklärt. Was Sie in Ihrem Briefe über den Unterschied des wissenschaftlichen Vernunftgebrauchs und des bloß natürlichen bei Kant sagen, scheint mir vortrefflich bemerkt, und ich bin darüber mit Ihnen einig. Beck scheint in dieser Hinsicht höher zu stehen als Kant, wiewohl er in materieller Rücksicht viel tiefer steht. Daß es um das ursprüngliche Vorstellen zu tun sei, hat sich Kant wohl nicht deutlich gedacht, weil er überhaupt zuwenig über sein Philosophieren selbst philosophiert zu haben scheint, aber er hat es in der Erörterung desselben gerade so weit gebracht als die Wissenschaftslehre. Hier ist nun der Punkt, worüber wir gegenwärtig noch uneins sind und worüber ich nach der Lösung jenes Aufsatzes Ihre weitern Gedanken mir ausbitte. Daß *Kants* ausdrückliche Behauptungen der Wissenschaftslehre widersprechen, ihr gar durchgängig widersprechen, glaube ich nicht. Der Widerspruch, in den Kant sich dadurch mit sich selbst versetzt hätte, ist sehr arg: und er ist von jedem Standpunkte aus in die Augen springend. Daß er sich die Frage über den Ursprung der äußern Empfindung nicht bestimmt vorgelegt, mag sein – wiewohl ich allenfalls, besonders in der Einleitung zur Kritik der Urteilskraft, die Antwort darauf nachzuweisen mir getraute. – Jedoch, dies sei wahr, so hat er dabei gar *nichts* gedacht; sie unter die absolut unbeantwortbaren geworfen. Wenn er aber diesen Ursprung *in etwas an sich vom Ich Verschiedenes* nur durch die leiseste Andeutung gesetzt hätte, so hätte er darüber allerdings etwas gedacht, und dies ist sonach etwas ganz anderes. *Dies* halte ich nun für unmöglich, dem ganzen Kantischen System in allen seinen Punkten und den hundertmal wiederholten klaren Aussprüchen Kants widersprechend. Indem Sie dies lesen, mögen Sie vielleicht unwillig werden; vielleicht bei sich sagen: Hat denn dieser Fichte auch nicht einmal den Anfang der Kritik der reinen Vernunft, nicht die ersten Perioden der *Einleitung,* nicht *§ 5[Hs.: § 8] der transzendentalen Ästhetik gelesen?* Haben Sie Geduld bis auf meine Abhandlung. Ich erkläre daselbst diese Stellen.

Kant nicht verstanden zu haben, ist in meinem Munde wahrlich kein Vorwurf; denn ich halte – und ich will dies so laut sagen, als es begehrt wird – seine Schriften für *absolut unverständlich* für den, *der nicht schon weiß, was darin stehen kann.* Kants Verdienste als *Denker* tut dies keinen Abbruch; als *Lehrer* behält er dann freilich nicht das geringste. – (So hat auch *Jacobi*, auf den ich in jener Abhandlung mich berufe, sie von der andern Seite unrichtig verstanden, indem er sie von der einen sehr wohl verstand; den empirischen Realismus verkannt, indem er den transzendentalen Idealismus wohl faßte.)

In Beziehung auf das, was Sie auf Veranlassung meiner *Annalen*[140] *des philosophischen Tons* über meinen Ton sagen – haben Sie *Gründe* gegen meine Gründe, so bitte ich Sie, mir dieselben mitzuteilen, und seien Sie der aufmerksamsten und gewissenhaftesten Überlegung [Hier beginnt die erhaltene Hs.] derselben versichert (sie mögen dieselben in einem Privatbriefe oder in einer öffentl[ichen] Schrift mitteilen) meines offenen Geständnisses, daß ich unrecht habe, und meiner Besserung versichert. Diejenigen, welche sich mündlich mit mir über meine Philosophie unterhalten, meine Zuhörer und andere – klagen sicherlich nicht über Ungeduld und Härte. So werde ich mit Leuten, die ich für wahrheitsliebend halten kann, auch öffentlich umgehen: bis jetzt habe ich es mit Leuten zu tun gehabt, die aufgeblasen sind, sich für Meister halten, indes Sie bedürfen, daß man sie die ersten Buchstaben lehre, und die mich unwürdig behandelt haben.

„Nichts was nur durch die W.[issenschafts]L.[ehre] ausgemacht ist, sollte zur Erörterung ihrer Ansicht gebraucht werden.“ Jawohl: und die Klagen, die Sie in derselben Rücksicht in Ihren vermischten Aufsätzen über die nachbetenden Kantianer führen, sind sehr gerecht. – Aber die W.[issenschafts]L.[ehre] hat eben keine eigentümliche Terminologie, und ich suche mich beständig des gemeinschriftstellerischen Sprachgebrauchs zu bedienen. – Was ist denn *nur* durch die W.[issenschafts]L.[ehre] ausgemacht? Seiner Freiheit (Ichheit u. Selbständigkeit) sich bewußt zu sein, wird in ihr, als jedem rechten Menschen *natürlich* zukommend, vorausgesetzt; und wer dies nicht hat noch kann, dem ist durch kein Mittel zu helfen. Als einzig möglicher *wissenschaftlicher* Standpunkt wird es freilich erst durch die W.[issenschafts]L.[ehre] erwiesen; aber ich mute auch keinem an, dies vor derselben voraus zuzugestehen; sondern es nur vorläufig problematisch anzunehmen und zu versuchen, wie es gehen wird. Ich liebe die freien Denker, wie Leibniz, Lessing, Kant, die nicht erst fragen, was sie gewinnen werden; sondern sich auf einen eigentümlichen Weg einlassen, gesetzt auch, sie hätten zuletzt nichts weiter daran [oder »davon«?] als die Übung ihrer Kräfte. Die andern, die bedächtiger sind, auf diesen Weg zu bringen, sind, denke ich, *zwei* Mittel: entweder daß man ihnen historisch nachweise: alle Wege sind versucht, und keiner führte zum Ziele: noch ist dieser eine übrig, ist die Erreichung des Ziels möglich, so ist sie es nur auf ihm: – diesen Beweis zu führen ist, wie ich glaube, ganz eigentlich *Ihr* Geschäft, und Sie werden es, wie ich hoffe, vortrefflich ausführen – oder man macht ihnen angst und bange in ihrem Gebäude, reißt ein Stück nach dem andern weg, daß sie unter freiem Himmel jämmerlich dastehen. Zu dem letztern habe ich am meisten Trieb und Lust. Sie werden dann schon genötigt werden, das anderwärts für sie zubereitete Obdach zu suchen.

Der Aufsatz, auf den Sie Rücksicht nehmen, geht überdies besonders den Rez.[ensenten] an und deckt ihm Fehler gegen die allgemeine Logik auf. Das einzige, worauf Ihre Bemerkung sich beziehen könnte, ist das, was ich den Spaßvögeln über die Bedeutung der Ausdrücke a priori u. a posteriori sage. Dies soll sie nun keineswegs positiv belehren; diese Belehrung wird sich anderwärts finden und hat sich schon gefunden (z. B. in demselben Hefte im ersten Aufsatze), sondern es soll ihnen nur zeigen, daß sie bisher darüber nichts wußten und nichts verstanden und sich selbst widersprachen: und dazu, sollte ich denken, reicht das Gesagte hin.

Ihre aphoristische Darstellung der Rechtslehre (vermischte Abhandlungen) hat mir sehr große Freude gemacht; durch ihre Klarheit und scharfe Bestimmtheit. Die beiden Punkte, an denen Sie in meiner Rechtstheorie Anstoß nehmen, sind mir so ausgemacht als irgendein philosophischer Satz. Die *Trennung der Gewalten* kann, glaube ich, gar nicht *bestimmt gedacht* werden, sie wird immer nur so im Bausch und Bogen gedacht. Bei dem *Ephorate* sehe ich gar keine Schwierigkeit, wenn dasselbe nur in die *ganze* von mir beschriebne und noch zu beschreibende Verfassung hineingedacht wird; und man nicht glaubt, daß unsere fehlerhaften Verfassungen auf einmal durch einen Sprung verbessert werden sollen. (Dies muß allmählich geschehen; und die Regel dieses Fortschritts wird nach mir in einer ganz andern Wissenschaft, der *Politik*, angegeben, die ich wohl einmal zu bearbeiten gedenke.) – Die *Form* des Staates halte ich keineswegs für eine Idee, sondern für einen vollkommen bestimmbaren Begriff; den ich auch wirklich in mein.[em] N.[atur] R.[echt] bestimmt zu haben glaube. *Idee* ist und wird bleiben, solange die V[ernun]ft endlicher Wesen endlich ist und nicht der Unendliche selbst herabsteigt und in unsern Streitigkeiten richtet, die *Materie* des Staats, die wirkliche Herrschaft einer Gerechtigkeit. In dieser Rücksicht gebe ich nun gern zu, daß auch die unter ihren Ephoren versammelte Nation etwa einen materialiter ungerechten Spruch tun könne, weil sie irren kann; aber ich behaupte, daß *nur sie das* (formale) *Recht hat*, wenn es sich etwa so fügt, (materialiter) *ungerecht zu sein*, d. h. nur sie und schlechthin kein einzelner das Recht hat, *ihre* Entscheidung der Entscheidung der reinen V[ernun]ft, die man nicht haben kann, gleichzusetzen und es daraufhin zu wagen: darum, weil sie das höchste auf Erden ist und eigentlich niemanden unrecht tut als sich selbst, also ihr *eignes* Recht aufgibt, wozu jeder das Recht hat. – Es ist hier gar nicht von Nutz oder Schade, nicht vom Erfolge, sondern vom

strengen Rechte der Nation die Rede. Es kann sein, daß Schwierigkeit und unrichtige Ansicht dadurch veranlaßt werden, daß ich dies nicht entschieden gesagt habe (ohnerachtet es S. 224 [S. W. 3, 183, M. 2, 187] deutlich genug insinuiert wird). Im zweiten Teile, dessen Abdruck nächstens angefangen wird, werde ich es tun.
Noch eins. – Auf Ihren Vorschlag zur Vereinigung etc. bin ich Ihnen noch immer die Antwort schuldig und bleibe auch für diesesmal die bestimmte Antwort noch schuldig. – Ich war über die Idee überhaupt sehr erfreut, nicht aber über die nähere Bestimmung derselben; hoffte, daß wir in unsrer Denkart einander etwas näher rücken würden und wollte die bestimmte Erklärung solange mir vorbehalten. Jetzt ist vielleicht dieser Zeitpunkt.
Ich meine, Lieber, daß man sich nicht zum *Glauben* vereinigen müsse, sondern zum *Handeln*, und zwar zu einem genau bestimmten Handeln. Nur der *äußere Zweck* bindet. Eine Gesellschaft ohne ihn ist eigentlich keine.
Nun fehlt es jetzt wahrlich nicht an Zwecken, die des Bestrebens der Biedermänner würdig wären. – Ich denke nicht auf unmittelbare politische Wirksamkeit; diese würde, glaube ich, schaden. Der Gelehrte hat mittelbar zu wirken. – Die Literatur ist das schändlichste Gewerbe geworden; der Buchhandel eine Nürnberger [?] Bude. Ein toller Luxus entnervt selbst unsre bessern Schriftsteller und macht sie abhängig. Die Wissenschaft ist in größerer Gefahr, als sie je war; und die Geistesfreiheit wird sich, ohnerachtet des Blödsinns der dagegen verschwornen Mächtigen, leicht unterdrücken lassen, weil die Gelehrten – so gar wenig taugen.
Aber gerade um dieses allgemeinen Taumels, Blödsinns und dieser Schwäche willen würde die *planmäßige und berechnete* Gegenwirkung einiger wenigen einverstandnen Biedermänner eine entschiedne Übermacht haben.
Gefällt Ihnen diese Idee, so haben Sie die Güte, mir darüber zu schreiben; und ich bilde dann meine Gedanken weiter aus. Es würde dabei nicht auf die Anzahl, sondern auf die Energie der Einverstandnen ankommen. Hier z. B. kenne ich nur *Paulus*, von welchem sich etwas versprechen ließe. Nichts würde uns nachteiliger werden als Eitle, die alles nur um des Geräusches willen tun.

Möchte es doch möglich sein, daß wir uns, sowohl über diesen Gegenstand als über hundert andre, mündlich besprechen könnten!
Ich empfehle mich Ihrer Liebe und Wohlwollen: mit innigster Wertschätzung u. Ergebenheit

Der Ihrige

Fichte

Verzeihen Sie das schlechte Schreiben. Es ist mir nichts zeitfressender als die Bemühungen, besser zu schreiben, und dies entfernt mich fast von allem Briefwechsel.

An Immanuel Kant

Jena, 1. Januar 1798

Meinen innigsten Dank für Ihr gütiges Schreiben, welches meinem Herzen wohltätig war. Meine Verehrung für Sie ist zu groß, als daß ich Ihnen irgend etwas übelnehmen könnte; und noch dazu etwas so leicht zu Erklärendes als Ihre verzögerte Antwort: aber es würde mich betrübt haben, Ihre gute Meinung, die ich mir erworben zu haben glaubte, wieder verloren zu haben. Ich lebe im Mittelpunkte der literarischen Anekdotenjägerei und Klatscherei; (ich meine damit nicht sowohl unser Jena; denn hier haben wir größtenteils ernsthaftere Beschäftigungen als den ganzen Umkreis, der uns umgibt) und hatte seit Jahren mancherlei hören müssen. Ich kann mir sehr wohl denken, wie man endlich der Spekulation satt werden müsse. Sie ist nicht die natürliche Atmosphäre des Menschen; sie ist nicht Zweck, sondern Mittel. Wer den Zweck, die völlige Ausbildung seines Geistes, die vollkommne Übereinstimmung mit sich selbst, erreicht hat, der läßt das Mittel liegen. Dies ist Ihr Zustand, verehrungswürdiger Greis.
Da Sie selbst sagen, daß „Sie die Subtilität der theoretischen Spekulation, besonders was ihre neuere äußerst zugespitzte Apizes betrifft, gern andern überlassen", so bin ich desto ruhiger wegen der mißbilligenden Urteile über mein System, welche fast jeder, der sich zu dem zahlreichen Heere der deutschen Philosophen rechnet, von Ihnen in den Händen zu haben vorgibt; wie denn noch ganz neuerlich Hr.

Bouterwek[141], der genügsame Rezensent Ihrer Rechtslehre und der Reinholdischen Vermischten Schriften, in den Göttingischen Anzeigen[142] ein solches von Ihnen erhalten haben will; wie ich durch den Kanal meiner Zuhörer vernehme. – Dies ist nun so die Welt, in der ich lebe.
Es gereicht mir zum lebhaftesten Vergnügen, daß meine Darstellung Ihren Beifall findet. Ich glaube es nicht zu verdienen, wenn derselbe Bouterwek sie für barbarisch (in den Göttingschen Anzeigen) ausschreit. Ich schätze das Verdienst der Darstellung sehr hoch und bin mir einer großen Sorgfalt bewußt, die ich sehr früh angewendet, um eine Fertigkeit darin zu erhalten; und werde nie ablassen, *da, wo es die Sache erlaubt,* Fleiß auf sie zu wenden. Deswegen aber denke ich doch noch gar nicht daran, der Scholastik den Abschied zu geben. Ich treibe sie mit Lust und Leichtigkeit, und sie stärkt und erhöht meine Kraft. Überdies habe ich ein beträchtliches Feld derselben bisher bloß im Vorbeigehen berührt, aber noch nicht mit Vorsatz durchmessen: das der Geschmackskritik.
Mit innigster Verehrung

Ihr ergebenster
Fichte.

An Franz Wilhelm Jung[143]

Jena, 5.? September 1798

Ihre gütige Zuschrift, mein verehrungswürdiger Freund, blieb nebst einer Menge anderer während meiner Abwesenheit auf einer Kurreise nach *Karlsbad,* von welcher ich erst seit vierzehn Tagen zurück bin, unbeantwortet. Ich fand bei meiner Ankunft die Geschäfte gehäuft; und dies ist der Grund, warum ich erst jetzt Zeit finde, diese Zuschrift zu beantworten, keineswegs eine ganz und gar nicht stattfindende Gleichgültigkeit bei Ihrem Antrage.
Ich möchte wirken, solange ich es vermag, durch Wort und Schrift: dies ist der Zweck meines Lebens. Wo ich den bessern Wirkungskreis finde, da bin ich am liebsten. Man läßt mir nur Gerechtigkeit widerfahren, wenn man mich für einen Verehrer der politischen Freiheit und der Nation hält, die dieselbe zu verbreiten verspricht. Ich bin auch fest

überzeugt, daß sich weit mehr wirken läßt auf Menschen, die der politischen Freiheit teilhaftig, allen ihren Mitbürgern gleich und niemandens geborne Herren noch Sklaven sind, als auf solche, die an diesem edlen Teile der menschlichen Kraft gelähmt sind. In *dieser* Rücksicht wäre mir nichts erwünschter, als mein Leben dem Dienste der großen Republik für die Bildung ihrer künftigen Bürger zu weihen.

Von einer andern Seite aber bin ich mit meinem jetzigen Wirkungskreise sehr wohl bekannt, nicht aber mit demjenigen, den Sie mir eröffnen. Ich erkenne, daß ich keinen rechten Begriff von einer *Zentralschule* habe. Zwischen eigentlich gelehrter, systematischer Bildung und zwischen bürgerlicher bin ich durch mein ganzes Denksystem genötigt, einen wichtigen Unterschied zu machen; auch halte ich die erstere für unentbehrlich an einigen Individuen, wenn die letztere, allgemeinere *auf die Dauer* Bestand haben soll. Nun weiß ich nicht recht, ob die Zentralschulen gelehrte Schulen oder nur höhere Bürgerschulen sind, ich weiß nicht, welche Kenntnisse die Zöglinge derselben zu ihnen mit hinzuzubringen pflegen, weiß nicht, ob sie frei sind oder die Vorlesungen bestimmter Lehrer besuchen müssen; ob der junge Bürger sich den Ort selbst wählt, oder ob bestimmte Departements zu gewissen Zentralschulen geschlagen sind oder nicht usw.

Ich gestehe – und dies vertraue ich nur dem Freunde, und ersuche Sie, keinen Gebrauch davon zu machen –, daß ich einen andern Plan für die große Nation mir zweckmäßig dachte. Ich glaubte nämlich, daß es etwas geben müsse, was noch über die Zentralschule und Universität hinausliegt und das wir eigentlich noch gar nicht haben, ein Institut für das *rein wissenschaftliche* Interesse, wo nicht gefragt werde, wozu dieses oder jenes diene, sondern nur, ob es wahr sei. (Unter dem hier gefundenen und verbreiteten Wahren das Nützliche herauszuheben, wäre nun die Sache der Zentralschule.) Ich glaubte, es wäre der großen Nation würdig, diese Idee zuerst zu fassen und auszuführen, nicht bloß für ihre Bürger, sondern für die ganze Menschheit, so alle Nationen an sich zu fesseln und die Geister zu erobern. Ich glaubte, daß die Basis einer solchen Vereinigung der Menschheit für ein Interesse, das an der Wissenschaft, die

Vereinigung des französischen und deutschen Geistes sein müßte, und daß daher der Sitz der Anstalt am zweckmäßigsten auf dem linken Rheinufer sein würde. Zu Ausführung dieser Idee würde, wenn ich meine Individualität nicht ganz verkenne, meine geringe Kraft vielleicht am zweckmäßigsten haben genutzt werden können.
Von einer andern Seite aber, auch wenn dieser Plan entweder gar nicht zur Sprache gekommen oder beiseite gelegt sein sollte, muß ich durch die bevorstehenden politischen Veränderungen und durch noch andere Ursachen die Verringerung des schönen Wirkungskreises, den ich bisher allhier zu *Jena* gehabt, befürchten; und so ist mir selbst der Antrag einer Stelle an einer Zentralschule erwünscht, wenn ich nur derselben Bestimmung sowohl als die meinige für sie erst ganz kenne, damit ich mich prüfen kann, ob ich derselben entsprechen werde. Ich ersuche Sie sonach, zuvörderst mir obige Fragen über das wahre Wesen einer Zentralschule zu beantworten oder mich an eine Stelle zu verweisen, wo sie beantwortet sind.
Über einen zweiten von Ihnen angeregten Punkt werde ich mich gleichfalls gegen Sie mit der vertraulichsten Offenheit erklären. – Ich setze wenig auf Wohlleben und Genuß und wäre in dieser Rücksicht mit einem kleinen Gehalte zufrieden. Aber meine Lebensart läßt sich nicht bis in das Alter fortsetzen; ich muß daher sowohl auf die Ruhe und Unabhängigkeit der Jahre denken, wo ich nicht mehr, durch männliche Kraft unterstützt, so werde fortarbeiten können, als auf die einstige Unterstützung meiner Familie. In dieser Rücksicht ist es mir allerdings erlaubt, auch mit daran zu denken, daß ich in meiner gegenwärtigen Lage mich sehr vorteilhaft stehe, und zu wünschen, daß die Republik auch für das Äußere mich nicht in Nachteil setze. – Ihre treffliche Übersetzung des *Rousseau*schen Sozialkontrakts, von welchem ich innigst bedauere, daß ich ihr keinen Verleger verschaffen können, folgt zurück. (Sie können sich die Gleichgültigkeit der sächsischen Verleger, da, wo der Artikel keine Novität ist und sie keinen, ihrer Meinung nach, berühmten Namen erblicken, kaum arg genug denken.) Ich habe die wenigen Anmerkungen, die ich ehemals dazu gemacht, wieder beigelegt; ich habe sie jetzt nicht wieder durchsehen können und überlasse es gänzlich Ihrem eige-

nen Ermessen, inwiefern und ob Sie überhaupt einen Gebrauch davon machen wollen; nur bitte ich im letztern Falle, daß es ohne Nennung meines Namens geschehe. Wenn dieses Buch noch Einfluß hat auf die Meinung des Publikums, (das allerdings die Menschheit um ein Großes weitergebracht hat; nur, meine ich, jetzt ist sie noch weiter) so wäre es vielleicht ein sehr verdienstliches Unternehmen, eine Prüfung desselben zu unternehmen und besonders herauszugeben. Ich wünsche, daß Sie sich dieses Verdienst erwerben, mein teurer Freund. Ich für meine Person habe auf Jahre hinaus für diese Arbeit keine Zeit.
Ich wünsche Ihnen das beste Wohlergehen und empfehle mich Ihrer Freundschaft.

Fichte.

An Franz Wilhelm Jung

Jena, 3. November 1798

Ihr letzter Brief, verehrungswürdiger Freund, eröffnet mir Aussichten, die meinem Geiste ebenso belebend als meinem Herzen angenehm sind. Es bleibt nicht bei diesem Erziehungsplane; es wird ein anderer entworfen. Sie sind es, der denselben entwirft, und so gehen der Menschheit bessere Aussichten auf. Ich werde es für einen sehr schätzbaren Beweis Ihres gütigen Vertrauens halten, wenn Sie mir diesen Plan zu seiner Zeit zuschicken wollen.
Wie Sie sich über die Hauptgedanken der Einteilung in Primär-, Zentral- und Spezialschulen ausdrücken, verstehe ich Sie vollkommen, und die Sache hat meinen unbeschränktesten Beifall. Was ich desiderierte, ist in der Spezialschule.
Mehr als drei Stunden des Tages möchte ich nicht gern lesen: wenigstens habe ich es noch nicht versucht. Es kommt in Absicht der zu benennenden Disziplinen darauf an, ob ein halbjähriger oder ein einjähriger Kursus eingerichtet wird, und ob auch im letztern Falle nicht zwei zueinander passende Disziplinen verbunden werden können zu *einer* jährigen Vorlesung. Im letztern Falle könnte ich sechs, im erstern nur drei Kollegia übernehmen. Es kommt ferner darauf an, ob ich, wie ich wünschte, für *Spezial- und Zen-*

*tral*schule oder nur für eine von beiden, wie ich nicht wünsche, angestellt werden sollte. Ich könnte mich anheischig machen für die *Spezial*schule 1) zu einem Kollegio über die Fundamente der Transzendentalphilosophie, was ich gegenwärtig unter dem Namen der *Wissenschaftslehre* lese, welche ich weiter hinausführen und so in einen jährigen Kursus verwandeln könnte; für die *Zentral*schule 2) zu einer *populären Darstellung dieser Philosophie,* wie sie für *jeden Menschen* begreiflich und für den mündig gewordenen, den die Fesseln des Kirchenglaubens nicht mehr halten und der sich fremder Autorität nicht mehr hingibt, *unentbehrlich* ist. Die Idee einer solchen populären Darstellung ist ganz neu. Ich habe sie vorlängst entworfen und ausgemalt bei mir, auch schon längst sie in einer Schrift ausführen wollen, zu deren Ausarbeitung ich bis jetzt noch nicht Zeit gefunden. Ich müßte also, falls jemanden dieser Vorsatz entweder unausführbar oder überflüssig erscheinen sollte, bitten, daß man mich erst ausführlich darüber höre. Ich könnte 3) für die *Zentralschule Rechtslehre* und *Sittenlehre* vortragen. Ich sage für die Zentralschule, denn diese Wissenschaften nähern sich schon ohnedies der Popularität vermöge ihres Inhalts, und die *tiefern Prinzipien* derselben können für den Philosophen und Gelehrten von Profession in Nr. I vorgetragen werden.

Hierzu könnte ich mich sogleich anheischig machen. Aber es gehört in mein aufzustellendes System der Philosophie, daß ich auch noch die *Ästhetik* bearbeite. Die streng wissenschaftlichen Prinzipien dieser Bearbeitung könnten mit Nr. I verknüpft werden, die populären Resultate einen Anhang zu Nr. II geben. Bis dahin könnte mit Nr. II *philosophische Religionslehre* verbunden werden, welche ich gleichfalls von nun an vorzutragen mich fähig finde.

Auf Veranlassung dieses letztern Punktes: sollten, wie zu erwarten und zu wünschen ist, in dem Sitze dieses Bildungsinstituts rein vernünftige, moralisch-religiöse Versammlungen eingeführt werden, so halte ich mich für fähig, in denselben, etwa abwechselnd mit andern, öffentliche Reden zu halten. Ich rede mit Ihnen, verehrungswürdiger Freund; es ist daher unnötig, diese nur hingeworfenen Winke weiter zu erklären. –

Ich empfehle mich Ihrem Wohlwollen, und auf das großmütige und höchst freundschaftliche Anerbieten, mich, ehe ich mein entschiedenes Jawort gebe, mit dem Innern der zu erwartenden Lage ganz bekannt zu machen.

Ganz der Ihrige
Fichte.

An Johann Friedrich Cotta

Jena, 10. Dezember 1798

Ich höre, daß in Kursachsen einige Hefte unseres Philosophischen Journals [konfisziert werden sollen], unter dem Vorwande, daß (in einem Aufsatze von mir) der *Atheismus* klar gepredigt würde.

Diesen Vorwurf nicht mit Stillschweigen zu übergehen, erfordert Pflicht u. Klugheit. Ich denke daher in den nächst künftigen Weihnachtsferien eine kleine Flugschrift zu verfertigen und so schnell als möglich ausgehen zu lassen, in welcher ich mich über diesen Vorwurf geradezu an die deutsche Nation (wenn wir eine haben) wende; ihr *plan,* und *für jeden faßlich* zeige, worüber eigentlich der Streit ist und bei dieser Gelegenheit überhaupt ein paar allgemeinverständliche Worte über die Eigenheiten meines Philosophischen Systems sage. Ich werde dies mit Wärme tun und meine Sache dem Schutze des Publikums an das Herz legen.

Hätten Sie etwa Lust, den Verlag (d. h. hier eigentlich das Debitieren) dieses Schriftchens zu übernehmen.

Ich werde es so kurz als möglich (zwischen 3 u. 6 Bogen) fassen. Ich wünschte, daß es in Jena gedruckt u. der Druck sogleich mit *Ende des Jahres*, wo ich Manuskript zu haben hoffe, angefangen würde. Ich werde ohngefähr 100 Exemplare unentgeltlich herumschicken an Bekannte u. Freunde. Übrigens wünschte ich, daß es sogleich, wenn es die Presse verlassen, an alle Buchhändler mit der Post abgeschickt und diesen ein *guter Rabatt* gegeben würde, damit sie sich die Verbreitung sehr eifrig angelegen sein lassen. – Die schnellste und möglichst weite Verbreitung ist mein Hauptzweck.

Wie viele Exemplare sind zu drucken? Sind bei diesem Plane 10 000 zuviel?

Auch müßte es gleich, etwa in einem farbigen Umschlag geheftet, verschickt werden.

Honorar bedinge ich mir gar nicht aus.
Haben Sie die Güte, mir mit umkehrender Post zu antworten; und wenn Sie den Vorschlag annehmen, mir eine Vollmacht auf einen hiesigen Buchdrucker (ich werde schon vorhinein besprechen) mitzuschicken.

An August Wilhelm Schlegel [Gedrucktes Schreiben]

Jena, 16. Januar 1799

Die Angelegenheit, mit welcher ich durch die beigelegte Schrift[144] *Sie* näher bekannt zu machen wage, gehört ohne Zweifel vor den Richterstuhl des gelehrten und denkenden Publikum und fällt zunächst der Beurteilung solcher Männer anheim, die *Ihnen* gleichen. Wenn mich nicht alles täuscht, so ist die Lehre, welche den Streit veranlaßt hat, zum wenigsten einer ernsthaften und bedächtigen Erwägung wert; auf alle Fälle aber kann über sie nur durch Gründe, keineswegs aber durch Gewalt entschieden werden. Man ist auf dem Wege, durch den öffentlichen Ausruf, daß sie atheistisch sei, dieselbe kurz und gut und tumultuarisch zu verurteilen: man ist auf dem Wege, die Gewalt den Ausschlag gegen sie geben zu lassen, und eines *sic volo sic jubeo* statt aller Gründe sich zu bedienen; indem nunmehro die Herausgeber und Verfasser der angeschuldigten Aufsätze[145] durch ein Kurfürstlich Sächsisches Requisitionsschreiben bei den Herzogen zu Sachsen, Ernestinischer Linie, angeklagt sind und über das begangene Verbrechen, „über den Frevel, der nur mit Unwillen vernommen werden könne und der alle angrenzenden Staaten in Gefahr setze", gar kein Zweifel übriggelassen, sondern lediglich auf „ernstliche Bestrafung" angetragen wird – und dies unter Bedrohungen gegen die Universität.
Die Angeklagten werden ohne Zweifel auch vor dem Richterstuhle, vor welchen man sie zieht, Rechenschaft zu geben wissen, wenn man nur Rechenschaft will; aber ihr Hauptzweck muß sein, diese Sache vor den wahren Gerichtshof derselben zurückzubringen. Sie wollen keine günstigere Sentenz, als ihnen gebührt, sie wollen ihren Richter nicht bestechen, sie wollen nur wirklich vor ihn gestellt werden. Diese Zurückstellung vor das wahre Tribunal ist –

ich glaube es und wage es zu denken, daß *Sie* es mit mir glauben – eine allgemeine Angelegenheit. Das gelehrte Publikum kann sich nicht sein Urteil, der einzelne Gelehrte kann sich nicht das Recht, nur von ihm beurteilt zu werden, entreißen lassen.
Ich ersuche *Sie* daher – und diese Bitte ist der Zweck meines Schreibens – durch mündliche oder schriftstellerische Ablegung *Ihrer* vielgeltenden Stimme zur Zurückstellung und durch Verbreitung dieser Schrift in *Ihrem* Wirkungskreise zur wirklichen Ausübung dieses Rechts beizutragen; erbiete mich *Ihnen* mit Wärme zu jedem literarischen Dienste in meinem Zirkel und unterzeichne mich mit inniger Hochachtung und wahrer Ergebenheit.

J. G. Fichte

An Ludwig Heinrich Jacob [2. Entwurf]

Jena, 4. März 1799

Ich habe nur das zu sagen.
1. habe ich Sie nie gehaßt noch geglaubt, daß Sie mich haßten. Mag es doch anmaßend tönen [?], es ist wahr. Ich weiß eigentlich nicht, was Haß ist, denn ich habe nie jemanden gehaßt: Ich bin auch keineswegs so leidenschaftlich, wie man mich gewöhnl[ich] hält.
Das Betragen der Annalisten [?] gegen mich ist u. bleibt nicht zu entschuldigen, wird immer ein Fleck in unsrer Gesch[ichte] der Philosophie bleiben, sosehr ich z. B. übrigens Prof. Beck schätze, den ich, als den Rez[ensenten] der W[issenschafts]l[ehre] kenne. Daß man meine W. L. nicht verstand, daß man sie, wenn man glaubt, daß ich gegenwärtig [?] *andere* Behauptungen vortrage [?], noch nicht versteht, glaube ich freilich; daß es die Schuld meines Vortrags in dieser, nicht für das Publikum, sondern für meine Zuhörer u. [?] zu Vorlesungen bestimmten Schrift war, daß man sie nicht verstand, daß man mir überhaupt nichts zutraute, mich für einen Schwätzer hielt, dessen Einmischung in Angelegenheiten dem G[ange] der Wissenschaft schaden könnte, u. daraus *schloß*, das System, wovon man wohl wußte, daß man es nicht verstand, *werde* wohl nichts taugen [?], weiß ich wohl u. kann mir alles erklären: aber es ist je-

dem Gelehrten anzumuten, nicht, daß er alles verstehe, aber daß er wenigstens wisse, ob er es verstehe; u. jedem rechtl[ichen] Manne, daß er nicht eher urteile, bis er sich des eignen [?] Verstehens bewußt ist. Ferner, warum verfuhr man mit dieser Bitterkeit (denken Sie an die erste Rez[ension] meiner Vorlesungen über B[estimmung] d[es] [?] G[elehrten], die auch auf alle Fälle ein Pasquill ist), warum zerrte man allerorten mich herbei?
Ich befürchtete damals im Ernste, überschrien zu werden; daher meine Herausforderung, in Verfolgung wofür [?] der Plan zum Feldzuge auch schon entworfen war: daher überhaupt der Ton, der so mißfällig gewesen ist, den ich gegenwärtig [?] mit freier Besonnenheit ablege u. schon abgelegt habe u. den mir nur die Annalen hervorgezeugt [?] hatten. Ich befürchte gegenwärtig nicht mehr überschrien zu werden, u. die Lage ist eine ganz andere.
Sie wollen jenen Ton selbst nicht billigen, Nun wohl [?]: „Ich unterschreibe Ihren Vorschlag, so lassen Sie uns." Lassen Sie uns in Absicht gefällte[r] literarische[r] Urteile für das Vergangene eine allgemeine Amnestie schließen.
2. Ich habe in jener Stelle keinen Schatten auf Ihren Charakter werfen wollen, noch insbesondre Sie des Eigennutzens bezichtigen [?] wollen, u. ich erschrak, als ich das in Ihrem Briefe las, u. schlug die Stelle nach. Die einzige Zeile, die so ausgelegt werden konnte, ist lediglich aus der vorhergehenden Phrase zu erklären. Welche Satisfaktion kann ich Ihnen geben. Ich bin zu jeder, die Sie fodern, erbötig. Ich würde, wenn ich nicht befürchtet hätte, die Aufmerksamkeit auf eine vielleicht von manchen überseh'ne Stelle hinzurichten, sogleich eine Erklärung in das Int[elligenz]bl[att] der A[llgemeinen] L[iteratur-]Z[eitung] geschickt haben, des Inhalts: daß ich, weil man das so auszulegen scheine, feierlich versichere, daß jene Stelle diesen Sinn nicht haben solle noch könne, u. daß ich nicht den mindesten Grund gehabt hätte, so etwas auch nur im Herzen zu denken. Was aber das Aufmerksamkeit richten betrifft – wie wenn dasselbe gar nicht auf *Sie*, wie wenn es auf einen andern gegangen wäre, von welchem [?] ich diese Absicht *wußte*, wie man etwas nur wissen kann? – Ich kann darüber, weil andere Verhältnisse eingetreten sind, keine Rechenschaft geben; aber ich versichre hiermit [?] auf Ehre, daß diese Stelle Ihnen *nie* galt.

Lieber Jacob: Ich habe unbegrenzte Hochachtung für Offenheit u. Biederkeit des Charakters. Von Ihnen hatte ich einen guten Zug gehört, u. ich würde allein deswegen nie ein solches Urteil auch über ihren literarischen Wert mir erlaubt haben, wenn man nicht auch diesen Zug [?] wieder bei mir herabgesetzt hätte. Jetzt haben Sie durch die Unparteilichkeit Ihrer Urteile über mich, deren Sie erwähnen, durch den warmen [?] Anteil, den Sie ohne persönl[iche] Rücksicht an meiner Angelegenheit als Mitglied der gelehrten Republik nehmen, durch die offne Zuschrift an mich, meine persönl[iche] Hochachtung vollkommen gewonnen [?]. Es soll – erlauben Sie mir das zu sagen, ohne Sie zu beleidigen – nicht an mir liegen, daß Sie nicht [?] auch als Schriftsteller meine ganze Hochachtung besitzen u. ich sie öffentl[ich] äußere. Ich habe an Beck u. Schulz[e][146][?] gezeigt, daß ich auch Gegnern gern Gerechtigkeit widerfahren lasse. Es ist, bei Gelegenheit der Einwirkung [?] des gewaltigen Geistes im Norden mannigfaltig [?] gefehlt worden. Habe nicht auch ich meine Offenbarungskritik geschrieben, welche mit denselben u. noch härtern Prädikaten zu belegen lediglich die Schonung für einige verdiente Männer, die sie gelobt haben, mich abgehalten hat. Nur kannte ich schon damals, als sie gedruckt wurde, die Bedeutung derselben sehr wohl, übergab sie Kanten mit einer nicht schonenden [?] Selbstrezension und habe, wie ich glaube, seit meinem 30. Jahre mich gebessert.
Nehmen Sie die Versicherung meiner Hochachtung an.

Fichte.

An Johann Kaspar Lavater

Jena, 7. März 1799

Ich will Ihnen nur, lieber ehrwürdiger Lavater, mit umlaufender Post die Erhaltung Ihres Schreibens und die Achtung, mit welcher ich es empfangen und gelesen, bezeugen.
Beantworten kann ich es vorderhand nicht; es soll aber etwa in 3 Wochen geschehen. Jetzt habe ich erst meine Kollegien zu schließen und eine andere Schrift in derselben Angelegenheit gedruckt zu beantworten; die deswegen den

Vorzug haben muß, weil sie zugleich an das Publikum mit geschrieben wurde. Auch hoffe ich schon bei Beantwortung dieser den größten Teil Ihrer Einwürfe mit zu erledigen.
Jetzt nur soviel. Sie haben mich größtenteils mißverstanden; u. das mag allerdings meine Schuld, – guten Teils auch die Schuld der Umstände sein. Indem ich erst den Grundzug meiner Religionstheorie mache, fällt man über mich und läßt mich nicht vollenden. Kann ich dafür, daß nun nur dieser eine Grundzug dasteht, ohne Zusammenhang?
Indem Sie von *meinem* Gotte reden; indem Sie glauben; man könne bei mir nicht sagen: so der Herr will, u. wir leben, zeigen Sie, daß Ihnen die Tendenz meines Systems nicht klar ist. Meine Philosophie – u. meine Denkart, und die Denkart, die ich zufolge meiner Philosophie verbreiten möchte, sind – so paradox dies tönen mag, sehr *zweierlei*. Darin unterscheidet sich eben meine Philosophie u. schon größtenteils die Kantische von den vorhergehenden Philosophien, daß sie nicht selbst die Denkart *sein*, sondern nur *beratschlagen will, welche Denkart man sich anbilden solle.* So ist es auch in Absicht ihrer Religionstheorie. Der Streit mit mir ist bis jetzt ein *rein philosophischer*. Bis zur Erörterung des Einflusses dieses nur philosophischen Begriffs auf die *wirkliche praktische Denkart* hat man mich noch nicht kommen lassen. Ich werde künftigen Sommer an diese Arbeit gehen u. dadurch hoffentlich jeden wirklich Religiösen, wie Sie, lieber Lavater, zufriedenstellen.
Erinnern Sie sich vorläufig dessen, was *Jacobi* in seinen Briefen[147] über die Lehre des Spinoza, die Sie, soviel ich weiß, gebilligt haben, über die spekulative V[ernun]ft (der Mendelssohne, Eberharde u. dgl.) sagt. Diese spekulative Schöpfer sein wollende V[ernun]ft ist es ja lediglich, die ich durch meine Spekulation bestreite.
Was den Eudämonismus anbetrifft, so liegt auch hier, wie ich glaube, lediglich der Mangel einer scharfen Distinktion zwischen uns, die der populäre Verstand zu machen nicht verbunden ist. Sagen Sie immer: Gott gebe Ihnen Nahrung, u. dgl. Ich sage dies mit Ihnen. Nur sollen Sie nicht sagen – und das könnten Sie, Sie, Lavater, das sagen? –, er gebe sie Ihnen, damit Ihnen dieselbe wohlschmecke, *um des Wohlschmacks willen,* sondern um Sie dadurch zu erhalten, zu stär-

ken, zu beleben für sein Werk auf der Erde, solange es ihm gefällt, Sie auf der Erde zu brauchen.
Der Angriff, den Sie so hart finden, gilt dem Abstrakto: *consequenter Eudämonismus:* keinesweges einem wirklichen Eudämonisten. Einer wirklichen Person würde ich weder mündlich noch schriftlich sagen, was ich jenem Abstrakto sage: *weil dies sicher ungerecht wäre;* indem denn doch jeder eudämonistische Sätze mit andern richtigen verbindet und sein Handeln vielleicht besser ist als sein System. Der größte Teil der Menschen ist inkonsequent, und diese Inkonsequenz ist ihr Glück.
Gruß und Verehrung.

Fichte.

Möchte ich die besten Nachrichten über Ihr Befinden erhalten.

An Johann Ernst Christian Schmidt[148]

Jena, 17. März 1799

Denken Sie sich in meine Lage, ehrwürdiger Freund, und Sie werden mir verzeihen, daß ich eine so hohe Briefschuld bei Ihnen anlaufen lassen. Ich hatte 3 Stunden täglich zu lesen: u. dabei noch meine ziemlich starke Verantwortungsschrift an unsre Höfe auszuarbeiten.
Auf Ihren Brief v. 19. Jan. –
Wir nehmen mit dem innigsten Vergnügen Ihr Anerbieten, das Fach des Naturrechts in unserm Journale[149] zu arbeiten, an, u. werden uns freuen, recht bald Beiträge von Ihnen zu erhalten.
Worin liegt das Unbefriedigende, das Sie in meiner bisherigen Darstellung[150] der W[issenschafts]l[ehre] finden? Doch nicht in den Prinzipien? Liegt es aber in der Ableitung, und reden Sie von der gedruckten Grundlage[151], so haben Sie sehr recht, vieles unbefriedigend zu finden. Diese Schrift hat nie eine andere Bestimmung gehabt als für meine Zuhörer. Feind u. Freund haben allgemein diese Bestimmung übersehen. – Ich habe seit 3 Jahren eine neue Darstellung bearbeitet u. auf dem Katheder vorgetragen, aus welcher das im Journale abgedruckte erste Kapitel ist. Ich denke

diese Darstellung nächstkünftigen Winter erscheinen zu lassen. Finden Sie noch hier u. da Anstoß, so wird es geraten sein, diese neue Bearbeitung zu erwarten.

Daß ein andrer g.[152] als Gabler[153] in Altdorf der Verf[asser] jenes Pasquills, *von welchem ganz allein dieser Auftritt* herkommt, ist, werden Sie jetzt ohne Zweifel wissen.

Dasselbe Urteil, das Sie über Kants neuste Schriften fällen, fällt man, soweit ich herumhören kann, allgemein. Es ist doch ein schönes Zeichen der Humanität unsrer Zeit, daß man aus Respekt gegen den verdienten Greis diese Urteile nicht ganz öffentlich sagt. Diese Schriften sind denn doch so sichtbar schwach, daß sie auch nichts verderben können. Die *zwei* Kantianer, die es noch gibt, machen sich durch das Nachbeten auch dieser Kruditäten nur immer lächerlicher.

Auf Ihren Brief vom 24. Febr.

Es tut mir empfindlich leid, daß Sie u. Pr[of.] Schaumann meine Exemplare erst erhalten haben, als die Schrift schon längst im Buchladen zu verkaufen war. Mein Kommissionär für diese Versendungen, *Gabler,* versichert hoch u. teuer, daß er sie d. 18ten Jänner an (ich weiß nicht, ob *Heyer*[154] od[er] *Stamm*[155]) abgeschickt habe.

Ich bin sehr begierig auf die Erscheinung Ihrer Schrift[156]. Es ist eine Schande, wie der hannöverische Appellant[157], ein kursächsischer Pasquillant[158] und der arme gute Eberhard den Gesichtspunkt wieder verrücken. Ich werde, so es irgend möglich ist, noch zur Messe ein kleines Schriftchen in dieser Sache erscheinen lassen, in welchem ich hoffentlich den wahren Gesichtspunkt so herausrücken werde, daß ihn nur die Bosheit verkennen kann.

Ich werde morgen meine Verantwortungsschrift (welche ohne Zweifel auch öffentlich bekannt werden wird) an die Herzogl[ichen] Höfe einsenden u. ruhig erwarten, was erfolgt. Man ist, soviel ich weiß, in einer sehr widersprechenden Stimmung. Man schämt und fürchtet sich vor den Aufgeklärten u. möchte doch auch mit den Obskuranten es nicht verderben. Dafür, um dieses entgegengesetzte Interesse zu vereinigen, dürfte es denn hier sehr schwer ein Mittel geben. Ich wenigstens bin sehr fest entschlossen, nichts meiner Unwürdiges zu dulden.

Gruß, Achtung u. Freundschaft.

J. G. Fichte

An Karl August von Weimar [Schreiben]

Jena, 18. März 1799

DURCHLAUCHTIGSTER HERZOG
Gnädigster Fürst und HERR
EUR HERZOGLICHE DURCHLAUCHT haben auf Veranlassung eines kurfürstlich sächsischen Requisitionsschreibens, in welchem wir der Abfassung und Verbreitung ATHEISTISCHER AUFSÄTZE angeklagt sind, unsrer Behörde gnädigst befohlen, uns zu vernehmen; und wir sind demzufolge von dem zeitigen Prorektore[159] magnifico der Gesamtakademie Jena unter dem 10. Jänner a. c. veranlaßt worden, unsre Verantwortungsschriften bei demselben einzureichen.

Unsre gewöhnlichen Berufsarbeiten als akademische Lehrer, die wir zufolge der auf uns ruhenden Verpflichtung nicht unterbrechen durften, und die hohe Wichtigkeit der Anklage gegen uns haben die Vollendung dieser Schriften jetzt verzögert.

Sollten nun unsre so voluminös ausgefallenen Verteidigungsschriften nunmehro noch bei den neunzehn Beisitzern des akademischen Senats zirkulieren und von jedem derselben nach Muße gelesen werden, wie es bei dergleichen Gelegenheiten zu geschehen pflegt, dann noch viermal kopiert werden; so ist zu befürchten, daß die Übersendung derselben an EUR DURCHLAUCHT dadurch wohl noch ebenso lange aufgehalten werden dürfte, als sie es durch unsre Ausarbeitung schon ist.

Nun haben EUR DURCHLAUCHT und die durchlauchtigsten Miterhalter der Akademie keinesweges einen gutachtlichen Bericht des akademischen Senats, sondern lediglich die Einsendung der Akten befohlen; und es ist daher in höchstderoselben gnädigstem Befehle kein Grund enthalten, warum dem Senate unsre Verantwortungsschriften vorgelegt werden mußten.

In dieser Lage der Sachen wenden wir uns an EUR HERZOGLICHE DURCHLAUCHT zuvörderst mit der untertänigsten BITTE, uns gnädigst zu erlauben, UNMITTELBAR AN HÖCHSTDIESELBEN UNSRE VERANTWORTUNGSSCHRIFTEN EINZUSENDEN, und lassen unter dem heutigen Dato an die durchlauchtigsten Miterhalter dieselbe Bitte ergehen.

Um in dem Falle, welchen wir hoffen, daß EUR DURCHLAUCHT diese unsre Bitte gewähren, nicht durch die Erwartung einer gnädigsten Resolution, der Absicht unsers Supplizierens gerade entgegen, die Absendung abermals zu verzögern, haben wir dieser unsrer Bittschrift zugleich UNSRE VERANTWORTUNGSSCHRIFTEN beigeschlossen und ebenso an die durchlauchtigsten Miterhalter.
Nur in diesem zu hoffenden Falle, daß unsre Bitte gewährt werde, wollen wir hiemit zugleich in Untertänigkeit UNSRE VERANTWORTUNGSSCHRIFTEN EINGEREICHT HABEN.
Wir ersterben in tiefer Submission
EUR HERZOGLICHEN DURCHLAUCHT

untertänigste
Johann Gottlieb Fichte,
d. Phil. Dr. u. ord. Professor
Friedrich Immanuel Niethammer,
d. Theol. Dr. und Prof.

An Heinrich Eberhard Gottlob Paulus

Jena, 20. oder 21. März 1799

Hier, mein Teuerster, das Konzept.
Ich habe den Privat-Wischer nicht einmal besonders berührt; sondern nur immer den *öffentlichen* verbeten.
Wenn sie nicht selber auf diesen Ausweg fallen; ist es doch nicht meine Sache, sie darauf zu bringen.

Ihr F.

An Christian Gottlob Voigt

Jena, 22. März 1799

Ich habe, verehrungswürdiger Herr Geheimer Rat, in der bekannten Angelegenheit keinem Manne am Platze extra acta mich mitzuteilen meine triftigen Gründe gehabt. Jetzt sind unsre Verantwortungsschriften eingelaufen, und es ist daran, mein Schicksal und vielleicht das Schicksal einer berühmten Universität zu entscheiden. Nach reiflicher Überlegung halte ich es denn doch für Pflicht, ein Wort dazwischenzureden, ehe beides entschieden wird.

Ich wende mich an Eur Hochwohlgeboren als an denjenigen, der mich hiehergerufen und der eine lange Zeit die Güte gehabt, meine Angelegenheiten für einen Teil der Seinigen zu halten. Ich überlasse es gänzlich Ihrer eignen Weisheit, inwiefern Sie von dem, was ich Ihnen sagen werde, weitern Gebrauch machen oder lediglich Ihre eignen Ratschläge und Maßregeln dadurch bestimmen lassen wollen. Kein Wort über den Streitpunkt selbst. Was ich in der Appellation, was ich in der Verantwortungsschrift darüber gesagt, ist nicht viel mehr als nichts. Ich vermag es nicht auszusprechen, wie ungeheuer das Mißverständnis ist. Man hat nicht die leiseste Ahnung von der Tendenz meines Systems, noch haben Ankläger und die aufgestellten Richter den Beruf, diese Ahnung zu haben: und davon hängt doch die Beurteilung der einzelnen Teile desselben ab. Wären nur erst noch einige Jahre mehr in das Meer der Zeit verflossen! Dann wird man es einsehen, daß, wie ich in einer soeben in der Arbeit befindlichen Schrift[160] sage, der Vorwurf, den man mir macht, dem völlig gleich ist, den man einem Maler machen würde, daß seine gemalten Pferde nicht etwa nur – nicht gingen, wie wirkliche Pferde, sondern nicht flögen, wie ein Pegasus – und den Blinde, die sein Werk nur durch Tappen kennten, ihm machten. Ich möchte die Beschämung nicht teilen, welche nach einigen Jahren alle empfinden werden, die in dieser Sache nicht so ganz recht gehandelt, wenn sie ihres Anteils daran sich erinnern werden!
Die Frage, warum man einen Professor der Philosophie, der weit entfernt ist, Atheismus zu lehren, zur Verantwortung zieht, und den Generalsuperintendent[161] dieses Herzogtums, dessen publizierte Philosopheme über Gott dem Atheismus so ähnlich sehen als ein Ei dem anderen, nicht zur Verantwortung zieht, – diese Frage, die ich aus Diskretion nicht getan, wird nächstens ein andrer tun, wenn ich es nicht verbitte; und ich werde es sicher nicht verbitten, wenn man noch einen Schritt gegen mich vorwärts tut.
Jetzt nehme ich mir nur die Freiheit, eine Stelle meiner Verantwortungsschrift zu kommentieren.
„Man wird mir, sage ich in derselben, wohl auch keinen gerichtlichen Verweis geben; man wird gegen meine Ehre, die mir lieber ist als mein Leben, nichts tätlich unternehmen."

Dies habe ich gesagt, um zu dem Entschlusse zu leiten, *daß* man es nicht tue; nicht aber, als ob ich wüßte oder so sicher darauf rechnen könnte, daß man nicht in Versuchung kommen würde, es zu tun. Persönliche Beziehungen auf mich, die sich ergeben haben sollen, Beziehungen auf die ganze Universität, die neuerlich entstanden sind, und, was mehr ist, Beziehungen auf [?] Kursachsen dürften wohl, um dem letztern eine Art von Genüge zu tun, auf den Entschluß leiten, mir durch den Senat eine derbe Weisung zukommen zu lassen; und zu rechnen, daß ich, wenn auch nicht im gleichen Grade dafür interessiert, daß der Verfasser[162] des Grabes des Leonidas kein Dementi habe, dennoch diesen Verweis demütig hinnehmen werde. Ich muß erklären, verehrungswürdiger Herr Geheimer Rat, daß darauf nicht zu rechnen ist. Ich *darf* das nicht; ich *kann* es nicht. – Ich darf nicht. Mein Benehmen in dieser ganzen Sache vom Anfang an bis hieher ist meiner innigsten Überzeugung nach nicht nur tadellos, sondern preiswürdig; und es ist verächtlich, das preiswürdige – sei es an andern oder an uns selbst – öffentlich schelten zu lassen, inwieweit es an uns liegt, den Tadel desselben abzuwehren. – Ich *kann* nicht. Ich bin gerade durch meine Feinde schon lange und jetzt mehr als je in eine Lage getrieben, die die strengste Unbescholtenheit zur Bedingung meiner Existenz macht. Freund und Feind erwartet diese von mir und mutet mir sie an. Ich kann, ohne alles zu verlieren, etwas Unanständiges ebensowenig öffentlich erdulden als tun. Jener Verweis würde in kurzer Zeit in allen Zeitungen abgedruckt erscheinen und mit der lautesten Schadenfreude und Hohngelächter meiner Feinde empfangen werden. Jeder rechtliche Mensch würde fühlen, daß es mir die Ehre verböte, nach Erhaltung eines öffentlichen und gerichtlichen Verweises Regierungen länger unterworfen zu bleiben, die mich eines solchen Verweises wert geachtet hätten, und die allgemeine Verachtung würde mich treffen, wenn ich es bliebe. Es würde mir nichts übrig sein, als den Verweis durch Abgebung meiner Demission zu beantworten; und sodann, zu meiner eignen Rechtfertigung, den Verweis, die Abgebung der Demission und diesen Brief, den ich mir gegenwärtig die Ehre gebe, Eur Hochwohlgeboren zu schreiben, der allgemeinsten Publizität zu übergeben.

Es ist Schuldigkeit, noch dieses hinzuzusetzen. Mehrere mir gleichgesinnte Freunde, welche man als bedeutend für die Akademie anerkannt hat und welche in der Verletzung meiner Lehrfreiheit die ihrige als mit verletzt ansehen würden, sind auch über die Ansicht, die ich Eur Hochwohlgeboren soeben vorgelegt, mit mir ganz einig; sie haben mir ihr Wort gegeben, mich, falls ich auf die angegebne Art gezwungen würde, diese Akademie zu verlassen, zu begleiten und meine ferneren Unternehmungen zu teilen; sie haben mich berechtigt, Ihnen dies bekanntzumachen. Es ist von einem neuen Institute die Rede, unser Plan ist fertig, und wir können dort denselben Wirkungskreis wiederzufinden erwarten, welcher allein uns hier anzuziehen vermochte, und die Achtung, welche man uns in diesem Falle hier versagt haben würde.
Ich empfehle diese Sache Ihrer Weisheit und Gerechtigkeitsliebe; mich selbst aber und meine übrigen Angelegenheiten Ihrem gütigen Wohlwollen und bin mit der gewohnten Verehrung

Eur Wohlgeborn gehorsamster
Joh. G. Fichte

An Christian Gottlob Voigt [Schreiben]

Jena, 3. April 1799

Ich habe extra acta erfahren, daß die Bedingungen, unter denen allein mein Schreiben v. 22. März an Eur Hochwohlgeborn offizielle Gültigkeit bekommen konnte, eingetreten sein müssen; daß dieses Schreiben für eine wirklich geschehne Abgebung meiner Demission auf einen bestimmten Fall genommen worden und daß geurteilt worden, dieser Fall sei wirklich eingetreten.
Nur über die letzte Voraussetzung habe ich gegenwärtig die Ehre, eine bestimmtere Erklärung hinzuzufügen; teils, um von meiner Seite keine Dunkelheit oder Zweideutigkeit übrigzulassen, die auf die zu nehmenden Maßregeln einen Einfluß haben könnte; teils, um meinen Freunden, mit welchen einverstanden ich jenen Brief schrieb und welche glauben, daß es einer solchen Erklärung desselben bedürfe, Genüge zu tun.

Ich beschrieb die Umstände, unter denen ich genötigt sein würde, meine Demission abzugeben, in meinem Schreiben v. 22. M[ärz] in der Stelle: „Ich bin gerade durch meine Feinde – – Verachtung würde mich treffen, wenn ich bliebe“ – sehr ausführlich und setzte hinzu: „meine Freunde würden in der *Verletzung meiner Lehrfreiheit* die ihrige als zugleich mit verletzt betrachten.“ Ich redete sonach von einer Verfügung, die als eine Verletzung der Lehrfreiheit angesehn werden könnte, und von einem Verweise, der den Gebrauch dieser Freiheit in öffentlicher Untersuchung aller Gegenstände der Spekulation, ihrer Materie nach, getroffen, die gegen mich vorgebrachte Beschuldigung des Atheismus bestätigt und gegen meine Religionslehre selbst sich gerichtet hätte. Nur in diesem Falle der gescholtnen Freiheit der Untersuchung und der Hemmung derselben konnte ich den Entschluß, meine Stelle niederzulegen, als unausbleiblich notwendig ankündigen; nur auf diesen Fall habe ich ihn, dem Zusammenhange und dieser meiner authentischen Erklärung nach, wirklich angekündigt. Einen point d'honneur der Eitelkeit, der um höherer Zwecke willen nicht eine kleine Demütigung ertragen könnte, habe ich nicht, noch habe ich ihn affektieren wollen; welches ja ein kleinlicher Trotz wäre.
In diesen von mir gedachten Fall versetzt mich nun das ergangene Reskript nicht. Die Lehre selbst bleibt in demselben völlig an ihren Ort gestellt, es wird ausdrücklich anerkannt, daß philosophische Spekulationen kein Gegenstand einer gerichtlichen Entscheidung sein können; es wird bloß das an uns getadelt, daß wir eine philosophische Terminologie gewählt, in der unsre Philosopheme dem gemeinen Sprachgebrauche nach als zweideutig und anstößig erscheinen müßten. Jetzt völlig an seinen Ort gestellt, inwiefern dieser Tadel uns wirklich treffe und ob man nicht die Veranlassung desselben vermeiden könne – ist es wenigstens nicht derjenige, den ich in meinem Schreiben v. 22. M[ärz] meinte; und ich will nie, weder vor mir selbst noch vor dem Publikum, das Ansehen haben, daß ich aus *dieser Ursache* meine Stelle *freiwillig niedergelegt.*
Ich bitte, Eur Hochwohlgeborn dieses als eine authentische Erklärung meines Schreibens v. 22. M[ärz] und als einen Teil vom Inhalte desselben anzusehen, ihm dieselbe öffent-

liche Bedeutung zu geben, die jenes Schreiben erhalten, und es Seiner Durchlaucht, dem Herzoge, ebenso wie jenes, vorzulegen; indem mir viel daran liegt, in jedem zu erfolgenden Falle Höchstdemselben in meinem wahren Lichte zu erscheinen.

Ich verharre mit ausgezeichneter Hochachtung

Eur Hochwohlgeborn gehorsamster

J. G. Fichte

An Philipp Albert Stapfer[163] [Bruchstück]

Jena, 6. April 1799

Ich nähere mich ohne Umschweif dem würdigen republikanischen Minister mit der Freimütigkeit, die dem freien Manne gegen den freien Mann geziemt.

Die Wiedergeburt der Staaten läßt sich nur durch eine Wiedergeburt des wissenschaftlichen Geistes tief genug begründen. Sie, Bürger Minister, sind ohne Zweifel davon überzeugt, und Ihre Nation, welche teutschen Ernst mit dem Vorteile, ganz von vorn ihre Verfassung anzufangen, verbindet, ist würdig, dem übrigen Europa das Beispiel dieser Wiedergeburt zu geben [...] *Sie kennen mich ohne Zweifel, Bürger Minister; und wissen zu beurteilen, wozu ich zu brauchen sein möchte. Ich trage mich hierdurch Ihrem Vaterlande, mit allem, was ich vermag an* [...]

An Franz Wilhelm Jung

Jena, 9. April 1799

Sie haben doch, mein verehrtester Freund, meine Appellation nebst dem gedruckten Schreiben erhalten und daraus ersehen, wie es bei uns stand? Jetzt hat die Sache sich so durch unerwartete Schlauheit der Regierungen gewendet, daß ich meine Dimission nehmen müssen, ohne daß es doch das Ansehen an, als ob meine Obrigkeit finster genug dächte, um an Atheismus zu glauben und ihn zu verfolgen.

Ich werde einige Wochen, nachdem Sie diesen Brief erhalten, Jena verlassen, und mein erster Ausflug ist auf das linke

Rheinufer. Ich ersuche Sie sonach, verehrtester Freund, mir so schnell als möglich einen Paß zu senden, der mir das Durchreisen durch die französischen Armeen und die Ankunft zu *Mainz* möglich mache. Er kann eingerichtet werden, vermittelst desselben über *Straßburg* nach *Basel* zu kommen.
Haben Sie die Güte, Ihr Antwortschreiben an Herrn H[arbaur], der Medizin Beflissenen, allhier zu kuvertieren, indem ich in den gegenwärtigen Umständen auf die Sicherheit der Posten für mich nicht sehr rechnen kann.
Mehreres zu schreiben, verbietet mir die gegenwärtige Lage, indem ich denn doch nicht sicher bin, daß nicht auch dieser Brief verlorengehe, meine eigene Unentschiedenheit und der Zeitmangel. Ich rechne ja auf das Glück, Sie bald persönlich kennenzulernen und mich mit Ihnen über alles zu besprechen.
Der Überbringer[164], mein vieljähriger Zuhörer und Freund, der nach der Schweiz reist und den ich Ihnen zu gütiger Aufnahme empfehle, weiß nicht den Inhalt dieses Briefes noch meine weitern Absichten.
Gruß, Hochachtung und Freundschaft.

Fichte.

An Friedrich Heinrich Jacobi [Brief mit Beilage]

Jena, 22. April 1799

Meinen wärmsten Dank, verehrungswürdiger, innigst geliebter Freund, für das treffliche Schreiben, das Sie die Güte hatten, *für* mich zu schreiben. Meine Zeit, die durch die Wendung, welche mein Schicksal genommen, für ganz andre Dinge in Anspruch kommt, hat mir noch nicht erlaubt, dasselbe so sorgfältig zu studieren, um zu finden, wie jenes Schreiben *gegen* mich sein könne. Der ersten natürlichen Ansicht nach unterschreibe ich dasselbe fast durchgängig unbedingt.
Jedoch Sie erlauben mir ohne Zweifel bei meiner gegenwärtigen Zerstreuung die Bequemlichkeit, die hieher gehörigen Stellen aus meiner soeben an *Reinhold* abgehenden Antwort, der sich auf Ihr Schreiben bezog, unverändert abzuschreiben.

„Noch ehe ich Jacobis Schreiben erhielt, hatte ich für eine kleine Schrift, die ich vielleicht noch erscheinen lasse, vielleicht nicht, das beiliegende entworfen (ich sage *entworfen*; die Beilage* ist flüchtiges Konzept, und ich habe gegenwärtig weder die Zeit noch die Fassung, ihr eine bessere Form zu geben).
Ich unterschreibe Jacobis Äußerungen in ihrer ganzen Ausdehnung. Er kennt das Wesen der Spekulation so innigst und ebenso das Wesen des Lebens. Wie kommt es nun, daß er nicht kalt sich *über beide erheben* und sie aneinander halten kann? Warum muß er *entweder* in dem Standpunkte der Spekulation gefangen sein, so daß er sich schämt, seine Einwürfe gegen mein System vor sich selbst auszusprechen, *oder* in einer andern Stimmung aus dem Standpunkte des Lebens, der Spekulation, deren Wert und Bedeutung er kennt wie keiner, spotten, sie verwünschen und verabscheuen? Da er selbst in gedruckten Schriften und in jenem Schreiben auf seine Individualität sich bezieht, ist es vielleicht [in einem Schreiben an seinen Freund, das ihm selbst auf der Stelle mitgeteilt wird] erlaubt, diesen außerdem unbegreiflichen Widerstreit aus dieser Individualität zu erklären. Er lehnt den *logischen Enthusiasmus* von sich ab; mit Recht, wie ich ihn ebenfalls von mir ablehnen würde. Aber es scheint ein entgegengesetzter Enthusiasmus, den ich *den Enthusiasmus des Lebens* nennen möchte, in ihm zu wohnen, der es ihm unheimlich macht, auch nur zum Versuche vom wirklichen Leben zu abstrahieren. Dieser Enthusiasmus hängt vielleicht mit dem psychologischen Phänomen zusammen, dessen Beilage III zu den Briefen ü[ber] d[ie] L[ehre] d[es] Sp[inoza], 2. Ausg., gedacht wird. Er hat sich in früher Jugend auf dem Gebiete der Spekulation so übel befunden, daß sehr leicht von daher ein Affekt wider dasselbe bei ihm übriggeblieben sein kann."
Es muß Ihnen – daß ich hier ein Wort hinzusetze – mehr gekostet haben, als es irgendeinem Sterblichen je wieder kosten wird, Ihre tiefe Einsicht in die Geheimnisse der Spekulation zu erwerben; an welcher ich abermals, aus inniger Überzeugung, und nicht etwa bloß vor Ihnen, sondern vor

* welche ich vor dem Briefe zu lesen bitte, indem der letzte durch sie erst vollständig wird.

jedermann, mit welchem ich von Ihnen spreche, keinen Sterblichen Ihnen an die Seite setze. Und zu diesem Studio konnte Sie, meiner Meinung nach, auch nur Ihr herrschender Affekt begeistern und stärken, die Liebe des reellen, der Haß der Spekulation. Sie drangen in unser Land ein, um unsre Schwächen auszukundschaften; und dieses ist Ihnen denn gelungen – außer, daß die Verständigen unter uns nie haben sein wollen, was wir nicht sein können.
„Es bedarf", fahre ich fort an R[einhold] – „der absolutesten Apathie, um durch den transzendentalen Idealismus ebensowenig heillos zu werden, als sich an ihm zu ärgern."
Das erstere könnte der bloß logische Enthusiasmus verursachen, wenn es einen solchen geben könnte. Auf keinen Fall fürchte ich über diesen Punkt etwas vom Idealismus, ich bin des festen Glaubens, daß dieser (der tr[anszendentale] Ideal[ismus]) nie in eine heillose Seele kommt. Das letztere verursacht der Enthusiasmus des Lebens, dessen ich Sie in Verdacht habe.

Ich bin zu Ihnen in dem Verhältnisse des Alters, daß Sie ohne Zweifel Söhne haben, die älter sind als ich; Sie haben gearbeitet, wie ich es nie habe; Sie besitzen eine Erkenntnis und ein Talent, die ich aus meiner Ferne ehrerbietig anstaune: es kommt mir um dessenwillen vielleicht nicht zu, von Ihnen und zu Ihnen zu reden, wie ich es soeben getan habe. Aber, daß eben dieser Mann, dieser Jacobi, mich so hoch ehrt, mir unter den spekulativen Köpfen diesen hohen Rang anweist, muß mir zugute kommen. Und wenn ich mich an Ihnen irre, so will ich meinen Irrtum gern zurückenehmen.

Es sind noch einige Punkte, die *wirklich streitig* zwischen uns zu sein scheinen. Diese will ich nach erlangter Ruhe studieren, und ich behalte mir vor, Ihnen darüber ausführlich zu schreiben.
Nach erlangter Ruhe sage ich; denn gegenwärtig habe ich eine Haushaltung aufzuheben und mir ein Asyl zu suchen, wo ich sicher vor literarischen Tracasserien und politischen Verfolgungen, gedeckt vor den Bannflüchen der Priester und den Steinigungen der Gläubigen ausruhen und zu einer neuen Wirksamkeit in der Stille mich stärken könne.

Ich habe meine Lehrstelle nicht mehr; diejenigen, welche mein Schicksal entschieden, sagen, daß ich sie selbst aufgegeben: ich aber sage, daß man sie mir durch eine unwürdige List genommen. Mich von diesem einflußreichen Platze wegzubringen, daran hatten die Freunde der Finsternis und der Willkür schon längst alle ihre Kräfte gesetzt; sie hatten, was ich freilich vorher nicht wußte, unsrem Herzoge schon längst den Entschluß beigebracht, bei der ersten guten Gelegenheit sich meiner zu entledigen. Meine Lehre zum Vorwande zu nehmen, schämte man sich; und man protestiert auch noch jetzt feierlich dagegen, daß diese einen Einfluß auf die genommene Entschließung gehabt. Dagegen mißbrauchte man lieber mein Vertrauen, machte einen Privatbrief zu einem Aktenstück und ließ diesen Brief sagen, was man wünsch[t]e, daß er gesagt hätte.
Das Verdrießlichste bei der ganzen Sache, lieber Jacobi, ist dies, *daß nicht einmal ich selbst mit mir zufrieden sein kann.* Gegen jenes Geschlecht zwar habe ich ohne Zweifel recht; aber nicht gegen mich. Ich hatte bis ganz zuletzt jeder Versuchung, von dem Wege der strengen Förmlichkeit auf das Gebiet der geheimen Unterhandlung und Verabredung mich verleiten zu lassen, widerstanden; nur noch 8 Tage Ruhe, und sie konnten nur zu ihrer eignen Gefahr und zu ihrer eignen *offenbaren* Schande etwas gegen mich unternehmen. *Der einzige Mensch* allhier, der einige Autorität über mich gewonnen hatte, weil ich ihn für einen streng ehrlichen Mann hielt, welches er denn wohl auch großenteils ist und bleibt, verleitete mich noch ganz zuletzt, mich mit jenem Geschlechte auf ihrem eignen Felde, auf dem sie mir freilich überlegen sind, einzulassen; dies schlug gegen mich aus, wie ich hätte erwarten sollen: und nun ärgerte mich nicht der Ausgang, sondern mein Schritt.
Übrigens ersuche ich Sie und alle, die mir nicht unrecht tun *wollen,* keiner Nachricht zu glauben, bis ich selbst reden werde. Teils ist ein entscheidender Umstand, den nur *ich* und noch einige wissen, die ihn aber sicher nicht angeben werden; teils hat die Hofpartei in dieser Gegend aller Urteile nach ihrem Sinne gestimmt. Diese Umstände mögen mich über die Beschaffenheit dieses meines Briefs entschuldigen.
Leben Sie wohl, lieber, edler, teurer Mann, und erhalten Sie

mir jetzt, da der größte Teil derer, die sich bisher meine Freunde nannten, abfällt, Ihr Wohlwollen.

Fichte.

Es folgt der mir von Reinhold überschickte Diskurs des Gen[erals] Turreau[165] zurück.
[Es folgt der Text des „Fragment", wie im Brief an Karl Leonhard Reinhold, vom 22. April 1799.]

An Karl Leonhard Reinhold [Brief mit Beilage]

Jena, 22. April 1799

Allerdings, mein teuerster Freund, liegt in dem durch unsern Jacobi aufs höchste getriebnen Widerstreite der Hauptgrund der gegenwärtig eintretenden Mißverständnisse. Noch ehe ich Jacobis Schreiben erhielt, hatte ich für eine kleine Schrift, die vielleicht noch an das Licht kommt unter einer veränderten Gestalt, vielleicht auch nicht, das *Beiliegende* entworfen. (Ich sage *entworfen*, es ist erster Brouillon, und ich habe jetzt nicht Zeit oder Lust, ihm eine bessere Gestalt zu geben.)
Mein schriftstellerischer Unstern ist der, daß ich mich in die Denkart des lesenden Publikum so wenig zu versetzen weiß, daß ich immer so vieles voraussetze, als sich von selbst verstehend, das sich doch fast bei keinem von selbst versteht. – In diesem Punkte habe ich hierüber, wie mir es scheint, weniger gesündigt. In meiner Wissenschaftslehre, den Einleitungen zu derselben im „Philosophischen Journal", den Einleitungen zu meinem Naturrechte, im ersten Hauptstücke meiner Sittenlehre, und wo denn nicht? – habe ich das Verhältnis der philosophischen Ansicht zur gemeinen mit aller mir möglichen Klarheit angegeben. Ich vergaß nur das von aller bisherigen Philosophie aus fest eingewurzelte Vorurteil, nach welchem man Philosophie für Lebensweisheit hält, direkt anzugreifen.
In den gegenwärtigen Streitigkeiten über die Gotteslehre wurde dieses Mißverständnis in die Augen springend und bedeutend in seinen Folgen.
Ich kann mich bei meiner gegenwärtigen absoluten Unfähigkeit und bei meinem Ekel an allem in den bekannten

Streit Einschlagenden Ihnen vielleicht nicht deutlicher erklären als so: Ich unterschreibe Jacobis Äußerungen in ihrer ganzen Ausdehnung, habe alles, was er da sagt, längst gewußt und deutlich gedacht: und so innig es mich freut, daß Jacobi dieses treffliche Schreiben *für* mich schrieb, ebenso unbegreiflich ist es mir, wie er glauben konnte, es *gegen* mich zu schreiben. Er kennt das Wesen der Spekulation so innigst und ebenso das Wesen des Lebens; warum kann er nur nicht kalt *über beide sich erheben* und sie gegeneinanderhalten? Warum muß er *entweder* in dem Standpunkte der Spekulation gefangen sein, „so daß er sich schämt, seine Einwürfe gegen mein System vor sich selbst auszusprechen" – *oder* in einem andern Momente aus dem Standpunkte des Lebens der vollendeten Spekulation, die er selbst für solche anerkennt, spotten, sie verwünschen und verabscheuen? Da er selbst auf seine Individualität in gedruckten Schriften und in jenem Schreiben sich bezieht, so ist es vielleicht erlaubt, diesen bei der Einsicht ohne ihresgleichen unbegreiflichen Widerstreit aus seine Individualität zu erklären. Er verbittet sich den *logischen Enthusiasmus* mit Recht, ich verbitte mir ihn gleichfalls. Aber es scheint ein entgegengesetzter Enthusiasmus, den ich den des *wirklichen Lebens* nennen möchte, in ihm zu wohnen, der es ihm gar nicht erlaubt, auch nur zum Versuche kalt und gleichgültig von demselben (wirklichen Leben) zu abstrahieren, und dieser scheint aus dem psychologischen Phänomen, wovon er in der dritten Beilage zu der zweiten Auflage der „Briefe über die Lehre des Spinoza" spricht, sich erklären zu lassen. Ich glaube, gar keinen Enthusiasmus zu haben, weder den ersten noch den zweiten, und halte diese Apathie für schlechthin notwendig, um den transzendentalen Idealismus ganz zu verstehen und durch ihn nicht entweder zur Heillosigkeit verleitet oder durch ihn geärgert zu werden.

Ebendeswegen halte ich auch, teuerster, inniggeliebtester Freund, dessen Wahrheitsliebe ich tief verehre, Ihre gegenwärtige Wendung (falls ich Sie nämlich recht verstehe; Ihren Brief aber zu *studieren* ist mir gegenwärtig unmöglich) nicht für richtig und zu neuen Verirrungen führend. Es gibt, meiner innigsten Überzeugung nach, keinen Standpunkt des *Philosophierens* zwischen dem Jacobischen und dem meinigen. Jacobi wird dies leugnen, ebenso wie ich, und sein Sendschreiben enthält mehrere Stellen, die es, nur nicht mit diesen Worten, leugnen. Die kurze leichte Bemerkung, die ich soeben über den Unterschied der Spekulation und des wirklichen Lebens machte, ist höchstens eine Maxime des Philosophen, der denn doch zugleich Mensch ist und bleibt; aber *kein Teil seiner Philosophie.* Seine Philosophie ist unabhängig von seinem Leben und sein Leben von seiner Philosophie.

Teurer, darf ich ganz aufrichtig, so wie ich es verstehe, *mit* Ihnen reden, wie ich soeben *von* Jacobi redete und auch *mit* ihm reden werde? *Sie* haben vom Anfange Ihrer philosophischen Schriftstellerei an eine *praktische Wärme* im Philosophieren gezeigt (wie Jacobi sie *gegen* die Philosophie hat), die Ihnen nicht aus der Kantischen, sondern aus Ihrer *vorherigen* Philosophie kam, welche vielmehr Sie zur Kantischen, von der Sie sich einen bessern praktischen Effekt versprachen, geleitet hat. Sie haben immer die Hoffnung gehegt und hegen sie noch, die Menschen durch Philosophie zu *bessern* und zu *bekehren,* sie über ihre Pflichten in diesem Leben und über ihre Hoffnungen in jenem zu belehren. Es wird Ihnen klar, daß dies durch den wissenschaftlichen Idealismus ebensowenig als durch die vorherigen Systeme möglich ist, ja daß dieser die Verwirrung und das Skandal aufs höchste zu treiben droht; – und darum, so scheint es mir, suchen Sie diesen in der Mitte liegenden Standpunkt.

Ich hingegen glaube, einer der besondern Vorzüge des wissenschaftlichen Idealismus liege darin, daß er sich selbst wohl kennt und auf jenen erhabnen Zweck demütig Verzicht tut. Nur was aus dem Leben kommt, vermag das Leben zu bilden; aber der Idealismus ist das wahre Gegenteil des Lebens. Sein eigentlicher Zweck ist Wissen, um des Wissens willen, sein praktischer Nutzen ist nur *mittelbar, pädagogisch* im weitesten Sinne des Wortes.

Philosophie auf Denkart und Gesinnung bezogen ist mir absolut nichts. Die Frage, ob die *Philosophie* als solche atheistisch sei oder nicht, verstehe ich nicht, und sie ist mir mit der: ob ein Triangel rot oder grün, süß oder bitter sei, völlig gleichgeltend. Ich kann in der Beschuldigung des Atheismus für ein nur *wirklich philosophisches* System, wofür ich das meinige halte, keinen Sinn finden als den: *sie begründe eine Pädagogik* (Religionslehre), *die atheistisch sei, sie führe zu einer atheistischen Denkart.* Wie es sich damit in Absicht meines Systems verhalte, das dürften wohl vorderhand noch äußerst wenige Personen angeben können. Es ist ein Verstoß, worüber man, so Gott will, nach einigen Jahren lächeln wird, daß man schon jetzt meine Philosophie in dieser Rücksicht [hat] beurteilen wollen, und daß es – totale Unphilosophen wollten. Es ist ein Schicksal, das denn ohne Zweifel seine heilsamen Folgen haben wird, daß diese Sache ganz gegen meine Neigung und Plan schon jetzt zur Sprache gekommen. Ein *Schicksal* sage ich. Ich wollte den Forbergischen Aufsatz nicht aufnehmen und *widerriet* ihm als *Freund* dessen Bekanntmachung. Forberg ließ sich nicht raten. Als *Herausgeber,* und insofern *Zensor,* die Aufnahme pro auctoritate zu *verweigern,* ist gegen meine Grundsätze, die so fest sind, daß ohnerachtet dieses Ausgangs der Sache ich doch ähnlichen Aufsätzen die Aufnahme nie verweigern würde.

Ich wollte den Aufsatz mit Noten unter Forbergs Texte versehen. Forberg verbat sich dies, und in diesem einzigen Stücke war ich vielleicht nicht vorsichtig genug. Ich faßte, was ich in den Noten sagen wollte, in einem eignen Aufsatz zusammen: und dieser Aufsatz hatte diesen Erfolg.

Ich habe nämlich meine Stelle – wie soll ich sagen? – verloren oder aufgegeben. Man hat sich dabei auf eine unbegreifliche Weise betragen, welche zu erzählen hier zu weitläuftig sein würde. In kurzem wird die Geschichte dem ganzen Publikum bekannt sein. Mir tut es weh, daß ich nicht sagen kann: ich habe ganz recht, und jenes Geschlecht ganz unrecht. Gegen sie freilich habe ich volles Recht; aber nicht vor mir selbst. Ich hätte mich mit ihnen nicht auf ihrem Felde einlassen sollen; und darum geschieht mir ganz recht daran, daß sie mich überlistet haben.

Jedoch – so viel zu Ihrer Beruhigung – *als Atheist* werde ich nicht vertrieben.

Ich habe Aktenstücke zu sammeln und zu ordnen; ich habe meine häuslichen Angelegenheiten in Ordnung zu bringen; ich habe ein Asyl zu suchen, in welchem ich einige Zeit *ganz unbekannt,* sicher vor literarischen und politischen Neuigkeiten, vor denen ich einen unüberwindlichen tödli-

chen Ekel habe, und gedeckt vor den Bannstrahlen der Priester und den Steinigungen der Gläubigen, eine Muße genießen könne, die für meine Selbstbildung nicht verloren sein soll.
Ich werde jedoch höchstwahrscheinlich noch so lange hier aushalten *müssen* (es ist ein hartes *Muß*, denn Sie können es sich kaum denken, wie man sich gegen mich beträgt), daß ich von Ihnen noch einen Brief erhalten und Ihnen zurückschreiben könne.
Wegen der Ferienzeit bitte ich Sie unbesorgt zu sein. Ich habe nun Ferien auf immer.
Ich habe nichts dagegen, daß Ihr Schreiben an mich bis S. 19 abgedruckt werde. – *Lavater* hat auch an mich geschrieben. Jenes gemeinschaftliche Mißverständnis über die wahre Bedeutung der Philosophie abgerechnet, hat er auch noch einen Autoritätsglauben an Jesus, Paulus usw., noch eigentlicher an seine „Züricher Bibeldolmetschung", der mir es unmöglich macht, seine Begriffe zu berichtigen. Ich habe ihm nur kurz geantwortet, daß er mich eben nicht verstünde, und ihm eine ausführlichere Antwort versprochen, welche ich ihm nunmehro wohl, bei meinem Ekel gegen diese ganze Materie, werde schuldig bleiben müssen.
Gruß, innige Hochachtung und treue Liebe.

Fichte.

P. S. Der Senat hat keinen Schritt getan, um mich der Universität zu erhalten, wohl aber haben, wie ich soeben vernehme, die Studierenden sich in Unterhandlung mit dem Hofe gesetzt und ihm sehr zugesetzt.
Sollte Ihnen von hier aus oder irgendwoher, da man es doch nur von hier aus haben könnte, die Erzählung meiner Demission geschrieben werden, so glauben Sie nichts, schlechterdings *keinem*. Teils ist ein Hauptumstand keinem bekannt, wird es durch mich auch nicht werden; ich kann nur so viel sagen: hier ist eine Lücke, die ich nicht füllen kann. Teils hat der Hof durch seine Emissarien alles Urteil getrübt und bestochen. Nur von Studenten habe ich richtig urteilen hören, die doch der eigentlich verletzte Teil sind und sich dafür halten.

Nachschrift.

Soeben erhalte ich Ihren Brief[166] v. 16. April. Außer den von Jacobi zitierten Stellen des Phil[osophischen] Jour[nals] könnte wohl noch näher Forberg, Phil[osophisches] Jour[nal] 97, siebentes Heft, S. 220[167], Veranlassung zu dieser sonderbaren Zitation des Generals gegeben haben. Da steht nun *meine* Rechtfertigung gleich dabei in der untenstehenden, von mir notwendig gefundenen und verfaßten Note.
Ich halte diesen Vorfall doch nicht für so bedenklich. Teils wird diese Rede in Deutschland nicht sehr bekannt werden. Jacobi wird sie nicht, ebensowenig als das vom General gegen seinen Sohn Gesprochne, verbreiten.
Daß in dem Forbergischen Aufsatze[168] der Kantische wahre skeptische Atheismus durchsehe, muß allerdings *dem Kenner* gestanden werden; u. darauf zielte eben mein Ausdruck in der Vorrede: F[or]b[er]g sei meiner Überzeugung nicht sowohl entgegen, als daß er sie *nicht erreiche.* In meiner gerichtlichen Verantwortungsschrift habe ich mich über die schlimmste Stelle F[or]b[er]gs erklärt; so deutlich, als ich es konnte, ohne F[or]b[er]g, gegen den ohnedies alles sich richtet, u. welchem man alle Schuld beimessen möchte, bürgerlich zu schaden. – Erklären *Sie* sich doch darüber. Daß das Kantische *als ob* ganz gegen mein System ist, ist wahr u. klar.
Was ich oben über Ihre gegenwärtige philosophische Tendenz gesagt, ist nicht sowohl so zu verstehen, als ob das, was mir nicht ganz gegründet scheint, schon jetzt sich klar äußerte, als aus Befürchtung, daß es Sie in Zukunft auf Abwege führen möchte. Vielleicht verstehe ich Sie auch nicht recht, u. Sie sind mit der Beilage, die *meine ganze Überzeugung über diesen Punkt* enthält, einverstandner, als ich geglaubt habe. Ich schreibe mit derselben Post an Jacobi ganz kurz; ohngefähr dasselbe, was ich Ihnen geschrieben, schicke ihm auch die Beilage; u. sende ihm den Diskurs des Generals zurück.
Ich empfehle mich Ihrer Liebe u. versichere Sie der wärmsten Gegenliebe u. Hochachtung.

Fichte

Ich muß an das Wesen der Transzendentalphilosophie wieder erinnern und ersuche das philosophische Publikum, diese Erinnerung die letzte sein zu lassen.
Es gibt zwei sehr verschiedene Standpunkte des Denkens; den des natürlichen und gemeinen, da man UNMITTELBAR OBJEKTE DENKT, und den des vorzugsweise sogenannten künstlichen, da man mit Absicht und Bewußtsein sein DENKEN selbst denkt. Auf dem ersten steht das gemeine Leben und die *Wissenschaft* (materialiter sic dicta), auf dem zweiten die Transzendentalphilosophie, die ich eben deswegen Wissenschafts*lehre*, Theorie und Wissenschaft alles Wissens (keineswegs aber selbst ein reelles und objektives Wissen) genannt habe. Die philosophischen Systeme vor Kant kannten großenteils ihren Standpunkt nicht recht und schwankten hin und her zwischen den beiden soeben angegebenen. Das unmittelbar vor Kant herrschende Wolfisch-Baumgartensche System stellte sich mit seinem guten Bewußtsein in den Standpunkt des gemeinen Denkens und hatte nichts Geringeres zur Absicht, als die Sphäre desselben zu erweitern und durch die Kraft seiner Syllogismen neue Objekte des natürlichen Denkens zu erschaffen.
Diesem Systeme ist das unsrige darin gerade entgegengesetzt, daß es die Möglichkeit, ein für das Leben und die (materielle) Wissenschaft gültiges Objekt durch das bloße Denken hervorzubringen, gänzlich ableugnet und nichts für reell gelten läßt, *das sich nicht auf eine innere oder äußere Wahrnehmung gründet.* In dieser Rücksicht, inwiefern die Metaphysik das System reeller durch das bloße Denken hervorgebrachter Erkenntnisse sein soll, leugnet z. B. Kant, und ich mit ihm die Möglichkeit der Metaphysik gänzlich; er rühmt sich, dieselbe mit der Wurzel ausgerottet zu haben, und es wird, da noch kein verständiges oder verständliches Wort vorgebracht worden, um dieselbe zu retten, dabei ohne Zweifel auf ewige Zeiten sein Bewenden haben.
Unser System, indem es die Erweiterungen anderer zurückweiset, läßt sich ebensowenig einfallen, selbst an seinem Teile das gemeine und allein reelle Denken erweitern zu wollen: sondern es will dasselbe lediglich erschöpfend umfassen und darstellen. – Unser philosophisches *Denken* be-

deutet nichts und hat nicht den mindesten Gehalt; nur das in seinem Denken *gedachte* Denken bedeutet und hat Gehalt. Unser philosophisches Denken ist lediglich das Instrument, durch welches wir unser Werk zusammensetzen. Ist das Werk fertig, so wird das Instrument als unnütz weggeworfen.

Wir setzen vor den Augen der Zuschauer das Modell eines Körpers aus den Modellen seiner einzelnen Teile zusammen. Ihr überfallt uns mitten in der Arbeit und ruft: Seht da das nackte Gerippe; soll nur dies ein Körper sein? – Nein, gute Leute, es soll kein Körper sein, sondern nur sein Gerippe. – Nur dadurch wird unser Unterricht verständlich, daß wir einzeln Teil an Teil, einen nach dem andern, anfügen; und deswegen allein haben wir die Arbeit unternommen. Wartet ein wenig, so werden wir dieses Gerippe mit Adern und Muskeln und Haut bekleiden.

Wir sind jetzt fertig, und ihr ruft: nun so laßt doch diesen Körper sich bewegen, sprechen, das Blut in seinen Adern zirkulieren; mit einem Worte: laßt ihn leben! Ihr habt abermals unrecht. Wir haben nie vorgegeben, dies zu vermögen. Leben gibt nur die *Natur*, nicht die *Kunst*; das wissen wir sehr wohl und glauben gerade dadurch vor gewissen andern Philosophien zu unserm Vorteile uns auszuzeichnen, daß wir es wissen. – Wenn wir irgendeinen Teil anders bilden, als er in der wirklichen Natur ist, irgendeinen hinzutun, irgendeinen mangeln lassen, dann haben wir unrecht; und darauf müßt ihr sehen, wenn ihr uns einen verständigen Tadel oder Lob erteilen wollt.

Der lebendige Körper, den wir nachbilden, ist das *gemeine reelle Bewußtsein*. Das allmählige Zusammenfügen seiner Teile sind unsre *Deduktionen*, die nur Schritt für Schritt fortrücken können. Ehe nicht das ganze System vollendet dasteht, ist alles, was wir vortragen können, nur ein Teil. Die Teile, auf welche dieser letztere sich stützt, müssen freilich schon vor euch liegen; sonst haben wir keine Methode; aber es ist nicht notwendig, daß sie in derselben Schrift vor euch liegen, die ihr jetzt eben leset; wir setzen euch als bekannt mit unsern vorherigen Schriften voraus. Wir können nicht alles auf einmal sagen. – Was aber auf den jetzt eben euch vorgelegten Teil *folge*, das habt ihr zu erwarten; falls ihr nicht etwa es selbst zu finden versteht.

Wenn wir aber auch, und *wo* wir vollendet haben und bis zum *vollständigen reellen und gemeinen Denken* fortgerückt sind (wir haben es in mehrern Religionen des Bewußtseins, nur noch nicht in der Religionsphilosophie), ist dasselbe, *so wie es in unsrer Philosophie vorkommt,* doch selbst kein reelles Denken, sondern nur eine *Beschreibung* und *Darstellung* des reellen Denkens.

Ausdrücklich und ganz bestimmt durch das *Nichtphilosophieren,* d.h. dadurch, daß man zur philosophischen Abstraktion sich entweder nie erhoben hat oder von der Höhe derselben sich wieder in den Mechanismus des Lebens herabläßt, *entsteht uns alle Realität;* und umgekehrt, so wie man sich zur reinen Spekulation erhebt, *verschwindet diese Realität notwendig,* weil man sich von dem, worauf sie sich gründet, dem Mechanismus des Denkens, befreit hat. Nun ist das *Leben* Zweck, keineswegs das Spekulieren; das letztere ist mir Mittel. Und es ist nicht einmal Mittel, das Leben zu *bilden,* denn es liegt in einer ganz andern Welt, und was auf das Leben Einfluß haben soll, muß selbst aus dem Leben hervorgegangen sein. Es ist nur Mittel, das Leben zu *erkennen.*

Worin man befangen ist, was man selbst ist, das kann man nicht erkennen. Man muß aus ihm herausgehen, auf einen Standpunkt außerhalb desselben sich versetzen. Dieses Herausgehen aus dem wirklichen Leben, dieser Standpunkt außerhalb desselben ist die Spekulation. Nur inwieferne es diese zwei verschiedene Standpunkte gab, diesen höhern über das Leben neben dem des Lebens, ist es dem Menschen möglich, sich selbst zu erkennen. Man kann leben und vielleicht ganz gemäß der Vernunft leben, ohne zu spekulieren; denn man kann leben, ohne das Leben zu erkennen; aber man kann nicht das Leben erkennen, ohne zu spekulieren.

Kurz – die durch das ganze Vernunftsystem hindurchgehende, auf die ursprüngliche Duplizität des Subjekt – Objekt sich gründende Duplizität ist hier auf ihrer höchsten Stufe. Das LEBEN *ist die* TOTALITÄT *des* OBJEKTIVEN VERNUNFTWESENS; *die* SPEKULATION *die* TOTALITÄT *des* SUBJEKTIVEN. *Eins ist nicht möglich ohne das andere: das* LEBEN, *als tätiges Hingeben in den Mechanismus, nicht* OHNE DIE TÄTIGKEIT UND FREIHEIT *(sonst Spekulation), die sich hingibt; kommt sie auch gleich nicht bei jedem Individuo zum deutlichen Bewußtsein; die* SPEKULATION *nicht ohne* DAS LEBEN, VON WELCHEM SIE ABSTRAHIERT. *Beide, Leben und Spekulation, sind nur durch einander bestimmbar.* LEBEN *ist ganz eigentlich* NICHTPHILOSOPHIEREN; PHILOSOPHIEREN *ist ganz eigentlich* NICHT-LEBEN; *und ich kenne keine treffendere Bestimmung beider Begriffe als diese. – Es ist hier eine vollkommene Antithesis, und ein Vereinigungspunkt ist ebenso unmöglich als das Auffassen des X, das dem Subjekt–Objekt, Ich, zugrunde liegt; außer dem Bewußtsein des wirklichen Philosophen, daß es für ihn beide Standpunkte gebe.*

An Franz Wilhelm Jung [Abschrift]

Jena, 10. Mai 1799

Ich lege Ihnen das Innerste meiner Gesinnungen dar, edler Freund; teils um meine Denkart vor Ihnen selbst zu rechtfertigen, teils um mir an Ihnen auf jedes künftige Eräugnis einen unverwerflichen Zeugen derselben zu verschaffen. Der Zweck des durch Sie gesuchten Passes war *nicht*, in die Dienste der Fr.[änkischen] Rep.[ublik] zu treten. Ich wollte ihn dazu brauchen, um über das Gebiet derselben nach Helvetien zu reisen, wohin ich durch denselben jungen Mann, der auch Ihnen meinen Brief übergeben, geschrieben hatte; oder, falls diese Hoffnung mich täuschte, mir irgendwo ein Plätzchen auf dem linken Rheinufer suchen, wo ich in ruhiger Muße und Stille meine Transzendentalphilosophie weiter ausarbeiten könnte. Auch sollte er nur im Falle der äußersten Not gebraucht werden. Ich wollte, in welchem Lande es auch sei, mich auf einige Jahre gänzlich vor dem Publikum zurückziehen; auch nicht einmal etwas drucken lassen, sondern lediglich für mich selbst arbeiten. – Nämlich, ohnerachtet es bei keinem vernünftigen Menschen streitig sein kann, daß die *Prinzipien*, auf denen die Fränkische und die nach ihrem Muster gebildeten Republiken ruhen, die einzigen sind, bei denen die Würde der Menschheit besteht, so hat doch bisher auch dies klar am Tage gelegen, daß durch Inkonsequenz von beiden Seiten die *Praxis* der beiden entgegengesetzten Parteien einander gar ähnlich wird; ja die republikanische oft noch ärger erscheint. In dieser Lage der Sachen mußte ich es für ein

Wagstück halten, mich ohne die äußerste Not der Republik anzuvertrauen.
Diese äußerste Not findet nicht statt. Freunde von Einfluß arbeiten für mich, und sie werden wahrscheinlich nicht ohne Erfolg arbeiten.
Wohl aber hat durch die Greueltat zu Rastatt[169] sich meine Ansicht der Dinge völlig umgeändert. Der Despotismus wird nun konsequent. Er hat sich durch die russischen Erklärungen, durch diese Greueltat, u. wodurch nicht? – in die absolute Notwendigkeit versetzt, jede Äußerung der Vernunft und des Gefühls zu unterdrücken. Es ist klar, daß von nun an nur die Fr.[anzösische] Rep.[ublik] das Vaterland des rechtschaffnen Mannes sein kann, nur dieser er seine Kräfte widmen kann, indem von nun an nicht nur die teuersten Hoffnungen der Menschheit, sondern sogar die Existenz derselben an ihren Sieg geknüpft ist. Die Fr.[anzösische] Nation hat jetzt eine Erinnerung bekommen, über welche hinaus es keine gibt, von ihrem Schlafe zu erwachen. Die Bessern werden einsehen, wodurch man sich in die Möglichkeit versetzt hat, so behandelt zu werden. Wenn dieses Blut nicht die Sache der Republik und mit ihr die der ganzen Menschheit fest gründet, so ist dann freilich weiter keine Hülfe.
Kurz, teurer verehrter Mann und einziger Beamter der Republik, mit welchem ich in Verbindung stehe; ich übergebe mich hierdurch feierlich mit allem, was ich kann und vermag, in die Hände der Republik; nicht, um bei ihr zu gewinnen, sondern um ihr zu nützen, wenn ich kann.
Und was kann ich? Wissenschaft ist nicht das nächste, dessen sie bedarf. Diese erwartet bessere Zeiten. Jetzt bedarf sie schreckende Rache und eine Superiorität, vor der der Feind nur bebe. Haben die Gewalthaber Frankreichs je im Ernste geglaubt, daß ihre Gegenpartei sich durch Politik, Vernunft, Menschlichkeit werde bewegen lassen, einige Rücksichten gegen sie zu beobachten, so werden sie doch wohl nun ihres Irrtums innewerden. Dies ist ein Krieg der Prinzipien. Nur die furchtbarste Überlegenheit kann der Republik Ruhe und Existenz verschaffen.
Ich habe nur ein Mittel in der Hand, für diesen Zweck mitzuarbeiten: *Schriftstellerei.* Vielleicht ist es, zumal nun und durch das rechtliche Verfahren der Republikaner unter-

stützt, wenigstens *nicht widersprochen*, nicht unmöglich, den verblendeten Deutschen die Augen aufzureißen.
Ich werde, sobald es mir möglich sein wird – ich denke in 8–12 Tagen – nach Frankfurt, im strengsten Inkognito, abreisen und Ihnen von meiner Ankunft Nachricht geben; wie Sie in Ihrem Schreiben vom 10. Fl.[oreal], das ich ehegestern erhalten, wünschen.
Vom Justizminister *Lambrechts*[170] ist nichts an mich gelangt, und es ist mir lieb. Es ist meinem Herzen unendlich wohltätig, in diese ganz neue Lage meines Lebens, welche anzutreten mir viel Überwindung gekostet und wozu es der gewaltsamen Erschütterung durch die ungeheuerste Greueltat in der Weltgeschichte bedurfte, an der Hand eines von mir so innig verehrten Mannes wie Sie, und eines Freundes, auf dessen Wohlwollen sowohl als Weisheit ich das unbedingteste Vertrauen setze, eingeführt zu werden.

Fichte.

An Karl Leonhard Reinhold

Jena, 22. Mai 1799

So laß uns denn, Lieber, diese beschwerliche tertiam pluralis unter uns abtun. Unsere Köpfe sind einig; unsere Herzen werden immer inniger zusammenfließen. Billig reden Brüder einander auch an, wie Brüder.
Meine Frau hat sich die Gelegenheit, da sie meinen letzten Brief an Dich zu kouvertieren hatte, genommen, um das Bedrängnis ihres Herzens in das Deinige auszuschütten. Sie sagte mir dies erst den Tag darnach, da der Brief abgegangen war, und ich würde ihr diesen Schritt kaum haben verzeihen können, wenn es an einen andern Sterblichen gewesen wäre, außer an Dich, der Du dieses schöne Zutrauen einer kunstlosen Seele durch Dein Antwortschreiben geehrt hast.
Um zuerst auf diesen Punkt einzugehen, muß ich Dir die gegenwärtige Stimmung meines Kopfes u. Herzens mit aller Klarheit, mit der ich es vermag, darlegen.
Inniger Widerwille gegen das sogenannte gelehrte Publikum und sein ganzes Wesen – nicht gegen die Menschen; von diesen *denke* ich im ganzen schlecht genug, *handle* aber

immer, als ob ich wirklich glaubte, daß sie etwas taugten, und soeben betrogen, gebe ich mich wieder dem ersten, der mich bis jetzt noch nicht betrogen hat, unbefangen hin und fange an, überzeugt zu werden, daß ich über diesen Punkt unverbesserlich bin – Ermattung und Ekel bestimmten mich zu dem Dir schon mitgeteilten Entschlusse, für einige Jahre ganz zu verschwinden. Ich war, meiner damaligen Ansicht der Sachen nach, sogar überzeugt, daß diesen Entschluß die Pflicht fodere; indem bei der gegenwärtigen Gärung ich ohnedies nicht gehört werden und die Gärung nur ärger machen würde, nach ein paar Jahren aber, wenn die erste Befremdung sich gelegt, ich mit desto größerem Nachdrucke sprechen würde.
Ich denke jetzt anders. Ich darf jetzt nicht verstummen; schweige ich jetzt, so dürfte ich wohl nie wieder ans Reden kommen. – Es war mir seit der Verbindung Rußlands mit Österreich schon höchst wahrscheinlich, was mir nunmehro durch die neusten Begebenheiten und besonders seit des gräßlichen Gesandtenmords (über den man hier jubelt, und über welchen *Schiller* u. *Goethe* ausrufen: so ist's recht, diese Hunde muß man totschlagen) völlig gewiß ist, daß der Despotismus sich von nun an mit Verzweiflung verteidigen wird, daß er durch Paul[171] u. Pitt[172] konsequent wird, daß die Basis seines Plans die ist, die Geistesfreiheit auszurotten, und daß die Deutschen ihm die Erreichung dieses Zwecks nicht erschweren werden. (Glaube z. B. nicht, daß der Weimarische Hof geglaubt hat, der Frequenz der Universität würde durch meine Gegenwart geschadet werden; er weiß zu wohl das Gegenteil. Er hat zu Folge des allgemeinen, besonders von Kursachsen kräftigst ergriffenen Plans mich entfernen *müssen. Burscher* in Leipzig, ein Eingeweihter dieser Geheimnisse, ist schon gegen Ende des vorigen Jahres eine ansehnliche Wette eingegangen, daß ich zu Ende dieses Jahrs Exulant sein würde. Voigt ist durch Burgsdorff schon längst gegen mich gewonnen gewesen. Vom Departement der Wissenschaften zu Dresden ist bekanntgemacht worden, daß keiner, der sich auf die neuere Philosophie lege, befördert werden, oder wenn er es schon ist, weiterrücken solle. In der Freischule zu Leipzig ist sogar die – Rosenmüllerische Aufklärung bedenklich gefunden; Luthers Katechismus ist neuerlich dort wieder eingeführt, und

die Lehrer sind von neuem auf die symbolischen Bücher konfirmiert worden. Das wird weitergehn und sich verbreiten. Ich bin z. B. erbötig, jede beliebige Wette einzugehen, daß unser *Paulus* sich kein Jahr mehr hier erhalten wird.)

Von Preußen, auf welches man etwa seine Augen richten könnte, kann nur der Ununterrichtete Schutz erwarten. Ich weiß aus den sichersten Quellen, daß man am dortigen Hofe so argwöhnisch und so finster denkt als an irgendeinem Hofe in der Welt: und was läßt sich von der Aufklärung einer Nation erwarten, deren Repräsentant in jeder Rücksicht Nicolai ist. Was über die Ableugnung der Persönlichkeit der dritten Person in der Gottheit und der Existenz des Teufels hinausliegt, ist ihnen böhmisches Dorf.

In summa; es ist mir gewisser als das Gewisseste, daß wenn nicht die Franzosen die ungeheuerste Übermacht erringen und in Deutschland, wenigstens einem beträchtlichen Teile desselben, eine Revolution durchsetzen; in einigen Jahren in Deutschland kein Mensch mehr, der dafür bekannt ist, in seinem Leben einen freien Gedanken gedacht zu haben, eine Ruhestätte finden wird. – Es ist mir also gewisser als das Gewisseste, daß, fände ich auch jetzt irgendwo ein Winkelchen, ich doch in einem, höchstens in zwei Jahren wieder fortgejagt werden würde; und es ist gefährlich, sich an mehrern Orten fortjagen zu lassen; dies lehrt historisch Rousseaus Beispiel. Warum soll ich nicht sogleich dahin gehen, wohin ich ohnedies in einiger Zeit werde ausgestoßen werden?

Gesetzt, ich schweige ganz, schreibe nicht das geringste mehr; wird man mich unter dieser Bedingung ruhig lassen? Ich glaube das nicht; und gesetzt, ich könnte es von den Höfen hoffen, wird nicht die *Geistlichkeit*, wohin ich mich auch wende, den Pöbel gegen mich aufhetzen, mich von ihm steinigen lassen und nun – die Regierungen bitten, mich als einen Menschen, der Unruhen erregt, zu entfernen? Aber darf ich denn schweigen? Nein, das darf ich wahrlich nicht; denn ich habe Grund zu glauben, daß, wenn noch etwas gerettet werden kann des deutschen Geistes, es durch mein Reden gerettet werden kann und durch mein Stillschweigen die Philosophie ganz und zu früh zugrunde gehen würde. Denen ich nicht zutraue, daß sie mich

schweigend würden existieren lassen, traue ich noch weniger zu, daß sie mich werden reden lassen.
Aber ich werde sie von der Unschädlichkeit meiner Lehre überzeugen; sie werden sich ihrer Scheu vor derselben schämen? – Lieber Reinhold, wie Du nur [?] so gut von diesen Menschen denken kannst! Je klärer ich werde, je unschuldiger ich erscheine, desto schwärzer werden sie; und desto größer wird überhaupt mein wahres Vergehen. Ich habe nie geglaubt, daß sie meinen vorgeblichen Atheismus verfolgen; sie verfolgen in mir einen Freidenker, der anfängt, sich *verständlich* zu machen (Kants Glück war seine Obskurität) und einen verschrienen Demokraten; es erschreckt sie, wie ein Gespenst, die Selbständigkeit, die, wie sie dunkel ahnen, meine Philosophie weckt. – Doch, warum sage ich Dir dies? Wer hat es stärker gesagt als Du selbst in den Paradoxien[173] pp?
Nur *den* Grund könnte ich haben, *unausgestoßen* nicht dorthinzugehen, um selbst die nicht Scharfsinnigen zu überzeugen, daß ich *mußte*. Und wo soll ich unterdessen bleiben. Im *Rudolstädtischen?* Teils könnte ich dies nur unter der Bedingung, daß ich schweige; welches ich nun nicht mehr will noch kann; teils kann ich es nun selbst unter dieser Bedingung nicht; denn hat es mir denn nicht der Fürst durch seinen Geheimen Rat rund abschlagen lassen? Im *Preußischen?* Das Königreich Preußen ist mir zu entfernt, zu kalt; im Brandenburgischen kann ich nicht leben; in den Fränkischen Provinzen wird die Geistlichkeit mich durch den Pöbel steinigen lassen; darauf gehe ich jede beliebige Wette ein. – Auf das *Holsteinische* bin ich wohl auch gefallen; es war mir kein unwichtiger Bewegungsgrund, Dich und Jacobi dort zu wissen, und meiner Frau Brief ist ohne Zweifel aus einigen mir darüber entfallnen Winken entstanden. Aber – die Teurung abgerechnet, die ich wohl kannte und der ich allerdings aus dem Wege gehen muß – ist Dir wohl bekannt, was ich aus sichern Quellen weiß, daß Rußland ein Auge auf dieses Land geworfen hat, und daß man allgemein glaubt, es werde dasselbe, zur Belohnung der großen Verdienste, die es sich gegenwärtig um Europa erwirbt, abgetreten erhalten? Es ist nicht daran zu denken, daß Paul mich dort dulde, nachdem es seinem Zepter unterworfen ist; es ist nicht daran zu denken, daß er mich dort dulde,

wenn er es auch nur künftig seinem Zepter zu unterwerfen gedenkt. Ich habe mir bisher dazu gratuliert, daß Paul von meiner Existenz nichts zu wissen scheint. Erführe erst dieser von mir – und von Holstein aus wäre dies am ersten zu erwarten –, so könnte es mir noch übler ergehen als jetzo, da ich nur von Wurmb und Burgsdorff u. Friedrich August gekannt zu sein die Ehre habe. Ferner – kann und wird der König von Dänemark oder gar der Rat von Altona mich schützen z. B. gegen *kursächsische* Requisitionen. Glaube nur, daß es dem Dresdner Ministerio rechter Ernst ist, mich zu verfolgen. Sie haben in Berlin die Sache mit einem acharnement ohnegleichen betrieben. Und jetzt, da meine gerichtliche Verantwortungsschrift publiziert wird, die ihnen nicht zu sonderlicher Ehre gereicht!
Kurz; ich glaube festiglich, daß ich ohne den besondern Schutz eines Fürsten nirgends auf deutschem Boden sicher bin.
Dazu kommt, daß ich noch in einer andern Rücksicht einen solchen besondern Schutz – es ist schlimm genug, daß ein ehrlicher Mann in Lagen kommen kann, da er dessen bedarf, aber *ich* habe mich dessen nicht zu schämen, da ich es nicht bin, der eine solche Einrichtung getroffen – wünschen muß. Dem großen Haufen ist durch die Autorität imponiert, die gegen mich entschieden hat; ich möchte, daß man ihm durch dieselbe Autorität imponieren könnte, daß er mich wenigstens anhörte.
Da ist mir denn nun ein Einfall gekommen, auf den ich nicht eben viel setze, dessen Ausführbarkeit ich nicht einmal beurteilen kann; den ich aber Dir zur Prüfung, und wenn Du ihn geraten und ausführbar findest, zur Ausführung vorlege.
Der Herzog v. Augustenburg hat ja den Ruhm, für Wissenschaften u. Gelehrte sich zu interessieren, er hat an Baggesen, an Schiller viel gewendet, und man hält dafür, daß er mit Dir in enger Verbindung stehe und [an] Deinem Plane „des Einverständnisses“ teilhabe. Sollte nicht etwa dieser, wenn ihm der Gedanke unter den Fuß gegeben würde, sich entschließen, mir einen Aufenthalt auf seinen Domänen, einen scheinbaren *Auftrag* mit oder ohne Titel, und dadurch seinen besondern Schutz, als seinem Diener, zu geben; um etwa das zu sein, was der Prinz v. Conti dem ver-

folgten Rousseau wurde? Ich glaube, das Attachement an die Person eines Fürsten schützt, durch die Achtung, die sie denn doch gegenseitig füreinander affektieren, vor den Requisitionen der übrigen. Um das Ermessen dem Herzoge zu erleichtern, müßte ihm freilich meine Verantwortungsschrift und das beiliegende Schreiben mitgeteilt werden, nebst dem *Versprechen* von meiner Seite, daß ich in der Konfiskations-, Requisitions- und Demissionsstreitigkeit nichts weiter schreiben, sondern lediglich spekulative Schriften herausgeben würde. – So würde ich wenigstens auf einige Zeit Ruhe, Sicherheit und die Muße erhalten, mein System zu größerer Verständlichkeit zu erheben; wenn ich auch etwa, woran ich nicht zweifle, in einigen Jahren doch wieder verjagt würde.
Ich rechne, bis Johannis in Jena zu sein; und bis dahin ließe sich etwas in der Sache tun. Sollte sich Hoffnung zeigen, etwas auszuführen, so könnte ich auch wohl meinen hiesigen Aufenthalt deshalb verlängern.
Sollte dieser Plan oder ein ähnlicher, der mich des besondern Schutzes eines Fürsten versichert, nicht ausführbar sein, so sehe ich keinen Weg als den nach Frankreich. Möge es andern unentschieden sein, ob ich in Deutschland sicher bin; *ich halte mich nicht für sicher.* Diese Meinung stört die Ruhe der Seele, deren ich bedarf zu meinen Arbeiten; u. sie wird sogar ein Grund zur wirklichen Unsicherheit.
Es kann nicht leicht jemand von den Franzosen u. den republikanisierten Deutschen schlimmer denken denn ich. Aber es ist leider dahin gekommen, daß jeder Biedermann wünschen muß, daß, so schlimm auch die *Praxis* derselben ist, sie doch um ihrer *Prinzipien* willen den Sieg davontragen möchten. – Ich habe mich genug gesträubt und sträube mich noch, wie Du aus meinem obigen Vorschlage siehst, der Notwendigkeit, die mich zu ihnen stößt, nachzugeben; aber ich werde zuletzt denn doch wohl müssen.
Und was ist es denn; ist nicht vielleicht die Gefahr dabei mehr eine eingebildete als reelle? Gerade weil ich diese Menschen so durchaus zu kennen glaube, und nicht – achte, weil mein Schicksal schon seit langen Jahren mich ihnen zuzuwerfen droht, und ich stets widerstanden habe, weil ich seit langen Jahren genötigt bin, über das Betragen mit ihnen nachzudenken: bin ich für dieses Betragen reich-

licher mit Maximen u. Vorsätzen ausgerüstet als für irgendein anderes, und ich kann sicher erwarten, mich mit ihnen auf einen Fuß zum Auskommen zu setzen. Dazu kommt, daß ich es zunächst mit einem ehrlichen biedern Deutschen[174] zu tun bekomme, der mein Freund war, ehe er ein Neufranke wurde, und der bis diese Stunde in seinen höchst freimütigen Briefen zeigt, daß er mehr *mein* Freund ist als der *ihrige*. – Eigentliche Anträge habe ich gegenwärtig von daher nicht; aber es sind schon die Anstalten getroffen, mich mit Triumph zu empfangen.
Aber ein solcher Schritt wird meiner Reputation; er wird der guten Sache schaden? Wir müssen es ja so mit Vorurteilen aller Art aufnehmen; warum nicht auch mit diesem, das unter denen, die wir bekämpfen, bei weitem noch nicht das hartnäckigste ist?

Es folgt hiebei das versprochne Schreiben. Möge dieses alles zu Deiner Befriedigung und zur Befriedigung meiner übrigen Freunde aufklären! Der Punkt, über den ich Stillschweigen gelobt habe, betrifft die bedeutenden Kollegen, die sich erträglich honett, nur nicht stark, benommen haben. Durch mich soll den guten Seelen kein Schade zugefügt werden.
Edel hat in meiner Sache *Schelling* (der nicht unter die *Versprecher* gehörte) sich genommen. Infam *Schiller*. Schwach u. zum Teil niederträchtig der Jurist *Hufeland* und *Schütz* – nicht etwa in Absicht dessen, was meine Frau erwähnt hat; dieser Kleingeisterei lache ich, sondern noch durch ganz andere positive Taten. – Überhaupt scheint es mir aus mehrern Deiner Bemerkungen, daß seit Deinem Abgange von Jena die herrschende Denkart sich sehr verändert haben muß. Jetzt herrscht durchgängig Courmacherei, Sklavensinn, Abhängigkeit von dem Winke des geringfügigsten Herrscherlings.
Ich hoffe, daß das Schreiben mit der gehörigen Kälte und Unparteilichkeit abgefaßt, werde befunden werden. Dies hat mir nicht die geringste Überwindung gekostet. Ungerechtigkeiten gegen meine Person empören mich gerade am wenigsten. – Doch kann es *Jensen* u. *Jacobi* vorgelegt werden, wenn Du es so gut findest – ich gebe Dir überhaupt

die unumschränkteste Vollmacht darüber – und durch die Absendung an den letztern kein Aufenthalt erfolgt.
Jensen aber könnte mir einen andern, mir scheint's wichtigen, Dienst tun. – Es ist mir durch den G[eheimen] H[of]r[at] v. Eckart allhier geraten worden, ein *Privat-* (wie es *Henke* einst in der Streitigkeit mit *Hurlebusch* tat) *juristisches Gutachten* einzuholen und es mit meiner Relation drukken zu lassen, wenn es *für* mich ausfiele, wie zu erwarten sei. So etwas imponiere dem Haufen und wirke mehr als alle meine Beredsamkeit. Ich hätte, um dasselbe zu erhalten, verschiedne Kanäle gehabt, aber – aufrichtig, ich traute keinem so recht. Wie wäre es nun, wenn *Jensen* ein solches Gutachten in Kiel einholte oder lieber selbst verfertigte und es mit abdrucken ließe?
Das Schreiben sollte, meiner Meinung nach, nicht als *von mir*, (ich will in meiner eigenen persönlichen Sache nicht öffentlich sprechen) sondern als *von meinem Korrespondenten* herausgegeben erscheinen. Wolltest Du, Lieber, wollten Jensen, Jacobi sich namentlich zur Herausgabe bekennen, so wäre das freilich sehr gut: aber, ich mute das ja keinem an. Dies bleibt billig dem eignen Ermessen eines jeden anheimgestellt.
Als Verleger schlage ich, falls Du nicht einen andern vorziehst, denn auch hierüber ist Dir gänzlich die Entscheidung überlassen – Friedrich Bohn vor. Es hat derselbe mich seit langem um Manuskript ersucht, und ich weiß, daß er den Verlag auch verfänglicher Schriften nicht scheut.
Der unterschriebnen Studenten waren 288, und dies waren alle, die da gegenwärtig waren. Denn der Vorgang geschah in den Ferien. In dem *Nürnberger Verkündiger* sind die beiden Bittschriften und abschlägige Bescheide abgedruckt; und sie werden es ohne Zweifel bald auch in andern Blättern werden. In der Cottaischen Allgemeinen Zeitung steht eine recht gute Relation und Rüge der in den Hamburger Zeitungen abgedruckten (wie hier jedermann sagt, von dem Weimarischen Hofe eingesendeten) Verleumdungen.
Das projektierte Institut war nicht einmal [?] in der Frankenrepublik, sondern in einer andern; und das Projekt – kam keineswegs von mir her; auch waren – nicht von mir die ersten Unterhandlungen angeknüpft. Jourdan ließ sich schlagen, der Weimarische Hof wartete nicht so lange, als er

warten sollte; und nun trat ein Mann, der hier eine ansehnliche Pension zu verlieren hat und der sich ohne eine ebenso starke oder lieber noch stärkere nicht füglich denken kann, auf die Hinterfüße und hätte mich durch Ermattung noch weiß Gott zu welchen Schritten getrieben, wenn ich ihm nicht sein Wort zurückgegeben und mich für dergleichen Unternehmungen von aller Gemeinschaft mit ihm losgesagt hätte. – So steht es mit dem projektierten Institute. Dies alles aber unter uns! Kein Mensch weiß darüber Bescheid als die Teilnehmer.

Den Beitritt dieses Mannes zu meinem ersten Schreiben habe ich schriftlich aufbewahrt. Das zweite hat mehr er als ich entworfen; und er hat durch Ermüdung es von mir herausgepreßt; dieses Schreiben, das *ihm* hilft, *mir* aber gemißdeutet wird als ein Schritt zurück und kaum in einer Rücksicht helfen kann.

Hiermit lebe wohl, lieber Teurer. Möchte das Schicksal fügen, daß wir uns persönlich sähen, daß wir noch einst zusammen leben, daß wir vereint unser Leben beschließen könnten! Ich umarme Dich im Geiste.

Fichte.

Meinen herzlichsten Gruß an Jacobi. – Er hat mir nichts darüber geschrieben, ob er sein Schreiben an mich für den Druck bestimmt. Von meiner Seite dies in Anregung zu bringen, geht nicht, da dasselbe in mancher Rücksicht so vorteilhaft für mich ist. Will aber er es drucken lassen, so gebe ich dazu meine Einwilligung ohne Bedenken: besonders wenn einige grelle Stellen, insonderheit die, wo er meine Philosophie allerdings atheistisch nennt, (was in gewisser Rücksicht wahr u. zuzugeben ist, aber wohl die wenigsten Leser so verstehen dürfen, wie wir es verstehen) weggelassen; und etwa mein *Fragment*, das ich auch an Jacobi als Beilage geschickt (jedoch mit Weglassung der sich auf Deinen von mir mißverstandnen Brief beziehenden u. seit den Paradoxien impertinenten Note auf der letzten Seite) mit hinzugedruckt würde. Ob die Schrift, in welche jenes Fragment gehört, noch erscheinen werde, ist nicht ausgemacht: erscheint sie aber, so wird denn doch auch dieses Stück eine andere Gestalt in derselben erhalten. Sollte ich Jacobi durch mein letztes Urteil unrecht getan haben, wie ich freilich bis jetzt noch nicht glaube, so wird er mir es verzeihen, wie Du mir mein Unrecht verziehen hast. Ich bin stets bereit, zu widerrufen.

An Karl Leonhard Reinhold

Jena, 21. Juni 1799

Heute vor 8 Tage, mein Teurer, ist ein Brief von mir an Dich abgegangen. Ich antworte jetzt in der höchsten Eil auf einige Punkte Deines vom 12. Jun.

1. Es ist mir, sei es auch nur wegen meiner Abneigung, meine *Person* zu verteidigen, lieber, daß das Sendschreiben *nicht durch mich* zum Drucke befördert werde. Es mag sonach unter dem von Dir vorgeschlagnen Titel mit einem Vorberichte des Freundes, an den es gerichtet ist, erscheinen.

Es freut mich, daß Du den Ton dieses Schreibens leidenschaftlos findest. Mir hat dies keine Mühe noch Überwindung gekostet. Es ist mir ganz natürlich, Angriffe, die *nur* meine Person u. auf keine Weise die *Wahrheit* treffen, wie es gar nicht bei der Bezüchtigung des Atheismus, wohl aber bei der Dimission sich verhält, nicht so sehr zu empfinden. Nicht etwa, um mich zu *loben*, sondern um ungerechte Vorurteile über meinen Ton überhaupt zu berichtigen, dürfte es vielleicht nicht uneben sein, im Vorberichte des Sendschreibens auf diesen Umstand aufmerksam zu machen.

2. Das der Abdruck nun beschleunigt würde, wünschte ich sehr. Ich denke, schon zu Ende dieses Monats nicht mehr in Jena zu sein. – Jedoch treffen mich alle nach Jena adressierten Briefe, indem meine Frau zurückbleibt.

3. An Deiner u. meiner übrigen Freunde gute[n] Hoffnung für meine Sicherheit kann ich noch immer nicht Anteil nehmen. An u. für sich interessieren sich die Regierungen wohl wenig für unsere Schulstreitigkeiten; aber wenn ich meine Lehre durchsetze, so erhalten mehrere, die schon unvorsichtigerweise Partei genommen haben, ein *Dementi*: dies ist's, was sie nicht ertragen können. Ich täte diesen wohl den größten Dienst, wenn ich nach Frankreich ginge.

4. Wo ich nicht irre, hat *Henke*[175] bloß privatim von *Klein*[176] ein Gutachten ausgefertigt erhalten. – Ich will mir diese Sache noch weiter überlegen. Es hat auch Zeit. Man kann das Sendschreiben vorläufig ohne ein solches Gutachten erscheinen lassen. Die Punkte, über welche ich es einholen würde, sind

1. ob man ein Recht gehabt, meinen Brief zu den Akten zu bringen u. in den Akten etwas auf ihn zu bauen, 2. ob er, selbst in diesem Falle, für eine direkte Dimissionsfoderung gehalten u. mit wirklicher Erteilung der Dimission beantwortet werden konnte; oder ob man nicht erst noch einen zweiten Schritt von mir abwarten mußte. Wie würde Jensen über diese zwei Punkte sprechen?

Dohm[177] hat, ohne weiter etwas als das aus den Rintelschen Annalen[178] Bekannte zu wissen, sich hier in einer großen Gesellschaft laut und feurig gegen diesen Gebrauch meines Briefs erklärt; auch hat er Voigt mündlich fragen wollen, wie er zu einem solchen Verfahren gekommen. Ich weiß nicht, ob das letztere geschehen und was er zur Antwort erhalten.

Lebe wohl.

Ganz der Deinige
Fichte

An Franz Wilhelm Jung

Jena, 30. Juni 1799

Ich schreibe Ihnen diesen Brief, mein verehrungswürdiger Freund, mitten in den Zubereitungen zu meiner Abreise von *Jena* nach dem Norden Deutschlands, welche ich übermorgen antreten werde. Daß ich Ihnen nicht schrieb, hatte beinahe denselben Grund, warum ich nicht kam. Ich hielt, da den Zeitungen zufolge die österreichischen Husaren zwischen *Frankfurt* und *Mainz* herumstreiften, die Briefe für ebenso unsicher als die Personen; ich verfiel in die völligste Unentschlossenheit, indes mein einziger Knabe gefährlich krank wurde und meine ganze Zeit sowie meine ganze Aufmerksamkeit auf sich zog. Die Sachen bei ihnen standen nicht zum besten, und alles schien eine baldige Re-

volution unter den Gewalthabern, Gott weiß welche, zu drohen. Mir wurde es klarer, daß ich erst gewisse literarische Aufgaben in Deutschland noch erfüllen müßte, die der Ruhe und Muße bedürften. Ich gab sonach, da ich ohnedies, außer über *Wesel*, von Frankreich abgeschnitten war, den Vorsatz ganz auf, dorthinzugehen.
Ich wünsche sehnlichst, daß die nun geschehene Umänderung gründlich sei und endlich eine einer freien Nation würdige Verwaltung herbeiführe; und dann wird mein zweiter Wunsch sein, daß die Republik auch mich und meine Kräfte brauchen könne und ich auf diese Weise aus Deutschland, das ich denn doch für ein fremdes Land in Rücksicht auf mich betrachten muß, hinwegkomme. Bis Ostern 1800 hoffe ich die Arbeiten, die ich mir jetzt aufgegeben, vollendet zu haben.
Erhalten Sie, teurer Mann, mir Ihre Freundschaft. Sie sind, ohne mich persönlich zu kennen, mir mit einer solchen Herzensgüte begegnet, Sie haben eine Freundschaft und Anhänglichkeit gegen mich gezeigt, die mich Ihre Liebe als eins der größten Güter meines Lebens betrachten läßt.
Leben Sie wohl, teurer Mann. Ihr innigstergebener

Fichte.

An die Gattin

Berlin, 5.–6. Juli 1799

Du wirst Dich gewundert haben, gute teure Seele, daß Du so lange keinen Brief von mir erhalten; aber erst heute geht seit meiner Ankunft (d. 3. abends) die erste Post ab. Diesen Brief erhältst Du durch einen Freund vielleicht früher als einen andern, den ich unter demselben Datum mit der Post abgehen lasse.
1. Der Überbringer ist ein sehr beliebter Schriftsteller allhier, Hr. Tieck[179], der mir Höflichkeiten erzeigt hat. Seine Frau[180], eine geborne Alberti, Schwester der Mad[ame] Reichardt[181]. Es wäre mir lieb, wenn Du ihnen einige Artigkeiten erweisen könntest.
2. In dem Briefe, den Du über die Post erhältst, schreibe ich Dir nur, was alle Welt wissen kann, *weil ich sicher bin, daß*

er geöffnet werden wird. Doch werde ich Dir oft unter Deiner Adresse über die Post schreiben u. bitte auch Dich, daß Du mir auf dieselbe Weise über die Post antwortest, versteht sich, was alle Welt wissen darf; auch andere unbedeutende, z.B. Gelehrtenbriefe, mir auf diesem Wege zukommen läßt. Der Grund ist der. Erhalte ich gar keine Briefe unmittelbar, so wird dadurch Verdacht erregt; sie merken, daß ich es weiß, daß ich beobachtet werde, lernen mir nie trauen u. forschen desto emsiger nach den Kanälen, durch welche ich meine Korrespondenz führe. Erhalte ich aber unmittelbar welche, so vermuten sie desto weniger, daß es auch noch andere Wege gibt. Eine geheime Adresse werde ich Dir tiefer unten angeben.

3. Denke Dir nur: die *Mittwoch abends* 10 Uhr fahre ich zum Tore herein u. gebe meinen Namen an. *Donnerstags morgens* wird im *Staatsrate* (d.h. im höchsten Regierungskollegio der Minister) Vortrag darüber getan u. vorläufig denn doch nur beschlossen, *mich sehr genau beobachten zu lassen.* Ein Freund meldet mir dies. Soeben Freitags morgens – verläßt mich der *Polizeiinspektor,* – der mir denn nur pflichtschuldigerweise, sagte er, seinen Besuch [hat] machen wollen u. sich erkundigen sollen, ob ich etwa nur zum Vergnügen oder in Geschäften hier sei. Ich habe ihm gesagt: zum Vergnügen: wisse aber nicht, wie lange die Zeit meines Aufenthalts dauren könne.

Das Aufsehen, die Furcht, das Schrecken sei allgemein, sagt man mir. – Ich schreibe Dir dieses alles nur, damit Du in Deiner Korrespondenz Deine Maßregeln darnach nehmest. Erschrecken laß Dich nur [?] nicht: daß sie nicht *brutal* verfahren wollen, siehst Du selbst aus diesen Maßregeln: daß aber kein Schein eines Verdachtes auf mir ruhen wird, davon bist Du wohl durch die Vorsichtigkeit meiner Aufführung überzeugt.

Maßregeln aufs weitere aber lassen bei so bewandten Umständen sich nicht nehmen. Mein Wunsch wäre es, hier zu bleiben; u. kann ich ihnen nur die Lächerlichkeit u. Abgeschmacktheit dieses sonderbaren Mißtrauens durch die Tat zeigen, so stehe ich dann desto fester u. kann alles erreichen. Wir werden sehen. – Übrigens sei versichert, daß ich *zeitig genug* einen Entschluß fassen werde.

Daß Du, falls ich nur hier fest stehe, hieher kommst, ist

wünschenswürdig u. ausführbar. Ich sehe an Schlegels Ökonomie, daß es [sich] hier mit Frau wohl nicht viel teurer lebt als als Einzelner.
4. Es liegt viel daran, daß man in Berlin nicht glaube, daß ich weiß, was ich doch wirklich weiß; daß man glaube, ich halte mich nicht für beobachtet, damit man seiner Beobachtung desto mehr traue. Laß daher selbst in Jena nicht – von woher man sicher es nach Berl. schreiben würde – selbst bei unsern vertrautesten Freunden nicht – etwas verlauten. *Schelling* sage; ich hätte bis jetzt in Absicht unsrer Verabredungen noch nicht sattsame Erkundigungen einziehen können u. könne gegenwärtig noch nicht bestimmt raten; werde es aber zeitig genug.
5. Die zurückgelassnen Briefe, besonders der nach Mainz, sind doch abgegangen. – Ich habe, wie Du weißt, um *Stapfers* Antwort geschrieben. Diese u. alle Briefe von jener Seite her laß mir schnell auf dem *sichersten* Wege zukommen. Erbrich sie; u. wenn Du nicht recht trauest, so behalt lieber das Original zurück u. schicke mir bloß eine Abschrift.
Da ich denn doch nicht weiß, ob Du den über die Post geschickten Brief nicht viel später als diesen erhältst, so melde ich Dir doch auch, was ich für jenen versparen wollte. a) Ich bin recht gesund u. wohl; außer einer starken Wunde auf der Brust, die mir Dein löbliches Pechpflaster verursacht hat u. die ich jetzt mit Talg vom Lichte, gleichfalls nach Deiner Weise kuriere. b) Mein Logis – ist sehr bescheiden; doch angenehm: in dieser Lage u. als *chambre garnie* – *unmöblierte* Logis sind um wenig teurer als in Jena – nicht zu teuer, versichert man. c) Ich habe einen Bedienten angenommen, welcher schon alle meine Sachen in die beste Ordnung gebracht hat und sie darin erhält, eine recht gute Hand schreibt, still u. bescheiden u. fleißig ist u. mir wohl gefällt. Er bekommt 12 R[eichstaler] monatlich Traktament [–] übrigens nichts, auch nicht Kleidung. Dies ist nun freilich das gewöhnliche. Kurz – es heimelt mich hier schon an, u. ich werde Lust erhalten zur Arbeit.
Ich empfehle Dir den braven Harbaur.
Küsse mir den lieben Kleinen; u. Gott erhalte euch beide gesund, bis ich Euch wiedersehe.

F.

Adresse: Professor Heindorf[182], am Grauen Kloster. *Innere* Adresse: Pred. Schleiermacher[183], a. d. Charité. *Meine* Adresse: – im silbernen Monde unter den Linden.
Adressiere nicht durch *Schlegel.* Dessen Briefe werden nun auch eröffnet.

An Friedrich Schelling

Berlin, 20. Juli 1799

Ich wollte Ihnen, mein teuerster Freund, nicht eher schreiben, bis ich Ihnen über unsre beiderseitigen Angelegenheiten etwas Bestimmtes schreiben könnte. Dies ist die Ursache meines bisherigen Stillschweigens.
Über *mich* weiß ich noch nichts Gewisses. Meine Ankunft hat sonderbare Bewegungen der Regierung u. des Publikum verursacht. Hold ist man mir von der Seite gewisser Minister nicht. Einige notwendige Rücksichten haben mich zurückgehalten, mir bis jetzt bestimmte Erklärungen auszubitten, wie man es mit mir zu halten gedenke: ich werde dies aber den künftigen Monat ohne Zweifel tun und dann meine Maßregeln nehmen.
Ihnen kann ich aus genauer Erkundigung sagen, daß es mit den Medizinaleinrichtungen, z. B. mit der Charité, als dem eigentlichen hiesigen großen Hospitale, so schlecht steht als möglich, u. daß etwa der dortige Prophet hier gar ein Gott sein würde; daß aber *für Anatomie* Berlin der einzige Ort seinesgleichen ist, weil man da selbst zu arbeiten, Präparate unter guter Anleitung zu machen u. dgl. Gelegenheit hat. Auch versteht der hiesige Anatom Walther[184] seine Wissenschaft aus dem Grunde.
Im übrigen mögen die nur halb vernünftigen Menschen hier dünne gesät sein. Ich sehe nur Schlegel u. seine wenigen Bekannten: und werde sobald es nicht von mir gewinnen, mehrere Menschen zu sehen. Die Regierung ist – – Was kann ich sagen. Die Weimarische Regierung ist gegen diese standhaft und fest u. konsequent und mutig. Vor mir z. B. hat man einen panischen Schrecken gehabt und hat ihn wohl noch.
Leben Sie wohl, teurer Freund. Ganz der Ihrige

Fichte.

Meine Briefe werden aufgebrochen. Ich rechne, daß dieser es nicht wird. Aber haben Sie doch die Güte, das Kuvert recht genau zu betrachten.

An die Gattin

Berlin, 2. August 1799

Soeben erhalte ich Deine Nr. 5. Du wirst gestern von mir einen Brief vom 27. Jul. erhalten haben, der mein Nr. 5. Dieser also

Nr. 6.

1. Ich bleibe ohne Zweifel den Winter in Berlin. Vielleicht können wir, wenn Du herkommst u. wir eine Haushaltung anfangen, wohlfeiler leben. Die ersten Lebensmittel, Brot, Fleisch u. dgl., sind wohlfeiler als in Jena, und die Teuerung, mit der ein einzelner Mensch lebt, kann nur daher kommen, daß die Leute hier nicht wie die in Jena umsonst arbeiten. Dazu habe ich einen Plan, wovon sogleich mehr.

In Berlin zu bleiben rät mir teils die Sorge, nicht wieder in meiner gegenwärtigen Lage Geld für die Reisekosten auszugeben, welches kaum von einer großen Wohlfeilheit des Ortes wiederzugewinnen wäre. Im Erzgebürge z. E. ist es auch sehr teuer. Dann der Grund, den Du selbst anführst, – gehe ich bald von Berlin, so sagen meine Verfolger, daß man mich vertrieben. Auch muß mir der Aufenthalt an einem so großen Orte als Berlin über kurz oder lang vorteilhaft für meine Reputation werden. – Ich bin hier vollkommen sicher. Ich habe gestern den Kabinettsrat Beyme[185], d. h. den Mann, der täglich mit dem Könige arbeitet und der Kopf dieses Herrn ist, besucht u. ihn über meine Lage gesprochen. Ich habe ihm aufrichtig heraus gesagt, daß ich hieher gekommen, um hier zu bleiben, u. daß ich Sicherheit begehre, indem ich im Begriff sei, meine Familie nachkommen zu lassen. Er hat mir versichert, daß, weit entfernt, mich in diesem Vorsatze zu stören, man es *sich zur Ehre und zum Vergnügen schätzen werde,* daß ich meinen Aufenthalt hier nähme: daß der König über gewisse Grundsätze, worin diese Frage einschlage, unerschütterlich sei, usw.

Ich bin daher fest entschlossen, hier zu bleiben, wenigstens bis Ostern: und *es hängt von Dir ab, mir, sobald Du kannst, nachzukommen.* Wenn ich es recht bedenke, so hättest Du allenfalls auch in meinem jetzigen engen Logis bei mir Platz.

2. Mein Plan ist der. Friedrich Schlegel, der mit der sehr interessanten Jüdin, Mad[ame] Veit, von der ich Dir schon geschrieben habe, vereinigt lebt (dies unter uns: es ist Geheimnis), will den Winter nach Jena; und ich kann dies nicht wünschen noch zulassen; ich bin dann in Berlin völlig verlassen. Ich möchte sonach, daß er hier bliebe. Dies kann er aber aus mir einleuchtenden Gründen nur, wenn Wilhelm Schlegel mit seiner Familie nach Berlin kommt, und ich arbeite mit daran, es dahin zu bringen. Reüssiert dies, so machen wir, d. h. die beiden Schlegels, Schelling (der dann auch hierher zu bringen sein möchte, [)] und wir, eine Familie, mieten ein großes Logis, halten eine Köchin usw., u. so denke ich, soll es sich recht gut leben. Tue das Deinige bei der Schlegelin, an welche ich mit dieser Post zugleich schreibe, es dahin zu bringen. Was sagst Du zu diesem Plane? Vor der Schlegelin fürchte Dich nur nicht. Sie ist in der Tat keine üble Frau; u. sollte sie sich das geringste ausnehmen, so kann ich mir bei ihr selbst, bei Friedrich Schlegel und bei seiner Freundin so viel Ansehen zutrauen, daß wir sie wohl in die gehörigen Grenzen bringen wollen. Die Veit ist die Güte und Sanftmut selbst, und diese wird Deine Freundin ganz sicher.

3. Wegen hiesiger Vorlesungen kann ich noch nichts beschließen: ich bin aber weit entfernt, den Plan völlig aufzugeben, seit ich mit Beyme gesprochen habe. Wir werden sehen und ergreifen alles, was sich mir Vorteilhaftes darbietet. Ist es nicht, so zweifle ich nicht, durch Schriftstellerei zu verdienen, *soviel wir verzehren.* Zur Bereicherung möchte sie freilich nicht hinreichen.

4. Daß das Haus verkauft werde, halte ich für notwendig. Wir werden das Geld brauchen, um uns hier einzurichten. Hausrat ist hier wohl alt zu kaufen, aber nicht gerade vorteilhaft. Verlust ist dabei immer, wie man mir sagt. Auch kann man welchen besonders mieten; aber auch teuer. Das vorteilhafteste bleibt, sich selbst zu möblieren. Aber *ich* habe dazu kein Geld; noch Du: es muß daher das Jenaische Haus verkauft oder verpfändet werden. Dies alles überlasse

ich Dir, und nur diese Arrangements noch können Dich in Jena zurückhalten.
– Wegen des etwa bei einer Abreise zu befürchtenden Abzugs werde ich mich in Sicherheit setzen.
5. In Auktionen können, wie man mir sagt, Privatpersonen fast nicht kaufen. Das kaufen alles die Trödler weg.
Was akzisbar [?] ist, werde ich mich erkundigen. Die Betten brauchst Du mir jetzt nicht zu schicken. Ich gebe 3 L[ouis]dor für mein Zimmer; und habe ein gutes Bett: und ich würde wahrscheinlich dasselbe geben müssen, auch wenn ich mein eigenes hätte. Diese sind [?] nun einmal, wie ich nun sehe, bei chambres garnies, und es macht den Leuten keinen Unterschied.
5. Wegen der Medaille kann ich nicht raten, aber aufrichtig berichten. Haben die Studenten eine so große Summe, als Du schreibst, zusammengeschossen, so ist das sehr hinlänglich. Nur müssen sie ja *eilen*. Eine Medaille ist nicht sobald verfertigt.
Abramson hat mich hier mehrere Male aufgesucht; zuletzt getroffen: mich dann auf der Straße getroffen und genötigt, doch zu ihm zu kommen, daß ich es endlich nicht unterlassen konnte, ohne äußerst grob zu erscheinen. Ich bin sonach allerdings bei ihm gewesen. Darauf nötigte er mich zu ihm zu Tische: abermals unter Umständen, die mir es unmöglich machten, es abzuschlagen. Er hat mein Bild *wieder bearbeitet*; ob es jetzt ähnlicher ist, kann *ich* nicht beurteilen. Er hat mir *im Vertrauen* seine Unterhandlung mit den Jenaischen Studenten mitgeteilt; und er zeigte viel Gierigkeit, daß es zustande kommen möchte.
Es ist hier noch der Medailleur *Loos*, aus [?] welchem [?] mehr gemacht wird als aus [?] Abramson. Haben denn die Stud[enten] nicht an diesen geschrieben? Ich weiß nicht, ob er porträtiert: habe aber in diesem Augenblicke fortgeschickt, um es zu erfahren.*
Ich bin erbötig, dem, der Aufträge von den Studenten hat, zu sitzen.
Kurz, ich kann nicht raten. Bei Abramson[186], dessen Bedingungen mir auch nicht zu hart [?] scheinen (doch bescheide

* Loos[188] porträtiert nicht. Dieser Umstand, ein Porträt von mir zu haben, wird denn wohl der bedenklichste sein.

ich mich, dies nicht zu verstehen), wäre es das kürzeste, wenn das neue Bildnis getroffen ist, was ich abermals nicht wissen kann.
6. Hardenberg[187] grüße, und danke ihm herzlich. Seinen Verwandten werde ich vielleicht besuchen; wenn ich wissen werde, ob ich es, ohne Verdacht zu erregen, tun kann.
Aber, was machst Du Gute, daß Du mit H[ardenberg] Dich in einen Briefwechsel einlässest. Es schmerze Dich nicht, meine Gute, aber ich muß es Dir sagen, damit Du Dich hütest; Deine Schreiberei wird immer schlimmer. Die Orthographie wird so wenig geschont als die Delikatesse des Ausdrucks. Du teure Seele; Du hattest so viele Geschicklichkeit bei Lebzeiten Deines seeligen Vaters: Warum willst Du denn, weil die Griesbachin[189] u. andere Gänse schlecht schreiben, Deine trefflichen Gaben und Dein Erworbnes vernachlässigen?
Sieh, ich schmäle: aber werde nur nicht böse, denn ich meine es in der Tat gut.

An Friedrich Schelling [In der „Allgemeinen Literatur-Zeitung" von Schelling veröffentlichter Brief]

Berlin, 12.? September 1799

Was ich zu *Kants* Erklärung über mein System sage? – Lassen Sie sich doch aus meinen in Jena befindlichen Papieren *Kants* Schreiben, dessen diese Erklärung erwähnt, heraussuchen: Sie werden daselbst im Zusammenhang folgendes lesen: – „meine Altersschwäche – welche mir – nur noch durch den Kanal der ‚Berliner Monatsschrift' Nachricht von meiner Existenz zu geben erlaubt [im Druck folgt: – welches ich als Erhaltungsmittel, durch Agitation meiner geringen Lebenskraft, – nur langsam und mit Mühe tue –] wobei ich mich doch fast allein ins *praktische* Fach zu werfen mir *geraten* finde und die Subtilität der *theoretischen* Spekulation, vornehmlich wenn sie ihre neuere äußerst zugespitzte Apices betrifft, gern *andern* überlasse." Und weiterhin: – „besonders da ich in Ihren letzten Stücken" – (dies war die zweite Einleitung in die Wissenschaftslehre im „Philosophischen Journal", 1797, Heft 4 u. 5) – „Ihr Talent einer lebendigen und mit Popularität vereinigten Darstellung sich entwickeln sehe, nachdem Sie die dornigen Pfade der Scholastik nun durchwandert haben und nicht nötig finden werden, dahin zurückzukehren." –

Bei Ihnen bedarf es wohl keiner Entschuldigung, daß ich so kühn gewesen, *Kants* guten Rat, eine Darstellungsgabe, *„wie sie sich in der Kritik der reinen Vernunft mit Nutzen anwenden läßt"*, [zu kultivieren,] nicht sonderlich zu Herzen zu nehmen: – einen guten Rat, den ich überdies gar nicht gewagt hätte, so zu verstehen, wie ihn *Kant* jetzt auslegt. – Ich hielt es nicht für Persiflage, sondern konnte es mir gar wohl als Ernst denken, daß *Kant* nach einem arbeitsvollen Leben in seinem hohen Alter sich für unfähig hielte, in ganz neue Spekulationen einzudringen. – Der ehrwürdige Mann gab mir vor acht Jahren einen andern Rat, welchen zu befolgen ich mich geneigter gefühlt habe, den: immer auf meinen eignen Füßen zu stehen. –

Ich verweise Sie also nicht auf jenes von *Kant* selbst öffentlich erwähnte Schreiben, in der Absicht, mich zu entschuldigen, sondern um noch bestimmter herauszuheben, was *Kant* selbst mit liebenswürdiger Billigkeit in jener Erklärung sagt: daß *er* nur nicht *gestimmt* sei, an den neuen Untersuchungen teilzunehmen, daß er sich nur *lossage* von allem Anteil an ihren Resultaten, und daß hier überall nicht von *einem beurteilten Objekt,* sondern nur *von einem beurteilenden Subjekt* die Rede sei.

Zwar hebt die Erklärung mit etwas an, das mancher für einen Beweis aus *objektiven* Gründen ansehen dürfte: *Wissenschaftslehre* sei nicht mehr und nicht minder als bloße Logik, welche, als *reine Logik,* von allem Inhalte des Erkenntnisses abstrahiere. Über das letztere bin ich, wie sich versteht, mit *Kant* ganz einig, nur bezeichnet, *meinem Sprachgebrauch nach*, das Wort Wissenschaftslehre gar nicht die Logik, sondern die Transzendentalphilosophie oder Metaphysik selbst. Unser Streit wäre sonach ein bloßer Wortstreit. Welcher von uns beiden nun dieses Wort – in seinem rechten Sinne brauche; – welche Art von Affektion es eigentlich sei, die, nachdem sie durch eine Stufenfolge von Vergeistigungen hindurchgegangen, zuletzt in das Wort Wissenschaftslehre ausbreche – darüber muß *Kant* so gut wie ich bei *Herder* in die Schule gehen.

Es ist in der Regel, lieber Schelling, daß, indes die Verteidiger der Vorkantischen Metaphysik noch nicht aufgehört haben, *Kanten* zu sagen, er gebe sich mit fruchtlosen Spitzfindigkeiten ab, *Kant* dasselbe uns sagt: in der Regel, daß, während jene gegen *Kant* versichern, ihre Metaphysik stehe noch unbeschädigt, unverbesserlich und unveränderlich für ewige Zeiten da, *Kant* dasselbe von der seinigen gegen uns versichert. Wer weiß, wo schon jetzt der junge feurige Kopf arbeitet, der über die Prinzipien der Wissenschaftslehre hinauszugehen und dieser Unrichtigkeiten und Unvollständigkeit nachzuweisen versuchen wird. Verleihe uns denn der Himmel seine Gnade, daß wir nicht bei der Versicherung, dies seien fruchtlose Spitzfindigkeiten und wir würden uns darauf sicherlich nicht einlassen, stehenbleiben, sondern daß einer von uns oder, wenn dies uns selbst nicht mehr zuzumuten sein sollte, statt unsrer ein in unsrer Schule Gebildeter dastehe, der entweder die Nichtigkeit dieser neuen Entdeckungen wirklich *beweise* oder, wenn er dies nicht kann, sie in unsrem Namen dankbar annehme! –

An Friedrich Schelling

Jena, 20. September 1799

Unsre Briefe, mein teurer Freund, haben einander begegnet. Sie werden indessen den meinigen über das Kantische Inserat[190] erhalten haben.

Sie nehmen die Sache, wie sie wohl zu nehmen sein mag, wie aber *ich* dieselbe nicht nehmen darf. Ich bin allerdings völlig überzeugt, daß die Kantische Philosophie, wenn sie nicht genommen werden soll, wie wir sie nehmen, totaler Unsinn ist. Ich denke aber zu Kants Entschuldigung, daß er sich selbst unrecht tut; daß er seine eigne Philosophie, die er nie sonderlich geläufig gehabt, gegenwärtig weder mehr weiß noch versteht; und von der meinigen – weiß er sicherlich nichts, als was er aus einseitigen Rezensionen im Fluge erwischt hat.

Ich will jetzt nichts weiter tun als das letzthin an Sie Übermachte. Wollen aber Sie etwas tun; wollen Sie Ihre Ansicht der Sache dem Publikum darlegen, so könnte dies, denke

ich, recht gut sein. Sie scheinen weniger Partei; Sie haben ein Publikum, das Sie ehrt; es ist der äußere Hauptbeweis der Richtigkeit der W.[issenschafts]L.[ehre], daß ein Kopf wie Sie sich derselben bemächtigt und sie in seinen Händen so fruchtbar wird; ein Beweis, den die Leute zuweilen vergessen.
Was den letzten Punkt Ihres Briefs anbelangt, so dient hierüber zu Kants Entschuldigung, daß sie in Königsberg, wie ich von meinem dortigen Aufenthalte her noch weiß, die literarischen Neuigkeiten oft spät erhalten; daß die Erlanger L.[iteratur]Z.[eitung] vielleicht gar nicht bis dorthin kommt; daß K.[ant] etwa jene Aufforderung erst durch einen seiner Korrespondenten mitgeteilt erhalten, usw. So nämlich *könnte* man sagen: ohnerachtet die Sache sich auch anders und so, wie Sie sagen, verhalten kann. Denn furchtsam und sophistisch genug ist der Alte: und daß er beim Könige[191] sehr angeschwärzt gewesen – ganz unabhängig von und vor meiner Sache –, weiß ich von der sichersten Hand. Vielleicht hat er das erfahren.
Um meinetwillen kommen Sie die Ferien ja nicht hieher. Es kostet Ihnen eine ansehnliche Summe, die Sie für Ihre Pläne besser anwenden können. Ich denke den Winter nach Jena zu kommen: *aber dies unter uns!* Die Schlechten Ihres Orts wären fähig, es zu verhindern zu suchen, wenn sie es vorauswüßten.
So lange soll unser großer Plan aufgeschoben werden? Dies ist mir nicht ganz recht. Die Leute verwildern indessen zu sehr. – Jedoch, dies alles wird sich ja finden. Werde er nur nicht aufgegeben.
Mit inniger Hochachtung und Freundschaft der Ihrige.

Fichte.

Dem Berl[iner] Post-Comptoir tun Sie unrecht. Ich bin es, der so gesiegelt hat: indem ich das Kuvert, in welches ich etwas zu legen vergessen hatte, wieder aufriß. Das Obenliegende ist ein Petschaft, mit dem ich zuweilen siegle.

An Karl Leonhard Reinhold

Berlin, 28. September 1799

Nein, guter, lieber, teurer Reinhold, ich werde Ihnen unverrückt sein, was ich Ihnen geworden. Mein Glaube an Ihre Biederkeit und unerschütterliche Wahrheitsliebe steht fest, und die Hochachtung dafür macht einen Teil meines Selbst aus. Wie hätte Ihre verschiedene Ansicht einer – ich wiederhole es – an sich geringfügigen Begebenheit meine Gesinnungen über Sie und gegen Sie ändern können?

Fern sei es von mir, Ihnen anzumuten, daß Sie seien, was Sie nun einmal nicht sind, noch sein können. Halten Sie es mit mir auf die gleiche Weise, und dulden Sie, daß ich ich selbst sei. Mäßigen Sie mein Feuer; ich von meiner Seite will mir nicht einmal anmaßen, das Ihrige anzufachen.

„Meine Ansicht der bewußten Sache, hofften Sie, sollte billiger, heiterer, milder werden." – Wie wissen Sie denn, daß, nachdem sie sich meinem vorigen Briefe nach verändert, sie nicht gerade dies geworden ist. Ich befürchtete nur, Sie und Jacobi würden sie *leichtsinnig* schelten; darum allein vermied ich's, sie darzulegen.

Völlig ausgemacht ist und bleibt mir, daß es nur die Sache des gelehrten und insbesondre des gelehrt-philosophischen Publikum sein konnte – wo gibt es denn ein solches Publikum? – zu entscheiden, ob wir durch die Bekanntmachung jener Aufsätze eine Unbehutsamkeit begangen hätten. Wie können diejenigen, welche von der *Sache* nichts verstehen, beurteilen, in *welche Ausdrücke* sie eingekleidet werden könne? (Die Reskripte nämlich tadeln unsre Unbehutsamkeit in Ausdrücken.) Ich hätte *Forbergs* Aufsatz *nur als Zensor* zurücksenden können? Würden Sie oder Jacobi dazu mir geraten haben? – Der *meinige* ist, wie Sie selbst richtig bemerkt haben, eine Widerlegung des F[orber]gischen. *Konnte, durfte* ich mehr tun.

Ich bin sonach noch immer der Meinung, daß ich soweit tadellos und, in Vergleich mit der gewöhnlichen Handelsweise, *preiswürdig* gehandelt.

Nun hätte ich allerdings späterhin mich *fügen*, es meinen Regierungen, wie sie wünschten, erleichtern, von meinem strengen Rechte nachlassen, einen meinem eignen Bewußtsein nach unverdienten Verweis mir gefallen lassen können, wenn ich gewollt hätte. Es möchte dies klug, vielleicht gar weise gewesen sein. Ich habe nichts dagegen, daß *mein Freund* mir sage, was ich selbst wohl auch recht gut weiß und einsehe. Aber *dem Fremden*, dem Publikum geht diese Sache nicht an, denn wer darf mich denn *zwingen*, von meinem Rechte nachzulassen.

Ich habe, nach dem Ausdrucke eines Ihrer Korrespondenten, der so sehr mein Freund ist, „gepoltert, gepocht, gedroht". Es sei. Ich habe es damals nicht zum ersten Male getan und bin nicht der erste Professor zu Jena, der es getan. Diese Regierung hat sich oft genug durch einige Studenten in Furcht jagen lassen. Wäre mir's gelungen, so war es der Mühe schon wert; und ich weiß, daß ich die dadurch gewonnene Gewalt zu guten Zwecken angewendet hätte.

Es gelang nicht. Sie taten, was – ich sage es freimütig – ich an ihrer Stelle – sicherlich auch getan hätte (aber in ihrer Stelle schwerlich *veranlaßt* hätte). Nun gut; wir sind gegenwärtig quitt.

Ich habe gepoltert; und sie haben mir den Abschied gegeben. Ich beklage mich nicht über sie; und sie können mir weiter auch nichts anhaben. Worüber soll ich mich nun noch vor den Richterstuhl des Publikums stellen? Kläger will ich ja nicht sein; wer sagt, daß ich klage. Oder soll ich der Beklagte sein? Wer hat denn das Recht, mich zur Verantwortung zu ziehen? In wessen Rechte habe ich denn einen Eingriff getan?

Zu bereuen habe ich nur meinen *zweiten* Brief; und ich bereue innig, daß ich mir ihn – habe *abquälen* lassen. So verfalle ich – der, wie Sie mir melden, für so *stolz*, für so *unbeugsam* beschrieben wird – gerade durch meine Gutmütigkeit und kindliche Unbefangenheit, welche abzulegen ich mir so oft verspreche und immer wieder in sie gerate, in die Hände von Ratgebern, die mir nie raten sollten. – – Der Mann übrigens, den weder Sie noch *Jensen*[192] erraten können, heißt *Paulus*. Daß ich dies *nur Ihnen* sage, versteht sich. Sie werden wissen, wie *höchst bedeutend* dieser Kollege seit Ihrem Abgange von Jena geworden ist. Außer ihm waren aber allerdings noch Männ*er*, im Plurali, mit uns einverstanden – Ich gebe Ihnen diese und die obenstehende Erklärung besonders deswegen, weil in Ihren vorigen Briefen einige Ausdrücke vorkommen, welche *dunkel* die Voraussetzung anzudeuten scheinen, daß ich das Ding gesagt, *das nicht ist: Dunkel* sage ich, denn hätten Sie sich dem *deutlichen* Gedanken dieser Voraussetzung überlassen, so ist klar, daß ich mit Ihnen auf immer hätte brechen müssen.

Jacobi – nicht eigentlich Ihnen: Ihr Rat war, daß ich reden sollte, und er ist es noch – ihm werde ich es lebenslänglich danken, daß er mich abgehalten, jenes meiner ganz unwürdige und nur in jenem wunderbaren Gedränge von mir zu erhaltende Sendschreiben bekanntzumachen. Übrigens scheint mir J[acobi]s Ansicht zu beweisen, daß der herrliche Mann doch nicht ganz ungestraft vornehm und reich und Geheimer Rat ist. Was in aller Welt gehen mich denn die sächsischen Herzöge und Ihre Universität an, *sobald ich mich betrachte, als nicht mehr in ihren Diensten?* (denn das geschenkte Vertrauen mißbrauchen und mit den von ihm selbst verliehenen Kräften jemanden schaden, ist niederträchtig, ob es gegen den einzelnen oder gegen eine Regierung geschehe). Es tut mir leid genug, daß ich nicht Wort halten kann; daß die seitdem eingetretenen politischen Eräugnisse die Ausführung meines Plans unmöglich machen; es mir unmöglich machen, dieses Jena, diese Mischung von Barbarei und Kultur, von Torheit und Weisheit, zugrunde zu richten und die studierende Jugend, der die Wahl ihres Studierortes noch freisteht, auf einem bessern Institute zu versammeln! Und sagen Sie mir, Lieber, warum sollte ich dies nicht tun, wenn ich könnte? Etwa, weil dem Herzoge von Weimar seine Steuer aus Jena dann weniger ordentlich eingehen würde? Der studierenden Jugend, gegen welche allein hierin Pflichten stattfinden könnten, den Eltern, dem ganzen Publikum, würde dadurch geraten; gegen die toten Mauren von Jena aber und gegen die ebenso toten unbedeutenden Kollegen habe ich keine Pflichten.

Sehen Sie hier einen neuen Grund, warum über diesen Umstand sich nicht öffentlich reden läßt. Was jetzt nicht ausführbar ist, kann es wohl mit der Zeit werden. Zu frühes Sprechen aber macht den Plan auf immer rückgängig. Übrigens ist *der Ort* für Ausführung dieses Plans völlig gleichgültig; deutsches Gebiet wäre sogar vor jedem andern noch vorzuziehen. Ist die neue Pfalz-Bayrische Regierung, was man in der Ferne von ihr glaubt, so wäre sie vielleicht einer solchen Idee empfänglich.

Jacobi danke ich herzlich für seine Verwendung und die Übersendung des Resultats davon. Für diesen Winter denke ich davon keinen Gebrauch zu machen; was künftigen Sommer geschehen könne, muß von der Zukunft erwartet werden. Ich bitte, mir zu erhalten, was mir dargeboten ist. – Es freut mich, daß man auch in München auf dieselbe Stadt gefallen, die mir vorschwebt, sobald ich das Pfalz-Bayrische denke, auf Heidelberg. Ich kenne diese Stadt sehr wohl; indem ich mehreremal dort gewesen; und liebe sie vor allen andern. Vielleicht findet mein zweiter Vorschlag, wenn Jacobi (es wäre merkwürdig, wenn der trefflichste Dolmetscher Spinozas mir, den er für einen Atheisten hält, wie jenen, dasselbe verschaffte, was *Spanheim*[193] jenem antrug) wenn, sage ich, Jacobi ihn auffassen sollte, desto leichter Eingang.
Sollte der Hof geneigt sein, von einer durchgreifenden Verbesserung des Universitätswesens das Beispiel zu geben, so würde es späterhin Zeit genug sein, mich [oder: sich] zu eröffnen: außerdem bin ich stets erbötig, meine Ideen darüber darzulegen. Wo nicht, so arbeite ich in H.[eidelberg] ebensogern und gewiß ebenso eifrig in dem hergebrachten Gange, als ich es in Jena getan habe. Verleihe uns der Himmel nur Friede!

Nur im Streite kann die Wahrheit gedeihen. Es stehen noch ganz andere Kriege bevor über dieselbe, als wir bis jetzt erlebt haben. Ich zwar für meine eigne Person werde von nun an einige Zeit Frieden halten; wenn man mich nämlich nicht bei den Haaren in den Streit zieht. Ich lese, seitdem ich in Berlin bin, fast keine gelehrten Zeitungen.
Es ist ein gerechtes und weises Gericht, daß Männer, die durch Halbheit ein gewisses Ansehen bei den Zeitgenossen erworben und durch dieses Ansehen die bleierne Mittelmäßigkeit verewigen und den raschen Fortschritt des Zeitalters aufhalten könnten – sich zuletzt noch kräftig prostituieren müssen. So ist es Nicolai ergangen; so ergeht es jetzt Wielanden und Kanten. Daß der erstere gegen die Griechen, die großen Italiener, einen Cervantes der Spanier, Shakespeare der Engländer, Goethe der Deutschen nur ein mittelmäßiger Dichter ist, darüber sind Sie vielleicht mit mir nicht einig, und ich würde Ihnen diese meine

Meinung nur bei dieser Gelegenheit bekannt haben; daß der letztere denn doch nur ein Dreiviertelskopf ist, und daß es mit seiner Philosophie in der Tat die Bewandtnis hat, die sie wider mich behauptet und die ich einst sehr auseinandergesetzt, indem ich sie von Kant leugnete, geht aus seiner neuesten Erklärung sonnenklar hervor. Nun, so mögen sie sich in Gottes Namen prostituieren, damit der blinde Glaube an sie sinke und das Bessere Platz gewinne. – Mit *Herdern* ist es nicht derselbe Fall; es bedurfte seiner Prostitution nicht zum Wohle des gemeinen Wesens; er hat sich ganz auf seine eigne Hand prostituiert.
Sie haben doch einen Sohn oder mehrere? Der Himmel erhalte mir den meinigen! Ich will ihm eine solche Erziehung zu geben suchen, daß ich, wenn er mündig dasteht, unter seine literarische Vormundschaft mich begeben könne, damit ich nicht meine Laufbahn unwürdig beschließe und mein Alter, wenn ich alt werden soll, entehre.
Leben Sie wohl, Teurer, und sein Sie der hochachtungsvollsten Liebe versichert von Ihren

Fichte.

An die Gattin

8. Oktober 1799

Deine Nr. 14, die ich soeben erhalte, ist mir in vielem Betracht unendlich unangenehm. 1185 Fl[orin] sind wir Deiner Schwester schuldig? Wo ist denn nun dieses Geld? Daß ich 500 Fl[orin] davon an den Bruder geschickt habe, weiß ich: übrigens weiß ich von Deiner Schwester Geld nichts. Es müßte also *verzehrt* sein. Von schon verzehrtem Gelde Interessen geben, in meiner jetzigen Lage Interessen geben, ist abscheulich hart. Dann hätte ich doch gewünscht, *daß Du mir es gesagt hättest,* daß es so kommen würde. – Kurz u. gut. – Meinen Bruder (von welchem ich ganz u. gar keine Nachrichten habe, und der wahrscheinlich, so wie meine Eltern, nicht wissen, wo ich bin,) kann ich durch Zurückfoderung des Geldes oder durch Abfoderung von Interessen nicht mit einem Male *stürzen*. Zu seiner Zeit soll jenes Geld uns gut zustatten kommen u. reichliche Zinsen tragen.
Ich wundere mich, daß Dir der natürlichste Gedanke nicht

einfällt. Assigniere Deine Schwester an die *Steiner* zu Neuchâtel: schicke ihr für 1185 Fl[orin] Papiere u. halte die Steiner an, daß sie endlich bezahlen. Überdies kannst Du bei unsrer gegenwärtigen Lage nicht die Kassenverwalterin und Vormünderin Deiner Schwester sein. Wir haben nicht selbst so wenig zu sorgen, daß wir noch für andere sorgen könnten. Also – setze Dich auf jenem Wege mit ihr auseinander. Anders will *ich* es nicht, als *Dein* Vormund u. Mann, u. laß mich von dieser Sache nichts mehr hören. Ich tue so gänzlich Verzicht auf alles das Deinige, außer was schon verbraucht ist und in Haus u. Möbeln steckt, daß ich Dir hiemit die Vollmacht gebe, *alles*, was bei den Steinern steht, an Deine Schwester oder Brüder zu schenken. Nur laß mich von Foderungen derselben an Dich u. uns nichts mehr hören. Unser kleiner Vermögensrest muß *rein* sein von Schulden; außerdem steht uns das traurigste Schicksal bevor. – Diese unglaubliche Sucht, alle Welt zu bevormunden! Habe jetzt mehr Mitleid mit Dir u. Deinem Kinde als mit Deiner unteilnehmenden u. ungeschickten Schwester. *Gerecht* freilich sollst Du gegen sie sein: was Du nach Deines Vaters Willen ihr auszuzahlen hast, sollst Du ihr auszahlen; und dazu hast Du zum Glück die Steiner.
Wie weißt Du auch, ob alles so wahr ist, wie sie Dir es schreibt; und ob sie sich nicht in einer weit bessern Lage befindet als Du selbst. Daß die Unbeholfene immer in Vorrat schreit, weißt Du ja.
Dann habe ich auf meinen gutmütigen Scherz über meinen Stolz nicht eine so ernsthafte Merkuriale erwartet, als Du Dir die Freiheit nimmst, mir zu geben. Das Unglück ist, daß überall kein Menschenverstand darin ist, u. daß Du dir anmaßest, über Dinge zu urteilen, davon Du nichts verstehst. Ich hätte ein allgewaltiger Mann in Jena werden können, ohne Zweifel – wenn die Lage nicht leider so gekommen wäre, daß ich ein *niederträchtiger Höfling u. Speichellecker*, etwa wie Hufeland, hätte werden müssen, um es zu bleiben. Willst Du einen solchen Mann haben, so bist Du sehr zu bedauren, daß Du *mich* gewählt hast: das ist nun einmal nicht in meiner Natur u. wird nie hineinkommen.
Ich befürchte, Liebe, daß Du Dir durch Deine gegenwärtigen Plane und durch die Anstalten, die Du getroffen zu haben scheinst, das Ruder unsrer Schicksale zu übernehmen,

viel Herzeleid vorbereitest. So hast Du z. B. Deinen Sinn auf meine Wiederherstellung in *Jena* gesetzt: u. daraus wird, wenn ich halbwegs die Lage der Dinge kenne, nichts werden; denn auf die Bedingungen, auf welche allein ich wieder der Ihrige werden könnte, werden sie nie eingehen. Ich würde nämlich nie bitten; sondern sie müßten mich wieder *ungebeten* rufen u. ehrenvoll rufen, wie sie es das erstemal getan haben. Abgerechnet, daß dies schon der weimarische Stolz nicht zuläßt, und daß Voigt und mehrere Professoren in Jena notwendig, weil sie mich für ihresgleichen halten, meine Ra[...?] Es ist leicht zu sagen: Fichte, Du bist stolz, und dies allein ist die Quelle unsers Unglücks. Aber Du sollst mir, wenn ich zu Dir komme, eine einzige Handlung dieses Stolzes anführen. Ich bin nur zu gutmütig und hingebend, vertraue mich den Leuten zu leicht an, halte sie mir nicht stets genug vom Leibe; dann nehmen sie sich Ungebührlichkeiten heraus, und ich muß sie wohl in die Grenzen, die sie nicht hätten verlassen sollen, zurückweisen. So war es der Fall mit Reinhold und würde es hier in Berlin sehr bald mit vielen der Fall geworden sein, wenn ich mich nicht in acht genommen hätte. Fragte mich nicht schon der plumpe G[edike][194]: „Nun, was ist denn so eigentlich Ihr Plan?" – Es ist unerträglich, sich von jedem Narren bedauern und raten zu lassen! Dann möchte ich wissen, wo denn nun das große Unglück steckt, das uns betroffen haben soll? Die alberne Denkart, die da glaubt, nur auf der Scholle, auf der sie sitzt, glücklich sein zu können. Teilst Du *auch* diese? Du solltest doch bedenken, daß es nichts Zufälligeres und Unwesentlicheres gibt als den Wechsel äußerer Verhältnisse. [...?]

An die Gattin

Berlin, 10./11. Oktober 1799

Der angebogne Brief blieb liegen, weil die Post versäumt wurde. Unterdessen ist Deine Nr. 15 angekommen, die mich in eine günstigere Stimmung gegen Dich versetzt. Und so lege ich denn Nr. 2, die Du später lesen mußt, nur bei, um Dir zu zeigen, in welchen Ton wir notwendig hätten kommen müssen, wenn Du so kalt und herzlos und

scharfrichterlich fortgefahren wärest, wie Du angefangen hattest.
Daß Du von Brief zu Brief liebloser gegen mich wurdest, ist einmal wahr: und ich werde Dir es einst durch Vergleichung Deiner Briefe selbst beweisen, wenn Du es etwa selbst nicht merkst. Daß Dir es ohne Deinen Willen, bloß durch die Abwesenheit, durch die mancherlei Beschwerlichkeiten Deiner Lage und durch Deine natürliche Tendenz zur Bitterkeit so geworden ist und daß Du selbst erschrickst, wenn Du es wahrnimmst, glaub ich Dir gern; denn im Grunde ist Dein Herz gut.
Daß ich von Anfange meines Hierseins schon sehr häufig von jungen Leuten angegangen worden, zu lesen, habe ich Dir wohl geschrieben. Ich vernehme jetzt, daß auch Leute von Einfluß Verwunderung äußern, daß ich es nicht tue. Ich werde dieser Sache näher auf die Spur zu kommen suchen. – Es ist dem Könige einige Zeit nach meiner Herkunft, und nachdem man mich sehr sorgfältig beobachtet, Vortrag über meinen hiesigen Aufenthalt geschehen. *„Ist F[ichte] ein so ruhiger Bürger, als aus allem hervorgeht, und so entfernt von gefährlichen Verbindungen, so kann ihm der Aufenthalt in meinen Staaten ruhig verstattet werden. Ist es wahr, daß er mit dem lieben Gotte in Feindseligkeiten begriffen ist, so mag dies der l[iebe] G[ott] mit ihm abmachen; mir tut das nichts."* Diese Äußerung hat natürlich Einfluß. Andere Männer am Platz haben geäußert, daß man mich unmöglich aus der preußischen Monarchie ungebraucht und unbenutzt lassen könne; daß meine Sache sich nur erst ein wenig verbluten müsse u. dgl. – Darauf gründet sich mein Plan mit dem Preußischen, wozu die erste Stufe ist, hier zu lesen. Dies alles muß erst in Ordnung gebracht werden, u. mein Buch muß fertig sein, ehe ich Dich besuchen kann.
Was Du mir von *Goethe* schreibst, ist etwas. Es ist begreiflich, daß Leute wie Goethe, nachdem nun die erste Hitze bei ihnen verraucht ist, sich des Auftritts mit mir, der ihnen, wie sie wohl wissen, auch noch ganz anders gedeutet wird, als er ist, schämen; ihn ungeschehen wünschten, begreifen, daß der Universität ein nicht wohl zu ersetzender Schade zugefügt worden u. dgl. Aber doch bleibe ich in Absicht *Jenas* bei meiner Meinung, die Du in Nr. 2 lesen wirst. Es ist leicht, in der Hitze einen falschen Schritt durchzuset-

zen, aber sehr *schwer*, ihn bei kaltem Blute wiedergutzumachen. – *Wünschen* täte ich es freilich, wenn es mit *meinen vollen Ehren* geschehen könnte; aber es ist kaum daran zu denken. Jedoch ich hoffe, es soll uns nicht not tun.
Hier hat man die Nachricht, Masséna[195] habe die Russen in der Schweiz total geschlagen und ihre Armee so gut als vernichtet. Dies müßte dem Kriege plötzlich eine so schlimme und noch weit schlimmere Wendung für die Koalisierten geben, als bisher die Lage der Franzosen war: und so etwas ist immer gut für unsersgleichen.
Von dem Leipziger Verleger[196] meiner Bestimmung des Menschen werde ich wohl abstehen und das Manuskript hier vorteilhafter zu verkaufen suchen.
Es soll mir lieb sein, wenn meine Erklärung über Kants Erklärung befriedigt.
Hast *Du* sie denn gelesen?
Die Veit ist nun sicher bei Euch: und Du guckst mit dem lieben Hartmann in den Guckkasten, und Ihr denkt dabei meiner.

d. 11.

Die Nachricht von Massénas Siege über die Russen bestätigt sich vollkommen. Sie steht schon in der Allgemeinen Zeitung. – Auch in Italien werden die Österreicher geschlagen. Siehe, wie meine Prophezeiungen eintreffen!
Ich bin Dir nicht mehr böse, gutes Kind; und ich hoffe, daß Du es so machen wirst, daß ich Dir nie wieder böse werde.
Wegen der *Zeit* meines *Besuchs* – ich kann es nur als Besuch betrachten lassen – in Jena kann ich gerade jetzt am wenigsten etwas bestimmen. Ich bemerke, daß man mancherlei Absichten mit mir hat. Ich gehe so hin und tue, als ob ich nichts merkte; und ich werde zuletzt doch den besten Vorteil daraus ziehen. Deine Briefe unter meiner Adresse gehen sicher, und ich erhalte sie so *eher*. Nr. 11 (diese fatale Nummer) habe ich erst d. *11.* Tag erhalten. Dies ist doch arg: u. daher entsteht es, daß Du so spät erst Antwort von mir erhältst. – Man beobachtet mich nicht mehr.
Lebe recht wohl, Gute, Liebe.

Berlin, 22. Oktober 1799

Ohnerachtet ich rechnen kann, daß das schlechte Benehmen der Herausgeber der A.[llgemeinen]L.[iteratur]Z.[eitung], die aus offenbarer Animosität zwei stümperhafte Rezensionen Ihrer Ideen[197] pp [zu einer Philosophie der Natur] aufgenommen, Sie ebensowohl indigniere als mich, so kann ich doch nicht umhin, das meinige zu tun, um Ihre Indignation noch zu schärfen.

Zu begreifen, daß das Geschwätz des ersten Mathematikers, der den besondern Sinn, mit welchem der transz.[endentale] Idealismus aufgefaßt werden müsse, durch empirische Kenntnisse verderbt haben will, und des vorgeblich in der kritischen Philosophie Bewanderten, der da fragt, *ob denn das denkende Ich nicht auch ein Ding an sich sei* (in welcher kritischen Philosophie steht denn dies, in der Kantischen? in der unsrigen?) – zu begreifen, daß dies dumm sei, ist selbst Schütz nicht so dumm. Und doch rückt er so etwas ein; noch dazu *zwei* Rezensionen, noch dazu mit der Versicherung unter dem Texte, was dies für Helden sein!

Ich bitte, ich beschwöre Sie, lieber Freund, fallen Sie doch dem Unwesen, das nun *gewiß weitergreifen würde*, kräftigst in die aufgehobne Hand: geben Sie – nicht jenen armseligen Wichten von Rezensenten – sondern den Redaktoren und dem ganzen Lumpeninstitute das, wofür sie erschraken, da ich nur drohte, u. was ich seitdem ihnen nur geborgt, nicht geschenkt habe; geben Sie doch nun einen kräftigen zweiten Teil, wie Sie können, von den Annalen des Philosophischen Tons in dem Phil.[osophischen] Journale. Ich habe jetzt zu dergleichen Streitigkeiten nicht Zeit; sein Sie aber meines kräftigen Mitdreinschlagens versichert, sobald ich die Hände ein wenig frei haben werde.

Ein Auftrag an Schlegel. *Merkel*[198], ein naseweiser, patziger, gemeiner Bursch, der hier in Berlin sein Wesen nach Herzensgelüsten treibt, sagt in allen Gesellschaften: *die Schlegel hätten vom Herzog durch Loder einen Verweis wegen der literarischen Notizen u. ein Verbot, dergleichen hinführo zu unterlassen, erhalten; auch hätte Goethe ein mißbilligendes Zirkular, [in betreff] derselben Notizen, bei den Weimarischen u. Jenaischen Gelehrten herumgesandt.*

Man soll mir doch ein *zirkumstantiiertes förmliches derbes Dementi dieser Nachrichten schicken*, welches ich zu Merkels völliger Beschämung gehörigen Orts brauchen werde. – Denselben Merkel, der über Schlegels Lucinde[199] ungewaschen geifert u. lästert, habe ich letzthin in einer gelehrten Gesellschaft darüber ordentlich berichtet.
Leben Sie wohl, mein teurer Freund.

Der Ihrige Fichte.

An die Gattin

Berlin, 23.–26. Oktober 1799

Ich erhalte soeben Deine Nr. 15, u. es reut mich mein gestern abgegangner Brief. Du hast Lindnern nicht getraut u. darum diesen leeren Brief geschrieben. Dein heutiger ist ganz anders. – Ich hoffe, daß Du diesen ein paar Tage nach meinem gestrigen erhalten sollst. Vergib mir die paar unangenehmen Tage, die ich Dir mache, gute liebe Seele. Ich sehe nun aus Deinem letztern, daß Du mich noch lieb hast. Jene Nr. 14, die mich auch sehr verdrossen hat, war wohl nur die Frucht einer vorübergehenden bösen Laune. Richtig und unerbrochen erhalten habe ich ihn.
„Was ich noch weiter in Berlin nütze? Mein Buch sei ja geschrieben." – Ja, gute Seele, wenn das geschrieben wäre. Aber daran fehlt noch viel. Du hast keinen Begriff, wie arg ich einen Teil des vorigen u. dieses Monats zerstreut und meine Zeit versplittert worden; wie sehr die Herbstwitterung und einige häusliche Unordnungen, die ich nicht gut abschaffen kann, mich zurückgebracht; wie schwer diese Arbeit mir fällt usw.
„Den Druck besorgten Freunde." Ja, wenn wir erst bis zum Drucke wären. Jetzt ist nur noch von einem Verleger die Rede. Denn der Leipziger schreibt nicht: überdies hatte er das M[anu]sk[ri]pt zu wohlfeil. Mit ihm denke ich zu brechen. Es geht mich eine andere hiesige Handlung sehr darum an; aber noch weiß ich nicht, ob sie Lust hat, zu bezahlen, was ich Lust habe, zu fodern 100 Louisdor.
Aus meinen letzten Briefen wirst Du meine Pläne näher ersehen haben. Ich brauche sonach jetzt nicht darauf zurückzukommen. Ich denke, wir werden uns in Berlin etablieren,

und Du wirst mit mir gehen oder zu Ostern nachkommen. Daß das Haus verkauft werden könnte, wäre sehr zu wünschen. An meine Wiederherstellung in Jena ist nun gar nicht zu denken; wäre es auch nur darum, daß, wie ich immer mehr höre, das Publikum allgemein (selbst am *Dresdner* Hofe, am hiesigen und so in aller Welt) glaubt, die Weimarische Regierung habe mich höchst unwürdig behandelt; über Voigt ist ein übereinstimmendes Geschrei gegen ihn, ich selbst muß ihn oft verteidigen. In dieser Stimmung wird das ganze Publikum glauben, daß es mir die Ehre verbiete, mich mit einer solchen Regierung wieder einzulassen; ebenso wie ihr, der Regierung, an die doch dgl. Urteile auch kommen werden, die Ehre es verbieten muß, Schritte zu tun, die einer Abbitte und Ehrenerklärung ähnlich sehen würden. Diese Sache ist wohl weniger durch beide Parteien als durch das Gerede und Geschwätz darüber bis in den Grund verdorben.
Fischer[200] wird erwartet; und ich freue mich sehr auf diesen einzigen Menschen allhier, dem ich meines Herzens Meinung frei werde entdecken können und auf dessen Mitarbeit für meine Pläne ich rechne.
Beiliegenden Brief, der die persönlichen Angelegenheiten der *Veit* betrifft, übergib ihr allein, ohne daß es Fr. Schlegel sieht. Er enthält Dinge, die ihm nur vorbereitet mitgeteilt werden können.
Die 16 R[eichstaler] wird sie Dir nun wohl gegeben haben. Wo nicht, so siehe, wie Du dazu kommst: oder kannst Du es nicht auf eine feine Art, so gedulde Dich, bis ich selbst nach Jena komme. Dann wollen wir sie schon bekommen. Es ist sonst so etwas gar nicht in der Art der Veitin.
Denke Dir: ich erhalte heute einen Brief aus *Warschau*, nach welchem ich allhier zu Berlin an einem hitzigen Gallenfieber vor kurzem *verstorben* bin. Das habe ich denn doch noch nicht gehört, daß man mich totsagt: aber es freut mich; denn dergleichen Sagen bedeuten langes Leben und gute Gesundheit, wozu ich mich jetzt auch sehr fertig mache. So gesund hast Du mich noch nie gesehen, als ich es jetzt bin. Nicht eine Spur von Husten oder Schnupfen; selbst bei den jetzigen Herbstnebeln. So wirkt das Berliner Klima auf mich; ein neuer Grund, warum ich nicht daran denken kann, in das mir so schädliche Klima von Jena zurückzukehren.

Ich machte gestern abends nach langer Zeit zum ersten Male wieder (spazieren gehe ich zwar fast alle Tage, aber nur in der Stadt) einen Spaziergang in der freien Natur. Es war ein herbstlicher Tag; ich dachte doch an Dich, und herzlich an Dich, ohnerachtet ich Deine Nr. 15 noch nicht erhalten hatte und noch böse auf Dich war. Du mußt wissen, daß es hierherum doch herrliche Spaziergänge hat.
Denke Dir nur: diese Kanaillen zu Jena, die das Lügen noch nicht lassen können, sprengen jetzt aus u. schreiben es auch nach Berlin und finden selbst – in Berlin Glauben, daß ich bei der Regierung um Erlaubnis angesucht hätte, hier Kollegia zu lesen, und daß es mir abgeschlagen worden wäre. Habe doch die Güte, meinen Freunden Schelling, Niethammer, Paulus (dem ich einen an mich erlaßnen Brief beantworte, über diesen Punkt ihm aber nicht geschrieben) aufzutragen, diesem lügenhaften Gerüchte – das zugleich ihre große *Dummheit* verrät, denn in Berlin bedarf es darüber gar keines *Anhaltens* – allenthalben zu widersprechen. Wenn sie den Urheber desselben entdecken könnten, würden sie mich sehr verbinden.
Diese Dreckseelen; nachdem sie nun wissen, wo ich lebe und daß ich noch nicht ganz zugrunde gegangen bin, müssen sie ihr kindisches Necken wieder anfangen!
Ich muß Dir gestehen, daß mir diese Elenden immer verächtlicher werden. Wo ist es denn besser; haben wir uns oft gefragt und in unsrer Einfalt geantwortet: nirgends. Aber ich kann Dir jetzt aus Erfahrung sagen, daß es *allenthalben* besser ist, wo es keine von ihrer Industrie bestehenden Gelehrten gibt.
Wegen Schellings u. der Schlegelin[201] *nimm Dich doch ja in acht*! Ich bitte Dich um unsrer Liebe willen. Ich bin schon von anderer Seite darüber avertiert, u. so, daß ich Dich gar sehr um Diskretion bitten muß. Schelling macht sich einen üblen Namen, und das tut mir sehr leid. Wäre ich persönlich in Jena gegenwärtig, so würde ich ihn warnen. Das Übel ist, daß bei dergleichen Gelegenheiten die Akteurs denken, kein Mensch *merke* etwas, weil ihnen kein Mensch etwas *sagt*, so lange, bis ein recht öffentliches Skandal entsteht. Macht denn doch der *Mann* der Sache nicht ein Ende?
Nun sage mir, wie kannst Du glauben, daß ich unter sol-

chem Lumpenpack, wofür ich nun die Jenenser erkenne, die sich von jeher so niederträchtig gegen uns betragen, wie ich nun [?] weiß, wieder könne leben wollen; und daß ich die Reise dahin, die ich Dir zuliebe unternehmen werde, nicht so sehr als möglich abzukürzen gedenken sollte? *Hufelands* waren hier. Sie sagte mir, Du hättest sie durch ihre Schwester grüßen lassen. Du bist viel zu gut. Dies ist das wahre Zigeunervolk von Jena. *Er* hat sich hier allgemein lächerlich gemacht durch sein geheimnisvolles, zurückhaltendes und doch läppisches Betragen.

d. 26. 8br. [Oktober]

Vermute nicht etwa aus dem Ernste, mit dem ich diese wenigen Worte über die Jenenser hingeworfen habe, daß ich mich über sie ärgere. Man ärgert sich nicht über das, was man *verachtet.*

Viel Küsse unserm guten lieben Jungen. Die Dose mit seinem Bilde ist mir recht lieb geworden. Ich sehe sie oft an; und trage sie zuweilen.

Nun, Liebe, sie gut und fröhlich und heiter; denn ich habe Dich herzlich lieb.

An die Gattin

Berlin, 5. November 1799

Meine gegenwärtige Schrift[202] wird hoffentlich denen, die nicht *Schälke* sind – und deren sind doch die wenigsten –, die Augen aufreißen; und die Schälke haben dann um so schlimmeres Spiel; weil sie vor dem ganzen Publikum auf der offenbarsten Lüge ertappt werden. – Auch ist nun der *Jacobi*sche Brief[203] an mich gedruckt. Ich werde darauf, sobald ich sonst freie Hände habe, antworten, und dies soll neue Lichtstrahlen geben.

Freudigkeit und guter Mut ist mir der höchste Beweis, daß Du mich liebst, wie ich geliebt sein sollte. Versunkenheit in Schmerz und Sorge ist Mißtrauen in mich und macht mich unglücklich, weil es Dich unglücklich macht. Es ist keine Probe von Liebe, daß Du *mir* zugefügtes Unrecht tiefer empfindest; ich selbst empfinde dieses leichter; und ebenso muß es Dir sein, denn ich und Du sind eins.

Rede doch nicht vom Sterben und mache Dir keine solche Gedanken; denn das zehrt Dich ab, und gerade dadurch könnte es wahr werden. Nein, wir wollen noch viele frohe und glückliche Tage miteinander leben; und unser Junge soll uns erst, wenn er selbst ein gemachter und vollendeter Mann ist, die Augen zudrücken. Bis dahin bedarf er unsrer noch.

Ich habe bei der Ausarbeitung meiner gegenwärtigen Schrift einen tieferen Blick in die Religion getan als noch je. Bei mir geht die Bewegung des Herzens nur aus vollkommener Klarheit hervor; es konnte nicht fehlen, daß die errungene Klarheit zugleich mein Herz ergriff.

Glaube mir, daß diese Stimmung an meiner unerschütterlichen Freudigkeit und an der Milde, womit ich die Ungerechtigkeiten meiner Gegner ansehe, großen Anteil hat. – Ich glaube nicht, daß ich ohne diesen fatalen Streit und ohne die bösen Folgen desselben jemals zu dieser klaren Einsicht und zu dieser Herzensstimmung gekommen wäre; – und so hätten ja die mir zugefügten Gewalttätigkeiten schon jetzt eine Folge, die weder Du noch ich wegwünschen werden.

Laß Dich immer den guten Jungen trösten, und trockene die Tränen ab, wenn er Dir's ratet. – Denke, es sei Vaters Rat, der gewiß dasselbe sagen würde. Und nimm Dich unseres lieben teuern Hartmann an, wie ich Dir letzthin geschrieben. Der Junge ist unser Reichtum, und wir müssen ihn wohl nutzen. –

Sage *Niethammern*, nebst meinen Grüßen, 1. daß das Phil. Journal bei *Michaelis*[204] in dem Buchladen vergeblich gesucht würde, weil *Michaelis'* Effekten noch arretiert wären; daß dies sehr albern sei von *Michaelis*, wie sich verstehe, und daß er etwa suchen solle, Rat zu schaffen, – 2. daß auch das unsrige bei *Gabler* vergeblich gesucht werde, indem es vergriffen sein solle. Ich bäte ihn, über den letzten Umstand bei *Gabler* Erkundigung einzuziehen, und mit der Fortsetzung würden wir dann beide en conséquence verfahren. –

Den Grund der Zänkerei *Schellings* mit *Hufeland* weiß ich wohl. *Schelling* hat ganz recht. – Du sollst erleben, wie sich das alles in die Haare geraten wird. – Auch dazu war ich gut, diese entgegengesetzten Menschen auseinanderzuhal-

ten und sie zu besänftigen. Sie werden auch darin sehen, daß ich nicht mehr da bin.
Ich kann von dem faulen oder zu sehr beschäftigten Medailleur noch immer keinen Abdruck meines Bildnisses erhalten, ohnerachtet ich es von Tag zu Tage erwartet und schon vor länger denn 14 Tagen bestellt habe. Mit dem nächsten Briefe denke ich aber sicher eins abzusenden.
Ich erhalte soeben einen Brief von *Schelling.* Habe die Güte, ihm *sogleich* sagen zu lassen, daß ich nächstens antworten würde: daß ich aber vorläufig sehr abriete, seine „Annalen" noch besonders *außer dem Journale* abdrucken zu lassen. Sie gehen, ich weiß es, gerade im Journale am besten. Kann man ja von diesem Stücke etwa 2000 Exemplare drucken und ein besonderes Heft sein lassen. Über das Honorar mag *Sch[elling]* ohne unser Zutun mit *Gabler* kontrahieren.
Lebe wohl, gute Liebe!

An August Wilhelm und Friedrich Schlegel

Jena, 23. Dezember 1799

Hier, meine verehrten Freunde, der versprochne Entwurf. Vergeben Sie mir die Flüchtigkeit und daraus ohne Zweifel hier und da entstehende Unbestimmtheit des Ausdrucks sowie die blasse Dinte und schwer zu lesende Schreiberei. In Absicht des erstern war ja nichts weiter mein Zweck als der, verstanden zu sein; und dies werde ich von Ihnen ohne Zweifel aufs halbe Wort. F.

Entwurf zu einem Plane über ein zu errichtendes kritisches Institut.

Einleitung

1. Vor allem müssen wir uns, jeder gegen sich selbst und untereinander, heilig verbinden, daß keine Rück- und Nebenabsicht auf unsern Plan Einfluß habe, sondern daß wir lediglich darauf ausgehen, das von uns selbst für das beste anerkannte auf die beste Weise auszuführen. Die Ausführung wird ohnedies hinter dem Entwurfe zurückbleiben; Fehler im Entwurfe selbst aber, so unbedeutend sie scheinen möchten, würden in der Ausführung uns himmelweit vom rechten Wege ableiten ...

Lassen Sie uns bedenken a) daß im Felde der Halbheit und Stümperei wir selbst die ärgsten Stümper sind und daß, wenn es darauf ankommt, etwas ungeschickt Unternommenes zu verkleistern, zu verkleben und in der Ausführung nachzuhelfen, jene, die ihr Leben lang nichts als dies getrieben haben, uns, die wir uns der Vollkommenheit befleißen, stets übertreffen werden; b) daß, falls über die Ausführbarkeit des Entworfnen (wie ich glaube, einzig [?] gründlichen Plans) uns selbst Zweifel entständen, es viel besser ist, *gar nichts* zu tun, als zu *scheitern* und dadurch auch die *künftige* Ausführung eines solchen Plans überhaupt zu verhindern und *uns selbst* einen zweifelhaften Namen für andere Unternehmungen zu machen.

2. *Begriff.*

Unser Unternehmen, wenn es etwas Rechtes und Ordentliches und kein Flickwerk sein soll, kann nichts anderes sein noch sein wollen denn eine *pragmatische Zeitgeschichte der Literatur und Kunst.* Aus diesem Begriffe allein fließen alle die Anfoderungen, die wir an uns zu machen haben.

3. Unsre Arbeit zerfällt sonach in zwei Hauptteile. Wir müssen nämlich zuerst unsere Geschichte in der Zeit *anknüpfen,* – den Punkt, von welchem sie ausgeht, durchaus bestimmt, klar und durchsichtig hinstellen: – dann, die Zeit durch sie begleiten.

4. Was das erste anbelangt, haben wir aufzustellen a) einen bestimmten Begriff von Wissenschaft u. Kunst überhaupt und den Geist derselben; sowie von den besondern Wissenschaften; b) die Epoche, von welcher unsre Revision anhebt, (und welche sehr füglich das Ende des 18. Jahrhunderts sein könnte) mit jener Idee zu vergleichen und an ihr zu messen: also zu zeigen, *was bis jetzt geleistet sei, woran es noch fehle* und *welchen Weg von nun an der menschliche Geist nehmen müsse.* – Es gehört dahin auch eine Geschichte der öffentlichen Kritik bis zu diesem Zeitpunkte; nebst einer Anzeige der tollsten herrschenden Vorurteile, die auf den Zustand derselben Einfluß haben. Die Prinzipien *unsrer eignen Kritik* gehen von selbst aus jener Ansicht hervor.

5. Das zweite Geschäft ergibt aus dem ersten sich von selbst. Alles Erscheinende wird klassen- und rubrikenweise

nach jenen erwiesenen Anforderungen an die Wissenschaft geprüft und nach dieser Prüfung ihm sein Platz angewiesen.

6. Es geht aus dem soeben Gesagten, – aus dem Begriff des *Pragmatischen*, ja, aus den gewöhnlichsten Regeln der Ordnung und des Zusammenhangs hervor, daß *einzelne Rezensionen* in unserm Plane nicht stattfinden. Alles muß systematische Übersicht sein und bleiben. – Die Bequemlichkeit, über ein einzelnes Buch hin und her zu diskurieren und dabei eigene Winke und Ahnungen anzubringen, für die man nun jetzt eben keinen schicklichern Platz weiß, wird von keinem unter uns in Anschlag gebracht werden: denn dem Reiche der bloßen Winke und Einfälle wollen wir ja eben ein Ende machen, und sie können darum nicht selbst in unsern Plan eingehen. – Bliebe allein die merkantilische Rücksicht. Aber nachdem wir (nach 1.) Verzicht tun auf die Nebenabsicht, mit stümperhaften Instituten uns auf ihrem eignen Felde zu messen; – um sie, vielleicht um einige Jahre später, dann aber auch von Grund aus zu stürzen, fällt auch dieser Betrachtung Gewicht hinweg. Das Publikum wird sich sehr bald an die ungewöhnlichere, aber wahrhaft weit bequemere Form, in der ihm das wirklich Gute dargeboten wird, gewöhnen.

7. Die Zeitgeschichte geht von Büchermesse zu Büchermesse und ist (es versteht sich für *ihren Plan*) *vollständig*, z.B. in der Ostermesse 1802 erscheint die Relation von der Ostermesse 1801, in der Michaelismesse die von der vorigen Michaelismesse usw.

N[ota]. Es wäre freilich wünschenswerter, daß die Relation nur ein halbes, nicht ein ganzes Jahr hinter der Begebenheit zurückbliebe. Aber durch das weiter unten Folgende wird die Unmöglichkeit davon sich ergeben.

8. Unsere Hauptarbeit ist doch stets die Geschichte der *gegenwärtigen* Zeit: Die *erste Lieferung* muß daher, *außer dem Ein*leitungsbande oder Bänden, auch noch die Relation einer in unsre Epoche wirklich fallenden Messe enthalten, z.B. Ostern 1802 erschienen die *Einleitung* und die *Relation*, von Ostern 1801 – und nun fort jedes halbe Jahr ein Band.

9. Das Werk lobe den Meister; nicht umgekehrt. Meine unmaßgebliche Meinung wäre daher, daß wir *nicht ankündigten*,

ja, uns sogar mündlich nichts verlauten ließen, sondern ganz in der Stille arbeiteten, und dann auf einmal und allen unversehens mit dem ganzen Werke dastünden. Die Wirkung ist dann auch eine ganz andere.

Einteilung.

10. *Zustand des wissenschaftlichen Geistes und Künstlersinnes überhaupt.* – Bei der Beschreibung des bisherigen Zustandes wird angeknüpft. Wie es sich weiterhin damit verhalten wird, geht aus den Relationen von selbst hervor. Es könnte aber nicht schaden, wenn von Zeit zu Zeit, – etwa von einem Quinquennio zum andern, noch besonders Bericht darüber abgestattet würde: so über den Zustand der öffentl. Kritik: die unter den Gelehrten herrschenden Meinungen usw.

11. *Philosophie.* – In ihr keine stehende Einteilung. Der Redakteur u. die Mitarbeiter in [?] diesem Fache ordnen nach dem Zeitbedürfnisse, z. B. gegenwärtig knüpfen alle Begebenheiten in diesem Fache sich an an den noch auf die mannigfaltigste Weise fortdauernden Widerstreit des Dogmatism gegen den tr[anszendentalen] Idealism, nebst der Begierde, die Philosophie überhaupt loszuwerden, um sich entweder in den gedan[ken]losesten Empirism oder in einen gewissen Mystizism zu verlieren. Dies geht durch alle Zweige dieser Wissenschaft.

12. *Mathematische Wissenschaften.* Das Bekannte wird vorausgesetzt. Vielleicht verdienen neuerliche Entdeckungen in der Astronomie und die kombinatorische Analyse für das Vergangne ehrenvolle Meldung.

Mangel einer Philosophie der Mathematik und *Nachteile,* die der Math[ematik] daraus erwachsen; wird in der Zeitgeschichte fortgesetzt, bis diesem Mangel einst abgeholfen wird.

13. Wissenschaftl[iche] Physik in allen ihren Teilen, mit den verwandten Fächern. Tendenz des Zeitalters; Hauptstreit zwischen den Empirikern und Aprioristen ist der Hauptstandpunkt der Zeitgeschichte.

Die eigentl[iche] Therapie gehört hieher nicht. Inwiefern sie in das ganze Institut gehören könne, davon tiefer unten.

14. *Geschichte.* – a) *beschreibende:* Natur- und Länderkunde; b) eigentl[ich] *erzählende.* – Geist und gegenwärtiger Zustand derselben. Die Einleitung sagt, was sie sein sollte: und die Zeitgeschichte prüft fortdauernd nach dieser Idee, bis Besserung erfolgt. – Universal-(Menschen)geschichte. Ob es eine solche gebe? Allgemeine Kulturgeschichte; *Staaten*geschichte: allgemeine u. besondere. Geschichte der *Meinungen*: Literaturgeschichte, Gesch[ichte] der Philosophie, gelehrte *Theologie* (als sein sollende historische Darstellung der ch[ri]stl[ichen] Lehre[)]. Das Praktische bleibt hier ganz weg. *Jurisprudenz* (als Geschichte dessen, was als Recht gegolten und noch gilt. Die juridische Beurteilung ist philosophisch. Das Praktische kommt tiefer unten vor.)

15. *Hülfswissenschaften. Philologie* (als *Sprachkunde*; vieles, was man hier treibt, gehört zur Historie), *Hermeneutik:* für sich und als Quelle der Sprachkunde. Unablässige Rücksicht auf die Modifikationen, welche andere lebende Sprachen, besonders aber die Muttersprache erhält (als *Sprache*, nicht *Kunst* oder *Stil*) nebst *unmaßgeblichen* Andeutungen über die künftigen Schicksale dieser Modifikationen.

16. *Kunst.*

17. *Redende* u. *bildende. Reine. Dichtkunst, Musik; Malerei* pp. *Bildhauerkunst* pp. (In der Einleitung Ideen, wie die Kunst gegenwärtig stehe u. was sie noch zu leisten habe. Darnach beurteilt die Zeitgeschichte. Aus der bildenden Kunst zeigt sie die merkwürdigsten Produkte aller Länder an u. beurteilt sie.) *Angewandte. Stil* überhaupt; philosophischer, historischer, beschreibender Stil. (Diese Beurteilung ist eine der Hauptobliegenheiten unsers Instituts.[)] Es können u. sollen Werke, die *wissenschaftlich* in den Fächern, wohin sie gehören, schon beurteilt sind, hier in Rücksicht des Stils noch besonders beurteilt werden: es versteht sich, nicht gerade *alle*, sondern nur die in dieser Rücksicht durch Vorzüge oder Fehler besonders lehrreichen. (Es gehören hieher auch alle *theoretischen Werke* über die Kunst.)

18. *Mechanische Kunst.* – Therapie (i.e. materia medica. Chirurgie u. dgl.), Technologie, Ackerbau, Ökonomie überhaupt. Militärwissenschaften. (Bücher darüber: besonders aber *historische Notizen* über neue in- u. ausländische Erfindungen.[)]

19. *Pädagogik* (im weitesten Sinne des Worts). *Erziehung der physisch Unmündigen.* Bücher darüber. Nachrichten von niedern u. höhern Erziehungsinstituten; auch dem herrschenden Zustande der häuslichen Erziehung. *Volkserziehung durch die Kirche* (die praktische Theologie, Predigten, Katechismen, Agenden: theoretische Schriften darüber), *durch den Staat* (das Praktische der Jurisprudenz, Politik, pp theoretische Schriften darüber. Historische Nachrichten von neuen Konstitutionen, Gesetzen, Verordnungen pp.[)]

Mitarbeiter und ihre Organisation.

Es bedarf

a) eines *Hauptredakteurs*, der das Ganze ordnet, das unter 10 Bemerkte arbeitet, sich *allein* öffentlich nennt, mit dem Verleger unmittelbar im Kontrakte steht; und überhaupt dem Senate [?], dem Publikum, dem Verleger und den Mitarbeitern für alles verantwortlich ist.

b) *eines besondern Redakteurs für jedes einzelne wissenschaftliche Fach*, das seines besondern Mannes bedarf. Dieser ordnet den Artikel seines Fachs zu einem Ganzen. Er wählt die Mitarbeiter seines Fachs, die ganz allein mit ihm in Verbindung stehen und die er sogar dem Hauptredakteur nicht zu nennen braucht.

c) Unter- und Zuarbeiter, wovon unter b.

d) Der Redakteur des Fachs hat das unbeschränkte Recht, in den eingesandten Aufsätzen seiner Zuarbeiter zu streichen, zu verändern u. überhaupt so damit umzugehen, daß ein ihm gefälliges Ganzes daraus entstehe. – Eben dasselbe Recht hat der Hauptredakteur mit den von den Unterredakteurs ihm eingesandten Arbeiten.

e) Der Verleger honoriert ganz allein den Hauptredakteur, welchen er sonach allein zu kennen bedarf: dieser die Redakteurs des Fachs; dieser seine Zuarbeiter. – Es würde das zweckmäßigste sein, daß ein Band, wie stark oder schwach er sei – (je kürzer und dabei gründlich u. vollständig, desto besser ist er) dem Publikum dieselbe bestimmte Summe, z. B. 3 R[eichstaler] koste, an den Hauptredakteur durch dieselbe bestimmte Summe honoriert werde und dieser jedes Fach mit der bestimmten Summe honoriere.

Nach einem ohngefähren Überschlage bedürften wir folgende Mitarbeiter: *eines Hauptredakteurs;* der jedoch zugleich noch Redakteur eines besondern Fachs, z. B. der Philosophie, sein könnte; eines Redakteurs für *Mathematik*, für *Physik*, für *Natur- u. Erdbeschreibung*, für (gewöhnlich sogenannte) *Historie*, für *Literär-* u. Philosophiegeschichte, einen *gelehrten Theologen*, einen *gelehrten Juristen*, einen Redakteur für die *Hülfswissenschaften*, für *Redekünste*, für *bildende*, für *Musik*, für *Technologie u. Ökonomie*, einen ausübenden *Religionslehrer u. Erzieher*: also 14 Redakteurs. Zuarbeiter: 2 bis 3 für Philosophie, soviel für Mathematik, 4–5 für physikalische Wissenschaften. Für Historie 2–3. Literär- u. Philosophiegesch[ichte] 1. Hülfswissenschaften 2–3. Redekünste 3. Für bildende Künste u. alle die Fächer, in denen es historische Notizen gibt, mehrere Korrespondenten (N[ota], der Redakteur eines Fachs, der da korrespondieren muß, erhält dafür eine besondre Vergütigung), also: 16 bis 20 Zuarbeiter u. mehrere Korrespondenten, sonach ein Personale gegen 40.

Anhang

einen mit dem Institute zu verknüpfenden mächtigen Einfluß in den Buchhandel betreffend.

1. Der Verleger des kritischen Werkes hat auf alle Handschriften der Mitarbeiter das Vorkaufs*recht*, d. h., wenn er die Bedingungen eingehen will, die irgendein andrer Verleger erweislich dem Verf[asser] zugestanden, so erhält er den Verlag.

2. Dagegen ist der Verleger *verbunden*, Handschriften der Mitarbeiter, die ihm von den Redakteurs empfohlen werden (die sie deswegen ex officio durchzulesen und ihr Urteil darüber auszustellen haben), auf *billige* (d.h. über die er sich mit den Redakteurs vereinigen kann) Bedingungen in Verlag zu nehmen.

3. Es sollen auch andere Gelehrten, die nicht Mitarbeiter sind, das Recht haben und eingeladen werden, ihre Handschriften zur Beurteilung und zur Empfehlung zum Verlage an die Gesellschaft einzuschicken. – Es folgt hieraus, daß der Verleger des kritischen Werks für die ihm angebotnen Handschriften dieses Recht gleichfalls hat.

4. Die obenstehenden Bedingungen werden dem feierli-

chen Kontrakte einverleibt, so daß Klage beim Senate über die Verletzung derselben stattfinde.

Das erste, was wir von nun an zu tun haben, ist – nicht, einen Verleger zu suchen. Ich für meine Person glaube, der Plan sei, besonders auch durch den obenstehenden Anhang von *der* Art, daß jeder vermögende Mann von einigem Kopfe (Buchhändler oder nicht), dem er vorgelegt wird, ihn mit Begierde ergreifen müsse: daß also der Verleger gerade die allerletzte Sorge ist. Sondern das muß unsre Sorge sein, nachzudenken, woher wir das oben berechnete Personale, tüchtig zu seinem Geschäft, finden, wie wir es vereinigen, wie wir uns seiner *versichern* können. Stillschweigen ist uns um so nötiger, da ich auch nun wieder aus andern Quellen von einem solchen Unternehmen reden höre.

An Karl Leonhard Reinhold

Jena, 8. Januar 1800

Ich habe Ihren letzten Brief, lieber Reinhold, bis jetzt deswegen nicht beantwortet, weil ich ihn nicht beantworten konnte, wie ich sollte, durch ein Urteil über Bouterweks Apodiktik und Bardilis Logik. Dies kann ich auch heute noch nicht.

Was mich aber bewegt, dennoch zu schreiben, ist eine Nachricht, die ich höre: Sie hätten in Kiel Verdruß gehabt; „Ihr Club", so wurde mir die Sache vorgetragen, „Ihr Club sei gesprengt" – bei Gelegenheit der Thießischen Absetzung wegen Heterodoxie.

Nicht Neugier, lobenswürdig oder nicht lobenswürdig – ich bekümmere mich seit langem fast gar nicht um fremde Angelegenheiten, indem man doch nichts als Herzzerschneidendes hört – sondern die wärmste Teilnahme an Ihren, mir nicht fremden, Angelegenheiten, die um so natürlicher ist, je frischer das Andenken Ihrer Teilnahme an den meinigen, bewegt mich, Sie zu fragen: Was ist an der Sache? Kann Ihnen ein innigst ergebner Freund durch Rat oder Tat nützlich werden?

Ich bin bis zu Ende dieses Monats allhier, wo ich seit An-

fang des Dezembers mich aufhalte. Dann denke ich mit meiner Familie nach Berlin zurückzugehen.
Jacobis Vorrede zum „Überflüssigen Taschenbuche" hat mich mehr gefreut als sein vermehrtes Schreiben. Ob und wann ich eine Antwort erscheinen lassen werde, weiß ich noch nicht. Ich habe daher das Schreiben bis jetzt auch nur vorläufig durchgegangen und durchgedacht, d. i. noch nicht so, wie der es muß, der es beantworten will.
Soviel scheint mir aber schon jetzt klar:
1. Daß Jacobi meine Philosophie nur zur Hälfte kennt: den praktischen Teil derselben nämlich gar nicht. Dies erregt um so mehr meine Verwunderung, da ich weiß, daß er meine Sittenlehre fleißig studiert hat. Ich hoffe, recht bald Ihnen und ihm meine Bestimmung des Menschen zuzuschicken, durch deren drittes Buch ich für jeden unbefangenen Denker, mithin für Jacobi sicher, nun endlich diesen Teil meiner Philosophie in ein unverkennbares Licht gesetzt zu haben glaube.
2. Daß er sich arger Verdrehungen, obwohl er sie nicht erfunden, dennoch teilhaftig macht. Ich hätte keinen lebendigen und kräftigen Gott, mein Gott sei durch und durch Begriff. So etwas wundert mich nicht von Heusingern[205], wohl aber von Jacobi. Daß moralische Weltordnung nicht notwendig ordo ordinatus (wie alle meine Rezensenten und Gegner, mit dem schon gefaßten Vorsatze, mich zum Atheisten zu erklären, mich verstanden haben), sondern auch wohl ordo ordinans sein könnte, zu vermuten, war vom Erklärer des Spinoza zu erwarten; und daß sie es sein mußte, mußte der Zusammenhang und einige Bekanntschaft mit meinem Systeme lehren.
3. Daß ihm einige des tiefsten Denkers unsrer Zeit (dies ist er mir gewesen, weit über Kant, seit ich ihn ganz kenne, und dies wird er mir stets bleiben) nicht würdige Äußerungen entgangen. Z. B. das Bestehen auf einer Persönlichkeit Gottes war mir schon in seinem „Idealismus und Realismus" auffallend; und nunmehr wieder? Was mir Persönlichkeit heiße, habe ich in meinem Naturrechte auseinandergesetzt; vielleicht denkt Jacobi etwas anderes Bestimmtes bei diesem Worte, aber was mit dem gewöhnlichen Gebrauche desselben nur die entfernteste Analogie Habendes, das nicht dem Gedanken des Unendlichen geradezu widersprä-

che? Bewußtsein Gottes möchte noch hingehen. Wir müssen einen Zusammenhang des Göttlichen mit unserm Wissen annehmen, den wir nicht füglich anders denn als ein Wissen der Materie nach denken können, nur nicht der Form unsers diskursiven Bewußtseins nach. Nur das letztere leugnete ich und werde es leugnen, solange ich meiner Vernunft mächtig bin.
Meine Theorie streite mit den Äußerungen des natürlichen Verstandes? Sage mir doch Jacobi, wo denn auch nur eine Ahnung einer Repräsentation des natürlichen Verstandes über diesen Gegenstand anzutreffen sei? Ich finde überall nur den durch irgendeine Theologie verkünstelten Verstand. Was der natürliche Verstand darüber sage, wird sich erst ergeben, nachdem man ihn frei gemacht.
Jacobi scheint in seinem Eifer mich oft für Mendelssohn oder seinesgleichen anzusehen, die eine Religion in die Menschen hineinräsonieren wollen. Ist ihm noch nicht bekannt, daß ich die Werke der Nicolaiten[206] hasse wie er und ärger? Dies kann auch wohl nur die Behauptung in der Vorrede, „ich habe einen einzig möglichen Theismus aufstellen wollen“, bedeuten, wenn – sie nicht etwas Schlimmeres bedeutet. Nämlich
4. ich fange an, Jacobi in Verdacht eines sehr schädlichen Irrtums zu ziehen. Ich lege über diesen Verdacht meine Gedanken klar dar.
Meine Philosophie hat ihr Wesen so gut im Nichtwissen als die Jacobische. Nun hat er mich im Verdacht, daß ich in diesem Nichtwissen selig sein wolle, und da hat er in der Tat den Nagel auf den Kopf getroffen. Aber was will denn er mit seinem Nichtwissen anfangen? Etwa in die leere Stelle nach Herzenslust – wir andern nennen's Fratzen und Chimären – hineinpflanzen nach seiner Individualität – und – wenn's gnädig abgeht – jedem andern erlauben, auch, was er will, in sie zu setzen – auch nach seiner Individualität? Dies ist nun keineswegs meine Rechnung. Ich meine, daß von dem einen aus; was wir wirklich wissen – unsrer Pflicht durch gemeinsame Vernunftgesetze, nach unten – der Sinnenwelt – und nach oben – der übersinnlichen, genau bestimmt sei, was wir weiter setzen können; und daß da allerdings keiner den andern nötigen könne, dies zu setzen (indem der Antrieb aus ihm selbst kommen

muß), aber wenn er es gegen die Vernunftgesetze und über sie hinaus setzt, ihm sagen könne: Du bist ein Schwärmer, ohne daß der andere erwidern dürfe; – daß er, mit Jacobi zu reden: ihm „den Sparren zuviel“ getrost an den Kopf werfen könne, ohne daß der andere „den Sparren zuwenig“ zurückwerfen dürfe. – Wenn dies mein einzig möglicher Theismus ist, so gestehe ich alles ein, aber keineswegs als eine Schuld.

Noch mehr. Jacobi sagt, daß er über den Begriff von Freiheit usw. mit mir schwerlich eins werden werde, und erklärt sich in der Beilage so, als ob er mich im Verdachte hätte, ein heimlicher Ableugner der Freiheit zu sein. In Hinsicht des letzteren hat es nun mit mir wohl keine Gefahr. Mein System ist vom Anfange bis zu Ende nur eine Analyse des Begriffs der Freiheit, und es kann in ihm diesem nicht widersprochen werden, indem gar kein anderes Ingrediens hineinkommt. Aber ich fürchte aus dieser und allen Äußerungen, die ich bei Jacobi noch je über Freiheit gefunden, daß er selbst es sei, der die eigentliche persönliche Freiheit des endlichen Wesens leugnet, um alle Tätigkeit in diesem auf den Unendlichen, als den letzten Grund derselben, zu übertragen (wie ich auch in Ihrem gedruckten Schreiben an mich die dahin wenigstens zu deutende Äußerung finde: Gott sei der Grund der Freiheit). Ist diese Vermutung Wahrheit, – wie sie denn auch durch das Jacobische Ausgehen vom Sein, jetzt vom Wahren, im Gegensatz der Wahrheit, bestärkt wird – so habe ich bis zu dieser Voraussetzung Jacobi mißverstanden, kann erst nun mir alle seine sonderbar geschienenen Äußerungen erklären und seinen Feuereifer gegen mein System; aber so beredt er ist, seinen Abscheu gegen das meinige auszudrücken, so fehlt es mir doch schlechterdings am Ausdrucke für meinen Abscheu gegen das seinige. Zu überzeugen ist ein solcher nicht, gleichfalls nach Jacobis Geständnis; denn das Bewußtsein der persönlichen Freiheit kann man nur in sich selbst finden und die Realität desselben nur glauben. Zu peinigen ist er, wie jeder Dogmatiker; denn ohne Voraussetzung der Freiheit ist das Bewußtsein sogar nicht begreiflich. Ein solches System ist Spinozism, Mystizism, – wenn es etwa die Bibel als Gotteswort annimmt, Lavaterianism; (mit dem letztern habe ich in diesen Tagen mich wieder genau be-

kannt gemacht und es, unter seinen Voraussetzungen, konsequent, aber – abscheulich gefunden). Und so ist aller Mystizism. Ist Jacobi ein solcher, so ist nur übel, daß er es nicht geradeheraus sagt.
Doch genug für einen vorläufigen Bericht, in dem ich mich nur so hingehen ließ.
Von Bouterwek kann ich doch, seinen Rezensionen in den Göttingischen Anzeigen nach, nichts erwarten. Wer es noch nicht begriffen hat, daß unser Wissen immer nur auf das Wissen selbst geht – wer es noch immer vergißt, wenn er etwas denkt, daß er es eben denkt, jetzt noch einen Realismus von der Erkenntnis aus begründen will und nicht einsieht, daß alle Realität nur durch – Neigung will ich sagen, um kurz zu sein, – entsteht, wie dies Bouterwek alles nicht einsieht, der wird es wohl nie einsehen. Dazu seine Begier, schlechterdings Aufsehen zu machen (s. Göttingische Anzeigen, 1799, St. 199). In eine solche Seele kommt die Weisheit wohl schwerlich. Überhaupt halte ich mich für völlig losgesprochen, eine dogmatische Schrift zu lesen, weil ich sehr wohl zu wissen glaube, was sie vorbringen könne, und daß es nichts sei. Doch werde ich die „Apodiktik“ Ihnen zuliebe lesen.

Ich merke, daß wir im Fache der Spekulation noch zuviel miteinander auszugleichen haben dürften, als daß wir in dem der schönen Wissenschaften streiten sollten, in welchem allem Ansehen nach unsre Urteile sehr verschieden sein mögen. Daß der „Agathon“[207] ein Zeitalter fand, für welches er zu früh kam, und Lessing sich bewogen fand, dies dem Zeitalter derb aufzurücken, beweist nicht, daß der Verfasser desselben ein klassischer Schriftsteller für alle Zeiten und Völker sei und bei ihm die schöne Literatur stehenbleiben müsse: und dieses allein war es doch, was ich leugnete.
Da doch gewiß nicht *Kant*, sondern Gott weiß wer die Kantische Erklärung in die Hamburger Zeitungen rücken lassen, so kann auch *ich* es nicht sein, der die meinige einrükken läßt. War der, der das erste tat, ein billiger Mann ohne Nebenabsichten, so wird er ja auch das letztere tun, da er meine Erklärung eben da finden wird, wo er die Kantische fand. Ich habe mehr zu tun, als mit dem Redakteur der

Hamburger Zeitung zu streiten, sonst hätte ich es auch eher tun müssen gegen die Lügen, die man dort aufgenommen; und gegen die Sinngedichte *von den Toren, die in unsern Tagen laut sagen, daß kein Gott sei.* Den oder die Verfasser der letztern wird vielleicht unser Freund *Jacobi* kennen und sie zu *tolerantern* Gesinnungen gegen mich stimmen können.

Ich habe mich gehenlassen im Schreiben und bin vielleicht durch die Erinnerung an so manches Unangenehme unvermerkt selbst unangenehm im Tone geworden.
Ich kehre zurück zu dem, wovon ich ausging, zu meiner Bitte um baldige Nachrichten von Ihnen (seien es auch nur ein paar Zeilen) und zur Versicherung meiner wärmsten innigsten Teilnahme.

Ewig der Ihrige
Fichte

An Johann Gottlob Fichte

Jena, 2./3. Februar 1800

Dies ist der zweite Brief, den ich für Dich schreibe, nachdem ich den ersten, einige Stunden nach Deiner Nachricht geschrieben, die mich rasend machte und meiner eignen Gesundheit einen derben Stoß beibrachte, vernichtet. Ich habe es nun endlich dahin gebracht, den Teuren als tot denken zu können, und suche mich zu fassen, so gut es gehen will.
1. Das Wichtigste: Du schreibst mir wenig über den Zustand des Vaters bei diesem schrecklichen Todesfalle. Nimm Dich seiner an, tröste ihn.
2. Du, l[ieber] Bruder, bist vielleicht mit der wahren Lage unsers Geschäfts weniger bekannt als ich, daß Du mir ratest, es fortsetzen zu lassen. Ich habe sehr schlechte Erwartungen von dem Zustande der Angelegenheiten. Nach der ersten Rechnung hatten wir *verloren.* Der Selige hat mir zu Berlin Nachrichten gegeben, aus denen folgte, daß wir seitdem wiede[rum] *ungeheuer verloren* haben müssen. Er sollte jetzt Rechnung ablegen. Vielleicht ist der Kummer über das, was er bei dieser Arbeit erblickt hat, mit ein Nagel zu seinem Sarge gewesen. Und dann noch so manches andere

mir sehr wohl Bekannte! Nun solltet wieder ihr u. der Vater sich abarbeiten, um – mich, der ich jetzt nicht gut Verlust ertragen kann, nur noch tiefer hineinzustecken?
Ich war ohnedies entschlossen, selbst wenn der Selige gelebt hätte, ihm zu schreiben, daß er nach und nach sich zurückziehe. Wieviel mehr jetzo.
Wiederum ist wahr, daß ohne gar großen Verlust ein solches Werk nicht plötzlich aufgehoben werden kann. Mein Entschluß ist daher folgender:
Der Vater ist so gut und führt vorderhand die Aufsicht über das Innere der Sache. Du beziehest die Frankfurter Messe, für die nun doch einmal vorgearbeitet und ohne Zweifel beträchtliche Garne eingekauft sind; *wieder angelegt* wird kein Groschen, der mir gehört. Und so muß *nach und nach* in der kürzesten Zeit alles zu Gelde gemacht werden. Verliere ich, nun so sei es verloren. Ich möchte nur nicht ja [?] noch mehr verlieren.
Du, l[ieber] Br[uder] machst mit des Vaters Beistande Dich mit der Lage der Sachen so genau bekannt, als Du kannst (ein *Inventarium* solltest Du freilich machen), *nimmst alle hinterlassene Papiere, Briefschaften, Rechnungen des Seligen an Dich;* und bringst dasselbe mit *zur Frankfurter Messe*, wo ich entweder zu Frankfurt oder zu Berlin mit Dir *eine Zusammenkunft haben werde.* Melde mir zu diesem Behuf so bald als möglich ganz bestimmt, *welche Tage* Du in Frankfurt bist: worauf ich Dir Zeit u. Ort der Zusammenkunft angeben werde. Ist sodann noch meine persönliche Anwesenheit zu Rammenau notwendig, so reise ich von dort aus mit Dir hin.
Daß Ihr die Dazwischenkunft der Gerichte verhindert, ist sehr gut. Daß ich die bedauernswürdige Witwe[208] meines teuren unvergeßlichen Bruders und sein noch ungebornes Kind, wenn ein solches vorhanden sein sollte (hierüber habe ich ohnedies eine Idee, wovon zu seiner Zeit!), nicht drücken werde, versteht sich von selbst.
Sollte der Vater[209] der Witwe ja einen Beweis für mein Verhältnis mit dem Seligen fodern, so bin ich damit zur Gnüge versehen.
3. Melde mir doch über die nähren Umstände dieses schrecklich-unerwarteten Todesfalles, soviel Du Briefen anvertrauen kannst oder willst. Es ist mir unbegreiflich, wie

ein junger gesunder, starker Mann so hingerafft werden konnte? Ich will doch bei Gott nicht hoffen, daß man ihn etwa zu Tode geärgert!*
Lebe recht wohl u. grüße Eltern u. Geschwister. Die Meinigen grüßen Euch alle.
Ich rechne noch bis zu *Ende dieses Monats* hierzubleiben. Man adressiere meine Briefe noch an den Professor F. Dies ist das gewöhnliche.

Dein treuer Bruder
J. Gottlieb Fichte

N[ach]sch[rift].* Höre, lieber Bruder, ich habe [?] die gegründetste Ursache, nachdem ich soeben den letzten Brief des Seligen an mich oder Dich [?] gelesen, zu vermuten, *daß es so ist* [?], und das hat natürlicherweise auch Einfluß auf meine [?] Entschließungen. [...]

N. II. d. 3. Februar.
Ich erhalte soeben auch den zweiten Brief von Dir v. 22. Jan., sage Dir dafür den herzlichsten Dank und erkenne Deine Sorgfalt. Über den Hauptinhalt desselben, die *freundschaftliche Unterredung*, die Du mit Wissen unsers lieben Vaters (?) darin mit mir pflegst, hatte ich einiges geschrieben, das ich bis zur persönlichen Zusammenkunft zurückhalte. – Indessen nur – denkt nicht, mich über diesen beklagenswerten Verlust zu täuschen. Ich weiß mehr und Besseres, als ihr denkt; und euch lieb sein möchte.
Ich schreibe Dir noch einmal von Jena aus ganz bestimmt über die Zusammenkunft. Habe indessen Dank für Deine Fürsorge, die ich sehr schätze. Daß ich alle Kosten, unter andern auch das unvermeidliche Briefporto, das Dir zur Last fällt, ersetzen werde, versteht sich.

F.

An Philipp Albert Stapfer [Entwurf]

Jena, ca. 5. Februar 1800

Mein verehrtester Herr u. Freund
Ich sage Ihnen den wärmsten Dank für Ihr zweites so ehrenvolles Schreiben, welches ich erhalten habe. Das erste,

nebst dem Einschlusse [?], dessen Sie im zweiten gedenken, muß verlorengegangen sein.
Die Achtung u. Bemerkung [?] solcher Männer, wie Sie sind, wird mir stets die [?] angenehmste Freude meines Lebens gewähren [?]. Ich verbleibe stets in dem Entschlusse, welcher jenes Schreiben veranlaßte, u. es wird mich innigst freuen [?], wenn die verbesserten Zeitläufte mich in den Stand setzen werden, von dem vorteilhaften Ange[bote] [?] Ihrer Mitbürger Gebrauch zu machen. Ich habe den Vorschlag, dessen Sie gedenken, nicht gesehen.
Es ist Ihnen vielleicht bekannt, daß ich einen Teil des vorigen [?] Jahres in Berlin zugebracht. Zu Anfange des Dezember reiste ich von dort hierher, um mein Hauswesen aufzuheben u. meine Familie zu mir zu nehmen, bin durch die notwendigen [?] Pflichten bis jetzt hier aufgehalten, werde aber zu Ende dieses Monats wieder [?] dorthin abgehen u. bleibe da wohnen.
Ich bitte Sie um die Fortdauer Ihrer gütigen Gesinnungen.
Gruß u. Hochachtung.

An Karl Leonhard Reinhold

Jena, 8. Februar 1800

Und dennoch, geliebter Freund, muß ich, ehe noch von Bardilis Buch[210] die Rede sein kann (ich habe es in den hiesigen Buchläden nicht gefunden u. nun von Leipzig verschreiben lassen), in einer andern Sache Ihren Rat und Beistand erbitten.
Schelling hatte mir schon längst die Idee von einer Vereinigung der besser (d. i. *gründlich*) gesinnten Gelehrten zu einem gemeinschaftlichen Wirken angegeben; und diese Idee war dann näher zu einem *kritischen Institute* bestimmt worden. Ich habe bei meiner gegenwärtigen Anwesenheit zu Jena den Plan eines solchen Werks – einer *pragmatischen Zeitgeschichte der Literatur u. Kunst* – ausgearbeitet und mit meinen Freunden[211] mündlich debattiert. Es fehlt nur an der Ausführbarkeit: indem wir eines Personale von etlichen u. dreißig Gelehrten dazu bedürften, die mit seltnem Fleiße und mit Verleugnung ihrer persönlichen Eitelkeit, viel-

leicht auch ihres pekuniär Interesse sich der Sache widmeten. Die Ausführung ist jedoch nicht aufgegeben; nur aufgeschoben.
Ich aber bin indessen, auch durch äußere Veranlassungen mit, auf einen Plan gekommen, der jenem Hauptplane zur *Vorbereitung* dienen könnte, den, ein *Revisionsblatt der vorhandenen kritischen Blätter* zu sammeln u. herauszugeben. – Ich denke mir dies so: Wenn man nun einmal in diesem Felde nicht nach einem *festen Plane* (wie es in jenem ersten Entwurfe der Fall sein würde), sondern gleichsam nur auf *gut Glück* wirken kann; so ist jetzt nicht mehr der Zeitpunkt, da durch Rezensionen *der Bücher* jener hohe Einfluß, den z. B. die Literatur-Briefe, die A.[llgemeine] D.[eutsche] B.[ibliothek], die A.[llgemeine] L.[iteratur] Z.[eitung] gehabt, behauptet werden könnte. Das große Volk liest die Bücher gar nicht; die Rezensionen sind *sein Buch.* Hier also muß man die Sache angreifen; das Zeitalter steht nicht mehr bei der ersten, sondern *bei der zweiten Potenz.* – Dazu kömmt die *Menge der rezensierenden* Blätter und ihre daher u. aus andern Gründen entstehende, immer zunehmende Erbärmlichkeit. Kein *Meister* in Wissenschaft oder Kunst mag mehr rezensieren, sondern nur *Schüler oder zurückgebliebene Stümper.* Eine seltene Ausnahme von der Regel ist's, daß ein Meister sich entschließe, ein merkwürdiges, in der Gefahr nicht bemerkt zu werden sich befindendes, Produkt anzuzeigen; wie *Sie* meine W.[issenschafts] L.[ehre] oder *Müller*[212] – Woltmanns Schriften.
Über die Popularität eines solchen Unternehmens, über seine markantilische Leichtigkeit sowie über den sich von selbst ergebenden Zufluß an Beiträgen sage ich nichts; indem diese Seite sich von selbst darbietet. Ebenso versteht sich von selbst, daß die Debatten nicht in ein bloßes Gezänk mit schlechten Rezensenten und in ein Korrigieren ihrer Exerzitien ausarten, sondern von allgemeinern Sätzen ausgehen, zu allgemeinern hingehen, das Übel in der Wurzel angreifen und so wahrhaft instruktiv und interessant werden müssen.
Daß *Sie*, wenn Sie teil daran nehmen sollten, das *Schelling,* auf den ich nächst Ihnen rechne, nicht anders arbeiten *können,* ist mir bekannt; dasselbe darf ich mir vielleicht auch von mir selbst versprechen; den andern Mitarbeitern sagt

man es, macht man es vor; und schickt Arbeiten, die nicht in diesem Geiste verfertigt sind, zurück.
Die nächste Wirkung hievon wird sein, daß das Publikum von seinem abergläubischen Respekte vor Rezensionen zurückkommt, die rezensierenden Blätter sich entweder bessern oder zugrunde gehen müssen und wir indessen Männer kennenlernen und zuarbeiten, welche nach Verlauf einiger Jahre jenen Hauptplan, den ich Ihnen bei Gelegenheit gleichfalls zuschicken werde, mit uns ausführen könnten.

Hiebei ist nun folgendes zu bedenken. Nach diesem Plane entsteht keine vollständige Übersicht des erschienenen Neuen in der Literatur; u. ein Hauptzweck, um dessenwillen die meisten kritische Blätter halten – zu wissen, was erschienen ist –, bleibt unbefriedigt und sonach unsere Blätter wenig u. auf die Länge gar nicht mehr gekauft. Es müßte sonach doch ein direktes Anzeigeinstitut mit dem Revisionsinstitute verknüpft werden. Da schiene mir nun das beste die *Selbstrezension*, d.h. der Verfasser tritt auf, gibt den *bestimmtesten* Begriff von seinem Werke (der ihm in der Arbeit vorschwebte), legt Rechenschaft ab, wie er die Forderungen der Kritik an sich sich gedacht habe: kurz, seine Anzeige ist, was *jede gute, gründliche Vorrede* sein soll. (Auch bleibt ihm in der Tat unbenommen, diese Anzeige noch überdies als wirkliche Vorrede seines Buchs abdrucken zu lassen.)
Die mancherlei möglichen Mißbräuche, die bei diesem Gedanken jedem sogleich beifallen, sind eben darum, weil sie jedem beifallen, durch die Redaktion leichtlich zu verhindern.

Ich trage Ihnen, lieber Reinhold, dies alles flüchtig und vielleicht nicht aufs glücklichste vor: aber ich ersuche Sie, der Sache ja reiflich nachzudenken und zu glauben, daß auch ich ihr reiflicher nachgedacht und sie von allen Seiten u. unter allen Bedingungen schärfer angesehen habe, als es meinem gegenwärtigen Schreiben zufolge scheinen möchte; damit wir nicht in Gefahr kommen, durch briefliche Erwägung von Bedenklichkeiten, die ich vielleicht selbst schon erwogen u. gelöst habe, die Zeit zu verlieren.

Nun bedürfen wir unter andern eines im guten Geruche der Humanität, der Sanftheit, Friedensliebe, Vorsichtigkeit stehenden Mannes von literarischer Bedeutung, der dem gelehrten Publikum die paradoxen Teile unsers Plans, z. B. den Artikel von den *Selbstrezensionen* (sogar dieses Wort dürfte nicht verlauten), plausibel mache und sich öffentlich an die Spitze stelle.
Wollen Sie dieser Mann sein?
Ich kann Ihnen nicht bergen, daß die Brüder *Schlegel*, wegen einer unseligen Verwickelung mit *Schelling*, (ohne welchen letztern ich nichts tun kann, noch, da die erste Idee von ihm herkommt, *dürfte*) Anteil an dem Plane haben; kann aber versprechen, daß dieser Anteil sehr *subaltern* werden und daß *Sie* nie *unmittelbar* mit ihnen zu tun haben sollen, außer inwiefern Sie selbst es wollen. Nur mit mir sollen sie zu kommunizieren haben. Der *ältere* Schlegel ist mir selbst wegen seiner arroganten Seichtigkeit, so wie jedem, den ich kenne, verhaßt, und ich werde mir ihn wohl vom Leibe zu halten wissen: der *jüngere* aber – so paradox Ihnen dieses lauten möge – ist ein im *innern Grunde* braver, unermüdet dem Besten nachstrebender Mensch, der auch Zucht annimmt, und aus welchem sich, wenn nur seine hartnäckige Unreife schwinden und er ein besseres Ideal wählen wollte als seinen Bruder, den er an innerm Stoffe zehnfach überwiegt – wohl noch was machen ließe.
Diese Namen dürfte man nun gar nicht wittern. Ebenso würde dem Publikum, wenn es die Namen Fichte u. Schelling zusammen aussprechen hörte, unser kriegerisches Verdienst einfallen und die ganze Zunft der Stümper sich nicht viel Freude von unserm Unternehmen versprechen. Heißt es aber *Reinhold*; allenfalls *Reinhold u. Fichte*, so geht alles schon eher an, und man hofft vielleicht, daß der letztere in guter Gesellschaft sich bessern werde.

Über dieses alles bedinge ich mir nun vorderhand das strengste Stillschweigen; insbesondre auch gegen die *Buchhändler*, deren eine Menge, wie auf den Trost Israelis, auf ein ähnliches Unternehmen hoffen, mir und andern davon gesprochen haben und begierig sein würden, einer dem andern diesen Bissen vor dem Munde wegzuhaschen. – Diesen Teil der Sache werde ich am besten besorgen können;

indem auch dies mir wieder nur Teil eines größeren Plans werden würde.
Ich habe für Sie und für die Sache der Literatur überhaupt mich über die Aufschlüsse Ihres letzten Briefs sehr gefreut.
In meinem künftigen, wenn ich zugleich Rechenschaft über Bardilis Lektüre ablegen werde, nehme ich Rücksicht auf den philosophischen Teil desselben (Ihres Briefes nämlich).
Ich bin noch für diesen Monat in Jena zurückgehalten: doch kann Ihre Antwort mich nicht mehr hier, sondern nur zu *Berlin* treffen. Mein Kommissionär vergißt, mir die Lage meines dort gemieteten Quartiers zu melden: ich ersuche Sie daher, Ihre Antwort zu adressieren: „zu erfragen beim Prof. Feßler".
Leben Sie wohl. Mit inniger Hochachtung und Liebe

ganz der Ihrige
Fichte.

An Familie Fichte (?) [Pro Memoria, unvollständig]

Jena, 20. Februar 1800

Ich, der Endes Unterschriebene, stand mit meinem verstorbnen Bruder Samuel Gotthelf Fichte in folgenden Vermögensverwicklungen:
1. habe ich demselben zum Ankaufe des väterlichen Wohnhauses eine Summe vorgeschossen, deren Bestand sich in einem jetzt nicht zuhanden habenden Briefe des Verstorbnen an mich finden, außerdem aber aus einem höchstwahrscheinlich unter den Papieren des Verstorbnen vorhandenen Briefe von mir an ihn sich ergeben, auch meinem Vater bekannt sein wird; und zwar so, daß dieselbe auf dem Hause stehenbleibe und er mir dasselbe dafür als Unterpfand einsetze: jedoch alles auf Ehre und Gewissen, ohne gerichtlichen Konsens oder Handschrift.
2. habe ich ihm, nebst noch einem andern meiner Brüder, ein Kapital von 300 R[eichs]t[ale]r geliehen, gegen 4 P[ro]z[e]nt Zinse, zahlbar an meinen Vater: laut einer in meinen Händen befindlichen von diesen beiden Brüdern unterschriebenen Handschrift, worin sie mir ihr Haus und alle ihre Habe zum Pfande einsetzen. Hieran beträgt

sonach die an den Verstorbnen geliehene Hälfte 150 R[eichs]t[ale]r. Die eigentliche Absicht dieses Darlehns ist meinem Vater und überhaupt in meiner Familie bekannt.

3. habe ich ihm ein Kapital von 800 R[eichs]t[ale]r – es versteht sich die obigen Posten ungerechnet – geliehen, und zwar, um ihn nicht durch Zinsen zu drücken, doch aber zur sorgfältigsten Verwaltung dieses Geldes anzuhalten, *unter der Benennung meiner Anlage zu einer zwischen uns beiden zu errichtenden Compagnie-Fabrik.* Ich kann das Faktum und die daraus erfolgten Verhältnisse, außer dem Zeugnisse meiner Eltern, die bei unsern mündlichen Verabredungen gegenwärtig waren, durch die eigenhändigen Briefe und Berechnungen des Verstorbnen, die sich in meinen Händen befinden, beweisen. Ich werde in der folgenden Erzählung auf diese Briefe, wie ich sie numerotiert und einzelne Stellen angestrichen habe, und wie ich erforderlichenfalles sie vorlegen werde [?], mich beziehen.

Eine Compagnie setzt voraus der Brief Nr. I vom 9. 8br. 98 [9. Oktober 1798]. Die bestimmte Abrede bei diesem Compagnie-Geschäft war, daß meines Bruders *Kenntnis der Hantierung, Fleiß und Kraft,* bis zu einer gewissen [?] (bis jetzt nicht stattgehabten) Vermehrung meines Kapitals, jedesmal gleich sein sollte der von mir hergegebnen Summe baren Geldes (laut des Verstorbnen eignen Vorschlag in Nr. II auf den von mir angestrichnen Seiten, welchen Vorschlag ich auch wirklich angenommen habe). Daß wir sonach Gewinn [...]

[...] Dann waren von den 227 R[eichs]t[ale]rn, die er als seinen baren Zuschuß mir berechnete, nicht nur 150 R[eichs]t[ale]r, sondern selbst die noch übrigen 77 R[eichs]t[ale]r keines andern Vermögen als das meinige; indem ich ihn nicht nur zu Michaelis 1795 mit einer beträchtlichen Summe ausgestattet, von mir entlassen, sondern auch noch nachher durch Übersendungen von barem Gelde ihn unterstützt habe. Er verpfändete sonach immer nur mein eignes Vermögen gegen das meinige, rechnete in dem Compagnie-Geschäft durch das meinige ab von dem meinigen u. dgl.; welches man sich wohl von einem Bruder, dem man forthelfen will, gefallen, keineswegs aber von sich einmischenden Fremden fortsetzen läßt.

Daß dieses alles sich so verhalte, bezeuge ich auf mein Gewissen und werde erfoderlichenfalles die Beweise, auf welche ich oben mich bezogen, vorlegen. Jena, d. 20. Februar 1800.

Johann Gottlieb Fichte
d. Phil. Doktor.

AN FRIEDRICH SCHELLING

Berlin, 9. Juni 1800

Meinen herzlichsten Dank für Ihr Andenken, teuerster Freund.
Ihre Schrift[213] habe ich mit Vergnügen, zugleich aber auch mit *dem* Bedauren gelesen, daß heutzutage der Kopf, der Besseres zu tun hätte, als sich mit den Schandflecken der Literatur abzugeben, doch zuweilen dazu genötigt ist.
Ich zweifle nicht, daß Sie den Prozeß[214] gegen Schütz gewinnen werden, u. dies wird sehr erwünscht sein. Lassen Sie dann doch ja die Akten drucken. So etwas, und dieses allein wirkt auf Philister, deren Art und Natur genau kennenzulernen ich hier Gelegenheit habe.
Wie bald *ich* an die Rezension von Bardilis Logik kommen möchte, kann ich nicht sagen. Auch habe ich die in der A.[llgemeinen] L.[iteratur] Z.[eitung] eingerückte nicht gelesen, wohl aber absurde Briefe von Reinhold hier zu Berlin gefunden, die ich *unbeantwortet* gelassen. Ich werde mit diesem erbärmlichen Wichte, ich meine Reinhold, ganz brechen und gebe Ihnen denselben völlig preis. Lassen Sie ergehen, was rechtens ist, und sein Sie meines ganzen Beifalls und meiner vollkommensten Teilnahme im voraus versichert.
Mit Ausführung unsers Plans muß nichts übereilt werden. Ein reicher Mann, an welchen ich hierbei dachte und auf ihn rechnete, läuft mir von selbst in die Hände, indem er dringend mir anliegt, ihm ein Privatissimum zu lesen.
Ich empfehle mich der Fortdauer Ihrer Freundschaft, der ich mit innigster Hochachtung verharre

Der Ihrige
Fichte.

An Karl Leonhard Reinhold

Berlin, 4. Juli 1800

Verehrter Freund,
mein Urteil über Bardilis Logik habe ich angestanden Ihnen zu schreiben aus Furcht, Sie zu beleidigen; ich finde, daß nicht antworten noch beleidigender wäre, und muß mich sonach endlich wohl entschließen.

Ich erhielt gleich nach Abgang meines letzten Briefs an Sie ohngefähr in der Mitte des Februar das Buch. Ich durfte nur in der Vorrede erblicken, daß der Verf[asser] sich wirklich des ganz neuen Kunststücks rühmte, *aus der Logik einen reellen Gegenstand herausgeklaubt zu haben,* um schon a priori zu wissen, wie ich mit dem Buche daran sein würde. Ich las es jedoch, Ihnen zu Gefallen, *einmal,* aber nach meiner Art, d. h., indem ich die Lektüre mit meinem schriftlichen Räsonnement ununterbrochen begleite. Die guten Winke – nur Winke – über den Satz der Identität als Grundlage alles unsers Denkens konnten mir nicht neu sein; es kann auch Ihnen nicht unbekannt sein, *wo* völlig, und ich glaube mit mehr Klarheit, ausgeführt ist, worauf B[ardili] deutet. Der Hauptpunkt aber des neuen Systems, ein Ur-*denken* unvermerkt und ehe man die Hand umwendet, in ein Ur-*seyn* zu verwandeln, und die Frage nach einem Bande *des Subjektiven u. Objektiven* gänzlich zu ignorieren, ist, seit dem ersten Gedanken eines Kritizismus in Kants Kopfe von Grund aus vernichtet; und die Wiederholung dieses Verstoßes war nur von einem Manne zu befürchten, der – weit entfernt, von der W[issenschafts]l[ehre] einen Begriff zu haben – nicht einmal in Kants Schriften flüchtig geblättert zu haben und den Kritizismus nur aus Nicolais und Herders Relationen zu kennen scheint.

Ihnen, mein Freund, gilt nicht, was ich über B[ardili] sage, denn Sie nehmen diesen, den ich einen Dogmatiker vom bekannten ontologischen Beweise für das Dasein Gottes nennen möchte, für einen transzendentalen Idealisten. Wir sind sonach in der Erklärung des Schriftstellers nicht einig. Daß ich aber richtig erkläre, davon müßte Sie, sollte ich glauben, B[ardili]s eigner Auszug, den Sie mir gütigst überschickt haben, überzeugen.

Ihre Rezension des Buchs habe ich noch nicht gelesen; ohn-

erachtet ein Freund und Kenner meiner Philosophie, zugleich Kenner des Bardilischen Buchs, mir sehr mißbilligend darüber geschrieben.
Meinen herzlichen Dank an Jacobi für die gütige Mühe in Absicht des Kantischen Inserats; ohnerachtet ich der erhaltnen Nachricht keine Folgen zu geben gedenke, indem alle Dinge dieser Art mir anfangen, sehr unbedeutend zu erscheinen.
Mit Hochachtung und Freundschaft

der Ihrige
Fichte

An August Wilhelm Schlegel

Berlin, 30. Juli 1800

Ich fand, mein sehr verehrter Freund, allhier zu Berlin bei Unger einen, dem unsrigen ähnlichen Plan[215] geschmiedet; freute mich, daß man, da er doch nun einmal fertig war, mich zur Teilnahme zog, veränderte ihn nach meinen Einsichten. Dadurch ist der beiliegende entstanden. Es ist auf Sie und Friedrich durchaus gerechnet. Von Ihnen erwarten wir für das nächste Heft *eine Übersicht der Poesie und, wenn Ihre Zeit soweit reicht, dessen, was in den redenden Künsten überhaupt das Zeitalter und der deutsche Geist geleistet;* in dem im Plane angegebenen Charakter, über welchen wir auch mündlich einig geworden: eine Übersicht, wie Ihre durchaus meisterhafte Kritik der Vossischen, Matthissonschen, Schmidtischen Dichterei: von Friedrich für dasselbe Heft eine Abhandlung *über Geist und Zweck der Philologie überhaupt und über den gegenwärtigen Standpunkt derselben.*
Ich wünsche mit solcher Wärme, daß Sie beitreten möchten; daß Ihre übrigen Pläne, Neigungen, Entwürfe sich mit einem lebhaften Ergreifen unsers Planes vertragen möchten; daß ich in der Lebhaftigkeit des Wunsches so gar keinen Zweifel gehegt habe.
Strenge Verschwiegenheit, selbst in dem Falle, daß Sie, wie ich gar nicht als möglich denken mag, nicht beiträten, ist von allen, die mit der Existenz desselben bekannt gemacht werden, ausbedungen. Erst wenn das erste Heft ausgegeben wird, soll das Publikum erfahren, daß dieser Plan vorhan-

den sei. Die Gründe davon brauche ich nicht anzuführen: auch über diese haben wir mündlich gesprochen. Die gedruckte Beilage wird daher nur an die Eingeladnen gesendet.

Haben Sie die Güte, mir so bald als möglich Ihren Entschluß und die Bedingungen Ihres Beitritts zu melden. – Sie haben es, wenn Ihnen beiden dies konveniert, ganz allein mit mir zu tun: und sogar als Verfasser Ihrer Beiträge brauche ich Sie keinem zu nennen, wenn Sie strenge Verschwiegenheit begehren.

Ein Redakteur ist begreiflicherweise nicht. Jeder bürgt und steht für sein eignes Fach. Die Korrespondenz besorgt *Herrmann*[216], ehemaliger Redakteur der Allg[emeinen] Deutsch[en] Bibliothek.

Ich umarme Sie und Ihren Bruder im Geiste.

Ganz der Ihrige
Fichte.

Meinen herzlichen Dank für Ihre Gedichte. Sie haben, nebst der Genoveva[217], die ich zu derselben Zeit erhielt und las, mir neue Jugend in meinem Geiste hervor[ge]bracht.

An Friedrich Schlegel

Berlin, 16. August 1800

Herzlichen Dank, teuerster Freund, daß Sie mich mit einem Beweise Ihres freundschaftlichen Andenkens erfreuen wollten.

Daß Ihre und Ihrer Freundin Versuche mißglückt, tut mir sehr leid. Veits[218] Bekanntschaft habe ich noch nicht gemacht. Ist dieser allein schuld am Mißlingen? – Unter diesen Umständen ist es wohl am besten, in Jena zu bleiben, wenn Sie nicht nach Berlin zurückkehren wollen. Der Aufenthalt zu Dresden wäre durchaus unratsam. Ich habe nur dabei zu beklagen, daß ich Ihres so sehr gewünschten Umganges entbehren muß. Ich lebe jetzt durchaus einsam. Nur den einzigen Bernhardi sehe ich zuweilen. Die Freimäurerei hat mich so ennuyiert und zuletzt indigniert, daß ich ihr gänzlich Abschied gegeben habe.

Mit der innigsten Freude habe ich an der sichtbaren Entwicklung Ihres Talents teilgenommen. Ich freue mich auf den zweiten Teil Ihrer Lucinde, daß ichs's nicht zu sagen vermag. Ihre Versuche in Versen werden den herrlichsten Einfluß auf Ihre Prosa haben: überdem haben sie an sich viel Wert, z.B. ihr „an die Deutschen" im letzten Stücke des Athenäum[219] scheint mir diejenige Art zu bezeichnen, in der Sie es zur Meisterschaft bringen werden. Ihr System über Poesie, über welches wir uns vorigen Winter zu Jena unterredeten, glaube ich nun durch die beiden letzten Stücke des Athenäum ganz zu verstehen. Es ist Ihres Geistes und Ihrer Liebe zu Fleiß und historischer Forschung würdig; ohnerachtet ich für meine Person es nur für vorläufig und bloß auf die Zeit passend halte. Etwas am Stoffe der Poesie ist allerdings individuell; aber was die Hauptsache an ihr ist, ihre Form, ist durchaus allgemein: und ich würde in dieser Rücksicht im Gegensatze mit Ihnen sagen: so wie es nur eine Vernunft gibt, gibt es auch nur eine wahre Poesie. Wir sollen durch Studium uns die Werke großer Künstler der Vorzeit aneignen? – Es kann sein, daß wir in unsern ausgetrockneten Zeitaltern nichts Besseres tun können: aber woher entfloß denn die Quelle dem ersten Künstler, der keinen vor sich hatte? Sollte denn dieser Urquell nun zu ewigen Zeiten ganz vertrocknet sein. Oh, hätten wir doch erst eine reine Ästhetik!

Ich freue mich über Ihren Entschluß, in der Wissenschaft auch mit der Form Ernst zu machen, wie Sie sich ausdrükken, und in dieser Absicht Vorlesungen zu halten. In Ihren Ideen[220], die ich bei dieser Gelegenheit wieder durchgedacht, glaube ich noch immer Spuren von der Verwechselung der *philosophischen Denkart*, die allerdings in das Leben übergehen muß, und *der Philosophie*, im objektiven Sinne, der Philosophie, als einer Wissenschaft, zu entdecken. Der wissenschaftlich idealistische Standpunkt kann nie in das Leben einfließen; er ist durchaus unnatürlich. Die Denkart, die eine durchgeführte Philosophie für das Leben erzeuge, glaube ich im 3ten Buche der Bestimmung des Menschen dargestellt zu haben.

Mit Schleiermacher habe ich weder vor Abdruck seiner Kritik über die Best[immung] d[es] M[enschen] noch seitdem gesprochen. Einige Einwendungen verstehe ich nicht: so viel aber sehe ich, daß er das endliche Resultat des 3ten

Buchs dem, was ihr untereinander Spinozismus nennt, ganz gegen meine Absicht zu nahe gerückt hat. Jener Mystizismus liegt nach mir durchaus im Felde der Transzendenz, auf welchem der Mensch nichts mehr versteht. Der Glaube an Freiheit und Selbständigkeit bleibt nach mir in der vollendeten menschlichen Denkart unangetastet. Der *Form* nach. Der *Materie* nach aber ist mir ein Plan vorgezeichnet, mir bestimmt, was ich werden soll. Zu diesem macht mich nun keine fremde Macht, auch nicht des Unendlichen, sondern *ich* mache mich dazu.

Die Anzeige der Lucinde im A[rchiv] d[er] Z[eit] ist an Bernhardi eingesandt und ihm Stillschweigen darüber aufgelegt. Ich weiß nichts Näheres darüber: aber meine herzliche Freude daran habe ich, ebensowohl als an den in Hamburg darüber erschienenen Briefen[221]: ohnerachtet ich mit den letztern nicht durchaus einig bin: und ich auch nicht glaube, daß Sie es sein werden. Der Verf[asser] macht, scheint es mir, die Luc[inde] zu sehr zu einem Lehrgedicht, das da diene zur Lehre, Ermahnung, Zucht in der Gerechtigkeit der Liebe. Das war wohl Ihre Absicht nicht. Mich in die literarischen Welthändel mischen! Ja, lieber Freund, wer nur dazu kommen könnte, etwas zu lesen. So weit geht bei mir der Ekel. Überhaupt, *vornehmen* muß ich mir nichts. Man stößt wohl etwa einmal von ohngefähr auf etwas; dann erregt sich Indignation; und dieses ist meine Muse, deren Inspiration ich in Geduld erwarten muß. Was sagen Sie dazu, daß ich die Zeit daher über Handel und Wandel, Geld, Nationalreichtum, u. dgl. geschrieben (*„der geschloßne Handelsstaat“*[222] wird das Kindlein getauft werden) und die Geburt soeben zur Presse überliefere. Auch wird, geliebt's Gott, gleichfalls noch zur Michaelis[-Messe] *ein sonnenklarer Bericht, was es mit der W[issenschafts]l[ehre] eigentlich für eine Bewandtnis habe,* als Versuch, die Leser zum Verstehen zu zwingen – erscheinen.

Ich habe an *Paulus* einen Sie ebenso angehenden Brief für Ihren Bruder geschickt. Er wird ihn doch hoffentlich nicht nach *Bamberg* geschickt haben. Erbrechen Sie ihn, wenn er noch da ist, und melden Sie mir Ihre Entschließung.

Ich habe Ihrer Freundin[223] nicht, Ihnen nicht, keinen Menschen nicht – Exemplare der Bestimmung d[es] M[enschen] gesandt, da mir hier doch mehrere im Wege liegen.

Das kommt lediglich daher, daß ich in eine fertige Arbeit von mir gar keinen Wert setze und meine, es sei andern auch so. Ich werde aber zur Stunde Anstalt treffen, durch Buchhändlergelegenheit (ich mag das große Postporto nicht veranlassen, sonst schickte ich sie mit diesem Briefe) Ihnen deren genug zu übersenden.
Die herzlichsten Empfehlungen von meiner Frau (die seit einigen Tagen krank liegt – wir hoffen aber, daß es nicht von Folgen sein werde) an Sie und Ihre Freundin.

Der Ihrige

Fichte.

Verzeihn Sie, daß ich Sie mit dem Einschlusse bemühe.

An August Wilhelm Schlegel

Berlin, 6. September 1800

Ich finde Ihren mir durch Schleiermacher mitgeteilten Plan meinem in Jena entworfnen ähnlicher, als Sie voraussetzen, mein teurer Freund; sogar bis auf Ausdrücke: und noch weit ähnlicher meinem *neuen*. Im letztern habe ich bloß der Notwendigkeit nachgegeben; und ihn auf das streng Wissenschaftliche, wie es ja der Ihrige auch ist, eingeschränkt; in welchem es allerdings der besondern äußern Einrichtung bei meinem erstern nicht bedurfte. Sonach sind unsre beiden neuen Plane noch ähnlicher. Der ganze Unterschied wäre, daß Sie einzelne Anzeigen aufnehmen: ich aber alles in Übersichten verarbeitet haben will. Da Sie aber ein Aggregat von widersprechenden u. unzusammenhängenden Äußerungen, wie es in den gewöhnlichen Rezensierinstituten ist, unmöglich billigen werden; ja, in Ihrem Plane das Gegenteil förmlich versprechen, so ist dieser Unterschied nur äußerlich. Alles, was bei Ihnen über ein Fach gesagt wird, ist doch so gut als eine Übersicht. Einzelner Schriften, ja sogar Aufsätze u. Äußerungen, muß in meinen Übersichten ohne Zweifel auch gedacht werden.
Den Grund, warum Sie mich von diesem Plane nicht eher etwas wissen ließen, begreife ich; und kann daher nur noch über den Zufall klagen.
Es ist offenbar, daß ich Ihnen u. Ihren Freunden nicht an-

muten kann, zu mir herüberzutreten. Aber Unger[224] gibt den Plan nicht auf; und ich halte durch mein Wort an diesen mich gebunden, so wie Sie es an Cotta sind. Ich habe ihm daher versprochen, meine auch schon entworfne Übersicht des neusten Zustandes der Philosophie, die mit der für Ihr Institut bestimmten Schellingischen, deren Inhalt er mir meldet, sogar bis auf die Beurteilung der bestimmten Schriften, z. B. Bardilis, Jacobis, zusammentrifft und bei Ihnen nicht abgedruckt werden könnte – diese Übersicht, sage ich, ihm zu geben und übrigens um Mitarbeiter *sich selbst zu bewerben.* Für die Zukunft aber erhalte ich mir es durchaus frei, zu Ihnen überzugehen oder außer aller Verbindung dieser Art zu bleiben.
Ich bin von Ihrer Billigkeit überzeugt, daß Sie mit diesem meinem Entschlusse zufrieden sind; da Sie ja doch eigentlich auf meine Beiträge nicht gerechnet haben. Von der Kollision ist wohl mehr für *Unger* als für *Sie* zu fürchten; und ich denke überhaupt, daß die Gelehrten dergleichen Sachen nicht merkantilisch ansehen, noch Kollisionen fürchten sollen. Ich habe durchaus – dies unter uns – nichts dagegen, daß Ungers Unternehmen nach dem ersten Bande ins Stokken gerate; und will ihn selbst dafür sorgen lassen, sosehr er mag. Warum also durch diesen Vorfall ein Schisma in der kleinen unsichtbaren Kirche entstehen solle, sehe ich nicht; und befürchte es nicht.
Cotta ist gegen Unger nicht genannt worden.

Ich u. meine Frau haben den lebhaftesten Anteil an dem traurigen Vorfall in Ihrer Familie genommen. Haben Sie die Güte, auch Ihre Frau Gemahlin in unserm Namen dessen zu versichern.
Meine Frau erholt sich soeben von einer schweren Krankheit, die sie ausgestanden. Ich freue mich sehr darauf, Sie bald hier zu sehen.

Der Ihrige
Fichte.

Wenn Sie meinen freundschaftlichen Rat hören wollen, so wäre ich dafür, daß Sie und Ihre Freunde sich *nicht* nennten. Ich habe sogar bei meinem Plane das Inkognito beobachtet wissen wollen. Vielmehr würde dies bei dem Ihrigen dienlich sein: indem bei Nennung Ihrer Namen die bekannten Abderiten sogleich von Partei und Clique reden werden. Für den Anfang vermeidet man dies denn doch lieber: bis man durch die Arbeit selbst sich Respekt verschafft hat. – Sie werden sagen: „Das sollen wir schon durch das Athenäum getan haben." Sehr wahr, bei mir z. B. und bei andern nicht Unverständigen, die das Athenäum lesen. Aber Sie wissen ja doch, wie wenig dasselbe gelesen worden und daß der größte Teil des Publikum Ihre Namen nur durch die Berichte Ihrer Gegner kennt.

An Karl Leonhard Reinhold [Entwurf]

Berlin, 18. September 1800

Ich schrieb Ihnen zuletzt, von Arbeiten überhäuft, verdrießlich, daß ich Ihnen noch nicht geschrieben hatte, durch mancherlei anderes verstimmt, ohne Ihre Briefe, von denen ich nur noch eine dunkle Vorstellung hatte, und allein mit dem Beleidigenden, Anmaßenden, Unangenehmen derselben angefüllt.
Sie haben nicht geantwortet, wie ich nicht hoffte noch, in meiner damaligen Laune, wünschte. Ich lese jetzt in einer heiterern Stimmung diese Ihre Briefe wieder; meine Barschheit tut mir leid. Dies wenigstens muß ich Ihnen noch sagen und beweisen.
Über Bardili, der gar nicht sein sollte, wird wohl irgendeinmal ein überflüssiges Urteil erscheinen, d. i. gedruckt erscheinen. Über ihn also lassen Sie mich schweigen – daß er in der Logik einiges *gedachte*, doch – da Sie wirklich die Wissenschaftslehre gelesen haben (§ 1. 2. 3.), seit derselben nicht Neues. Aber Sie und er geben das für *Metaphysik* aus!
Das, was Sie auf Veranlassung meines letzten Aufsatzes in dem Phil.[osophischen] Journale über meinen Ton sagen, zu beantworten, erfodert meine Achtung für Sie; und ich antworte, als *Freund* dem *Freunde*; gesetzt auch, wir könnten als Philosophen u. Selbstdenker nicht länger in Wechselwirkung bleiben, mit *der* Offenheit, die mir natürlich ist.
Ich habe leider seit Ihren brieflichen und öffentlichen Äußerungen über diesen meinen Ton mich einschläfern lassen und bloß *dem Freunde Reinhold* zu gefallen gar oft, *ohne* und

gegen meine innere Überzeugung, mich gebärdet, wie ein armer Teufel, der erst von dem Windzuge erwarten will, was wahr oder falsch, gut oder böse ist, und – wenn er lieben oder zürnen könnte – was der Liebe oder des Zornes würdig sei. Gerade durch diese Ihre wiederholte Ermahnung haben Sie es nun dahin gebracht, daß ich mich mit mir selbst auf das Reine gesetzt habe.

„Mein Individuum bemächtige sich, mir selbst unvermerkt des Standpunktes, den ich selbst nur dem *reinen Ich* angewiesen habe", sagen Sie.

Hier – von einem Punkte dieser Stelle abgesehen, den ich tiefer unten berühren werde – Sie schieben mir's ins Gewissen. Also vom Gewissen herunter! –

Wo meines Bedünkens allein das *Individuum* eintritt, d.h. *im persönlichen Gespräch*, kennen Sie mich nicht, lieber Reinhold. Einige, die mich da kennen, z.B. *Forberg*[225], der ohne Zweifel nicht in der Gewohnheit ist, zu schmeicheln, hat mir öffentlich das Zeugnis gegeben, und jeder, der je mit mir konversiert hat, wird mir es geben, daß ich mit der geduldigsten Geduld auf die albernsten Propositionen mich einlasse, sie durchgehe, zergliedere, nie versichere, abspreche oder dergl[eichen] u. daß da nirgends ein Gefühl der „persönlichen Überlegenheit" sich je gezeigt hat. So habe ich mich auch gefunden; und so bin ich *von Natur*, ohne alle Kunst, Vorsatz, Freiheit oder dergl[eichen] Menschenangesicht, gegenwärtig, und Menschensprache flößt mir die gehörige Achtung ein. Was aber die *Schriftstellerei* anbelangt – so liegt es nun eben in meiner, darin wie ich denke nicht verdrehten Individualität, daß ich da nichts von Individualität spüre, weder von der meinigen noch von der andrer. Meine Entdeckung scheint mir allerdings wahr u. wichtig, aber es fällt mir gar nicht ein, mir, diesem Fichte, einen Wert zuzuschreiben oder in höherer Rücksicht zu sagen, daß er, dieser Fichte, sie gemacht habe. Die Zeit, Natur, Gott, hat sie gemacht. Ich habe gearbeitet; aber nicht mehr als andre, und es gibt andre, die noch mehr gearbeitet haben. Die eigentliche Entdeckung ist – ein glücklicher Einfall, ein Blick des Talents. Aber auf Besitz von Talent *mir*, d.h. diesem Fichte, etwas einzubilden, ist eine Narrheit, deren ich sogar in meinen Knabenjahren nicht fähig gewesen bin. – Sie, der Sie meine Schriften lesen, werden bemerkt haben, welche Plagiate immerfort, von denen, die auf mich schimpfen, an mir ausgeübt werden; was über meine nur mündlich geäußerte Gedanken, was etwas mehreres noch beträgt als meine gedruckten, geschieht, wissen Sie nicht: aber Sie können es sich nach der Analogie denken. Sie selbst haben sich im Streite mit mir befunden, daß ich Kanten die Erfindung des transzendentalen Idealismus zuschreibe (welches ich auch *noch* tue und immer tun werde; nur nicht dem „Dreiviertelkopf" individuellen Kant, sondern dem *Zeit-* und *heiligen Geist in* Kant), die Sie mir zuschreiben. Über das Verhältnis Schellings und andrer zu mir habe ich nie eine Silbe verloren. – Kurz: ich bin mir innigst bewußt, daß ich von jener rein närrischen Meinung, *von einem Gedankeneigentume, einem Erfinderruhme* u. dgl., meiner ganzen Individualität nach, kein Spürchen im Kopfe habe, welches bei mir noch durch die Eigenheit, daß ich alles nun Abgemachte auf der Stelle *rein vergesse*, ein weggelegtes Buch von mir selbst nach 14 Tagen lese, wie eins des Mannes im Monde, und an durchaus neuen Ideen, die die alten verdrängen, nie Mangel habe, noch sehr befördert wird. – *Ob* also und *daß* das von mir zu Verteidigende *mein* sei, fällt mir nie im Traume ein.

Bedenken Sie, lieber Reinhold, daß gerade diese *psychologische Eigenheit* (denn es ist *bei mir* in der Tat nichts anderes, ohnerachtet ich dafürhalte, daß es die mit Freiheit hervorgebrachte Denkart jedes rechtlichen und konsequenten Menschen sein sollte), die es bei mir durchaus unschuldig macht, zu sagen: Das, was da ein gewisser Fichte (der nun gar nicht mehr derselbe ist, der nun tot ist und begraben) gesagt hat, ist höchst wichtig, durchaus wahr, usf. bei andern, die da Begriffe von literarischem *Eigentume* und ebendeswegen auch von literarischer *Bescheidenheit* (!!!) haben, sehr anstößig sein muß. Was kann ich machen? Nichts als sagen, wie ich so oft sage, und was man auch nicht leiden will.

Sie sagen ferner, „der Philosoph (dem das begegne, was mir nie begegnen kann) solle denken, daß er als Individuum irren könne, daß er als solches von andern lernen könne und müsse" pp. – Wissen Sie, lieber Reinhold, welche Stimmung Sie da beschreiben? Die eines Menschen, der in seinem Leben noch nie von irgend etwas wahrhaft überzeugt gewesen. – Sagen Sie mir, soll der Geometer glauben, daß er darüber, *daß von einem Punkte zum andern nur eine gerade Linie sei,* noch Belehrung bedürfe: daß er von Menschen, die *darüber* disputieren und *daran* zweifeln, etwas lernen könne? – *daß eine solche Überzeugung denn doch nur individuell sein könne.* – Nun ist das, worüber ich bis jetzt streite (und wenn Sie selbst dies noch nicht eingesehen haben, so liebe ich Sie darum nicht weniger, aber ich bedaure Sie) und worüber Ihre *Bouterweks* und *Bardilis* disputieren, *durchaus von dieser Art.* Dieser Dinge, d.h. der Prinzipien meines Systems, bin ich so sicher, daß ich nie, wenn ich nicht wahnsinnig werde, daran wieder zweifeln kann. Und *da* sollte ich noch lernen wollen? – – In den *ferner liegenden* Sätzen meines Systems, in den Ableitungen, kann ich mich geirrt haben; und werde es ohne Zweifel häufig. Ich selbst entdecke schon hie und da Irrtümer; habe Sie vor meinem Auditorio öffentlich zurückgenommen; und tue es vor dem großen Publikum dadurch, daß ich in andern Schriften anders lehre. (So habe ich in meiner Bestimmung des Menschen das *überfliegende* Räsonnement [meine Sittenlehre S. 300 ff.] zurückgenommen, so wie schon vor 1½ Jahren auf dem Katheder.) – So, sage ich, in den abgeleiteten Sätzen. Aber hierüber wird man mir wohl noch einige Jahre Ruhe lassen. Denken Sie nicht?

Sind Sie wohl über folgende Sätze mit mir einverstanden?
1. Jeder Mensch kann wissen, ob er etwas wirklich *verstehe*; davon *überzeugt* sei; wo nicht, *welche* Gründe des Zweifels er habe.
Ich *postuliere,* daß kein Mensch, der nur je irgend etwas *gewußt,* von irgend etwas *überzeugt* gewesen, irgend etwas aus Gründen *bezweifelt* – mir diesen Satz ableugnen werde. – Die übrigen, auf welche keine dieser Bedingungen paßt, sind nicht einmal Menschen, sondern Spukgestalten. Mit ihnen philosophiert man so wenig als mit einem Klotze; und sie haben an Toleranz so wenig Anspruch als ein Klotz.
2. *Nichts bricht den Leuten,* die dieses ihres Verstehens, ihrer Überzeugung, der Gründe ihres Zweifels *sich nicht bewußt sind, den Mund auf.* Sie können schweigen. Ich, und wie ich

denke, kein rechtlicher Mensch, wird es der *Dummheit* übelnehmen, daß sie eben *dumm* ist; dagegen kann sie nicht. Aber daß sie schwatzt, ist Akt ihrer Freiheit.
Ist dieses Schwatzen vor der [...?]

An Karl Leonhard Reinhold

Berlin, 15. November 1800

Seit geraumer Zeit schreibe ich allerlei Briefe an Sie, lieber Reinhold, wie ich denn eine ausführliche Beantwortung Ihres letztern beinahe zu Ende gebracht, lasse sie dann wieder liegen, usw. Jetzt habe ich durch das Gerücht vernommen, daß Sie mit Bardili und Jacobi sich zur Herausgabe einer antikritischen phil[osophischen] Zeitschrift vereinigt; und Sie haben meine auf meinen Auftrag Ihnen zugeschickte Beurteilung der Bardilischen Logik in der Erlanger L[iteratur-]Z[eitung] erhalten. Sie kennen nun unverhohlen meine ganze Ansicht dieses neuen sonderbaren Auftritts.
Da wir philosophisch uns wohl werden trennen müssen, so wünschte ich wenigstens nicht, daß wir es als Menschen müßten. Ich rechne dabei auf Ihre Loyauté, so wie Sie durchaus auf die meinige rechnen können.
„Ich beschwöre Sie, nicht eher irgend etwas zu lesen, zu schreiben usw., bis Sie B[ardili]s Logik gelesen haben", schrieben Sie mir vor einem Jahre. Ich las das Buch, sobald ich es erhalten konnte; ich wußte *für mich* ganz, wie ich mit demselben daran war. Publizieren tat ich meine Überzeugung nicht, bis Ihre Publikation der Ihrigen bedenkliche Symptome hervorgebracht hatte. – Jetzt gebe ich es Ihnen zurück: ich beschwöre Sie, nicht eher etwas zu lesen oder zu schreiben, bis Sie meine Wissenschaftslehre, die sogar aus Ihrem Gedächtnisse verschwunden sein muß, nur noch *einmal*, aber *recht* (wie ich ehemals Ihre Elementarphilosophie gelesen habe, d. i. begleitend mit einem bis zum vollkommnen Verständnisse durchdringenden schriftlichen Kommentar) gelesen haben; und wenn Sie ja mit der vorhandenen Darstellung nicht durchdrängen, wie ich wegen der Undeutlichkeit derselben für möglich halte, meine zu Ostern erscheinende neue Darstellung zu erwarten. Die

Ankündigung derselben wird binnen einiger Zeit gedruckt erscheinen.
Ich habe nicht wenig gestutzt, als Sie einst bei mir anfragten, ob nicht der Schematismus mit dem Ich und Nicht-Ich aus dem tr[anszendentalen] Idealismus wegfallen könne; desgleichen, ob nicht eine Umarbeitung Ihrer Elementarphilosophie zu einer Einleitung in das Studium der W[issenschafts]l[ehre] dienen könnc. Ihre Elementarphilosophie, lieber Reinhold, und die W[issenschafts]l[ehre] sind dem Geiste und innersten Wesen nach durchaus entgegengesetzt. Ich kenne die erstere auf eine Weise, die Sie aus meiner Art, dieselbe zu studieren, die ich Ihnen von Zürich aus meldete, hätte schließen können: ich glaube sie zu kennen wie kein andrer. Meine Kunde dem Publikum mitzuteilen unterließ ich, weil der Urheber der E[lementar]ph[ilosophie] mein Freund war. *Sie selbst* privatim durch Mitteilung derselben zu betrüben, war durchaus überflüssig, da Sie ernstlich an das Studium der W[issenschafts]l[ehre] gingen, mir von Zeit [zu Zeit] über den Erfolg dieses Studium Bericht gaben; zuletzt *sagten*, Sie verständen nun die W[issenschafts]l[ehre] – und in Ihren öffentlichen Äußerungen, wenn auch keinen *positiven* Beweis des wirklichen Verständnisses und des *Eingedrungenseins*, denn doch auch keinen *negativen*, durch ein greifliches Mißverständnis gaben.
Jetzt aber wollen Sie dieselbe heillose Weise zu philosophieren, die Sie an Ihrem eignen Werke verdammt und aufgegeben haben, durch ein fremdes Werk wieder einführen: denn dies ist's, lieber Reinhold, Bardilis Logik ist Ihre Elementarphilosophie: wie er denn auch kein einziges philosophisches Buch ordentlich gelesen zu haben scheint außer dieser. Es ist begreiflich, daß, wenn der Unfug fortgeht, man denselben bei der Wurzel angreifen und von dem Nachahmer sich zur wahren Quelle, zu Ihrer E[lementar]ph[ilosophie] wenden muß. Es ist sonach durchaus und in aller Rücksicht besser, daß Sie, ehe Sie weiter etwas tun, meine neue Darstellung erwarten, falls Sie mit der vorhandenen nicht zurechtkommen sollten.

Ich habe seit ein paar Messen die Zurückkunft des im vorigen Jahre Ihnen anvertrauten Manuskripts nebst den Beilagen erwartet. Haben Sie doch die Güte, die erste sich Ihnen darbietende sichere Buchhändlergelegenheit für diese Rücksendung zu ergreifen. Mit unveränderlicher Liebe und Hochachtung

Ihr Fichte.

An Friedrich Wilhelm Joseph Schelling

Berlin, 15. November 1800

Ich danke Ihnen, teurer Freund, auch für die letztern Erläuterungen in Absicht des abgetanen Mißverständnisses; indem dadurch jene Familie denn doch nicht so durchaus schuldvoll erscheint. – *Tieck* habe ich die ihn betreffende Stelle Ihres Briefs mitgeteilt. Er freut sich innig, das alte Verhältnis zwischen Ihnen u. sich wiederhergestellt zu wissen. Er wollte mir ein paar Zeilen an Sie längst geben. Noch habe ich sie nicht erhalten. Über W[ilhelm] S[chlegel] habe ich natürlich ihm kein Mißtrauen beigebracht, indem ich ihm durchaus rein jene Stelle Ihres Briefs mitgeteilt.

Ihren Vorschlag wegen der periodischen wissenschaftlichen Schrift nehme ich an. Schreiben Sie das erste Stück allein. Ich habe mit meiner neuen Bearbeitung der W[issenschafts]l[ehre] mit einem Bericht über diese an das große Publikum mit 3 Kollegien alle Hände voll zu tun diesen Winter.

Über *Benennung, Ankündigung, Äußerlichkeiten* haben wir noch Zeit genug, uns zu vereinigen. Ausschließende Bedingung ist nur, daß die Hefte nicht zu bestimmten Zeitpunkten erscheinen müssen, sondern wie sie fertig sind.

Melden Sie also Cotta'n meinen Beitritt in dieser Weise. Mit dem *Ungerschen* Plane wird es hoffentlich gar nichts werden und ich von dieser Seite freie Hände bekommen. – Ich habe an Cotta vor 8 Tagen eine Ankündigung meiner neuen W[issenschafts]l[ehre] gesendet, in der ich dem Publikum sage, daß *das Vergangene vergangen sein möge,* daß ich aber fürs Künftige in einer eignen periodischen Schrift die Fortschritte der φ [Philosophie] beobachten werde. Auch darum kann ich nicht eher als nach Erscheinung der W[issenschafts]l[ehre] ein ernstes und strenges Wort mit unsern Philosophastern sprechen. – Daß ich mit den S[chlegels] nicht, wohl aber mit Ihnen zu arbeiten er[bötig – Loch im Papier!] sei und mit Ihnen für einen Mann stehe, habe ich Cotta'n schon in meine[m letzt]ern geschrieben.

Über die Prouessen [Promessen] Fr[iedrich] S[chlegels] auf dem Katheder ist mir auch schon von andern Seiten geschrieben worden. – Dieser Mensch tut durch sein Übertreiben der Ehre der guten Sache allenthalben viel Schaden. Es könnte, denk ich, nicht schaden, gelegentlich sein beständiges Rufen über die großen Dinge, die da geschehen, während er selbst doch von allem diesem nichts getan hat, in das gehörige lächerliche Licht zu stellen. – Wie es sich unter andern auch mit dem Fache der *Kunstkennerei* desselben verhalte, und wie er auch da andern Urteile über Bücher, die er selbst nie gelesen, abhorcht und sodann sie übertreibt und verunstaltet, habe ich von Tieck merkwürdige Pröbchen gehört.

Ihr Journal habe ich nicht erhalten; wohl aber Ihr System der Transzendentalphilosophie: – und habe die letztere aufmerksam gelesen. – Lobeserhebungen gebühren unter uns sich nicht: hierüber nur so viel, es ist alles, wie es von Ihrer genialischen Darstellung zu erwarten war.
Über Ihren Gegensatz der Transzendental- und der Naturphilosophie bin ich mit Ihnen noch nicht einig. Alles scheint auf eine[r] Verwechselung zwischen *idealer* und *realer* Tätigkeit zu beruhen, die wir beide hier und da gemacht haben; und die ich durch die neue Darstellung ganz zu heben hoffe. Die *Sache kommt* nach mir nicht *zum Bewußtsein hinzu,* noch das *Bewußtsein zur Sache,* sondern beide sind im Ich, dem *ideal-realen, realidealen,* unmittelbar vereinigt. – Etwas anderes ist die *Realität der Natur.* Die letztere erscheint in der Transzendentalphilosophie als durchaus *gefunden,* und zwar *fertig* und *vollendet*; und dies zwar (gefunden nämlich) nicht nach *eignen* Gesetzen, sondern nach *immanenten* der *Intelligenz* (als ideal-realem). Die Wissenschaft, die durch eine feine Abstraktion die Natur allein sich zum Objekt macht, muß freilich (eben weil sie von der Intelligenz abstrahiert) die Natur als *Absolutes* setzen und dieselbe durch eine *Fiktion sich selbst konstruieren* lassen; ebenso wie die Transzendentalphilosophie durch eine *gleiche Fiktion* das Bewußtsein sich selbst konstruieren läßt.

Ihre Deduktion der drei Dimensionen des Raumes ist mir, indem ich diesen Brief schreibe, nicht gegenwärtig, und nachzuschlagen habe ich keine Zeit. Ich für meine Person denke darüber so. 1. Der *ursprüngliche* Raum oder der R[aum] als *Anschauung* hat gar keine Dimensionen. Er ist überall, klein oder groß, *Kugel*; und alles Verfahren der Einbildungskraft mit ihm ist bloß diese Kugel, *auszudehnen oder zu kontrahieren.* Daher liegt die Deduktion der 3 Dim[ensionen] gar nicht der reinen W[issenschafts]l[ehre], sondern zunächst wohl der *Philosophie der Mathematik* ob; aus welcher die Naturphilosophie jene Ded[uktion] voraussetzt. 2. Die drei Dimensionen entstehen durch *abstrahierendes Denken* im Raume: und sind nichts anders denn die *allgemeinen Formen des Denkens* selbst. Zuvörderst der *Punkt*; Abstraktion von den unendlich vielen in der Kugel ihn einschließenden Punkten (woraus späterhin die *Eckigkeit*, da in der Anschauung alles *rund* ist) Form *des Setzens* überhaupt. Dann die *Linie*: die im Punkte gemachte Abstraktion dauert fort; sonst würden mit jedem Punkt der L[inie] unendliche Punkte konkreszieren: Form: Kants *subsumierende Urteilskraft.* Fläche (ich erinnere nicht mehr das über die Abstraktion) Form: Kants *reflektierende* Urteilskraft. *Körper*: Kants *Vernunft*, die da Totalität setzt: und der Anschauung sich am meisten nähert. Der Körper ist denn nun wirklich ein Raum, wie die Anschauung ihn will. Nur durch die Eckigkeit verrät er das Denk- und Abstraktionswerk.
Leben Sie wohl. Ganz der Ihrige

Fichte.

N[ach]sch[rift]. Ich erhalte soeben einen Brief, aus dem hervorgeht
1. daß ich von *Unger* nun völlig los bin, indem Schiller und Goethe nicht beitreten.
2. (Dies durchaus sub rosa, daß es kein Schlegel u. kein Ungeweihter wittere!) Wir, d.h. *Sie u. ich*, aber kein andrer, haben alle Aussicht, Goethe u. Schiller für die Ausführung eines größern Plans mit uns zu vereinigen. Die Ausführung überlassen Sie nur mir.
Eine solche Vereinigung müßte sehr viel wirken.
Sie erhalten meine neuste Schrift.

F.

An Gottlieb Ernst August Mehmel

Berlin, 22. November 1800

Ihr letztes Schreiben, mein verehrter Freund, nebst den Beilagen war bei mir angekommen, inem der nicht zurückzubekommende und nun völlig sich aufhebende Brief von mir auf die Post abgegeben wurde.

Ich danke Ihnen für das übersendete und bitte Sie, der Waltherschen Buchhandlung gleichfalls meinen Dank für das übersendete Exemplar der L[iteratur-]Z[eitung] abzustatten. Ich werde suchen, mich meiner Verbindlichkeit gegen dieselbe allmählich zu entledigen.

Möchten Sie nicht die Güte haben, beiliegende Corrigenda abdrucken zu lassen, Nr. 2 u. 3 stören den Sinn, 1 u. 4 sind aus Zitaten, und B[ardili] ist fähig, uns der Verfälschung zu bezüchtigen.

Daß Reinhold sein Seelenheil schon wirklich in der Apodiktik sucht, haben Sie richtig getroffen. Schon lange liegt er mir in den Ohren, sie zu studieren. Ich ersehe aber aus mehrern Auszügen, daß Bouterwek *mich bestohlen* hat und hinterher schimpft, wie *Buhle*[226] dasselbe tut, und *Heydenreich* und *Abicht*[227]; und wie viele andre! Die Unverschämtheit dieser Leute geht weit, und ich wünschte wohl, daß sie gerügt würde.

Z. B. dieser *Abicht*, der so viele lange Jahre vor mir philosophischer Schriftsteller war, wenn er selbst so klug ist, warum hat er denn das nicht eher gezeigt: warum hat er denn während der Kantischen Periode seine dicken unverständlichen, halb dogmatischen Bücher, während der Reinholdischen seinen Hermias geschrieben? Und was will er doch jetzt mit seinem Skeptizismus? Scheint es nicht, daß er unverständig reden muß, bloß um nicht *wie andere* zu reden? Begreift er denn nicht, daß aller Skeptizismus einen geheimen *Dogmatismus* voraussetzt; daß der Satz der W[issenschafts]l[ehre]: *Es gibt kein Ding an sich* – mit Kant zu reden, gar kein *negativer*, sondern ein *unendlicher* Satz ist; der nur aussagt, daß da unsre Erkenntnis ganz zu Ende ist und daß wir ohne offenbaren Widerspruch über jene Grenze hinaus mit unserm Denken weder positiv noch negativ dogmatisch, noch skeptisch gehen können? Welchen Unsinn enthält desselben (denn man sieht, daß er der Urheber ist)

Rez[ension] meiner Bestimmung des Menschen, und die erste, von Bardilis Grundriß!
Ich habe in einer Ankündigung meiner zu Ostern erscheinenden neuen Bearbeitung, die bald in der Allgemeinen Zeitung abgedruckt erscheinen wird, gewissermaßen versprochen, das Vergangene vergangen sein zu lassen; ich möchte drum die Anzeige der Bouterwekschen Anfangsgründe lieber ablehnen: wenigstens bis zur Erscheinung meiner neuen Bearbeitung. Es ist sehr wahr, und ich habe es mit innigem Vergnügen bemerkt, daß in Ihrer L[iteratur-] Z[eitung] ein besserer Geist zu leben anfängt. Die von Ihnen angezeigten Rezensionen habe ich nun gelesen, und sie haben ganz meinen Beifall. Der Rez[ensent] von dem Buche über Mythologie u. Offenbarung pp zeigt, daß er durchaus wisse, worauf es ankommt. Mit dem Buche selbst – dessen Verf[asser] ich weder weiß noch erraten kann – bin ich nicht ganz zufrieden. Es fehlt ihm häufig an Klarheit, und er erschöpft die Sache wohl nicht. Mir selbst liegt dieser Begriff (von der Offenbarung) jetzt ganz entfernt; aber ich glaube bei meiner gegenwärtigen Revision der W[issenschafts]l[ehre] den Ort desselben gefunden zu haben und hoffe ihn einst in einer Religionsphilosophie völlig wissenschaftlich festsetzen zu können.
H. Bury ist erst vor kurzem von Potsdam zurück und hat alle Tage zu mir kommen wollen, ist aber noch nicht erschienen.
Mit der vollkommensten Hochachtung

Ihr ergebenster Fichte

An Friedrich Schiller

Berlin, 2. Dezember 1800

Ich danke Ihnen, mein verehrter Freund, für die Aussichten, die Sie mir und der Literatur eröffnen.
Ohne jetzt einen bestimmten Plan vorlegen zu können, waren meine Gedanken für ein kritisches Institut folgende.
Die Wissenschaft muß schlechthin, scheint es mir, so bald als möglich eine Zeitlang unter eine strenge Aufsicht genommen werden, wenn die wenigen guten Saatkörner, die da gestreut worden, nicht in kurzem unter dem reichlich

aufschießenden Unkraute zugrunde gehen sollen. Auf dem Gebiete der ersten Wissenschaft, der Philosophie, die allen andern aus der Verwirrung helfen sollte, schwatzt man den alten Sermon fort, als ob nie etwas gegen ihn erinnert worden wäre, und verdreht das neue, daß es sich selbst durchaus nicht mehr ähnlich ist. Zum Glück ist man dabei so feig, daß man erschrickt und sich zusammennimmt, sobald einer das Unwesen ernstlich rügt, es aber wieder forttreibt, sobald die Aufsicht einzuschlummern scheint. Ich halte es für sehr möglich, durch eine 2 bis 3 Jahr fortgesetzte strenge Kritik die Schwätzer auf dem Gebiete der Philosophie zum Stillschweigen zu bringen und den Bessern Platz zu machen. Da es nun möglich ist, so muß es geschehen.
Um einen festen Punkt zu haben, arbeite ich gegenwärtig an einer neuen Darstellung der Wissenschaftslehre, die meiner Hoffnung nach so klar sein soll, daß man einem jeden von wissenschaftlichem Geiste anmuten kann, sie zu verstehen. Was diese in der wissenschaftlichen Literatur wirkt, werde ich fortdauernd beobachten und referieren. Ich werde über das ganze Gebiet der Wissenschaft *so weit* mich verbreiten, als eignes Vermögen und Mitarbeiter, die eine ähnliche Gesinnung uns allmählich zuführen wird, es erlauben, ohne eben auf Universalität Anspruch zu machen. Was nicht durchaus *gründlich* geschehen kann, muß lieber unterbleiben.
Ich denke mit einem Berichte über den gegenwärtigen Zustand der deutschen Literatur anzufangen, in welchem ich die faulen Flecke derselben, – die fabrikenmäßige Betreibung der Schriftstellerei durch Buchhändler und Autoren, die Lächerlichkeit der Rezensierinstitute, die elenden Beweggründe zur Schriftstellerei usw. unverhohlen aufdecken und Vorschläge zur Verbesserung tun werde. In diesem Berichte werde ich die kritischen Maßregeln unsers Instituts in wissenschaftlicher Rücksicht angeben. Ich werde es im Manuskripte Ihrer und Goethes Beurteilung vorlegen.
Ich maße mir kein Urteil an, was in der Kunst, in der wir denn doch durch Goethes und Ihr Muster und durch einige recht gute Philosopheme der neuern Philosophie wissen, worauf es ankommt – von seiten der Kritik geschehen könne. Ihnen beiden kommt es zu, zu entscheiden, welches die notwendigsten Lehren für die Kunstjünger unsrer Zeit

sind und wie diese an den Erscheinungen der Zeit anschaulich gemacht werden müssen. Goethe hat ja in seinen Propyläen und andern seiner neusten Schriften auch hierin Muster aufgestellt. Universalität, glaube ich, müßte man auch hier nicht beabsichtigen, sondern nur immer das jetzt eben Nötigste sagen.
Schelling besteht darauf, daß eine wissenschaftliche Zeitschrift von uns beiden künftige Ostern ihren Anfang nehmen solle und hat sich, da ich bis dahin nichts liefern kann, erboten, den ersten Teil selbst zu besorgen. Da ich allerdings der Meinung auch bin, daß gleich nach Erscheinung einer Elementarphilosophie, die auf allgemeine Verständlichkeit Anspruch macht, die Aufsicht anheben und man die ersten Äußerungen beobachten müsse, so werde ich unmittelbar nachher dazutreten. Ist es Ihnen und Goethe nicht möglich, so bald beizutreten, so lassen Sie uns wenigstens auf spätere Vereinigung hoffen. Man läßt dann das erstere nur wissenschaftliche Institut eingehen, macht einen andern Titel, usw.

Daß Cotta den Vorschlag nicht begierig annehmen solle, daran habe ich keinen Zweifel. Möchten Sie nicht die Güte haben, mir Vorschläge zu tun, welche Bedingungen ich für Sie und Goethe fodern soll: wenn Sie nicht zu seiner Zeit lieber unmittelbar mit ihm unterhandeln wollen.

Ich lege, ebensowohl in Cottas als in meinem Namen, zwei Exemplare meiner neusten Schrift für Sie und Goethe bei. Diese Schrift macht durchaus keine Ansprüche und entstand auf die gelegentliche Veranlassung alberner Gespräche, die ich rund um mich herum über den abgehandelten Gegenstand hören mußte.
Ich bitte um Verzeihung, daß ich auch die Bestimmung d[es] M.[enschen], die gar keine Novität mehr ist, beilege.
Leben Sie recht wohl mit den Ihrigen, genießen Sie der besten Gesundheit und behalten Sie mich lieb

Ganz der Ihrige
Fichte

An Friedrich Wilhelm Joseph Schelling

Berlin, 27. Dezember 1800

Ich danke Ihnen, mein geliebter Freund, für die zwei Stücke Ihres naturphilosophischen Journals, die ich mit Fleiß studieren werde.

Ich hatte Ihnen über einige Differenzen unsrer Ansicht geschrieben, nicht als ob ich sie für Hindernisse unsers Vereins zu einer gemeinschaftlichen Arbeit ansähe, sondern um Ihnen einen Beweis meiner aufmerksamen Lektüre Ihrer Schriften zu geben.

Zu verstehen glaube ich Sie recht wohl und verstand Sie so schon vorher. Nur glaube ich, daß diese Sätze nicht aus den bisherigen Prinzipien des Transzendentalismus folgen, sondern ihnen vielmehr entgegen sind; daß sie nur durch eine noch *weitere Ausdehnung* der Transzendentalphilosophie, *selbst in ihren Prinzipien,* begründet werden können, zu welcher ohnedies das Zeitbedürfnis uns dringendst auffodert. – Ich habe diese ausgedehntern Prinzipien noch nicht wissenschaftlich bearbeiten können; die deutlichsten Winke darüber finden sich im dritten Buche meiner Best[immung] d[es] Menschen. Die Ausführung derselben wird, sobald ich mit der neuen Darstellung der Wissenschaftslehre fertig bin, meine erste Arbeit sein. Mit einem Worte: es fehlt noch an einem *transzendentalen Systeme der intelligiblen Welt*; Ihren Satz, daß das Individuum nur eine höhere Potenz der Natur sei, kann ich nur unter der Bedingung richtig finden, daß ich die Natur nicht bloß als Phänomen (und insofern offenbar von der endlichen Intelligenz erzeugt, daher nicht wiedrum sie erzeugend) setze, sondern ein Intelligibles in ihr finde, von welchem überhaupt das Individuum die niedere, von *etwas* in ihm aber (dem *nur bestimmbaren*) die höhere Potenz (das bestimmte) ist. In diesem Systeme des Intelligiblen allein können wir uns über diese und andere Differenzen durchaus verstehen und vereinigen.

Denken Sie, was Reinhold tut. Ich lasse ihm durch die Erl[anger] Redaktion meine Rez[ension] Bardilis schicken und ersuche ihn, den transzendentalen Idealismus besser zu studieren, als er bis jetzt getan haben möge. Dies nimmt mir der Mann ernstlich übel; und will nunmehr beweisen, *„daß die B[ardi]lische Philosophie vom Bewußtsein oder was nur immer Tatsache sein könne, nicht ausgehe, daß sie durchaus keine empirische Voraussetzung zulasse oder bedürfe“!!* Wie wird er dies machen? – Auch hat er auf jene Rezension sogleich ein offenes Sendschreiben an mich zum Abdrucke in seinem neuen philosophischen Journale abgeschickt. Wird dieses Journal, wie ich vermute, in Jena gedruckt, so haben Sie doch die Güte, mir es sogleich bei seiner Erscheinung überschicken zu lassen.

Nein, öffentlich lesen tue ich nicht. Die hiesigen Gelehrten machten niederträchtige Kabalen, und die andringenden Lehrbegierigen benahmen sich ungeschickt; mir lag nichts daran, und so ist es unterblieben. Nur zwei Privatisten habe ich. Jedoch werde ich nicht von Berlin gehen, ohne die Köpfe auch auf diese Art in die Prüfung genommen zu haben.
Leben Sie wohl, und behalten Sie mich lieb.

Fichte

An Friedrich Johannsen [Abschrift, unvollständig]

Berlin, 31. Januar 1801

[…] Es gibt durchaus nichts, das leichter zu verstehen wäre, als der transzendentale Idealismus; und nur das Zweifeln, ob man ihn auch wohl recht verstehen möge, das Suchen eines Sonderbaren und Geheimnisvollen hinter ihm, und besonders ungebetene Erklärer machen ihn schwer. Man erwirbt sein Verständnis nicht durch Nachdenken und Grübeln; sondern man erhält es in einem Momente durch einen Blick in sich selbst, den man von nun an festhalten muß. Er besteht in der *Selbstbesinnung*, daß man eben rede, denke, sehe, höre, wenn man redet, denkt, sieht, hört; und diese sollte doch wohl nicht so schwer an die Menschen zu bringen sein. Philosophisches Geschick besteht in dieser habituell gewordenen Selbstbesinnung.
Daß dieses System fast durchaus mißverstanden wird, kömmt daher, daß man nicht über sich gewinnen kann, es so einfach zu lassen und zu fassen, wie es ist. […]

Daß man durch intellektuelle Anschauung (eben jenes *sich auf sich selbst Besinnen*!) keine Sätze in sich findet; daß der Satz erst die in Begriff und Wort gebrachte Aussage des Selbstbeschauens ist, versteht sich eigentlich von selbst. Nur Erklärer, welche überall mit nichts anderem zurechtkommen können als mit auch würklich (in der Druckerei) *gesetzten Sätzen*, können dies anders nehmen. [...]
Des allergefährlichsten Anhängers meines Systems, der, außer seiner dürren Formalistik, auch noch seine unendliche Langweiligkeit darüber auszuschütten begann, bin ich ja durch einen – bekannten sehr glücklichen Vorfall entledigt.
Meine gedruckte Wissenschaftslehre trägt zu viele Spuren des Zeitraums, in dem sie geschrieben, und der Manier zu philosophieren, der sie der Zeit nachfolgte. Sie wird dadurch undeutlicher, als eine Darstellung des transzendentalen Idealismus zu sein bedarf. Weit mehr sind zu empfehlen die ersten Hauptstücke meines Naturrechts und meiner Sittenlehre (besonders die letztere), meine Aufsätze im Philosophischen Journal, sowie die Schellingischen, und überhaupt alle Schriften Schellings, – ferner die Bestimmung des Menschen. (Ich bin der Meinung, daß, wer das zweite Buch derselben nicht *ganz leicht* faßt, übrigens ein verständiger und talentvoller Mensch sein mag, aber von der Transzendentalphilosophie lasse er nur hinfüro die Hand.) Überdies werde ich nächstens meine seit vier Jahren im Manuskript liegende neue Darstellung der Wissenschaftslehre, nach der ich in Jena zu lesen pflegte, erscheinen lassen. [...]

Fichte

An Friedrich Wilhelm Joseph Schelling

Berlin, 31. Mai–7. August 1801

Ihr Brief vom 24. Mai, mein innigst geliebter Freund, hat mir eine Freudigkeit und Hoffnung für die Wissenschaft wiedergegeben, die ich seit einiger Zeit ziemlich aufgegeben hatte. Der erste Erfolg ist, daß er mich in die Möglichkeit setzt, durchaus offen mit Ihnen zu sprechen, ohne daß ich befürchten müßte, früher herbeizuführen, was für das

Beste der Wissenschaft lieber gar nicht geschehen sollte.
Achtung zwischen Männern, die dieselbe Wissenschaft bearbeiten und die es wissen, wie ich es von mir seit 8 Jahren weiß, daß sie das Rechte ergriffen haben, kann nur darin bestehen, daß sie gegenseitig das höchste Vertrauen auf die Geschicklichkeit des andern setzen, stets am vorteilhaftesten erklären, und wo die vorteilhafteste Erklärung nicht mehr ausreicht, hoffen, der Irrende werde durch sein Talent schon auf den rechten Weg kommen. So habe ich stets gegen Sie mich betragen, und Sie, da Sie mich im Irrtum glauben mußten, haben dasselbe mir erzeugt. Jetzt nur von mir in Beziehung auf Sie.
Ihre einsmalige Äußerung im Philosophischen Journale von zwei Philosophien, einer idealistischen und realistischen, welche – beide wahr, nebeneinander bestehen könnten, der ich auch sogleich sanft widersprach, weil ich sie für unrichtig einsahe, erregte freilich in mir die Vermutung, daß Sie die Wissenschaftslehre nicht durchdrungen hätten; aber sie äußerten darauf so unendlich viel Klares, Tiefes, Richtiges, daß ich hoffte: Sie würden zeit genug das Fehlende ersetzen.
Sie teilten mir später Ihre Ansicht der Naturphilosophie mit. Ich sah hierin wieder den alten Irrtum; hoffte aber, daß in der Bearbeitung jener Wissenschaft selbst Sie den rechten Weg finden würden. Es kam mir zuletzt Ihre Äußerung von der Möglichkeit einer Ableitung der Intelligenz aus der Natur vor. Ihnen zu sagen, was ich ohne Zweifel – *jedem andern* gesagt haben würde, – Sie an den greiflichen Zirkel in der Ableitung einer Natur aus der Intelligenz und hinwiederum der Intelligenz aus der Natur zu erinnern und zu meinen, daß ein Mann wie Sie so etwas übersehen haben könnte, konnte mir nicht einfallen. Ich erklärte mir also jenen Satz bei Ihnen, so wie Sie wissen; ohne mich weiter über das Recht, das Intelligible in eine Naturphilosophie hineinzuziehen, zu erklären; indem ich glaubte, daß auch hierüber Ihnen der Wink genügen werde.
Endlich erhielt ich Ihr System der Philosophie[228] und das begleitende Schreiben. Sie sagen in der Einleitung einiges problematisch über *meinen* Idealismus, Sie sprechen im Schreiben von einer *gewöhnlichen* Ansicht des Idealismus, welches, wenn Sie etwa das erste kategorisch gedacht und

in Absicht des letztern gedacht haben, daß *ich* diese Ansicht des Idealismus, die wohl die gewöhnliche sein mag, auch habe, beweist, daß Ihr Mißverständnis meines Systems fortdauert. Ich habe dieses Ihr früheres Schreiben nicht bei der Hand, aber wenn ich mich recht erinnere, sagten Sie in demselben, ich gestehe zu, daß gewisse Fragen durch die bisherigen Prinzipien noch nicht erledigt wären. Dies gestehe ich nun gar nicht zu. Es fehlt der Wissenschaftslehre durchaus nicht in den Prinzipien; wohl aber fehlt es ihr an Vollendung; die höchste Synthesis nämlich ist noch nicht gemacht, die Synthesis der Geisterwelt. Als ich Anstalt machte, diese Synthesis zu machen, schrie man eben Atheismus.
Soviel ich in Ihrem System gelesen habe, möchten wir wohl in Absicht der *Sachen* auf dasselbe hinauskommen, keinesweges aber in Absicht der *Darstellung*, u. diese gehört hier durchaus wesentlich zur Sache. Ich glaube z. B. und glaube es erweisen zu können, daß Ihr System in sich selbst (ohne stillschweigende Erläuterungen aus der Wissenschaftslehre) keine Evidenz hat und durchaus keine erhalten kann. Gleich Ihr erster Satz beweist dies.
Ganz deutlich Ihnen zu werden, verspreche ich mir nur von der neuen Darstellung.
Vorläufig nur so viel. Die Fragen, ob die Wissenschaftslehre das Wissen subjektiv oder objektiv nehme, ob sie Idealismus sei oder Realismus, haben keinen Sinn; denn diese Distinktionen werden erst *innerhalb* der W[issenschafts]l[ehre] gemacht, nicht außerhalb ihrer und vor ihr vorher; auch bleiben sie ohne die W[issenschafts]l[ehre] unverständlich. Es gibt keinen besondern Idealismus oder Realismus oder Naturphilosophie u. dgl., die da *wahr* wären; sondern es gibt überall nur eine Wissenschaft, dies ist die W[issenschafts]l[ehre]: und alle übrigen Wissenschaften sind nur *Teile* der W[issenschafts]l[ehre] und sind wahr und evident, nur inwiefern sie auf dem Boden derselben ruhen.
Es kann nicht von einem *Sein* (alles, worauf ein bloßes *Denken* bezogen und, was hieraus folgt, darauf der *Realgrund* angewandt wird, ist *Sein*, gesetzt auch, man nennte es V[ernun]ft), sondern es muß von einem *Sehen* ausgegangen werden; auch muß die Identität des Ideal- *und* Real-Grun-

des, = der Identität des Anschauens und Denkens aufgestellt werden.
Fassen Sie auf z. B. Ihr Bewußtsein, daß zwischen zwei Punkten nur eine Gerade ist. Zuvörderst haben Sie da eben Ihr sich *Erfassen u. Durchdringen*, den Akt der Evidenz, und dieses [ist] mein *Grundpunkt.* Sie setzen voraus und sagen schlechthin aus, daß dieser Satz *von* allen möglichen Linien sowie *für* alle mögliche Intelligenzen gelte; und dies geht Ihnen so zu: Sie setzen in der ersten Rücksicht sich, d. h. eben die Form des *Sicherfassens*, als *Bestimmtes* (Materiales), in der letztern als *Bestimmbares.* Das erstere gibt Ihnen mit der Zeit *sich als Individuum*; das letztere, wo Sie eben, um es nur als *bestimmbar* zu setzen, die leere Form der Ichheit setzten, gibt Ihnen späterhin die Geisterwelt. Das allgemeine (endliche) Bewußtsein ist sonach die absolute Vereinigung des Bewußtsein[s] der Geisterwelt und des Individuum. Das letztere ist der Idealgrund der erstern; die erstere der (nie aber *erkennbare* und durch die Evidenz zu *durchdringende*) *Realgrund* des letztern.
Sie setzten sich, d. i. Ihr Erfassen, Ihr Zusammenfallen der Subjekt-Objektivität, als *Bestimmtes*; sagte ich. Dieses geschieht in dem absoluten, durch kein Bewußtsein zu überfliegenden u. wiederum zu reflektierenden Bewußtsein; jene Bestimmtheit ist daher auch eine *absolute*, durch kein Bewußtsein zu reflektierende und zu durchdringende *Bestimmtheit* = der nun einmal gegebnen Wirklichkeit oder Realität, dem *Sein.* Sein ist – sich *nicht durchdringendes Sehen.* Setzen Sie diese Bestimmtheit indessen (sie wird unten eine andere Ansicht bekommen) als ein Quantum der gegenüberliegenden Bestimmbarkeit, so liegt der Realgrund, daß gerade dieses Quantum nicht mehr noch weniger abgetrennt wurde, außerhalb alles Bewußtseins; er ist = X. der Evidenz ewig undurchdringlich.
Setzen Sie das absolute Bewußtsein = A., so ist in ihm Form des Bewußtseins als *Bestimmbares* = B. $\overset{a}{+}$ C. Bestimmtheit des Bewußtseins, und es wird in ihm abgebildet ein *ideales Übergehen* von C. zu B. und ein *reales*, aber nur der Form nach zu beschreibendes von B. zu C. – In a. Durchgangs- und Wendepunkt sich entgegenlaufender Richtungen. (Hier liegt der Grund der Synthesis.)

Die Evidenz gilt *von* allen (im Bewußtsein C.) und *für* alle (im Bewußtsein B.). Woher dies: wo ist der Vereinigungs- und Wendepunkt dieser doppelten Gültigkeit? Antwort. C. ist selbst ein *In* in Beziehung auf B. und ein *Für* in Beziehung auf sich selbst.

Nichts ist *von* allen gültig, was nicht eben darum auch *für* alle gültig wäre und umgekehrt: denn das *von* ist selbst nur das – nur als *Bestimmtes* genommene, *für*: und das *für* selbst nur das, nur als bestimmbar genommene, *Von.*

Das *Von* aber geht von dem *Für* realiter aus (und eben darum auch die Welt des Von, die Sinnenwelt, von der Welt der *Für*, der Geisterwelt) eben darum, weil in dem absoluten Bewußtsein das erstere das *bestimmte* ist von dem letzteren, als bestimmbaren.

Wohl aber geht idealiter das Für von dem Von aus: das Allgemeine wird durch Erkennung des besonderen, die Geisterwelt durch die Sinnenwelt erkannt.

Wir haben gar kein *bestimmtes* (individuelles) Bewußtsein, ohne das *bestimmbare* (universelle der endlichen V[ernun]ft) zu haben und umgekehrt. Dieses Gesetz ist eben Grundgesetz der Endlichkeit, und dieser *Wechsel*punkt ist ihr Standpunkt.

Unser keiner denkt ihm selber, noch wähnt er, ihm selber zu denken, so gewiß er – denkt.

Lassen wir jetzt das Bewußtsein A. liegen und gehen zu C. Dieses ist nun eben auch *Bewußtsein*; und es kommt zum Bewußtsein durch *die Form der Evidenz*, doch so, daß die *Bestimmtheit* bleibe. Ein unmittelbares Bewußtsein dieser Art ist nun (ich trage hier nur kurz die Resultate vor) das Bewußtsein des Handelns, das da wieder einen Zweckbegriff, als sein bestimmendes, und dieser einen *Ding*-Begriff, als sein bestimmbares voraussetzt: – u. hier erst, in dieser kleinen Region des Bewußtseins liegt eine Sinnenwelt: eine Natur.

Das ganze Bewußtsein C. ist sonach selbst nur *Objekt* des Bewußtseins A. Es hat aber absolute Gültigkeit *für alle*, inwiefern es in der ursprünglichen Form des Bewußtseins A. ist. Dieses ganze geschloßne Bewußtsein C. wieder in A. aufgenommen, gibt ein System der Geisterwelt (das obige B.) und einen unbegreiflichen Realgrund der Getrenntheit der Einzelnen und ideales Band aller = Gott. Dies ist's, was ich die intelligible Welt nenne. Diese letzte Synthesis ist die höchste. Will man das, was auch diesem Blicke noch undurchdringbar bleibt, *Sein* nennen, und zwar das absolute, so ist Gott das reine Sein; aber dieses Sein ist an sich nicht etwa Kompression, sondern es ist durchaus Agilität, reine Durchsichtigkeit, Licht, nicht das Licht zurückwerfender Körper. Das letztere ist es nur für die endliche V[ernun]ft: es ist daher nur für diese, nicht aber an sich ein *Sein*.

Die Synthesis des Bewußtseins A u. C. / A + C. / = A + C in X = dem absoluten Begreifen und darum in jedem einzelnen Begreifen Unbegreiflichen / ist das Prinzip der endlichen V[ernun]ft. Die W[issenschafts]l[ehre] stellt das System aus diesem Prinzipe dar; sie *stellt sonach das durchaus universelle Bewußtsein der gesamten Geisterwelt, als solches*, dar und ist selbst dieses Bewußtsein. Jedes Individuum ist eine *besondre Ansicht* jenes Systems aus einem eignen Grundpunkte; aber dieser Punkt ist der Wissenschaftslehre, die selbst Wissenschaft, ein Durchdringen des universellen Bewußtseins ist, undurchdringlich = X. Weit entfernt sonach [?], daß die W[issenschafts]l[ehre] vom Individuum als solchem ausgehen sollte, kann sie nicht einmal bis zu demselben hinkommen. Dem *Leben* aber ist jenes X. *faktisch* (nicht genetisch) durchdringlich.
Jedes Individuum ist ein rationales Quadrat einer irrationalen Wurzel, die in der gesamten Geisterwelt liegt; und die gesamte Geisterwelt ist wiederum rationales Quadrat der – *für sie* und ihr universelles Bewußtsein, welches jeder hat und haben kann – irrationalen Wurzel = dem immanenten Lichte oder Gott.
* Die Sinnenwelt aber oder die Natur ist durchaus nichts denn Erscheinung, eben des immanenten Lichtes. (Eine Naturphilosophie mag wohl von dem schon fertigen und stehenden Begriffe einer Natur ausgehen: aber dieser Begriff selbst und seine Philosophie sind in einem Systeme des gesamten Wissens erst aus dem absoluten X. bestimmt

* Ich lese soeben in der Erlanger L[iteratur-]Z[eitung] Nr. 67. Was S. 531 vorkommt, enthält ganz meine Gedanken: nur daß ich hierüber mich nicht *zweifelhaft*, sondern *kategorisch* ausdrücken würde.
So ist auch das Räsonnement S. 533f. trefflich.

durch die Gesetze der endlichen V[ernun]ft abzuleiten. Ein Idealismus aber, der noch einen Realismus neben sich duldete, wäre gar nichts: oder wenn er doch etwas sein wollte, müßte er die allgemeine formale Logik sein.[)]

Besonders aus dem letztern muß sich ergeben, wie meine Philosophie sich zu der Ihrigen sowie zu den Ahnungen, Wünschen und Mißverständnissen unsrer Zeitgenossen verhält. Inwiefern man meinem Ich irgendeine Spur von Individualität aufrückte, müßte man freilich auf ein Ableiten dieses Individuellen bedacht sein. Sie sehen aus dem obigen, daß ich gleichfalls ableite [–] darin also sind wir einig; nur ums Himmels willen nicht aus einer Natur oder einem begreiflichen Universum oder irgend etwas, worauf der Realgrund anwendbar ist.

Ich muß es jetzt Ihnen überlassen, ob Sie mit weitern Erörterungen Ihres Systems die Erscheinung meiner neuen Darstellung abwarten wollen oder nicht. Daß *ich* meiner Sache sehr sicher bin, darf ich Ihnen wohl freimütig sagen; teils um der innern Natur der Evidenz selbst willen; teils aus dem äußern Grunde, daß ich jetzt wiederum beinahe ein ganzes Jahr nichts getan habe, als von den verschiedensten Seiten und Wegen diese Untersuchungen anspinnen und immer wieder, gegen Wissen und Willen, auf dasselbe gekommen [bin], was in meiner, von mir durchaus vergessenen alten Darstellung vor 8 Jahren gefunden wurde: ferner, wegen der merkwürdigen Organisation des Ganzen. Doch versteht es sich von selbst, daß ich dadurch Ihrer Prüfung nicht vorgreifen will.
Daß Differenzen zwischen uns weiter laut würden, würde der guten Sache gewiß sehr schaden und von den Feinden der Wissenschaft und den Blödsinnigen auf die schlimmste Weise benutzt werden.

Daß meine Schrift gegen Nicolai und die gegen Reinhold Ihren Beifall hat, freut mich sehr. In dem sonnenklaren Berichte, den ich beilege, werden *Sie* kaum etwas Neues finden. Wenn ich mit Ihrer Abfertigung Reinholds nicht ganz zufrieden wäre, so würde es wahrlich nicht *Reinholds* halber, sondern *Ihrer selbst* halber sein. Rein *objektive* Polemik läßt

den Polemiker selbst reiner erscheinen und schneidet tiefer ein. Doch bin ich auch in dieser Rücksicht zufrieden.
Reinholds Aufsatz im Merkur[229] hatte ich noch nicht gelesen, als ich mein Schreiben abfaßte; und Sie sehen aus demselben, daß ich sogar die Hoffnung äußerte, er werde diese saubere Arbeit nicht fortsetzen. Ich habe ihn jetzt gelesen und finde ihn – denn doch bei weitem *dümmer*, als er boshaft ist. Man sollte irgendwo einrücken: daß Reinhold seine eigne vorige Gottesvergessenheit und Egoismus so reuig beichte, sei recht gut und erbaulich; man müsse jedem glauben, der da versichere, ein böser Bube zu sein, denn das müsse jeder von sich selbst am besten wissen: daß er aber Kanten und uns in diese allgemeine Kirchenbeichte einschließe, sei nicht erlaubt und ein großer Verstoß.
Daß ich in meinem Schreiben Reinholden zuviel zugestanden, mag wohl sein. Entweder er begreift es auch nach diesem Schreiben noch nicht, so kommt seine Dummheit nun [?] erst so recht an den Tag: oder er begreift es; so geht es mit einem geringern Skandal für das große Volk ab. So dachte ich; jetzt aber vermehrt er leider selbst durch Schreibereien, wie die im Merkur, das Skandal.

D. 7. August.
So lange, mein Teuerster, blieb dieser Brief wegen einer gewissen Trägheit nach außen, die bei mir sehr leicht aus solchen Arbeiten, dergleichen ich diesen Sommer hatte, entsteht, ungeschlossen liegen.
Zu Michaelis wird meine neue Darstellung nun freilich wohl nicht erscheinen, aber doch zu Neujahr. Ich habe die W[issenschafts]l[ehre] einige Male wieder und von einigen Seiten her neu erfunden.
Nichts würde mir erwünschter sein, als wenn Sie die Hoffnung erfüllten, die Sie mir machen, die Ferien hier zuzubringen.
Ich sende Ihnen diesen Brief durch Schlegel, der mir während seines hiesigen Aufenthalts bekannter geworden ist als je und dadurch lieber – durch seine Redlichkeit und seinen unermüdeten Fleiß.
Leben Sie recht wohl, und behalten Sie mich lieb.

Ganz der Ihrige
Fichte.

An Friedrich Wilhelm Joseph Schelling

Berlin, Oktober 1801

Es ist sehr wahr, daß durch einen Brief es sich kaum bis zur Überzeugung wird erheben lassen, welcher von uns beiden es sei, der sich in erheblichen Irrtümern und Vorurteilen befinde und – denn dies würde der Fall sein – flach philosophiere. Die Wahrheiten, die Sie in Ihrem letztern vortragen, sind auch mir sehr wohl bekannt; alle Ihre Erklärungen über *mich* aber und *meine* Meinungen gründen sich auf Verkennung und Herabsetzung meines Standpunktes.
Unsern Differenzpunkt kann ich Ihnen mit wenigen Worten angeben. – „Das absolute" (über *welches* und dessen *Bestimmung* ich mit Ihnen völlig einverstanden bin, auch die Anschauung desselben seit langem besitze) *„existiert unter der Form der quantitativen Differenz"*, behaupte ich in meiner Darstellung, sagen Sie. Dies ist es freilich, was Sie behaupten; und *gerade deswegen* habe ich Ihr System irrig gefunden und die Darstellung desselben – weil durch keine Folgerung und Erörterung richtig werden kann, was im Prinzip nicht taugt – beiseite gelegt. Ebenso tut Spinoza und überhaupt aller Dogmatismus, und dieses ist das πρῶτον φεῦδος. Das Absolute wäre nicht das Absolute, wenn es unter irgendeiner Form existierte. Woher nun aber doch die Form – allerdings der *Quantität*, auch hierüber bin ich mit Ihnen einverstanden – unter der es *erscheint*, komme, wo eigentlich diese Form einheimisch sei – oder auch, wie denn das *Eine* erst zu einem *Unendlichen* und dann zu einer Totalität des Mannigfaltigen werde, das ist die Frage, welche die bis zu Ende gekommene Spekulation zu lösen hat und welche Sie, da Sie diese Form schon am Absoluten und mit ihm zugleich finden, notwendig ignorieren müssen. Hier nun, in einer Region sonach, die Sie durch Ihr neues System sich verschlossen haben und die Ihnen, wie man erst nun mit Sicherheit sagen kann, nie bekannt war, liegt der Idealismus der Wissenschaftslehre und der Kantische: keineswegs da tief unten, wie Sie ihn lokieren.
Sollten Sie die Güte haben wollen, diesen Punkt, der Ihnen nicht entgehen kann, zu bedenken; und zugleich zu bedenken, wie es zuging, daß Sie ihn übersahen – (nämlich weil Sie an das Absolute unmittelbar mit Ihrem Denken gingen,

ohne sich auf Ihr Denken, und daß es wohl nur dieses sein möchte, was durch seine eignen immanenten Gesetze Ihnen unterderhand das Absolute *formierte*, zu erinnern) – so würden Sie den wahren Idealismus bald kennenlernen und einsehen, wie Sie mich fortdauernd mißverstehen.

Ihr Schreiben hat noch einen zweiten Teil, dessen Berührung mir schmerzhaft ist. Wie kommt es doch, daß Sie sich nicht mitteilen können, ohne zu beleidigen, und daß Sie die Ihnen gegenüber so gern *feige* und *falsch* denken mögen? Haben Sie doch die Güte, einmal aus meiner Lage heraus zu bedenken, wie ich in Absicht Ihrer mich verhalten sollte, als ich erklären mußte, daß keiner, durchaus keiner, mich verstanden hätte. Sollte ich tun, als ob Sie gar nicht da wären und nicht geschrieben hätten? Hinterher sehe ich freilich ein, daß dies das beste gewesen wäre; aber, lieber Schelling, ich kannte damals Ihre reizbare Empfindlichkeit und die wahren Gesinnungen, die man Ihnen – unaustilgbar, wie es scheint – gegen mich beigebracht hatte, noch nicht. Es war später, da Sie mich damit bekannt machten. Ich hielt in der Tat diese Weise, die Sache zu behandeln, für die freundschaftlichste. – Daß Sie in Ihrem *transzendentalen Idealismus* (dies war Ihre damalige neueste Schrift, die in meinen Händen war) transzendentalen Idealismus – den einzig möglichen nämlich, der in Kants und in meinen Schriften vor den Augen der Welt lag – darstellen *wollten*, mußte ich freilich glauben, und daß Sie diesen nicht gefaßt hatten – auch noch nicht gefaßt haben und auf dem Wege, den Sie einschlagen, nimmermehr fassen werden – lag am Tage. – „Ich hätte zu der Zeit, da ich dieses *vor dem Publikum* sagte, *für mich* gewußt, daß Sie einen ganz andern Zweck hätten; denn ich?“ Lieber, *seit wann* soll ich dies denn eigentlich wissen? Sie versichern ja sogar in der Einleitung zu Ihrer neuen Darstellung, ja Sie versichern selbst in dem Briefe, in dem die obigen Worte stehen, daß wir doch bei einem Punkte zusammenkommen würden.
Nun wollen Sie mich sogar für Nicolaitische Deutungen verantwortlich machen! Es wird den Nicolaiten ein großes Fest bereiten, wenn sie sehen, daß Ihnen ihre Absicht gelungen sei.
Es dürften doch wohl noch andere Gründe denkbar sein,

warum ich unsre Differenz nicht gern öffentlich zur Sprache kommen lassen wollte; außer dem, daß ich hätte abwarten wollen, bis es *mir* gelegen sei, sie zur Sprache zu bringen. Ich hoffte, Sie würden sich besinnen – ich gestehe, daß ich dasselbe noch hoffe – und so würde das Ärgernis und die Verwirrung, die aus einem öffentlichen Streite zwischen uns ohne Zweifel entstehen würde, vermieden werden, und ein eminenter Kopf, wie Sie, dem, was ich für die gute Sache halte, erhalten werden können. Übrigens habe ich nie gemeint, daß Sie etwa aus Freundschaft oder Schonung für mich etwas unterlassen sollten, was Sie zu tun Lust hätten. Ich für meine Person bin fest entschlossen, Ihrer durchaus nicht öffentlich zu erwähnen, bis entweder unsre Differenzen gehoben sind, falls sie gehoben werden können, oder Sie durch einen Angriff mich dazu nötigen; und im letztern Falle versteht sich, daß ich mich meiner Achtung für Ihr Talent und unsern ehemaligen freundschaftlichen Verhältnissen gemäß benehmen werde.
Es würde mir sehr erwünscht sein, die Korrespondenz mit Ihnen fortzusetzen; doch nur unter der Bedingung, wenn Sie sich persönlicher Beleidigungen enthalten wollen. Sie werden nicht wollen, daß ich bei Erblickung Ihrer Hand und Ihres Siegels, die ehemals mir Freude machten, auf Bitterkeiten gefaßt sein und gegen sie mich waffnen soll.

Fichte.

An Johann Baptist Schad[230] [Abschrift, unvollständig]

Berlin, 29. Dezember 1801

[...?] Was Professor Schelling betrifft, so ist mir das, was Sie mir gütigst melden, nicht unbekannt gewesen. Ich hoffe, meine zu Ostern erscheinende neue Darstellung soll sein Vorgeben, daß er mein System, welches er *nie verstanden* hat, *weitergeführt*, in seiner ganzen Blöße darstellen. Es mag wohl sein, daß *seine* Naturphilosophie, indem er darauf auszugehen scheint, die Erscheinung völlig zu vernichten, sich auf meine Metaphysik nicht bauen ließ. Und was soll man zu seinem neuen – verklärten! – Spinozismus sagen, in welchem er glücklich *das Absolute* unter *Quantitätsformen* existieren läßt, wie es Spinoza freilich auch tut und aller Dogmatismus. Kann derjenige, der die wahre Quelle des ganzen Quantitätsbegriffes und mit ihm aller Mannigfaltigkeit so wenig kennt, jemals gewußt haben, was der kritische Idealismus sei?

Freilich hat Schelling dieses nie gewußt. Er gibt es nun deutlich an den Tag, daß er geglaubt, die Wissenschaftslehre leite *das Ding* von dem *Wissen vom Dinge* ab, und daß er ehemals mit seinem eigenen Idealismus es wirklich also gemeint; daß er sonach die Wissenschaftslehre so verstanden, wie sie Fr. Nicolai auch versteht. – Es hat mir großes Vergnügen gemacht, aus einigen Rezensionen der Erlanger Literaturzeitung, die von Ihnen sind, zu ersehen, daß Sie, mein würdiger Freund, dieses Vorurteil, das ich nun beinahe für allgemein halten muß, nicht teilen. Meine neue Darstellung, denke ich, wird demselben ein Ende machen. Sie wird zeigen, daß das Absolute (welchem ebendarum, weil es das Absolute ist, kein Prädikat, nicht das des Wissens oder Seins, ebensowenig der Indifferenz beider, hinzuzufügen ist) zugrunde gelegt werden müsse: daß dieses in sich selbst als Vernunft sich äußere, sich quantitiere, in Wissen und Sein sich spalte und in dieser Gestalt erst zu einer ins Unendliche verschiedenen Identität des Wissens und Seins werde. Erst auf diese Weise kann das ἕν χαὶ πᾶν feststehen, aber nicht so, wie bei Spinoza, daß er das ἕν verliert, wenn er zum πᾶν kommt, und das πᾶν, wenn er das ἕν hat. Nur die Vernunft hat das *Unendliche*, weil sie das Absolute nie fassen kann; und nur das Absolute, das aber nie, außer *formaliter*, in die Vernunft eintritt, ist das *Eine*, durchaus nur qualitative, nie quantitative usw.

Leben Sie wohl.

Fichte.

An Friedrich Wilhelm Joseph Schelling

Berlin, 15. Januar 1802

Sogleich nach Erhaltung Ihres Schreibens v. 4. dieses und der Lesung des ersten Heftes Ihres Journals[231] beantworte ich das erstere.

Was zuvörderst die allein an *Schlegel*, der mich mit *Tieck* besuchte, gegebne Nachricht von einer Erklärung von Ihnen

gegen mich betrifft, so findet meines Erachtens bei einer Nachricht dieser Natur das Prädikat Klatscherei und alles, was Sie daraus folgern, nicht statt. Denn wenn Sie eine solche Erklärung nicht gegeben haben, so existiert sie eben nicht, und das Gerücht hebt sich von selbst auf. –
Der Verlauf der Sache ist kürzlich folgender. Ein durchaus unbedeutender Dilettant und Kaufmann allhier, dessen Namen in Meusels gelehrten Deutschlande nicht steht, noch je darin stehen wird, der aber alle Journale, die ich teils sehr spät, teils gar nicht erhalte, mit hält und frisch von der Post bekommt und der schon oft mich interessierende Blätter mir mitgeteilt, sagte mir beim Nachhausegehen aus einer Gesellschaft, daß Sie eine Erklärung, *in der Sie sich von mir gänzlich lossagten,* in der A[llgemeinen] L[iteratur-]Z[eitung] hätten drucken lassen, *daß er dieselbe gelesen,* und als ich darüber stutzte, *versprach er mir, das Blatt zuzuschicken.* Dies hat er nun freilich nicht geleistet. Ich aber habe seitdem einige Lieferungen der A[llgemeinen] L[iteratur-]Z[eitung] in meinem Lesezirkel erhalten und vermute, daß der gute Mann, wenn er nicht etwa die Stuttgarter Allgemeine Zeitung (die ich gar nicht erhalte) mit der A[llgemeinen] L[iteratur-] Z[eitung] verwechselt und etwa dort die bis dahin mir unbekannte von Ihnen S. 120 gerügte Böttigersche Klatscherei gemeint und in seinem verwirrten Kopfe zu einer Anzeige von Ihnen selbst umgewandelt, vielleicht gar den Namen *Schelle*[232] mit Schelling verwechselt.
Sie ersehen hieraus, daß Ihre Vermutungen von Arglist und Tücke bei Anbringung dieser Nachricht bei mir nicht statthaben. Der Mann hat gewiß nichts Böses dabei gemeint oder anzurichten befürchtet. Wenn ich nicht glaubte, daß Ihre Foderung, Ihnen den Namen zu nennen, durch diesen Hergang der Sache sich von selbst erledige, so würde ich es tun; und werde es noch sehr gern tun, wenn Sie es nun noch begehren. Nur wünsche ich, daß dieser Name nicht hier, unter unsern Freunden, bekannt werde, weil die übrigens ehrliche Haut, die sich mir und den Meinigen auf alle Weise zu empfehlen sucht, dadurch ein garstiges Ridicule sich zuziehen würde.
Eine Frage anderer Natur aber ist die, wie ich dazu gekommen, dieser Nachricht Glauben beizumessen? – Zuvörderst, der Einwurf, den auch Schlegel mir sogleich entge-

gensetzte; daß Sie mit der A[llgmeinen] L[iteratur-]Z[eitung] nicht so gut stünden, um pp wäre mir an sich nicht von Bedeutung gewesen, denn warum sollten Sie sich derselben nicht als bloßer *Drucker*, was sie ja in Absicht des Intelligenzblattes sind, bedienen können; eben sowohl, als ich z. B. es dem Verleger meines sonnenklaren Berichts nicht verboten oder verdacht habe, daß er dieses Buch daselbst anzeigte; sodann aber vermutete ich sogleich auch bei meinem Referenten eine Verwechselung mit der *Allgemeinen Zeitung*, in welcher ja wohl Ihr im Cottaischen Verlage herauskommendes Journal, von welchem ich zu gleicher Zeit durch Cotta auf eine Weise, die mich an die vor einem Jahre demselben getanen Äußerungen von einem gemeinschaftlichen Unternehmen von uns beiden zu erinnern schien, Nachricht erhielt – in welcher ferner meine Ankündigung einer neuen Bearbeitung der W[issenschafts]l[ehre], über deren eine Stelle Sie so sonderbare Bemerkungen gegen mich gemacht hatten, gestanden hatte – in welcher Zeitung, sage ich, eine Ankündigung dieses Ihres Journals, mit Äußerungen, die Ihrem letzten Briefe an mich ähnlich wären, stehen konnte. Kurz, wozu der vielen Worte! Ich lege Ihnen den letzten Bogen Ihres letzten Briefes an mich, von welchem Sie vermutlich keine Abschrift behalten haben, wieder bei. Sie werden sich aus den angestrichnen Stellen, besonders aus denen mit NB. bezeichneten, sehr leicht erklären können, warum ich eine solche Nachricht zwar unwahrscheinlich, aber doch nicht durchaus unmöglich finden konnte.

Zwar sagen Sie auf demselben Blatte, daß Sie sich alles entscheidenden Urteils über mein System bis zur Erscheinung der neuen Darstellung enthalten wollten; aber ich konnte nach der unmittelbar folgenden Stelle für möglich halten, daß Sie, nach den eben nicht ehrenvollen Begriffen, die Sie daselbst über meine Denkart äußern, diesen Entschluß zurückgenommen, da ich ihn durch eine Beantwortung dieses Schreibens nicht *akzeptiert*, und daß Sie nach einer gewöhnlichen Schriftstellerpolitik (der Mann, der so von mir gedacht, wie jenes Schreiben besagt, kann es mir nicht übelnehmen, wenn ich en consequence von ihm dachte,) gegen den befürchteten Angriff von meiner Seite das praevenire spielen wollen.

Ich lege meine Beantwortung dieses Ihres Briefes bei, die ich hernach nicht abschickte; lieber vor Ihnen verstummte, weil ich Ihre schon überreizte Empfindlichkeit nicht noch mehr reizen wollte.

So standen die Sachen, als ich jene Nachricht erhielt. Und nun beantworten Sie sich die zweite Frage selbst.
Indem ich Ihren Brief wieder durchsehe, finde ich bedeutender, daß Sie glauben, ich habe eine Erklärung von Ihnen nur *erwartet*; nein, ich habe gesagt, sie sei schon *geschehen*: ich habe es weiter *verbreitet*: nur W. *Schlegel* in Gegenwart *Tiecks* u. *Fr. Schlegeln*, bei Gelegenheit, da ich ihn über die bekannte alte Geschichte, *unsrer schriftlich genommenen Abrede gemäß*, befragte u. *er von nichts zu wissen versicherte*, habe ich es mitgeteilt, und außerdem keinem Menschen. – Sie scheinen einen bedeutenden Akzent auf das Wort *Klatscherei* zu legen u. mir es zu verdenken, daß ich dergleichen geglaubt. – Lieber Schelling, wenn Sie wissen sollten, wie häufig mir geschrieben und von durchreisenden Freunden versichert worden, daß Sie seit meiner Abwesenheit von Jena auf mich u. den Reflektierpunkt, auf welchem ich stehengeblieben, auf dem Katheder zu spotten pflegten; und nun bemerken wollten, daß ich Ihnen dies gewiß nie auf die entfernteste Weise empfinden lassen, so würden Sie ungläubiger an meinen Glauben an Klätscherei sein.
Sie wissen, wie ich schon ehemals, da Sie mir in der Tat mit dem gemeinsten pöbelhaftesten Klatsch auf den Leib rückten, mich benommen. Sie sehen, wie ich Ihre beigelegten Äußerungen genommen. Sie können und werden durchaus die Tiefe des Zutrauens, der Liebe, der Achtung, der unzerstörbaren Hoffnung auf das Bessere in Ihnen ermessen. Sie können denken, welche Freude mir daher Ihr Schreiben vom 4. dieses und die ganze Art, wie ich in Ihrem Journale, durchaus Ihrer würdig u. anständig, behandelt werde, macht. Sie haben und werden unaufhörlich haben in mir den wärmsten anhänglichsten Freund, solange ich dies laut sein kann, ohne niederträchtig zu erscheinen. Fällt es Ihnen über kurz oder lang wieder ein, mich, mit aller Vergessenheit dessen, was wir beide sind, zu behandeln, wie Sie es nun schon das zweite Mal getan haben, so werde ich Sie bedauern, ruhig sein und warten, bis Sie sich wieder besinnen.

Sonach wären es in der Tat nicht unsre wissenschaftlichen Differenzen, welche persönlich zwischen uns etwas stellen könnten, sondern nur persönliche Beleidigungen, dergleichen von mir noch nie ausgegangen sind und deren ich Sie sich künftig zu enthalten bitte und es nun auch festiglich hoffe.

Was Ihre vorgehabte Erklärung für mich in der bewußten Angelegenheit betrifft, so erlauben Sie mir, Ihnen meine Denkart darüber zu eröffnen.
Ich verachte die Meinung des großen Volks zu sehr, glaube zu fest, daß unser sittlicher Charakter nur unsre eigne und unsrer Freunde, wenn wir deren haben, Sache sei; glaube ferner, daß ich meinen wissenschaftlichen Zweck erreichen könne, was auch das Volk über meine Denkart glaubt, – oder, wenn ich auch auf alles dieses mehr Wert setzte, als ich tue, so glaube ich gefunden zu haben, daß mein ganzes Wesen auf die Menge nicht den Eindruck gemacht hat, daß sie so sehr interessiert schiene, mich für feig, falsch, lügenhaft, niederträchtig zu halten, als es oft diejenigen scheinen, die mich näher kennen könnten. Ich habe daher beschlossen und bei Gelegenheit diesen Entschluß öffentlich geäußert, über jenen Punkt, wenigstens ohne dringende Veranlassung, mich nicht öffentlich zu äußern; u. dies zwar nicht aus Schonung gegen ein Individuum, von welchem ich nicht entscheiden will, ob es der Schonung würdig sei oder nicht, das aber auf jeden Fall sich eben fügen müßte; sondern aus Achtung für mich selbst. Ich glaube mich hoch genug achten zu dürfen, um der Anklage aus jenen Punkten mich nicht einmal zu stellen.
Daß Sie und Niethammer dabei in ungerechten Verdacht kommen, ist etwas anderes. Und da halte ich denn dafür, daß Sie beide, auf die rechtlichste Weise, mit Einverständnis beider, in *den Besitz* des Aufschlusses gekommen sind und daß Sie davon jeden Gebrauch zu machen berechtigt sind; u. wenn es dazu meiner Einwilligung zu bedürfen schiene, der es in der Tat nicht bedarf, so erteile ich sie in jedem Maße.
Also, dies ist zuvörderst ganz Ihrem eignen Ermessen anheimgestellt, dem es ohnedies, wie ich glaube, zustand.
Sie sind ferner so gütig, meinen Rat zu begehren, *wie* dieser

Entschluß, falls er ausgeführt werden soll, am besten ausgeführt werden könne. – Es sind nur zwei Männer in jener Gegend, an deren Meinung, besonders an der des erstern, mir etwas liegt: *Goethe* und *Schiller.* Ich muß wissen, daß Ihnen auch ebenfalls besonders an der ersteren liegt. Erzählen Sie diesen, Goethe, wenn Sie wollen, auch in meinem Namen und als auf meinen Auftrag, daß Sie mir über diesen Punkt so geschrieben, ich Ihnen so geantwortet und darauf, wie sich eigentlich die Sache begeben habe; und welchen Rat er darüber gebe.
Sind Ihnen alle Umstände genau bekannt? Ich füge die erheblichsten, die Ihnen unbekannt geblieben oder entfallen sein könnten, bei. – Der Mann trifft meine Frau auf dem Spaziergange und redet – ohne daß je zwischen uns ein Gespräch verwandten Inhalts vorgefallen – der ängstlichen, betäubten, geborenen Fremden, von seinem Triebe nach einem Lande der Freiheit, wie ihr Vaterland, die Schweiz, und *von seinem Entschlusse,* uns, wenn der schwebende Handel nicht ausfalle, wie er solle, dorthin zu begleiten. Ich besuche ihn auf diese Äußerung den andern Morgen, und auf einem Spaziergange, auf welchem er dasselbe gegen mich wiederholt, schlage *ich* die vorläufige Maßregel des *ersten* Briefs vor. – Er billigt sie; ich schicke ihm das Konzept des Briefs; er sagt mir in einem Billett, dessen *Original* ich in den dahingehörigen Akten aufbewahrt habe, daß er damit ganz einverstanden sei. Das bekannte Reskript kam; er wußte sich desselben zu bemächtigen, teilte es mir privatim mit und hielt den Zirkellauf desselben auf, bis er mir, der schon längst seinen Entschluß faßte, innerhalb 24 Stunden den zweiten Brief abgenörgelt und abgequält hatte, – der *sein* Werk ist und nicht das *meinige,* wie jeder, der meine Denkart und Stil kennt, sogleich sehen muß – durch dessen Interpretation nur er gedeckt sein wollte, – den ich, obgleich ich dieses alles sehr genau durchsah, doch schrieb, bloß um der Quälerei, die schlechthin nicht nachließ, loszuwerden – *schrieb,* was *gedacht* zu haben ich mir nie verzeihen würde.

Ich will nicht Sie ehren, sondern ich glaube mich selbst zu ehren, indem ich Ihnen die innige Freude bezeuge, die mir Ihr Journal von Anfange bis zu Ende verschafft hat. – Der arme Zettel[233]; ich könnte sogar Mitleid mit ihm haben, so ist er heimgeschickt[?]. – Von *Krug*[234] habe ich nur überhaupt gewußt, daß er ein schlechtes Subjekt sei und Bissen seiner Philosophie aus den lobpreisenden Rezensionen der N[euen] D[eutschen] B[iblio]th[e]k vernommen. Für so erbärmlich hätte ich doch ein Erdenkind in unsrer Zeit kaum gehalten.

Unsre wissenschaftliche Differenz in diesem Briefe zu berühren, würde mich, wenn auch nichts anderes, doch der frühere beigelegte Brief von mir bewegen. Sie werden freilich über die in demselben angestrichne Stelle, *die ich eben deswegen angestrichen habe*, lächeln. Sie bezeugen es in dem ersten Hefte des Journals an vielen Stellen, daß alle Quantität u. Relation durchaus nicht in das Absolute fällt, – u. doch haben Sie in der Tat die in meinem Briefe angeführte Stelle niedergeschrieben, und Ihre ganze neue Darstellung hat wohl kräftigere der Art. – Und – setze ich hinzu – so muß es sein – Ihr Sein und Ihr Wissen selbst sind auch nur *in Relation*, und Sie müssen, da Sie von beiden wissen und reden, beides durch ein *höheres* erklären, von dem Sie eben auch wissen müssen, und Ihr System ist in Beziehung auf das Absolute nur *negativ*, wie Sie das *meinige* – so nämlich, wie Sie es verstehen – beschuldigen; und das Ihrige erhebt sich eben nicht zum *Grundreflexe*, und drum glauben Sie, daß das meinige, ebenso, wie ich vom Kantischen gesagt, auf dem *Reflexionspunkte* stehengeblieben.
Es gibt ein *relatives Wissen, Nebenglied vom Sein.* – *Unter* diesem relativen Wissen gibt es freilich wieder ein anderes Sein. In dem Standpunkte *dieses Wissens* haben Sie nun immer meine Wissenschaftslehre gefunden. Das Nebenglied *dieses* Wissens ist das höchste und eben darum absolute Sein, – *Sein* sage ich. Zu dem Begriffe dieses Seins glauben Sie nun über die W[issenschafts]l[ehre] hinweg sich erhoben zu haben; und vereinigen nun die Nebenglieder, – nicht *materialiter* durch Einsicht, sondern *formaliter*, weil das Bedürfnis des Systems Einheit ist, nicht durch *Anschauung* (die ja etwas Positives liefern müßte), sondern durch *Denken* (das nur ein *Verhältnis* postuliert) – in eine *negative Identität*, d.i. *Nichtverschiedenheit* des Wissens u. Seins, in einen Indifferenzpunkt usw. Aber sehen Sie vorderhand z.B. das

absoluteste Sein, das Sie aufstellen mögen, nur darauf an, so finden Sie in ihm das deutliche Merkmal einer Zusammensetzung, die begreiflich nicht ohne *Scheidung* vorgegangen sein kann; daher Sie auch ganz richtig aus diesem Sein das (relative) Wissen und aus diesem Wissen wiederum das Sein ableiten. Desgleichen finden Sie im relativen Wissen auch. – Ihr Punkt liegt also allerdings höher als der im relativen Wissen, den Sie der W[issenschafts]l[ehre] zuschreiben, und ist Nr. 2, wenn jener Nr. 3 ist. Aber es gibt einen noch höhern, in welchem eben das *Sein* und sein *Nebenglied* Wissen erst sowohl geschieden als zusammengesetzt wird; dieser Punkt ist eben auch ein Wissen (nur *nicht von etwas*, sondern das *absolute*, und in diesem hat die W[issenschafts]l[ehre] stets gestanden und ist eben darum *transzendentaler Idealismus*, und ihn unter anderm durch den Ausdruck des Ich, *in* welchem erst das Ich – versteht sich das relative – und das Nicht-Ich geschieden wird, angedeutet. – Dies wollte ich auch in einem frühern Briefe zu verstehen geben, in dem ich sagte, das Absolute der Philosophie, versteht sich, bleibe doch immer ein *Sehen*. Sie erwiderten, es könne kein Sehen von Etwas sein, was denn sehr richtig ist, ich auch nicht vermeinte; und wodurch denn die Sache auf sich beruhen mußte. – So ergeht es Spinoza. Das *Eine* soll *Alles* (bestimmter, das *Unendliche*, denn es gibt hier keine Totalität) sein und umgekehrt; was denn ganz richtig ist. Aber *wie* das Eine zu Allem und das All zu Einem *werde* – den Übergangs-Wende- und *realen Identitäts*punkt derselben kann er uns nicht angeben, daher hat er das Eine verloren, wenn er aus dem All greift, und das All, wenn er das Eine faßt. Drum stellt er auch die *beiden* Grundformen des Absoluten, Sein und Denken, eben ohne weiteren Beweis hin, wie Sie eben auch, – durch die W[issenschafts]l[ehre] keineswegs berechtigt, tun. – Aber es scheint mir an sich klar, daß das Absolute nur eine absolute, d. h. in Beziehung auf Mannigfaltigkeit, durchaus nur *eine*, einfache, sich ewig gleiche, *Äußerung* haben kann; und diese ist eben *das absolute Wissen*. Das absolute *selbst* aber ist kein Sein, noch ist es ein Wissen, noch ist es Identität oder Indifferenz beider: sondern es ist eben – *das absolute* – und jedes zweite Wort ist vom Übel.
Hieraus folgt nun freilich, daß ein transzendentaler Idealis-

mus, wie Sie ihn in der W[issenschafts]l[ehre] gefunden und in Ihrem Werke dargestellt haben, eigentlich nichts weiter ist als ein Formalismus, eine Einseitigkeit, höchstens ein nach einem nicht guten Plane abgesonderter Abschnitt einer Wissenschaftslehre: – folgt, daß die Naturphilosophie durchaus nicht ein besonderer Pol der Phil[osophie], sondern nur ein Teil derselben sei, folgt, daß, wenn sie so betrachtet wird, derselben durchaus nicht der Idealismus (denn in diesem liegt sie mitten darin), sondern nur die *Ethik*[235], die Lehre vom intelligiblen Sein, gegenüberstehe.
Sollten diese hingeworfnen Winke Ihrer Aufmerksamkeit nicht ganz unwert scheinen; oder sollte die vorteilhafte Meinung von mir, daß ich, da Sie mir selbst zugestehen, daß ich, – dies mein Zurückbleiben abgerechnet, ehemals doch ganz erträgliche Sachen vorgebracht, jetzt ein Jahr unbefangner Arbeit und Untersuchung nicht durchaus verloren haben möchte, einiges Gewicht für Sie haben, so wünschte ich wohl, daß Sie sowohl als Hegel[236] über diesen Streitpunkt nicht weiteres Aufheben und dadurch, wie ich glaube, die Mißverständnisse nicht zahlreicher machten; bis meine neue Darstellung erschienen ist, die zu Ostern erscheinen wird. Ich habe – nicht etwa aus Schonung gegen Sie, – ich bin nicht so kleindenkend, um zu glauben, daß Sie derselben bedürfen, – sondern um Anstoß zu vermeiden, über diesen Punkt, den ich allerdings erörtern muß, gar nicht Sie, sondern lediglich Spinoza zu meinem Gegner zu machen; und es wird dann von Ihnen abhängen, fortzufahren oder einzulenken, wie Sie selbst es gut getan finden.

Ich hoffe, mein teuerster verehrtester Freund, dieser ganze Brief spricht so deutlich meine Achtung und Liebe für Sie aus, daß es keiner besondern Versicherung derselben zum Schlusse bedarf.

Ganz der Ihrige
Fichte.

An Joseph Rückert[237]

Berlin, Ende September 1802

Ihr zweites Schreiben vom 18. d[ieses] M[onats] gibt mir die guten Hoffnungen von Ihnen, mein würdiger Freund, wieder, die Ihr vorhergehendes einigermaßen erschüttert hatte. Denn Sie wissen doch, daß Sie mir in diesem ersterwähnten alles zu- und deswegen Ihr System aufgeben?
Meine Bemerkungen treffen bloß die *Darstellung.* Doch aber nicht die bloße Stellung und Fassung und die Wortzeichen dessen, was Sie wirklich *sagen,* sondern doch wohl die innere Klarheit Ihrer eigenen Einsicht in das, was Sie allerdings sehr richtig *meinen* mögen – kurz Ihr Sichselbstverstehen? Für den Philosophen – nicht für den Menschen – ist Klarheit Wahrheit, und wenn Sie den Mangel der ersten zugeben, so geben sie den der zweiten gleichfalls zu.
Ehe Sie an Ihre neue Darstellung gehen, auf welche ich mich sehr freue, erlauben Sie mir den Wink, daß Sie sich vorher völlig über Anschauung und Anschaulichkeit ins reine setzen möchten. Was sie nicht sich und dem Leser konstruieren, das ist weder Ihnen völlig klar, noch wird es Ihrem Leser klar, und alles vermeinte Verstehen und Bestimmen ist Täuschung.
Ein Beispiel will ich Ihnen geben an den drei Sätzen, von denen Sie sagen, daß sie Ihnen zur höchsten Evidenz gestiegen seien. Es kann sein, denn sie haben insgesamt eine Seite, von welcher aus sie wahr sind, aber aus Ihren Aussagen geht nicht hervor, ob Sie diese Seite ergriffen haben und sie meinen.
Z. B. Alle Realität kann nur *erfahren,* nicht a priori demonstriert und erkannt werden. Dies ist ganz richtig, wenn vom *Besondern* der Realität die Rede ist. Aber was ist nun die Realität überhaupt? Nichts, durchaus nichts als eben die Grenze des freien Konstruierens; und ein Besonderes wird ohne Zweifel nicht gesetzt ohne das Allgemeine. Mithin kann ich eben sowohl auch umgekehrt sagen: Keine Realität kann (philosophisch) erfahren, sondern alle muß a priori demonstriert und konstruiert werden. Beide Sätze sind daher einseitig, und erst in der Vereinigung beider liegt die Wahrheit.
„Mein X (in A + X) müsse im Fortgange ein Bekanntes

werden." Eben und dennoch durchaus unbegreiflich bleiben: und wie sich dies vertrage, müssen Sie eben wissen, wenn Sie ein Meister in Israel sind; denn dies ist gerade die Aufgabe der Philosophie: eben das Zeichen + ist das Bewußtsein und das Durchdringen dieses + eben die Philosophie!
Haben Sie das zweite Heft des Kritischen Journals Nr. II gelesen? Sie werden sich in Ihrer Darstellung doch nicht durch solches Gerede stören lassen?
Leben Sie wohl und seien Sie glücklich auf der Bahn des Forschens!

An Friedrich Schiller

Berlin, 9. Juni 1803

Ich muß, mein verehrungswürdigster Freund, gleich anfangs um Verzeihung bitten wegen des Gegenstandes, mit dem ich Sie, den ich so sehr mit dem Höchsten zu unterhalten wünschte, diesmal zu unterhalten gedenke. Immer glaube ich, abgesehen von der Natur dieses Gegenstandes, doch in Absicht der Person mich nicht ganz unrichtig zu addressieren, indem ich keinen andern Mann kenne, dem ich, so wie Ihnen, die Geneigtheit zutraue, sich in meine Lage hineinzudenken, und dem ich sie mit solchem Vertrauen sagen könnte.
Ich möchte Sie nämlich, so wie Sie einst eine ähnliche Güte für mich gehabt, um Ihre Vermittlung in einer ökonomischen Angelegenheit bitten. Daß ich, der schon längst andern wackern Leuten dasselbe leisten sollte und der es auch zuweilen nach seinen Kräften getan, selber wieder anderer Hülfe bedarf, ertrage ich, wie ich soll, in Geduld. Drei Jahre unablässiger Arbeit an der Wissenschaftslehre, fast ohne alles lukrative Geschäft, bei der absoluten Unmöglichkeit, jene Meditationsreihe zu unterbrechen, wenn sie nicht ganz aufgegeben werden sollte, haben das wenige, was uns übriggeblieben, aufgezehrt; noch bin ich in denselben Meditationen befangen, und ich sehe höchst unangenehmen Störungen entgegen, wenn ich mir nicht noch gegen ein Jahr sorgenfreie Muße verschaffen kann. Noch habe ich auf meinem ehemaligen Hause zu Jena 1100 R[eichs]t[a]l[e]r

auf die Weise, welche die Beilage enthält, stehen. Ich wünsche dieser, für einen Entfernten und Entfremdeten ohnedies unangenehmen Anfoderung entledigt zu sein; der Wert derselben brächte mich bis zu bessern Zeiten; und es geschähe mir der größte Dienst, wenn jemand, sei es nur aus Teilnahme an meiner Lage, meinem Studium und meiner Ruhe, sie mir gegen 1000 Rthlr. bares Geld abnähme. Der Käufer des Hauses, *Krieg*, hat keinen Termin bezahlt, kaum sind die Interessen herauszutreiben gewesen, er verdient überhaupt keine Schonung, sondern ohne weiteres ausgeklagt zu werden; und ich habe schon vor einem Jahre demselben *Salzmann*, von dessen treuer Bedienung in einer andern Angelegenheit Ihnen vielleicht Hr. Zelter[238] ein Wort gesagt, den Auftrag dazu gegeben. Nicht nur der geforderte, sondern ein weit höherer Wert liegt ohne Zweifel in der Hypothek. D. Paulus wollte das Haus für 1200 R[eichs]t[a]l[e]r (wie es nun kommen würde[)] kaufen, und Dr. Niethammer hat mir von Zeit zu Zeit geschrieben, daß Liebhaber sich dazu gemeldet. – Es ist mir aus ehemaligen Beispielen beigefallen, daß zuweilen die fürstliche Kammer zu Weimar auf Hypotheken im Lande zur Unterstützung Geld herzugeben pflegt. Könnten Sie etwa den Direktor der Kammer, Herrn G[eheimen] R[at] Schmidt[239], der meiner Frauen Onkel ist, durch seine eigne Geneigtheit oder durch G[eheimen] R[at] *Goethe* oder *Voigt* zu diesem Geschäft bewegen? Ich halte die Sache auch darum um so impetrabler, indem ich versichern und nachweisen kann, daß zu dem Ankaufe des Hauses weder meine Pension noch sonst im Lande verdientes Geld, sondern schweizerisches, in das Land gezognes Geld verwendet worden; indem ich glaube, daß die Regierung meinen Verlust bei ihnen sehr ungern sehen würde, und indem ich ein solches Arrangement, als einen mir von der Regierung erwiesenen Dienst, gern und dankbar aufnehmen würde. – Sollten Sie verehrter Freund, diesen Vorschlag nicht unausführbar finden und bald darüber sich etwas tun lassen, so erbitte ich mir einige Worte Nachricht. Die Zahlung müßte nicht in einer Summe, sondern sie könnte in Terminen geschehen; nur würde ich bitten, den ersten zu beschleunigen, und nicht unter 400 R[eichs]t[a]l[e]r zu setzen.

Ich bin, wie gesagt, noch gänzlich befangen in der Wissenschaftslehre; nicht um sie zu finden oder zu verbessern, sondern um sie zur reinen Klarheit zu erheben. – Was ich in der Ankündigung, welche Ihre und Goethes gütige Aufmerksamkeit erregt, versprochen, das und mehr noch, werde ich halten. Es wird sich sodann unter andern zeigen, daß die angeblichen Verbesserer und Weitergeher recht haben würden, wenn sie – nur wüßten, wovon dermalen eigentlich die Rede sei, und daß sie etwas sagen würden und in die Zeit eingreifen, wenn – ich sage nicht keine Wissenschaftslehre, sondern kein *Kant*, ja kein *Leibniz* vor ihnen gelebt hätte. Der ganze Streit über Subjektivismus oder Objektivismus liegt tief unter den Prinzipien. Allenthalben fällt man aus Furcht vor einem erdichteten Subjektivismus in den *toten* Objektivismus; was man auch in Worten sage! Es gilt nicht, die Vernunft zu *beschreiben*, sondern die Vernunft zu *sein*.

An der öffentlichen Ehrenbezeugung, die Ihnen erwiesen, habe ich, als an einer Ehre, die die Erzeiger sich selbst erwiesen haben, den freudigsten Anteil genommen.

Haben Sie die Güte, den Herrn G[eheimen] R[at] Goethe meines hochachtungsvollsten Andenkens zu versichern.

Hochachtungsvoll
der Ihrige
Fichte.

N[ach]sch[rift]. Beim Einpacken fand [?] ich, daß die oben erwähnte Beilage den Brief zu einem Paket machen würde [?]. Das Kapital steht zu 4 Prozent, und seit Ostern 1800 hätte jährlich 100 R[eichs]t[a]l[e]r getragen werden sollen. – Das Original, wovon die erwähnte Beilage die Kopie ist, steht im Hypothekenbuche zu Jena. –

An Ffriedrich Schiller

Berlin, 18. August 1803

Den einen Punkt dieses Schreibens an Sie, mein verehrungswürdiger Freund hat Hr. Zelter in einem Schreiben an Hr. G[eheimen] R[at] Goethe versprochen, und ich habe übereilt den Auftrag angenommen, ob ich gleich vermute, daß es Goethen eigentlicher um Zelters Urteil als um ein Urteil überhaupt zu tun war. Der zweite betrifft meine Angelegenheit, und ich bitte sehr um Verzeihung, daß ich Sie damit unterbreche. Ich würde darüber entweder an den Regierungsrat (nicht Geheimen Rat, wie Z[elter] durch einen Irrtum an Goethe geschrieben) Voigt, der sich in der Sache schon gütig verwendet, oder an Dr. Niethammer geschrieben haben, wenn ich nicht zweifelte, ob der erstere von seiner Reise nach Dresden schon zurück sei, und den zweiten gleichfalls abwesend vermutete. Ich schreibe, was dieses betrifft, auf ein besonderes Blatt, damit es dem R[egierungs]r[at] Voigt, oder auf den Fall seiner Abwesenheit einem andern Rechtsfreunde, den Sie oder Goethe für meine Sache interessieren, mitgeteilt werden könne; indem ich hier nur noch Sie u. Goethe bitte u. beschwöre, Ihr Interesse für diese Angelegenheit noch nicht ermüden zu lassen, damit nicht, wie es nach der Antwort des H[of]a[dvokaten] Salzmann das Ansehen bekömmt, durch das bis jetzt Geschehne nur lediglich der Verlust derselben beschleuniget werde. Die Sache scheint mir gerecht, sie scheint mir von allgemeinem Beispiele, und ich möchte wünschen, daß Sie und Goethe ein Stündgen fänden, meine beiliegende Instruktion, die zunächst freilich auf die Fassungskraft eines Advokaten berechnet und darum etwas zu deutlich ist, gemeinschaftlich durchzulesen.

Goethes natürliche Tochter[240] habe ich zweimal, da sie hier aufgeführt worden, mit aller Aufmersamkeit gesehen und glaube zu jeder möglichen Ansicht des Werks durch dieses Medium mich erhoben zu haben. Sosehr ich Goethes Iphigenie, Tasso und aus einem andern Fache Herrmann u. D[orothea] verehrt und geliebt und kaum etwas Höheres für möglich gehalten habe, so ziehe ich doch dieses Werk allen seinen übrigen vor und halte es für das dermalig höchste Meisterstück des Meisters. Klar wie das Licht und ebenso unergründlich in jedem seiner Teile lebendig sich zusammenziehend zur absoluten Einheit, zugleich zerfließend in die Unendlichkeit wie jenes. Dieser streng organische Zusammenhang macht es mir nun ganz unmöglich, irgendeinen Teil daraus wegzudenken oder missen zu wollen. Was in dem ersten Teile sich noch nicht ganz erklärt als

die geheimnisvollen Andeutungen eines verborgenen Verhältnisses zwischen dem Herzoge und seinem Sohne, beider und noch anderer geheime Machinationen bereiten ohne Zweifel das Künftige vor und erfüllen schon jetzt das Gemüt mit einem wunderbaren Schauer.
Daß ein Werk von dieser Tiefe und Simplizität zugleich von irgendeiner vorhandenen Schauspielergesellschaft in seinem innern Geiste ergriffen und dargestellt werden solle, darauf ist ohn Zweifel Verzicht zu tun. Der rechte Zuschauer aber soll durch die Beschränktheit der Darstellung hindurch das Ideal derselben und durch dieses hindurch das Werk erblicken. Dies ist der Weg, den ich habe gehen müssen und der bei dramatischen Kunstwerken mir gerade der rechte scheint. Daher mag es kommen, daß Zelter, der mit der Lektüre angehoben und hieraus sich selber die idealistische Darstellung gebildet, bei Erblickung der wirklichen ungnügsamer gewesen ist denn ich, der ich sonst eben nicht großer Gnügsamkeit mich rühmen kann. – Nun dem gemeinen Zuschauer zuvörderst diese Erhebung über die Beschränktheit der Darstellung angemutet, – bei gemeinen Werken ist er deren überhoben, da fällt die Darstellung und die Sache, weil beide gemein u. flach sind, sehr richtig zusammen – ihm ferner 2–3 Stunden dauernde strenge Aufmerksamkeit angemutet, weil eben das Ganze ein Ganzes ist und er gar keinen Teil versteht, wenn er nicht alle versteht – dagegen bei den gemeinen Stücken er abwesend sein kann, wann er will, und wiederum aufmerken, wann er will, und doch immer ein ganzes – Sandkorn nämlich, glücklich antrifft – endlich ihm den durchaus ermangelnden Sinn für das *Inwendige* im Menschen und die *Handlung*, die auf diesem Schauplatze vorgeht, angemutet – daher Direktion, Stadt u. Hof glauben, in den beiden letzten Akten dieses Werks sei keine Handlung, und allerdings hätte Goethe für diese diese beiden Akte durch die simple Erzählung: Eugenia gebe ihre Hand einem Justizrate, ersparen können – diese Anmutungen alle, so ist begreiflich, mit welchen Gesichtern sie aufgenommen worden. Ich aber für mein Teil bestärke mich nun immer mehr, je älter ich werde und je mehr hier täglich irgendeine Dummheit mich drückt und je mehrere Meisterwerke sie von dort her uns schicken, in der unbarmherzigen Gesinnung, daß man allerdings das

Höchste, und allein das Höchste, vor die Auge[n] des Publikum bringen solle, ohne alles Mitleid mit der Langweile und Unbehaglichkeit der Unbildung, daß man gar nicht das Schlechte flicken und das Gute, so Gott will, daran anknüpfen, sondern dieses rein vernichten und das Gute rein erschaffen solle, und daß es nie besser mit dem Schlechten werden wird, als bis man durchaus nicht weiter Notiz davon nimmt, daß das Schlechte vorhanden ist.
Unter den Schauspielern trug meines Erachtens M[a]d[a]me *Fleck* als Eugenia bei weitem den Preis davon. Besonders war ihr Spiel im zweiten Aufzuge, im Ausdrucke der freudigen Erwartung im Sonette, in der demnächst folgenden dichterischen Phantasie – sodann bei Anlegung des Schmucks, dem Hervorbrechen ihrer adeligen freigebigen Gesinnung usw. begeistert und begeisternd. Eigentlich verdorben hat sie nichts, dessen ich mich erinnerte. *Iffland* stellte den zärtlichen Vater, besonders im dritten Akte, den im Gedanken des geglaubten Verlustes zergehenden, sehr gut dar und machte auf sein Publikum einen mächtigen Eindruck: aber es blieb immer ein zärtlicher Vater aus einem seiner Bürgerfamilienstücke: die Vornehmheit des ersten Vasallen, geheimen Gemahls der stolzen Prinzessin, Vaters der hohen Tochter, die Bedeutsamkeit des finster drohenden Gestirns am politischen Horizonte dieses Reichs, gingen verloren – nicht zum Schaden des Stücks, wie mir es scheint, beim wahren Zuschauer; denn wer Ifflanden außerdem kennt, wird ihn nicht für identisch mit einer solchen Person nehmen und auf den Wink des Dichters Würde u. Hoheit u. Tiefe gern supplieren. *Mattausch* als König war recht stattlich. Noch verdient *Bessel* (der sonst unbedeutende Rollen spielt) als Weltgeistlicher der Erwähnung. Er spielte nicht ohne Kraft; und manche Roheit im Benehmen mochte der günstige Zuschauer auf das Dorfleben des geistlichen Herrn zu schieben. *Bethmann* als Gerichtrat spielte gerade nicht unsorgfältig, wie ihm hat vorgeworfen werden wollen, aber was läßt aus diesem ungelenksamen, eintönigen Organe sich machen? *Herdt* als Mönch ließ nicht von seiner Natur, die Akzente so zu setzen, wie das natürliche Atmen es erfodert; doch *verstand* man ihn ganz, und man [?] mochte sich nun eben die Rolle anders und richtig sprechen. *Beschort* spielte den Gouver-

neur glatt und galant weg, wie dies seine Manier ist; und dies tat der Rolle nicht übel. Die Rolle der Hofmeisterin war einer Sängerin, welche aus an sich sehr löblicher Vorsicht auf die Zeit, da sie mit ihrer Singstimme auf die Neige kommen dürfte, sich auf die Rezitation legen will, der M[a]d[a]me *Schiel* [richtig: Schick] übertragen. Diese brachte nun dazu allerdings die Gestikulation vom Operntheater, singen aber durfte sie nicht, und reden konnte sie nicht. Ich glaube zwar wohl überhaupt die Absicht und Bedeutung dieser Rolle erraten zu haben; die Worte aber habe ich beidemal nicht gehört; hierüber daher ist in meiner Erkenntnis eine Lücke geblieben. Aus *Schwadkes* – der den Sekretär spielte – gründlicher Seichtigkeit läßt keine Goethische Person sich machen. Dieser Mann wäre ganz in die Konversationsstücke aus dem Englischen zu exilieren.
Noch eine mir sehr auferbaulich und sehr lehrreich gewesene Anekdote. – Die Rolle der Nonne war den ersten Tag mit M[a]d[a]me *Herdt* besetzt, welche sich also benahm, daß das Publikum in ein lautes Gelächter ausbrach – und dieses Mal zwar mit dem vollkommensten Recht. Wie hilft sich die Direktion den zweiten Tag? Nun, sie läßt diese Rolle ganz weg – nur eine der unnützen Personen, mochte sie denken, welche in den beiden letzten Akten auftreten – (wie erst in steigender Angst alle Mittel der Rettung versucht werden müssen, ehe zum letzten Sonderbaren gegriffen wird, und wie noch nebenbei alle Stände des seinem Untergange entgegengehenden Reichs nach ihrem innigsten Geiste vor den Augen des Zuschauers vorbeigeführt werden sollen, darauf geraten solche Beurteiler freilich nicht) – läßt aber die Rolle der Eugenia unverändert; dergestalt, daß nun der gewagte Blick in den Gewaltsbrief der Begleiterin ohne Zwischenglied und unmittelbar auf die Verweigerung, ihn zu sehen, aus Furcht, einen der beiden geliebten Namen zu erblicken, erfolget. Hieraus lerne nun Goethe, wie er's zu machen hat, um die in seinen Werken so oft zögernde *Handlung* rascher fortgehen zu lassen!
Eine Frage: Wie denkt sich der Verfasser die äußere Darstellung der Station an dem Hafen, dieses *Chores*, aus dem seine einzelnen Repräsentanten sich loswinden und in die Handlung verflechten? (Was im Vorbeigehn hiesigerlei Volk auch nicht faßt und in der Ungerschen Zeitung z. B.

gemeint wird, sie kämen und verschwänden, wie müßige Spaziergänger.) Soll wirklich wenigstens ein Anfang des unermeßlichen Lebens und Treibens sichtbar sein, den nun die Phantasie ins Unbegrenzte fortsetze; oder soll der Zuschauer diesen Haufen rein mit dem Auge der Phantasie erblicken? Bei der hiesigen Aufführung trugen nur gegen Ende des 4. Aufzugs, als Eugenia Anstalt macht, das Volk aufzurufen, plötzlich, wie gerufen, 2 oder 3 lumpige Kerls einen Koffer Studentengut und in paar kleine mit Kaufmannszeichen zierlichst versehene Ballen im Hintergrunde der Bühne vorüber; der die übrige Zeit hindurch von lebendigen Wesen leer blieb. Mir schien dies entweder zuviel oder zuwenig? Hab ich recht oder unrecht?
Da ich in meinem letztern des Auspochens bei der ersten Aufführung erwähnte, zur Berichtigung, – denn selber dem Berliner Haufen möchte ich nicht gern mehr Böses nachsagen, als wahr ist – folgendes: es ist ganz notorisch, daß – Schadow die Auspocher bestellt, ordentlich vorher angeworben und organisiert hat. Ich schreibe Ihnen dieses zu jedem Gebrauche, wenn Sie es nicht schon längst wissen, denn es ist stadtkundig; *nur möchte ich nicht gern der sein, der es Ihnen geschrieben hätte.* So behauptet man auch, daß nicht Woltmann, sondern Iffland der Verf[asser] der letzthin erwähnten Beurteilung in der Ungerschen Zeitung sei. Ähnlich sieht es beider historischen Parteilosigkeit für Schlechtes und Gutes.
Ich empfehle mich Ihrem Wohlwollen. Der Ihrige

Fichte

An das Königliche Kabinett

Berlin, 3. Januar 1804

Es ist, seit kurzem auch in seiner äußern Form vollendet, ein System vorhanden, welches von sich rühmt, daß es, in sich selber rein abgeschlossen, unveränderlich und unmittelbar evident, außer sich allen übrigen Wissenschaften ihre ersten Grundsätze und ihre Leitfäden gebe, hierdurch allen Streit und Mißverständnis auf dem Gebiete des Wissenschaftlichen auf ewige Zeiten aufhebe und den nur darin recht befestigten menschlichen Geist dem einigen Felde

seines unendlichen Fortschreitens zu immer höherer Klarheit, der *Empirie* zuweise und ihn auf diesem Felde untrüglich leite.
Daß eine solche Wissenschaft, ohnerachtet sie vom Beginn alles wissenschaftlichen Bemühens unter dem Namen Philosophie dunkel geahndet und gesucht worden, dennoch niemals in der Vorzeit auch nur vorgeblich vorhanden gewesen, liegt am Tage; wie denn in dem kecken Ableugnen der Möglichkeit einer solchen Erkenntnis die ganze Weisheit und Aufklärung unsrer Tage besteht. Klar ist daher, daß durch jene Entdeckung, wenn sie nur wirklich ist, was sie zu sein behauptet, eine noch nie möglich gewesene Wiedergeburt der Menschheit und aller menschlichen Verhältnisse, vorbereitet worden.
Der Erfinder, durch seine vieljährige Beobachtung des sogenannten literarischen Publikum sattsam überzeugt, daß durch die bisherige Weise des Studierens die Bedingungen des Verständnisses eines solchen Systems größtenteils verlorengegangen, auch daß gerade jetzo eine größere Menge Irrungsstoff sich im allgemeinen Umlaufe befindet als vielleicht je, – ist nicht gesonnen, seine Entdeckung in ihrer dermaligen Form durch den Druck dem allgemeinen Mißverständnis und Verdrehung preiszugeben. Er will sich auf mündliche Mitteilung beschränken, indem hiebei das Mißverständnis auf der Stelle erscheinen und gehoben werden kann. Doch wünscht er den Vorteil eines Urteils von Sachkennern nicht zu entbehren. In einer Stadt lebend und seine Vorträge eröffnend, in welcher eine von Leibniz gestiftete, noch bis heute eine spekulative Klasse in sich besitzende Akademie der Wissenschaften sich befindet, hegt er den Wunsch, diese Akademie zu seiner Richterin zu machen: und schlägt in dieser Absicht vor, daß, sei es auch nur, um dieser Akademie das Geschäft hinlänglich wichtig und ernsthaft zu machen, *Ihro Majestät, der König*, derselben *die Prüfung der Wissenschaftslehre* auflege; demzufolge die Akademie, nach dem Beispiele anderer, namentlich der Pariser Akademie, *Kommissarien für dieses Geschäft ernenne*, welche Kommissarien, um sich mit dem Gegenstande der Prüfung auf dem einzig möglichen und von mir selber für entscheidend anerkanntem Wege bekannt zu machen, *meine Vorlesungen mit anzuhören hätten.*

Auf den Fall, daß, da ich das Lokale der Vorlesungen in meine Wohnung verlegt, die präsumtiven Kommissarien es unter der Würde ihres öffentlichen Auftrages finden sollten, sich zu mir zu bemühen, so bin ich erbötig, die Vorlesungen an jedem von der Akademie mir anzuweisenden schicklichem Orte zu halten. Gegen ein in der Form nichtiges Urteil behalte ich mir vor, durch einen allgemeinfaßlichen und unmittelbar einleuchtenden Bericht, *wie die Wissenschaftslehre nicht beurteilt werden könne,* den ich zunächst der Akademie und ihren Kommissarien und erforderlichenfalls dem Publikum vorlegen würde, mich noch vorhero zu dekken.

Fichte.

An Johann Jakob Mnioch[241] [2. Entwurf]

Berlin, Januar oder Februar 1804

Mein dennoch teurer, obwohl in Ihrer gegenwärtigen Stimmung von mir nicht gebilligter Freund.

Es wird durchaus nötig, daß ich ohne die Schonung für Ihren kranken Zustand, welcher Ihre übrigen Freunde, wie es scheint, wohlmeinender [?] als weise zu hindern [?] schiene, mit Ihnen spreche. Die Ruhe, mit der Sie lesen u. durchdenken, die völlige Objektivierung Ihrer selbst, als ob es nicht Sie selbst wären, von dem die Rede sein wird, sei Ihnen u. mir die erste geringste Probe, ob Sie in der Zukunft noch in irgend etwas auf sich rechnen können, u. ist zugleich [?], besonders um des letzten Umstandes [?] willen, das Mittel Ihrer Genesung.

Sie tragen sich, nach Ihren letzten Briefen hieher, mit einem Gedanken, den Sie freilich wohl unausgeführt lassen werden, der aber schon als *bloßer* Gedanke nur in einem tief erkrankten Gemüte einen Augenblick verweilen kann. Freilich ist dies nur dadurch möglich, daß Sie denselben in Finsternis halten und sich wohl hüten, denselben klar ins Auge zu fassen. Überhaupt die Maxime, daß der *grübelnde kalte Verstand* (da liegt das πρῶτον φευτος, der Verstand ist überhaupt nur analysierend das schon Vorhandne, und deswegen überhaupt ein schlechter Leiter; die allmächtige u. lebendige, stets richtig leitende u. beseeligende Klarheit ist

V[ernun]ftklarheit, die dem Verstande erst etwas zu analysieren gibt u. da, wo sie eintritt, den Verstand völlig außer Dienst setzt) sich gewisser Dinge enthalten müsse. – Lassen Sie uns daher nur diesen Gedanken an der V[ernun]ftklarheit betrachten.
Ich kenne durchaus nichts, wodurch der Mensch sich selber tragen u. innerlich zusammenhalten kann, wenn er sich auf einem dummen Streiche ertappt, als dem Troste: Das soll dir wohl nicht wieder begegnen: das werden wir ein andermal besser machen. Womit soll nun der, der den allerletzten Schritt seines Lebens schlecht macht, sich trösten, mit welchem besser machen? Kennt er andere Leben u. ihre Kräfte in sich: da er keine Kraft für das ihm wohl bekannte Leben hat? Freilich muß er auch leiblich sterben, da er doch selbst in der *Selbstvernichtung* aufgelöst wird.[*]
Wer, sagte ich, den letzten Schritt seines Lebens *schlecht* macht. Es bedarf da keines allgemeinen Beweises, wir können uns beschränken [?] auf den Fall Ihres Gedankens. So viel sehe ich ein: Sie haben sich etwas eingebrockt, vor dessen Ausessen Ihnen graut, u. *denken* nun – ich sage nicht *wollen* oder *werden*, denn dies will ich nicht glauben – sich so sachte davonzuschleichen. Dies ist ein *feiger* Gedanke. Wer das Herz hatte, sich etwas aufzuladen, der muß auch das Herz haben, es zu tragen, oder er ist kein Mann. Besonders bei gemachten Fehlern versöhnt nichts den Fehlenden sicherer [?] mit sich u. der Welt und stellt sichrer seine Ehre bei beiden her als der Gleichmut, mit dem er die Folgen trägt. – Ich möchte einen so Denkenden fragen: wie war es denn damals, da Du es einbrocktest, wie rechnetest Du denn damals? Etwa, daß dies nur so lange dauern sollte, als es konnte, u. daß Du eben, wenn es [an] das Ausessen käme, tun wolltest, wie Du jetzt tun willst? Nun, so hast Du schon damals Dein Leben, Deine Ehre absolut ohne Wie-

* Hätten Sie daher nicht nur gedacht, daß Sie es begehen wollten, im Taumel, sondern daß Sie es mit *Besonnenheit* u. Selbstbeachtung begehen wollten, so hätte diese Klarheit ihn erdrückt.
Hätten Sie die Zeit u. die Kraft, die Sie an dem Brüten, Sichängsten, Abringen [?], Zweifeln verwendet haben, auf Gedanken für Ihre Rettung verwendet[?][!]
Sie haben sich, sich selbst u. Ihren Freunden schmählich [?] gezeigt. Sie haben unsäglich gelitten, [...] umsonst.

derbringen vor Dir selber, vor Welt u. Nachwelt, wenn Du Talent u. Geist hattest, soviel an Dir ist, die Achtung der Edelen [?] für Talent u. Geist gegen einen kurzen Genuß verkauft; u. so halte Dir denn nur Wort. Löse mit Dir selber den Bund, den Du mit dem Teufel geschlossen hast. Oder hast Du damals gar nichts gedacht? Nun, so denke denn wenigstens jetzt, u. denke das Rechte. [*]
Also, lieber Mnioch, Sie haben jene Tat gar nicht gedacht als mit klarem u. besonnenen Bewußtsein von sich ausführend; nur in einem Taumel ausführbar haben Sie sie gedacht. Auf Ihre Besonnenheit dabei gerechnet, wäre Ihnen die absolute freie [?] Selbstvernichtung als Bedingung [?] davon, eingeleuchtet, und diese Klarheit hätte den ganzen Gedanken vernichtet, wie sie ihn ohne Zweifel, wenn Sie das Obige nur überlegen u. an sich selber probieren wollen, vernichtet wird.
Ich möchte Sie gründlich heilen, und nicht durch Palliative. Ich habe darum nicht gesagt, was ich gleichfalls hätte sagen können: Sie haben auch das gefürchtete Gespenst des Aussessens nicht ruhig in die Augen gefaßt. Ich möchte doch wissen, was, das Allerschlimmste gesetzt, Ihre Kreditoren Ihnen hätten tun können, das nur um ein Zehnteil so schlimm wäre als das, was Sie sich selber zu tun dachten. Ich möchte wissen, wie sie's machen wollten, um Geld von Ihnen zu erhalten, wenn Sie keins haben. Zu leben müssen sie Ihnen auf alle Fälle lassen und werden es; denn ihnen liegt gerade an Ihrem Leben.
Doch, mein Werter, ich fühle, daß ich noch tiefer gehen muß. Es ist möglich, daß ich in dem Vorhergehenden Ihren wahren Zustand doch nicht aufgefaßt habe. Das Folgende erfodert noch größere Ruhe u. Unparteilichkeit für sich selbst als das Vorhergehende, ich rate Ihnen daher, es zu lesen, erst nachdem Sie mit dem frühern sich vertraut gemacht, u. sondere es drum ab.

* Wie; da Du es einbrocktest, was dachtest Du denn damals? Daß es noch [?] den Bauch [?] eine Weile nähren sollte, daß Du alsdann auf diese Weise Dich davonstehlen wolltest? Also schon damals hast Du *Dein Leben*, Deine Ehre vor Dir selbst, vor den Freunden u. der Welt, Wertachtung des Geistes, des Talentes u. dieser Ehre – für das bißchen Essen verkauft. – Oder hast Du gar nichts gedacht: Nun, so denke wenigstens jetzt u. denke das Rechte.

Lag Ihren Gedanken vielleicht nicht bloß das Grauen vor den Folgen des Geschehenen; lag ihnen vielleicht die allgemeine Ermattung Ihrer Spannkraft, die Verzweiflung an sich selber, die Annahme, daß Sie aus gewissen Derangements u. üblen Habituden nimmer herauskommen würden, und das rüstige Mißfallen an dieser Art des Seins zugrunde? –

Dann hätten Sie nicht über das zweite, wohl aber über das erste, über die Verzweiflung an sich, unrecht. Es gibt durchaus keine Lage u. keinen Gegenstand, über welchen der Mensch sich nicht beherrschen könne: schlechthin keine Stimmung, von der er nicht abstrahieren könne. Glauben Sie dies indessen, bis Sie es an sich selber erfahren, Ihrem Freunde, der es aus vieljähriger Erfahrung weiß, u. wagen Sie's auf sein Wort. Fangen Sie sogleich an mit Leichtem u. gehen fort zum Schwereren.

Sie haben ein Amt, das Sie wenig beschäftigt u. Sie an keine strenge *Tagesordnung* bindet. Äußere Ordnung aber in Arbeit und Ruhe ist die absolute Bedingung aller inneren Ordnung des Gemüts, u. wer in einer solchen Lage sich nicht selbst bindet, geht balde verloren. Lediglich um Ihnen bei meinen [?] Maximen die Ausführbarkeit gleich mit zu belegen, rede ich von mir. Seit 5 Jahren habe ich kein Amt: drum ist es mir [?] unverbrüchliche Regel aller Morgen, von meinem Aufstehen an bis gegen 2 Uhr an meinem Pulte streng [?] eigne Spekulation zu arbeiten; geschieht es ja, daß alle Vierteljahre ein unvermeidliches [?] Geschäft mich nötigt, vormittags auszugehen, so muß wenigstens 3 Stunden gearbeitet werden; u. hiervon ist seit 5 Jahren kein Tag ausgenommen worden.

Es ist sehr wahr, daß jeder Mensch – je kräftiger, desto leichter – durch Leidenschaft, dunklen Hang u. dgl. ergriffen wird; aber es ist durchaus nicht wahr, daß er genötigt sein könne, im Taumel zu *handeln*. Nichts verhindert ihn, den Entschluß aufzuschieben, bis er vollkommen ruhig ist u. klar in der Seele.

An Friedrich Heinrich Jacobi

Berlin, 31. März 1804

Die Frau von Staël[242] eröffnete mir ihren Wunsch, daß Sie, mein sehr verehrter Freund, während ihres hiesigen Aufenthaltes nach Berlin kommen möchten, und als ich ihr bei dieser Eröffnung meine lebhafte Begierde, Ihre persönliche Bekanntschaft zu machen, bezeugte, schien sie zu glauben, daß es etwas zur Erreichung unsers gemeinschaftlichen Wunsches beitragen könnte, wenn ich meine Bitte mit der ihrigen vereinigte. Ich nehme mir nicht heraus, diesen Glauben mit ihr zu teilen, und bescheide mich völlig alles Urteils, ob unsere Bitte auch nur als Bitte stattfindet. So viel ist sicher, daß, wenn in diesen letztern Jahren meine Lage mir eine Reise erlaubt hätte, sie nirgends andershin als zu dem Orte Ihres Aufenthaltes gerichtet worden wäre.

Wird mein lange gehegter, inniger Wunsch, mit Ihnen einmal von Mund zu Mund und Auge zu Auge zu leben, erfüllt, so werden die Verschiedenheiten in unsern philosophischen Ansichten, welche durch Ihre letztern Äußerungen und durch mein neues fünfjähriges Spekulieren einander keineswegs sich genähert haben, wahrscheinlich verschwinden. Der Wissenschaftslehre glaube ich durch mein letztes Arbeiten, auch in der äußern Form vollendet und bis zum höchsten Grade der Mitteilbarkeit mich bemächtigt zu haben, aber ich werde sie diesem Zeitalter nie im Drucke vorlegen, sondern nur mündlich an die, welche den Mut haben, sie an sich zu nehmen, sie mitteilen. Von allem, was da vorgeht, bewegt mich nichts und wundert mich nichts, und ich erwarte noch weit Heilloseres; denn ich glaube, unser Zeitalter, als das Zeitalter der absoluten Verwesung aller Ideen, sattsam begriffen zu haben. Dennoch bin ich fröhlichen Muts; denn ich weiß, daß nur aus dem vollkommenen Ersterben das neue Leben hervorgeht.

In Rücksicht Ihrer letzten Verhandlungen hätte ich vorläufig nur eine einzige einfache Frage an Sie zu stellen *Köppens*[243] ganze Weisheit nämlich scheint mir darauf hinauszulaufen, daß dem Wissen immer etwas vom Begriffe durchaus nicht zu Durchdringendes, ihm Inkommensurables und Irrationales übrigbleibe; und Sie scheinen dadurch, daß Sie seine Arbeit Ihren Briefen voraussetzen und sie zu denselben Prämissen erheben, diese Weisheit als die rechte und höchste zu billigen und für Ihre eigene zu erklären. Hiebei möchte ich nun fragen: das, was Sie da sagen: meinen Sie es etwa nur und ist es Ihr vorläufiges Dafürhalten bis zur bessern Einsicht: (in welchem Falle Sie die Behauptung, daß dies das Höchstmögliche sei, schon stillschweigend zurücknähmen) oder sehen Sie es selber, als schlechthin gewiß, aus seinem absoluten Prinzipe genetisch ein? Falls Sie im letzten Falle entweder selber sich befänden oder wenigstens als möglich zugeben müßten, daß irgend jemand in demselben sich befinde: wie wäre es, wenn gerade in dieser Einsicht das Wesen der Philosophie läge und diese ganz und gar nichts anderes wäre als – das Begreifen des Unbegreiflichen als solchen? – Nur daß man nicht zur Stunde wiederum diesen Ausdruck mißverstehe und ein mittelbares Begreifen denke, setzend ein anderes Begreifen, das da setzt wiederum ein anderes, und so ins Unendliche; und so die Sache wieder in den alten wohl hergebrachten Kreislauf geleitet würde! Wie wäre es, wenn gerade darin, daß weder Kant noch die Wissenschaftslehre als dieses gefaßt worden, von Ihrer Seite das an uns ausgeübte Mißverständnis bestände? Auch Kant, sage ich, und schließe ihn ein; Sie übrigens in Ihrem Feldzuge gegen den Kantischen Buchstaben, überdies von der schwächsten Seite in der Kritik der reinen Vernunft, für entschiedenen Sieger anerkennend. Es gibt nämlich, nach meinem Dafürhalten, nicht weniger als drei kritische Philosophien Kants, deren jede ein anderes Absolute hat und unter welchen die letzte, die in der Kritik der Urteilskraft, die vorzüglichste ist. Kanten selber aber, gleichfalls nach meinem Dafürhalten, kann man nie fassen in dem, was er sagt, sondern nur in dem, was er nicht sagt, (wohl gar, wenn andere es sagten, widerstritt); doch aber, um zu dem von ihm zuerst Gesagten zu kommen, es stillschweigend voraussetzen mußte.

Mit Schelling ist es etwas anderes. Dieser ist bei aller seiner Naturphilosophie mit sich noch gar nicht einig, ob und inwiefern er der Natur die Existenz zugestehen soll. Gerät er ins Absolute, so geht ihm das Relative verloren; gerät er an die Natur, so geht ihm das Absolute ganz eigentlich in die Pilze, die auf dem Dünger seiner Phantasie wachsen. Dabei hat er ein beispielloses Unglück mit der Form, wie ihm zum

Teil recht gut von *Köppen* gezeigt worden. Diesem Mann, und allen, die sich von ihm imponieren lassen, geschieht aber viel zuviel Ehre, wenn man ihrer nur erwähnt.
Leben Sie wohl, verehrter Freund, und möchten Sie unsern Wunsch erfüllen! Auch *W. Schlegel*, der viel mit Frau von Staël lebt und ihr deutscher Lektor und Interpret ist, sowie Ihren Brinkman würden Sie sehr erfreuen.

Fichte.

An Franz Xaver von Moshamm? [Eigenhändige Briefabschrift oder -fassung]

Berlin, 18. Juni 1804

Ihre Anfrage erfodert eine ausführlichere Antwort, in welche ich, jedoch nur das allgemeinste andeutend, mit aller Offenheit und Freimütigkeit hineingehen werde.
Nämlich ich wünsche mir nicht nur überhaupt und irgendwo eine philosophische Professur; sondern ich habe einen höhern Lebensplan, der sich auf folgende Überzeugungen gründet: Wie das Zeitalter nun einmal ist, kann ihm die nunmehro auch in der Form vollendete Philosophie, als Wissenschaft, *durch Druckschriften* nicht beigebracht werden, und es ist zu befürchten, daß auf diesem Wege die Entdekkung wieder verlorengehen würde: denn das Philosophieren ist eine *Kunst*, welche, wie alle Kunst, erst allmählich erlernt und geübt werden muß, ehe man zu dem eigentümlichen Sinne, in welchem die wissenschaftliche Philosophie die gewöhnliche Sprache gebraucht, sich zu erheben vermag. Wir müssen daher, um die Wissenschaft in ihrer höchsten Potenz einzuführen, zu demselben Mittel greifen, durch welches die Griechen sie überhaupt erst gestiftet haben – wir müssen *Schulen, Philosophen-Schulen,* errichten (nicht etwa Sekten, denn nachdem die Philosophie nur wirklich entdeckt ist, kann es mehrere Philosophien nicht weiter geben). *Aufgenommen* in solche Schulen können nur werden Männer, dem reifen Alter nahe oder schon drin, deren Kopf durch das gründliche Studium anderer Wissenschaften ausgebildet ist; und es ist keinesweges zu fodern, daß alle zu Philosophen werden. Ihre *Einrichtung* muß diese sein, daß zuerst ein Teil der wissenschaftlichen

Ph[ilosophie], mit steter Hinweisung auf die dabei ausgeübte Kunst, *vorgetragen* werde; sodann der Lehrling die übrigen Probleme *selbst löse* und Rechenschaft über den genommenen Gang ablege; endlich, nachdem das zweite vollkommen gelungen, die ihm also entstandene Kenntnis auf die mannigfaltigste, jedem des philosophischen Unterrichts nur überhaupt fähigem Subjekte faßliche Weise *mündlich vortragen* und verteidigen lerne.

(Es ist klar, daß eine solche Schule zugleich ein *Dozenten-Seminarium* sein würde; ein ohnedies unentbehrliches Institut, wenn die Kultur der Wissenschaften einen regelmäßigen Fortgang nehmen und ihr Gedeihen nicht, wie bisher, vom bloßen Zufalle abhängig bleiben soll.)

Den ersten Versuch einer Philosophen-Schule in diesem Sinne anzustellen, ist mein Plan, seitdem durch eine neue fünfjährige Revision der Wissenschaftslehre ich den eigentlichen Grund eingesehen, warum es mit dem Verständnis dieser Lehre nicht fort will und die vermeinten Anhänger oder Verbesserer dieses Systems nur abenteuerliches Zeug vorbringen; ich traue mir die beiden dazu nötigen Erfordernisse, Besitz der Philosophie als Wissenschaft und freie Gewalt des Vortrages, zu; und meine in diesem Jahre zu Berlin gehaltenen Vorträge, denen bald neue folgen werden, sind nichts denn die ersten Versuche der allmählichen Ausführung dieses Plans.

Dieser Plan könnte vielleicht ohne alle Unterstützung irgendeiner Regierung ausgeführt werden; doch hat dies seine Schwierigkeiten. Wollte ihn aber eine einsichtsvolle Regierung unterstützen, so würde sie sich meines Erachtens dadurch unsterblichen Ruhm erwerben, zugleich Wohltäterin der Menschheit werden.

In diesem letztern Falle dürfte es fürs erste zweckmäßig sein, jenes Institut mit einer schon bestehenden Universität zu vereinigen und den Urheber des erstern zugleich als Professor an der Universität zu brauchen. – Nämlich für eigentliche, d. h. transzendentale Philosophie sind meines Erachtens unsre studierende Jünglinge insgesamt nicht reif, und sie werden das hierüber Vorgetragne entweder gar nicht verstehen oder es in einem falschen Sinne nehmen und so sich nur recht tief verwirren. Dagegen aber sollen sie sowohl über das Leben als über ihre positiven, d. h. historischen

Wissenschaften, selbst denken und ihr Studieren mit Verstand treiben lernen. Dies ex professo zu befördern, dazu ist meines Erachtens der Professor der Philosophie an einer Universität nach altem Schlage da; und wer das Höhere, das Transzendentale vermag, wird ohne Zweifel dieses letztere und niedere nebenbei mit Leichtigkeit verrichten können.
Die äußere Bedingung des Gelingens ist absolute *Lehrfreiheit* und *Schreibefreiheit* – die letztere, nicht um unmittelbar die Wissenschaft zu verbreiten, sondern um die Aufmerksamkeit des Publikum auf das Institut zu lenken – es versteht sich im Gebiete des transzendentalen; denn dem ganz unmittelbar ins Leben eingreifenden kann der Philosoph gar füglich aus dem Wege gehen und hierüber jede Begrenzung sich selber setzen oder die gesetzte sich gefallen lassen.
Was eine diesen Plan fassende Regierung demselben an äußerer Würde und Bequemlichkeit wolle zukommen lassen, wird von dem Eifer derselben für die Sache abhängen; besonders wenn sie sich leiten läßt durch die Betrachtung, daß die anderwärts von seiten der äußerlichen Macht, freilich aus Unkunde, der Wissenschaftlichkeit zugefügten Beeinträchtigungen am schicklichsten durch gleichkommende Begünstigungen kompensiert werden.
Ich empfehle mich Ihrem Wohlwollen.

Fichte.

An Paul Joseph? Appia [Abschrift]

Berlin, 23. Juni 1804

Sie erhalten hier, mein wertgeschätzter Herr und Freund, einen Begriff von der Transzendentalphilosophie und von *Kants* und meinen Bemühungen um dieselbe, so scharf bestimmt, als man ihn geben kann, ohne in die Sache selbst einzuweihen. –
Damit nicht auch dieser Begriff völlig leer und unverstanden bleibe, dazu gehört:
1. in Beziehung auf § 2, daß man sich in das Bewußtsein, durch eine gar nicht gewöhnliche Anstrengung der Aufmerksamkeit, recht lebendig hineinversetze. In der gewöhnlichen Reflexion, die ich eine verblaßte nenne, wird das Bewußtsein sogleich wieder *objektiviert* und so uns ent-

fremdet, und da entsteht denn der § 1 gerügte täuschende Schein unsers *Geistes*, Seele und welcherlei Namen dieses Gespenst noch haben mag. Und auf diesem Wege gelangt man nie auch [nur] zur Ahndung des transzendentalen Organs in uns. Man muß lebendig innewerden, daß man *im Bewußtseien* eben unmittelbar selber das Bewußtseien sei, und nicht mehr noch minder.

2. in Beziehung auf § 4 und die dort sogar an *Kant* gerügte Empirie. – Man muß wenigstens vorläufig als möglich annehmen, daß diejenige Weisheit, in der wir alle aufgewachsen: *daß nämlich Erfahrung, Beobachtung, Empirie doch das höchste und letzte bleibe, und daß darüber nie jemand herauskommen werde,* – daß, sage ich, diese Weisheit doch wohl die rechte, wahre, eigentliche Torheit sein dürfte; denn dies gerade ist's, was (außer den Alten insgesamt, z. B. *Plato, Jesus* und die ganze Christenheit) *Kant* (ohnerachtet dieser eben nicht bis zu Ende sich selber gleichgeblieben und *ich* voraussetzen. Jemandem *den Beweis* führen, daß man schlechthin *a priori* wissen könne, und daß nur durch das *a priori* Ordnung und Evidenz in unser Wissen komme, können wir nur durch die Tat selber, indem wir ihn selbst wirklich zu diesem Wissen *a priori* über alle Erfahrung hinaus erheben. Für diesen Zweck muß er aber zuallererst in unsere Voraussetzung hineingehen. –

An diese beiden unerläßlichen Bedingungen stößt es sich nun sogar sehr häufig in Deutschland, und es gibt auch bei uns der Subjekte, welche nur das, was ich in der Beilage niedergeschrieben, wüßten oder zu begreifen fähig wären, weit weniger, als etwa die Ausländer glauben. Sollten nun, wie man, ohne von Patriotismus verblendet zu sein, wohl annehmen kann, in der Regel nämlich und im allgemeinen Durchschnitt, die übrigen Nationen des neuern Europa in ihren Geistesoperationen noch weit verblaßter, zerstreuter und flacher und in die Empirie noch weit tiefer versunken sein als selber die Deutschen, so läßt bei ihnen für ein System wie das beschriebene sich noch weit weniger Glück hoffen. Sie werden daher, wertgesch[ätzter] H[err] und Fr[eun]d, eine scharfe Auswahl zu treffen haben unter denen, denen Sie sich über diesen Gegenstand mitteilen und sich gefaßt halten müssen auf die sonderbarsten Urteile.

Fichte.

Aphorismen über das Wesen der Philosophie als Wissenschaft.

§ 1. Alle Philosophie bis auf *Kant* hatte zu ihrem Gegenstande das *Sein* (objectum, ens) – im Dualismus z. B. wurde das Bewußtsein selber, als *bewußtes* (Geist, Seele usf.) zum Sein. Der Zweck dieser Philosophie war, *den Zusammenhang der mannigfaltigen Bestimmungen dieses Seins* zu begreifen.

§ 2. Alle übersahen lediglich aus Mangel an Aufmerksamkeit, *daß kein Sein, außer in einem Bewußtsein, und* umgekehrt, *kein Bewußtsein außer an einem Sein, vorkommen*; daß daher das eigentliche *An-Sich* als Objekt der Philosophie weder *Sein* wie in aller vorkantischen Philosophie noch *Bewußtsein* [sei], wie freilich nicht einmal versucht worden; sondern Sein + Bewußtsein, oder Bew[ußtsein] + Sein = der absoluten *Einheit* beider, jenseit ihrer Geschiedenheit, sein müsse. Kant war es, der diese große Entdeckung machte und dadurch Urheber der *Transzendentalphilosophie wurde. Korollarium.* Daß daher jene wunderbare Fragen, wie das Sein ins Bewußtsein oder das Bewußtsein zum Sein komme, welche durch *Influxus physicus, Systema causarum occasionalium Harmonia praestabilita* gelöst werden sollten, hier gänzlich wegfallen, indem Sein und Bewußtsein ursprünglich ja nicht getrennt sind, darum auch nicht vereiniget werden können, sondern an sich eins und dasselbe sind. –

§ 3. *Zusatz.* Es versteht sich, daß auch nach dieser totalen Umänderung des eigentlichen Objekts die Philosophie noch immer ihre alte Aufgabe behalte, *den Zusammenhang der mannigfaltigen Bestimmungen jenes Grundobjekts* begreiflich zu machen.

§ 4. In diesem letztern Geschäfte der Ableitung kann man nun *Entweder* also verfahren, daß man gewisse *Grundunterschiede* welche nur in empirischer Selbstbeobachtung gefunden sein können, als nicht weiter zu vereinigend, voraussetze und auf jede dieser *besondern* Grundeinheiten nun das aus jeder abzuleitende zurückführe; welches teils eine unvollständige, in sich selber nicht zum Ende, d. h. zur absoluten Einheit, gekommene, teils eine zum Teil auf *empirische Data* gegründete, drum nicht streng wissenschaftliche, Philosophie geben würde, die doch (wegen § 2) [eine] transzendentale bleibt. –

Eine solche Philosophie ist die *Kantische.* –

§ 5. *Oder* man kann also verfahren, daß man jene ursprüngliche Einheit des Seins und Bewußtseins (§ 2) in dem, was sie *an sich* und unabhängig von ihrer Spaltung in Sein und Bewußtsein, ist, durchdringe und darstelle. – (Ich *nenne* diese Einheit *Vernunft*, ὁ λόγος, ut in Evangelio Joannis, *Wissen, ja* nicht zu verwechseln mit *Bewußtsein*, und was ein tieferes, nur dem Sein gegenüber befindliches Disjunktionsglied ist; daher das System *Wissenschaftslehre* λογολογία. Um sie jemanden wirklich innerlich darzustellen und begreiflich zu machen, dazu gehört eine lange Vorbereitung desselben durch die abstrakteste Spekulation.) Wird man sie, jene Einheit, recht dargestellt haben, so wird man zugleich den Grund, warum sie in Sein und Bewußtsein sich spalte, einsehen, ferner einsehen, warum es *in dieser Gespaltenheit* auf eine bestimmte Weise *sich weiter*spalte: alles schlechthin *a priori* ohne alle Beihülfe empirischer Wahrnehmung, aus jener Einsicht der Einheit; und also wahrhaftig das All in dem Einen und das Eine im Allen begreifen; welches von jeher die Aufgabe der Philosophie gewesen. Diese jetzt beschriebene Philosophie ist *die*

Wissenschaftslehre.

Erläuternder Zusatz.

Was die letztere weitere Spaltung des schon als eins begriffenen Seins und Bewußtseins betrifft, so findet sich in der *Wissenschaftslehre*, daß diese geschehe, zufolge des Bewußtseins und nach seinen immanenten Gesetzen; daß daher das Sein, an und für sich, und abgetrennt gedacht vom Bewußtsein, durchaus eines sei, so wie die Vernunft selber, und daß es nur in seiner Vereinigung mit dem Bewußtsein sich spalte, weil das letztere, zufolge seines eignen Wesens, sich notwendig spaltet; mithin nur im Bewußtsein es ein mannigfaltiges Sein gibt; z. B. (so nämlich findet es sich in der *Wissen[schafts]l[ehre]*) spaltet [dieses] sich zuvörderst in ein *sinnliches* und *übersinnliches* Bewußtsein, was auf das Sein angewendet, ein *sinnliches* und *übersinnliches* Sein geben muß. Das *Übersinnliche* spaltet sich hinwiederum, nach einem hier nicht auszuführenden Gesetz, in *religiöses* und *moralisches* Bewußtsein, was, auf das Sein angewendet, einen

Gott gibt und ein *sittliches Gesetz*; das Sinnliche spaltet sich wiederum in ein *soziales* und in ein *Natur*bewußtsein, was, auf das Sein angewendet, ein *Rechtsgesetz* und eine *Natur* gibt. Endlich wird, eben als Resultat der *absoluten* (d. h. unendlichen, nie zu erfüllenden) Spaltung im Bewußtsein, das absolut gespaltene Sein, d. h. die *Natur*, ausgedehnt durch einen unendlichen *Raum*, das Bewußtsein ausgedehnt durch eine unendliche *Zeit*; welche Zeit aber und Raum, ebensowenig als die ersterwähnten Disjunktionen *an sich*, d. h. im reinen Sein oder auch in der reinen Vernunft, sondern nur im Bewußtsein stattfinden. Dennoch ist das Bewußtsein mit diesen seinen Gesetzen und Resultaten keinesweges Täuschung, denn es ist kein Sein, und es ist keine Vernunft außer im Bewußtsein. Aus demselben Grunde können wir das Bewußtsein und seine notwendigen Resultate im Leben nie aufgeben; ohnerachtet wir wissen können und sollen, daß diese Resultate nich *an sich* gültig sind, um uns dadurch von den ungeheuern Verwirrungen und Widersprüchen, welche durch jene falsche Voraussetzung von jeher angerichtet worden, zu verwahren.

Fichte.

An Christoph Wilhelm Hufeland?

Erlangen, 6. Juni 1805

Beyme ist gestern bei uns gewesen und hat sowohl der Universität als insbesondre auch mir viel Beweise seines Wohlwollens gegeben. In Absicht meiner äußerte er einen Gedanken, welcher der nächste Grund dieses meines baldigen Schreibens an Sie ist, mein sehr verehrter Freund.
Er machte nämlich aus der Entdeckung, daß ich hier gern gesehen sei und mich selber hier gern sähe (über beides der Wahrheit nach, tiefer unten!) den Schluß, daß ich ganz hierbleiben solle, daß ich hier noch mehr an meinem Orte sein würde als zu Berlin, daß ich für einen akademischen Lehrer ganz geschaffen sei, usw.
Nun mag ihm dies zwar zunächst vom Hofrat *Hildebrandt*[244] (der ihn an einer Augenentzündung zu behandeln hatte und drum ihn eher sahe als ich oder irgendein andrer) angegeben worden sein, welcher *mit dem ganzen hiesigen Publikum*

ohne Ausnahme sich sehr für mein Hierbleiben interessiert; und er B[eyme] gibt vielleicht, in Berlin wieder angekommen, den Wunsch von selbst auf: ich habe nun vorläufig ausweichend und daß es noch immer Zeit sei, die Sache zu bedenken, geantwortet; ich halte aber doch für klüger, indirekt auf die eigne Zurücknahme dieses Wunsches bei ihm zu arbeiten, und lege darum meine Gedanken Ihnen zu gelegentlichem Gebrauche offen dar.
1. wäre es eine Art von Triumph für meine Gegner in Berlin, wenn mein Abgang nach Erlangen durch das Nichtwiederkommen sich in ein stilles Verschwinden vor ihnen verwandelte; den wir ihnen doch nicht gönnen wollen. Wenn nur nicht B[eyme], der zuweilen um des lieben Friedens willen allen Parteien etwas zu Gefallen tut, in der Stille auch hierbei möglichen Verlegenheiten auszuweichen sucht.
2. was für mich entscheidend ist. – Alle akademischen Gelehrten ohne Ausnahme verlieren die höhere Umsicht und Ansicht der Dinge, falls sie derselben teilhaftig waren; und bekommen einen gewissen beschränkten Gesichtskreis; u. diese Beschränkung ist aus einem Zusammenflusse von Umständen in Erlangen noch weit enger, als sie es auf andern Universitäten sein mag und in specie in Jena war. Ich glaube durch meinen Aufenthalt zu Berlin, von dieser Beschränktheit mich geheilt zu haben; aber ich kann für mich selbst nicht stehen, daß ich nicht durch fortgesetztes Leben in *dieser* Umgebung wieder zu Ansichten hingerissen werden könnte, die mir jetzt zuwider sind. Ein braver Erlangischer Professor und Senator würde ich immer bleiben, das hoffe ich; aber ich glaube noch zu etwas Besserem brauchbar zu sein, und diese Brauchbarkeit könnte ich verlieren.
Dagegen kann ich, bei geteiltem Aufenthalte, alle halbe Jahre frisch aus der Residenz kommend und, wie alle wissen, nach einem halben Jahre wieder dahin kehrend, der Universität Dienste leisten, wie kein anderer es kann, und so, wie ich es schon wirklich angefangen habe. Nur durch meine Lage, keinesweges durch mein Verdienst, ist es mir in kurzem gelungen, die Wolke der Unzufriedenheit, die aus gänzlicher Unbekanntschaft mit der Lage aller Dinge auf dem besten Teile des Lehrerpersonals lag, zu zerstreuen und durch mein Beispiel sie zu einer kräftigern Regsamkeit

anzutreiben, auch ihre Gemüter freudigen Hoffnungen zu öffnen: Bleibe ich nicht in diesen bestimmten Verhältnissen, und werde ich ihnen alt, so verschwinden alle diese Vorteile. – Ich habe große, tiefeingreifende Plane für die Errichtung einer wahren deutschen National-Universität[245] entworfen; ich werde sie gehörigen Orts *allmählich* mitteilen; ich kann gerade von meinen Beziehungen zu dem Kuratorium, von der Freude, daß es mit meiner Anstellung über die Erwartung gelungen ist, sowie von dem Unternehmungsgeiste des Ministers Gehör erwarten. Gelingt nicht alles *so*, wie ich es gedacht habe, so werden wir bei großen Vorsätzen es wenigstens weiter bringen, als wenn wir gleich von vornherein das Mittelmäßige zum Ziele machen. Diese ganze Tätigkeit ist gleichfalls dadurch bedingt, daß es mit meinem Engagement so bleibe, wie es zuerst gedacht worden.
Sodann wünsche ich nicht, daß alle die Pläne des gemeinschaftlichen Wirkens in Berlin, das wir beide uns vorsetzten, aufgegeben werden, noch daß ich zur Beförderung der wahrhaft guten Sache daselbst überflüssig gefunden werde.
Es dürfte vielleicht zweckmäßig sein, wenn so viel von den obigen Gedanken, als zu sagen ratsam ist, *Delbrücken*[246] und andern, die sich für mich interessieren, untergelegt würde, wenn der Minister Schrötter[247], die Frau v. Knobloch[248] (beiden bitte ich mich zu empfehlen, wenn Sie sie sehen) für meinen Winteraufenthalt zu B[erlin] interessiert werden könnten usw. Meine Rückkehr hieher künftiges Sommerhalbjahr muß freilich noch in diesem beschlossen werden; und ich werde hierüber, sobald der Minister[249] u. Nagler[250] herkommen werden (bis jetzt sind sie es nicht), die zweckdienlichen Vorstellungen treffen. Vielleicht kann ich, zu größerem Triumphe für den Minister, dem akademischen Senate es unter den Fuß geben, um diese Rückkehr förmlich anzuhalten, welches gar leicht sein würde, wenn ich ganz hierzubleiben mich bequemte.

Haec hactenus. Was ich in meinem letzteren von der herrschenden Ansicht dieses Professoren-Corps meldete, war wörtlich wahr: aber es hatte, wie ich erst später klar eingesehen, seinen Grund in dem stillschweigenden Bescheiden, eine kleine und verfallne Universität bleiben zu werden und bleiben zu müssen. Bei diesem Bescheiden mußten Ihnen die Verwendungen des Königs allerdings bloß bestimmt scheinen, um ihre Pensionen zu vermehren, und sie konnten es nicht ohne Neid ansehen, wenn ein Fremder für nichts und um nichts einen Teil dessen bekam, was sie sich selber oder den dadurch zu erkaufenden Tochtermännern (die hiesigen Professoren haben eine Menge mannbarer Töchter) zudachten. Dazu kam, daß sie kindisch träumten, dies alles komme bloß aus dem Neide Hardenbergs her, und wenn sie nur zu Vater *Massow*[251] Zutritt hätten, so würde dieser sie mit Golde überströmen. Meine Absicht, durchaus Erlangen nicht als kleine Universität zu denken und zu behandeln, und die über alles Erwarten reichlicher als gewöhnlich ausgefallne Inskription dieses Semesters hat sie wunderbar aufgeregt; und sie werden es nun geduldiger leiden, wenn andere den Flor der Universität zu befördern suchen. Mir erweisen sie alles Liebe und Gute, weil ich nicht so grausam aussehe, als sie mich gedacht haben; insofern bin *ich* gern gesehen. Ich für meine Person freue mich in meinen Planen und Erwartungen; und insofern *sehe* ich mich gern hier. Dies ist der Aufschluß des Geheimnisses. Die studierende Jugend ist sehr wenig zum Selbstdenken und Selbstarbeiten angewöhnt; doch biegsam und das Beste wollend, und bei zweckmäßiger Behandlung wird sie sich vortrefflich zum ersten Bestande einer zahlreichen gesitteten u. fleißigen Universität gebrauchen lassen.

Wir sind alle wohl und empfehlen uns Ihnen und den Ihrigen herzlich.

Fichte

Kohlrauschs Brief habe ich erhalten und werde nächstens ihn beantworten.

An Friedrich Heinrich Jacobi

Berlin, 8. Mai 1806

Ich glaube, in den beigeschlossenen Vorlesungen, besonders in der Anweisung etc., die Resultate meines Denksystems klar ausgesprochen zu haben, und sende sie Ihnen, mein verehrungswürdigster Freund, weil ich voraussetze, daß Sie sich für dieses Denksystem noch interessieren.

Ich glaube auch, daß wir beide nunmehr einig sein werden, indem, wenn ich nicht ganz mich irre, dies gerade dasjenige ist, was Sie immer angestrebt haben. Sie forderten immer und mit Recht, von der Spekulation, daß sie das Dasein erkläre, versteht sich aus dem Sein; und also, daß der Widerspruch zwischen den beiden gehoben werde.

Die Stelle, wo im Vorbeigehen Ihrer gedacht wird, werden Sie nicht unrecht verstehen, sondern einsehen, daß ich Ihrer ehrenvolle Erwähnung tun wollte. Welche Stellen Ihrer Schriften mir dabei vorgeschwebt, wird Ihnen nicht entgehen. Daß Sie jedoch diesen Punkt nicht in vollendete Klarheit gesetzt, noch ihn, als hervorragend aus dem ganzen Systeme des Denkens, vorgetragen, werden Sie nicht in Abrede setzen wollen. Und so konnte ich nur von *daran streifen* reden; keineswegs aber von – mit klarer Spekulation nämlich, denn von etwas anderm ist hier nicht die Rede – von *darin wohnen* und *zu Hause sein.*

Dasselbe wird auch beweisen, daß Sie in mehren Ihrer Äußerungen eine zu enge Ansicht von meiner, ja aller Sittenlehre genommen. Sittenlehre kann eben nicht anders ausfallen, als sie bei Kant und mir ausgefallen ist; aber die Sittenlehre selbst ist etwas sehr Beschränktes und Untergeordnetes; anders habe ich es nie genommen, und wenigstens als Kritiker der Urteilskraft, des Gipfels der Kantischen Spekulation, nimmt auch Kant es nicht anders.

Wie ich es mit dem Begreifen des Unbegreiflichen, als solchen, meine, wird in diesen Vorlesungen wohl gleichfalls klar. Wir, eben als *wir*, sind in der Form gefesselt; wo ein Ich ist, ist sie schon und braucht sich und kann in diesem Gebrauche nicht auch nicht sein und so, über sich selber hinaus, sich erklären. Der Begriff begreift schlechthin alles, nur nicht sich selbst; denn sodann *wäre* er eben nicht und nicht *absoluter*. Daß sich dies nun also, wie ich eben sagte, verhalte, und *warum* sich's also verhalte, läßt sich begreifen und ist in diesem Augenblicke begriffen, und so ist dann das Unbegreifliche, als Unbegreifliches, begriffen.

Im Begreifen selber ist dies also. Erhebe dich durch die

Liebe (10te Vorlesung) über den Begriff, so bist du unmittelbar im formlosen und darum reinen Sein darinnen.
Das letztere wird vorbauen einer Einrede, welche, falls einigen diesmal ein Licht aufgehen sollte, zu erwarten ist, der: das sage man nun wohl jetzo, ehemals aber habe es anders gelautet. Aber es hat vom Anfange an also gelautet, und § 5 der Wissenschaftslehre hat das *Streben*, den *Trieb* als das eigentliche Vehikulum der Realität angegeben. Ich habe den Verdacht, daß diejenigen, welche seit Jahren so eifrig bemüht sind, der Wissenschaftslehre einen Star zu stechen, den sie nie gehabt, sich nicht bis zu diesem § 5 hindurchgelesen haben.
Leben Sie wohl und erhalten Sie mir Ihre wohlwollende Freundschaft.

Fichte.

Diesen Sommer bin ich durch mancherlei Arbeiten in Berlin gefesselt. Gegen den Herbst denke ich zu einem vorläufig dauernden Aufenthalt nach *Erlangen* abzugehen.

An Karl August von Hardenberg

Berlin, 18. Oktober 1806

Hochgeborner Herr Freiherr,
Hochgebietender wirklicher Geheimer Kriegs- Kabinetts- und Staatsminister
Eur Exzellenz erlauben gnädigst, daß ich Hochdieselben, als meinen gnädigen Chef, zum Zeugen meiner Bewegungsgründe zu machen wünsche, eines, zu einer Zeit, da keine Anfrage möglich war, nach meinem eignen Gewissen gefaßten Entschlusses; und zwar, daß ich diese Bewegungsgründe unmittelbar zu der Zeit, daß ich diesen Entschluß faßte und auszuführen im Begriffe bin, Eur Exzellenz vortrage.
Unter den gegenwärtigen Umständen auf meinen Posten zu Erlangen zu gehen, ist unzweckmäßig gefunden. Ein anderer Antrag meiner Dienste unter den obwaltenden Umständen, den ich unmittelbar an des Königs Kabinett gemacht, ist bis auf weiteres abgewiesen worden. Ich trat dadurch in meine freie literarische Muße zurück.

Was ich für die eigentliche Aufgabe meines Lebens halte, eine vollkommen klare Darstellung der Wissenschaftslehre, war nicht vollendet, aber ihrer Vollendung nahe; ich machte Entwürfe, gleich nach der Vollendung, das große Interesse unsrer Tage in Schrift und, falls ich könnte, in lebendiger Rede den Deutschen an das Herz zu legen und die patriotische Teilnahme daran höher zu entflammen; als das Getümmel der Waffen sich der Hauptstadt zu nähern und die Flucht der Königlichen Familie sowie der Kostbarkeiten zu beweisen schien, daß man diese nicht länger schützen zu können glaubte.
Unter diesen Umständen hielt ich es nicht nur für erlaubt, sondern sogar für Pflicht, mich in das Innere der Monarchie, wo ich für meinen ersten literarischen Zweck Stille und für den zweiten Sicherheit fände, zurückzuziehen.
Hätte das Opfer meiner Person dem Vaterlande von Nutzen sein können, so fühle ich, daß ich es gern gebracht haben würde. Ich hoffe noch zu zeigen, daß ich dieselbe, im Kampfe mit den Waffen, die ich zu führen gelernt habe, mutig wage.
Nehmen Eur Exzellenz die Versicherung meiner innigen Verehrung gnädig auf, Eur Exzellenz untertäniger

J. G. Fichte

An die Gattin

Königsberg, 18./21. Dezember 1806

Wie zu einer süßen Erholung von dem ertragenen Tage gehe ich zu diesem Blatte. Zwar wird es vielleicht erst nach 14 Tagen unter Deinen Augen sein. Aber ich verfrühe diese Zeit und denke mich als gegenwärtig mit Dir redend.
Es ist heute der Tag, da ich Eure Briefe vom 4. dieses – da ich die Nachricht von Deiner Krankheit erhielt. Deine beigefügten Zeilen haben mir die hellen, ich weiß nicht ob Kummer- oder Freuden- oder Liebestränen entlockt. Wie blind wir doch sind! Ich habe alles andere befürchtet ehe dies. *Natürlich* fällst Du in keine große Krankheit; Du verteilst die Masse. Da muß etwas Gewaltsames vorgefallen sein. Ich hoffte, daß Du unsere kurze Trennung, gerade um der bedeutenden Geschäfte willen, die Dir auf das Herz ge-

legt waren, ertragen würdest; ich habe diesen Gedanken bei meiner Abreise Dir empfohlen und habe ihn in Briefen wieder eingeschärft. Starke Seelen, und Du bist keine schwache, macht so etwas stärker, und doch!

Doch, denke nicht, Du Teure, daß ich mit Dir noch über Deine Leiden schmälen will. Vielmehr faßt Dich mein Glaube, als ob Du gegenwärtig wärest, schon jetzt als eine neu geschenkte und mit erhöhtem Werte mir geschenkte Gabe in seine Arme. *Du warst* in der Besserung, so schwach auch der Zug Deiner Zeilen ist; wenigstens traue ich Deiner Versicherung mehr als der der Freundschaft, die mir den Verzweiflungs-Becher wohl nur in abgemessenen Dosen könnte reichen wollen. Du kennst mich; Du weißt, daß diese Unwahrheit mich nicht schonte, Du wirst wahr gegen mich bleiben. *Dieses Blatt wird Dich lebend* treffen, *und gesund.* – Seit der Zeit kann *mein* Brief vom 26. oder 27. November, wovon ich den vom 4. für eine Antwort halte, zur Besserung mitwirken: *denn ich kenne Dein Herz.*

Eine Stelle des Bernhardischen Briefes hat mich gerührt; da, wo er über unsern Hermann spricht: Sei der Junge rein und ehrlich – (und warum sollte er nicht, denn von Dir hat er gewiß keinen falschen Blutstropfen, und in mir ist meines Wissens keiner, den er geerbt haben könnte!) und lerne, was er kann! Wenn ich Euch beide, meinen Reichtum, erst werde in meine Arme fassen und versuchen können, ob ich den Schatz noch erheben kann! *Lebe* doch immer, mir und diesem Knaben zuliebe; ich und er, falls er einen Blutstropfen von mir hat, werden suchen, es Dir wettzumachen.

Ich denke diesen Brief nicht zu schließen, ohne noch Änderungen in meiner äußerlichen Lage beizufügen. In wie vielen Rücksichten ich Dich entbehre, ist nicht zu sagen. Ich schweige von treuer Liebe, auf die ich natürlich Verzicht tun muß, bis ich Dich wiederhabe. Aber sogar der schnelle Verstand will mir abgehen, weil ich des Durchsprechens aller Dinge mit Dir, deren mannigfaltige jetzt durch meinen Kopf gehen, entbehre. Ich bedarf der bewußten Deliberation zu Papier jetzt in Gelegenheiten, wo sonst kein Papier mir einfiel. – Auch ist es darnach.

Daß ohne Ausnahme alles von *dorther* den Kopf verloren hat und ohne Kopf so dahinlebt, glaubst Du von selbst. Den Hiesigen habe ich noch nicht Gelegenheit bekommen, an den Kopf zu fühlen, indem ich ja nicht weiß, was *vorher* davon vorhanden gewesen. Aber es kommt mir für, als ob sie kein *Herz* hätten, sondern die leere Stelle desselben nur eine unnatürliche Erweiterung des Magens ausfüllte. – Erinnerst Du Dich Süverns? Dieser wird hier Professor, tritt Ostern seine Stelle an und ist der einzige Kollege, dessen ich mich rein freuen kann.

Den 20. Ich komme wieder zu diesem mir so lieben Blatte. Ich war in einer Verlegenheit über die *Ausführung* der Sache, weil gar nichts weder an mich noch die Behörde gekommen war. Ich habe die Zweifel gehoben. Die Sache ist richtig. Überdies lautet die Anstellung 1. nur bis zur *Wiederherstellung der Ruhe*; ist also interimistisch, was um der eben gemeldeten Gründe, sowie auch aus andern die Einrichtung betreffenden, erwünscht ist; 2. habe ich durch Rütteln und Schütteln denn doch eine kleine Gehaltsverbesserung herausgebracht.

Übrigens geht das Spekulieren trefflich vonstatten. Nach dem *neuen Jahre* werde ich meine Vorlesungen über die Wissenschaftslehre anfangen; und bis dahin, denke ich, soll der *große Fund*, der stündlich nähertritt, gemacht sein. Ebenso habe ich ein ganz vortreffliches Thema zu öffentlichen Vorlesungen, nach Art der Berlinschen, gefunden, und ich werde sehen, ob es der Mühe verlohnt, dasselbe in Gang zu bringen. Am meisten ist es mir zuwider, daß Du wohl kaum bei der Eröffnung derselben zugegen sein wirst und daß ich – das erstemal in neuern Zeiten – die Wissenschaftslehre lesen soll, ohne Dich zur Zuhörerin zu haben. Es kommt dazu der ekelhafte Detail mit Auditorium u. dgl. Die dortigen Freunde nehmen sich in allem recht und redlich, besonders auch bleibt das Dir leicht erkennbare vornehme Haus, das ich dort besuchte, mit unverkennbarer Treue mir zugetan; aber diese alle sind in den hiesigen, sehr verschlossenen Verhältnissen noch weit unwissender als ich, und durch eigene Verlegenheiten zerstreut und gedrückt.

Den 21. Diesen Morgen, noch im Bette, haben mich die nötigen Ausfertigungen getroffen, und ich komme soeben (abends 5 Uhr) von den dadurch nötig gewordenen Besuchen.

Eine höchst interessante Bekanntschaft habe ich gemacht:

die Familie des neuen, soeben angekommenen Oberhofpredigers [Wedeke]; und dadurch mir sowohl wie *Dir* die weibliche Freundin, über deren Mangel ich bisher klagte, (oder statt einer wohl gar zwei oder drei) erworben.
Die Oberhofpredigerin ist eine herrliche Frau, die Dich schon jetzt herzlich liebhat und die Du gewiß auch liebgewinnen wirst. Sie hat mir einen herrlichen Gedanken über unsre künftige hiesige Einrichtung eröffnet, nachdem ich in das Haus des ehemaligen Hofpredigers Schultz, auf dem für mich so viele teure Jugenderinnerungen ruhen, zu wohnen kommen würde, und die ich morgen zu realisieren suchen werde.
Indessen hat der Brief abzugehen, und ich muß noch in eine Abendgesellschaft. Drum Gott befohlen, bis auf die morgenden Abendstunden, wo ich mich wieder mit Dir unterreden werde.
Wäre nicht die Notwendigkeit des Ausgehens, so hätte ich zugleich dem *trefflichen Bernhardi* und der Frau von *Kalb* geschrieben. Den nächsten Posttag hole ich es sicher nach.
Innig der Deinige.

An Karl Freiherr von Stein zum Altenstein[252]

Königsberg, 18. April 1807

Ich sahe in diesen Tagen einen gemeinschaftlichen Freund, der soeben einen Brief von Ihnen erhalten hatte, verehrungswürdiger Herr Geheimer Rat; und es fiel mir dabei ein, daß auch ich Sie einmal schriftlich begrüßen wollte. Ist die Veränderung, von der man hier spricht, nicht bloß, wie die mehresten meinen, vorläufig und auf Tage, sondern ist sie peremptorisch, so wünsche ich, und ich denke alle Wohlgesinnten, Glück, nicht dem Minister, sondern der Welt. Es wird doch alsdann nicht weiter zu fürchten sein, was ich stets gefürchtet habe, *ein ehrenvoller Friede,* der nicht einmal ein *Friede* sei; d.i. der dem Feinde alle Gewalt lasse, in Fried und Ruhe seine Pläne fortzusetzen, und zufolge dessen zwar wir ihn, er aber nicht uns zufrieden lassen will. Es ist zu hoffen, daß nun werde geltend gemacht werden die mir unumstößlich scheinende Wahrheit, daß an keinen Frieden in Europa zu denken ist, ehe nicht Germanien, –

unter einem Haupte vereinigt wenigstens seine Streitkraft – in einer festen und respektgebietenden Fassung dasteht.
Ich schreibe nicht nach Berlin, ohne von Ihnen und Ihrem Herrn Schwager (dem ich mich ergebenst empfehle) etwas einfließen zu lassen und meiner Frau aufzugeben, die Ihrigen zu besuchen; aber ich habe überhaupt nicht oft Gelegenheit zu schreiben und weiß nicht, wieviel von dem Abgesendeten ankommt. Doch dies wird nun hoffentlich besser werden. Bis medio Februar habe ich von den Meinigen erfreuliche Nachrichten.
Königsberg ist nicht mein Platz; auch schäme ich mich dessen nicht im mindesten, und wer mich darüber tadelt, der sei erst so gut und lerne es so kennen, wie ich diesen Winter die hiesige Universität habe kennenlernen und wie ich jetzt, da ich meine Wohnung in eine volkreichere Gegend verlegt, den Pöbel kennenlerne. Können Sie denken; dieser schreit noch jetzt, wenn ihm irgendeine Frechheit, z. B. der schändliche Wucher, den er in den Tagen der Not getrieben, nicht geduldet werden soll: oh, wenn doch die Franzosen kämen; wir wollen ihnen selber die Tore aufmachen. Da soll doch lieber unser gutes Erlangen leben; ohnerachtet wir auch dessen Gebrechen recht gut kennen. Dort sind sie doch noch bildsam, hie sind sie Stöcke.
Leben Sie wohl, und behalten Sie mich lieb.

Fichte.

Um Königsberg nicht zuviel zu tun: der Oberhofprediger u. sein Haus, die Nicoloviusse, der Präsident Auerswald[253] sind insgesamt tüchtige und brave Männer. Auch ich insbesondere bin ihnen zu stetem Danke verpflichtet.

An Karl Freiherr von Stein zum Altenstein

Königsberg, 2. Juni 1807

Ich suche schriftlich Ihren Rat und Hülfe in einer Angelegenheit, mit der ich erst nach Ihrer Abreise, Verehrungswürdiger, mit mir selbst ganz ins reine gekommen.
1. Ich habe vorigen Winter die Ankunft des Feindes in Königsberg ruhig erwartet, weil ich im Laufe eines Kollegium

war und ein Verhältnis mit der hier studierenden Jugend anzuknüpfen versuchte und hoffte. Diese Hoffnung ist aufgegeben; ich habe daher hier nicht mehr vorzüglicher meinen Posten, als in der ganzen übrigen Welt und halte es unter diesen Umständen für durchaus konsequent, die Franzosen hier ebensowenig abzuwarten, als ich es in Berlin wollte, meinen Nacken nicht unter das Joch des Treibers zu bücken, eine der letzten deutschen Schriftsteller Federn, die von einem wohlmeinenden Herzen geführt wird, nicht unter die Botmäßigkeit des Feindes kommen zu lassen; sondern sie an sicherem Orte aufzuheben. Jetzt habe ich die Aufgabe meines Lebens, eine vollendete Darstellung der Wissenschaftslehre, erst zu liefern; und diese scheint ganz nahe ihrem Ende zu kommen. Dann ist mein Testament gemacht, und ich kann mein Leben, das sodann keinen absolut notwendigen Zweck mehr hat, feiltragen.

2. Zwar will ich diesen Schritt nicht übereilen, sondern erst, wenn etwa unser akademischer Senat kapituliert (vorigen Winter schloß er mich mit *bedachter Bosheit* [es ist so, ich kann's beweisen] aus aus dem Verzeichnisse der kapitulierenden Professoren; jetzt soll er nicht die Ehre haben, für mich mit zu unterhandeln) oder, falls der Feind Meister des Hofs werden sollte oder der großen russischen Armee etwas begegnen sollte, usw. Aber weil ich nicht in Tage der Verwirrung und des Strudels fallen will, mache ich die Vorbereitungen bei ruhigen Zeiten. Waren sie überflüssig, desto besser.

3. Mit Rußland habe ich nichts zu schaffen. Am schicklichsten und mein höchster Wunsch wäre es in diesem Falle, nach Schweden als zu unsern Alliierten zu gehen; auch werde ich nicht ermangeln, dort Verbindungen zu suchen. Für das erste Absteigquartier aber scheint mir, wegen der Sprache, und weil ich dort als Schriftsteller etwas bekannter bin, *Kopenhagen* am bequemsten.

4. Nun will ich aber nicht aussehen wie ein feiger Flüchtling und Deserteur, sondern ich will mit Ehren und so, daß der Sinn meines Weggehens authentisch niedergelegt sei, gehen. Ich habe zu Ende vorigen Jahres in einem Schreiben an den König mich erklärt, daß nur meine Anhänglichkeit an seine gerechte Sache mich bewogen habe, die vom Feinde besetzten Provinzen zu verlassen und hieher zu ge-

hen. Diese Anhänglichkeit soll mir heilig bleiben, auch auf den Fall, daß der König gar kein Land mehr habe. *Ich werde auch im Auslande mich betrachten als in seinen Diensten stehend; mich bereit halten, auf den ersten Wink herbeizueilen und, falls ein solches mir sich darbieten sollte, kein bleibendes Engagement im Auslande ohne Seine ausdrückl[iche] Erlaubnis annehmen.* Ich weiß, daß ich viel zu unwichtig bin, als daß dies *in der Sache* etwas bedeute; doch aber ist's gut, daß *Beispiele* solches rechtlichen Verfahrens existieren; besonders von seiten der Gelehrten. Jene Verbindlichkeit übernehme ich feierlich vor mir selbst. Ich möchte sie aber auch authentisch niederlegen. Wie raten Sie? Schreibe ich direkt an den König?

5. Wird es nicht eines förmlichen Urlaubs, eines Passes usw. bedürfen? Wie halte ich es damit?

6. An Sr. Exzellenz habe ich privatim die Bitte um einige Empfehlungen nach Kopenhagen. Es ist mir dabei vorzüglich darum zu tun, das Zeugnis *dieses* deutschen Mannes und preußischen Staatsdieners, in welchem ich überdies meinen besonderen Chef verehrt habe, mit in das Ausland zu bringen.

Soweit hatte ich geschrieben, in der Voraussetzung, Sie seien diesen Morgen nach Tilsit abgereist. Soeben höre ich, Sie seien noch hier. Ich sende Ihnen daher, Mehmeln zugleich in Erinnerung bringend, dies vorläufig zu gütiger Beratung hier oder von Tilsit aus.

Hochachtungsvoll

Fichte.

An Karl Freiherr von Stein zum Altenstein

Königsberg, 6. Juni 1807

Verzeihen Sie, verehrungswürdiger Freund, daß ich durch meine Gedanken oder vielleicht nur Einfälle Sie so oft unterbreche.

Mein letztes bleibt in allem seinem Inhalte stehen, außer inwiefern es durch den Erfolg meines heutigen verändert werden sollte. Mein heutiges bezieht sich auf folgendes.

Ich höre gesprächsweise, daß die hiesigen Behörden auf des Herrn Ministers Reskript die hiesigen Zeitungen betreffend in Vorschlag bringen wollen, daß die unmittelbar vorhergegangene Einrichtung wiederhergestellt und *Brahl*[254] Redakteur, *ich* Zensor würde. – Um dem Geschäfte Zeit zu ersparen, stelle ich durch Ihr Medium vor, daß ich dies nicht würde annehmen können, indem dadurch durchaus nichts geändert würde. Als ich die Zensur noch hatte, kamen die offiziellen Artikel aus derselben Quelle, aus der sie noch jetzt kommen; ich war nach meiner damaligen Instruktion nicht befugt, diese meiner Zensur zu unterwerfen, und so ist denn in Gottes Namen unter meiner Zensur „ein preußischer Major mit Fuchteln regaliert worden" u. dgl., wie denn auch das Reskript, zufolge dessen ich der Zensur entbunden worden, lediglich über dergleichen offizielle, aus der bekannten Feder geflossene Stellen sich beschwert hat.

Wollte man mir aber die Zensur auch über diese Artikel übertragen, wo würde ich 1. in der Regel alles streichen und selbst das anders Gemachte wieder streichen und zuletzt es selber machen müssen; 2. wie könnte man mich schützen gegen die Brutalität eines gewalttätigen Mannes? Wer Herzoge staucht, der wird es mit einem armen Teufel von Professor unter einer Fuchtel Regalierung, wenn er noch sehr gnädig ist, nicht abtun; ich aber bin nicht der, der sogar Stauchen ohne fühlbare Gegenprotestation ertragen würde.

Ein anderer Gedanke, der in meiner Gegenwart laut gedacht worden und der von dem Manne, der ihn dachte, leicht den proponierenden Behörden mitgeteilt und persuadiert werden könnte, daß mir die *Verfassung der Zeitung* selber, unter meiner eignen Zensur, übertragen und mir der offizielle Stoff nur von dem Gouvernement mitgeteilt würde, ist neben andern Gründen besonders aus folgendem Grunde nicht ausführbar, weil es mir jetzt selten gelingt, diese Artikel, nachdem sie redigiert sind, zu verstehen, drum abzusehen ist, daß der Stoff, der ihnen zugrunde liegt, noch viel unverständlicher für mich bleiben würde, indem diese militärischen Berichtserstatter doch mit einer bejammernswürdigen Ignoranz behaftet sein müssen. Und überhaupt ist es gewiß nicht sicher, gegen ein solches Gouvernement mich auch nur in die Relation des Stofferhaltens zu bringen. Will aber der Herr Minister eine vernünftige Zeitung, und sollte er selber, da nun einmal mein Name in

diesen Zeitungsakten involviert ist, darauf fallen, daß ich hierin Dienste leisten könnte, so schlage ich vor
1. Die Zeitung müßte unter den Augen des Kabinettsministerium geschrieben werden, dem ich an jeden Ort seines Aufenthalts folgen wollte
2. die offiziellen Nachrichten müssen mir durch dasselbe zugefügt werden, d.i. der Stoff. Von der Bearbeitung spreche ich mich nicht los. Zeitungen und andere mir gelieferte Hülfsmittel wollte ich getreulich selber studieren, wenn mir ein anderer (Stegemann, Niebuhr?) die *Verschreibung* besorgten: dgl. Geschäfte sind nicht für mich. – Noch muß ich bei diesem Artikel bemerken, daß ich nicht Englisch lese (Russisch oder Polnisch wird man nicht erwarten).
Außer den verständig zu fassenden heimischen Berichten müßte man ohngefähr, mit deutschen Mitteln, eine solche Einwirkung auf den Geist und die öffentliche Meinung von Europa beabsichtigen als in den Revolutionsjahren der Moniteur[255]. Dahin würde wesentlich gehören, ein Auge auf die französischen Insinuationen zu haben, die so plump arrogant sind, daß sie mit etwas Witz auf das Haupt geschlagen werden können, was von Deutschen gegen Franzosen sich sehr gut ausnehmen wird. Sodann möchte es recht gut sein, ein wenig nachzusehen, was denn Müller – Goethe und andre Rheinbündler vorzubringen wissen. In Rücksicht dieser Dinge, wenn sie beliebt würden, hoffe ich nun, wenn man keine bessern dafür abmüßigen könnte, mich erträglich aus der Sache zu ziehen.

Ich hoffe, daß Sie, edler Freund, mich besser kennen, als daß Sie glauben sollten, ich wolle nur, wie mir vorigen Winter in Ihrer Gegenwart gesagt worden, dadurch einen Fuß in den Geschäften mir erwerben. Denn obwohl selbst dieser Wille nicht geradezu ein Schelmenstück wäre, indem ich wirklich glaube, daß es nicht durchaus unmöglich sei, daß ein Gelehrter auch in Sachen des Lebens einiges verstehe; so weiß doch Gott am besten, daß ich lieber in Ruhe meinen Formeln nachginge, wenn nur Ruhe wäre. Daß ich immer bereit gewesen bin, der guten Sache mit jeder meiner Kräfte und mit jeder Aufopferung zu dienen, wissen Sie. Daß ich jetzt diesen Antrag mache, ist veranlaßt teils dadurch, daß ich der zu befürchtenden Erklärung, *ich*

könne das nicht, zuvorkommen will mit der Erklärung dessen, *was ich kann* (oh, warum hat man jenen Mann einen Griff in diese Sache tun lassen? Seitdem ist nur durch die Annahme meines Vorschlages zu helfen), teils, weil ich nun einmal durch meine Wissenschaft mir die Untugend angewöhnt habe, jedes Ding, das mir unter die Hand kommt, sogleich systematisch zu verarbeiten und auf sein Prinzip oder auch sein vollständiges u. lebendiges Sein zu steigern.
Leben Sie recht wohl. Verehrungsvoll

ganz der Ihrige

Fichte.

An Karl Friedrich von Beyme

Berlin, 29. September 1807

Euer Hochwürden und Hochwohlgeboren den ersten Teil meines Entwurfes vorlegend, bitte ich zuvörderst recht sehr um Verzeihung, daß dieses im Brouillon geschieht. Ich habe über diesen Gegenstand durchaus keinen Menschen zum Vertrauten haben wollen, und so konnte ich mich keines Abschreibers bedienen; daß ich aber eigenhändig noch eine reinlichere Kopie machte, würde die Absendung dieses ersten Teils sowie die Ausfertigung der beiden noch übrigen verzögert haben. Ich bitte aus diesen Gründen um Erlaubnis, auch mit dem noch rückständigen also verfahren zu dürfen; vor allem aber, da Sie ohne Zweifel dort sehr leicht eine Kopie ausfertigen lassen können, um die einstige Zurückstellung meiner Handschrift, indem ich gar keine andere Abschrift habe, ich aber doch diesen Aufsatz, sogar im Falle der befundenen Nichtanwendbarkeit, als ein Monument aufzubewahren wünsche.
Erlauben Sie, daß ich Ihnen hier die Gründe darlege, warum ich wünsche, daß dieser Auftrag an mich, und einer Erfüllung desselben, für das Publikum ein Geheimnis bleibe. Es sind zwei Fälle. Entweder mein Entwurf wird nicht angenommen, sondern es tritt ein anderes [so] an dessen Stelle; so ist es nicht nötig, daß dieses andere in der Widersetzlichkeit der Menschen gegen alles Neue an meinem Entwurfe einen verkleinernden Nebenbuhler finde, welcher vielleicht sodann gerade denjenigen bedeutend vor-

kommen würde, die im Falle seiner Annahme ihn verkleinert haben würden. Oder er wird angenommen; so ist alles ihm anhängende Individuelle ihm abzuwischen und er darzustellen als der reine Ausfluß des allgemeinen Willens.

Es folgen noch zwei Abschnitte; der zweite: *wie unter den gegebenen Umständen der im ersten Abschnitt* [ausgestrichen: ausgeführte] *entwickelte Begriff ausgeführt werden könne.* Dieser muß alle die Zweifel und alles das Staunen, die den mit dem literarischen Wesen unseres Zeitalters Wohlbekannten befallen dürften beim Lesen des ersten Abschnittes, gründlich beseitigen. Der dritte: *Von der Weise und den Mitteln, durch welche die zu errichtende Lehranstalt mit dem übrigen gelehrten und ungelehrten Publikum in Verbindung treten und auf dasselbe einflussen soll.*

Der zweite Abschnitt wird die Personen, auf welche bei der Ausführung des Gedankens zunächst die Aufmerksamkeit sich richtet, erwähnen und jede an ihren Platz zu stellen suchen. Einen einzigen muß ich schon in diesem Schreiben erwähnen, indem der Verzug Gefahr bringen könnte. Es ist dies der Professor *Bernhardi,* Prorektor und zweiter Lehrer an dem Friedrichswerderschen Gymnasium, und nach dem neuerlich erfolgten Tode des bisherigen Direktors Interimsdirektor desselben: daß dieser die gesamte Philologie im großen mit philosophischem Einheitsblicke erfaßt, hat er durch gelehrte Werke gezeigt und wird es ferner noch ganz anders zeigen. Jedoch ist dies nicht zunächst die Rücksicht, in welcher ich seiner erwähne. Er ist mir zugleich seit Jahren bekannt als ein geschickter Lehrer und trefflicher Schulmann, der alten Gründlichkeit custos, rigidusque satelles, und über das, was in meinem Aufsatz über die Verbesserung der Schulen gesagt ist, ist er seit langem so mit mir einverstanden, daß kaum auszumitteln sein dürfte, ob er oder ich der eigentliche Urheber dieser Ansicht sei. Über dies alles zeigt er sich mir jetzo, bei der Gelegenheit, da er meinem Knaben Stunden im Griechischen gibt, in seinem liebevollen Gemüte für seine Schüler; also, daß ich fest überzeugt bin, er werde, ohnerachtet wir auch andere gute Philologen hier haben (die aber für die Schule sich zu vornehm halten und sich von den Stunden dispensieren lassen), dennoch bei einer Reformation der Schulen unent-

behrlich sein. Doch ist dieser Mann, bei dem Ernste, mit welchem er will, daß seine Kollegen ihre Stunden ordentlich halten und die Eltern ihre Kinder von der Besuchung derselben nicht abhalten, der bekannten friedliebenden Humanität seiner Ephoren nicht gut empfohlen, und es ist zu befürchten, daß ein neuer Direktor (ein gewisser Koch in Stettin) ihm gesetzt werde. Ich wünsche keineswegs, daß er zum Direktor dermalen ernannt werde, sondern daß auch hier wie anderwärts es indessen beim alten bleibe; nur wünsche ich nicht, daß ihm diese durchaus unverdiente Beleidigung von Menschen, die unfähig sind, seinen Wert zu erkennen, zugefügt werde. Übrigens weiß ich zwar alle die angeführten Umstände durch ihn selbst; er aber weiß nicht, daß ich Ihnen in dieser Sache schreibe, indem ich ebensowenig ihn als irgendeinen anderen Menschen zum Vertrauten mache. Daß ich nicht aus persönlicher Freundschaft, sondern aus Liebe zur Sache, welche allein auch mich zu seinem Freunde gemacht, ihn empfehle, trauen Sie mir ohne Zweifel zu.
Daß übrigens ich, der ich das Glück habe, Sie tiefer zu kennen, mich innig freue, daß des Königs Vertrauen diese Sache in Ihre Hände niedergelegt, brauche ich wohl nicht zu versichern; ich setze nur hinzu, daß auch andere Gelehrte von Bedeutung diese Freude teilen und bei sonstiger Ergebenheit gegen den Mann, dem der größte Teil der übrigen neuen Organisation zufallen dürfte, sie dennoch wünschen, daß er hierin sich nicht mische.
Übrigens ist das hiesige Publikum der Verzweiflung nahe, und es läßt sich nicht absehen, was den bevorstehenden Winter aus uns werden soll, wenn diese Gäste uns nicht verlassen. Ich, in einem einsamen Gartenhause verschlossen und dadurch von der Einquartierung befreit, verwahre mich so gut ich kann, daß kein Ton jener Verzweiflung oder der Insolenz, durch die sie verursacht wird, über meine Schwelle komme, damit ich die Freiheit des Geistes behalte, den Prinzipien einer besseren Ordnung der Dinge nachzudenken.
Verehrungsvoll Euer Hochwürden und Hochwohlgeboren gehorsamster

Fichte.

Berlin, 3. Oktober 1807

Ew. Hochwürden und Hochwohlgeboren
in der Anlage den Anfang des zweiten Abschnitts übersendend, erkläre ich mich offener über einen in jenem Aufsatze nicht so unumwunden zu behandelnden Gegenstand. Wolf ist es, der unsere Gedanken neuerlich zuerst in Anregung gebracht zu haben behauptet, und hat derselbe gegen das ganze Publikum und seit meiner Rückkehr ganz vorzüglich gegen mich damit ein Treiben geführt, an welchem man vielleicht die philosophische Ruhe vermissen könnte. Gegen ihn besonders, der etwas zu vermuten scheint und mich beobachtet und beobachten läßt, habe ich dermalen mich zu verbergen.
Sollte auf meine Idee eingegangen werden, so ist, wie ich und andere den Mann kennen, zu fürchten:
1. daß er, der gern herrschen mag, einem Plane, der nicht von ihm ausgegangen ist, nicht sehr geneigt sein wird. Nun wünschte ich z.B. von ganzem Herzen, daß er oder irgendein anderer einen bessern Plan entwürfe und ausführte, aber, soviel aus seinem schon eingeschickten Aufsatze, den er mir mitgeteilt, und aus allem, was über dergleichen Gegenstände er gegen mich geäußert, hervorgeht, fehlt es ihm, ein so guter Künstler und philosophischer Kopf er auch in seinem Fache ist, hierzu an allgemeiner philosophischer Bildung.
2. Er scheint überhaupt sich nicht gern zu einer planmäßigen Tätigkeit bequemen zu wollen, sondern es mehr zu lieben, wie ein Freiherr zu treiben, *was* ihm eben einfällt und *wenn* es ihm einfällt. Und so wird ihm denn wahrscheinlich dieser Plan, noch unabhängig davon, daß er nicht von ihm ausgeht, wirklich und in der Tat mißfallen. Es ist darum zu erwarten, daß er sich dagegensetze.
Dagegen bin ich mit Müllern schon vorlängst und ganz unabhängig von unserm gegenwärtigen Vorhaben sowohl über diesen Studienplan im ganzen als über die Behandlung seines besondern Faches vollkommen einverstanden; und es ist zu hoffen, daß wir beide vereinigt dem befürchteten Widerstande imponieren; wogegen ich allein wohl zu schwach sein würde. Ich glaube darum, daß Müller im ersten An-

fange unentbehrlich ist. Auch ist er in der Freude, daß diese Sache Ihnen übertragen worden, mit mir einverstanden. Mit dem innigsten Vertrauen lege ich Ihnen diese meine Ansicht der Sache offen und freimütig hin, ohne Furcht, mir dadurch oder durch die Folgen davon bei Ihnen zu schaden; indem nicht Liebe oder Haß, sondern lediglich mein Wunsch, daß das Gute geschafft werde, mich bewegt, sie demjenigen mitzuteilen, dem die Gewalt dazu verliehen ist, und durchaus keinem andern Menschen in der Welt.

Verehrungsvoll

Fichte.

An Henrik Steffens[256]

Berlin, November 1807

Auch ich schätze Sie hinlänglich, Herr Professor, um auf Ihr soeben erhaltenes Schreiben Punkt für Punkt einzugehen. Der Bemerkung, daß Sie meinem Worte glauben können und daß ich mich nicht so sehr fürchte, um zu lügen, überhebt mich der eigene Ton Ihres Briefs und die Voraussetzung, aus der er geschrieben ist.

Also:

1. Wenn Sie von Ihrer Anstellung in Preußen sprechen, so ist dies wohl auf Ihre Anstellung im Lehrfache und, wie ich vermute, insbesondere an der neu projektierten Universität zu Berlin zu beschränken. Mir ist unbekannt, ob in dieser Beziehung Ihre Anstellung in Deliberation gekommen und dagegen protestiert worden sei. In Berlin, wo gegenwärtig wohl kaum über dergleichen Gegenstände beraten und entschieden wird, sehe ich wenig Menschen. Von Memel bin ich den 1. Juli d. J., als dort andere Dinge denn Professuren an der Tagesordnung waren, abgegangen, und in den von dorther erhaltenen Briefen kommt ebensowenig wie in denen, die ich dahin geschrieben, Ihr Name jemals vor. Daß aber ich über diese Anstellung gestimmt und dagegen gestimmt habe, ist ein Faktum, von welchem ich, als die sicherste Quelle, am besten wissen kann, daß es eine *reine* Lüge ist.

2. Die auch anderwärts vorgekommene Meinung, daß ich, wie man das nennt, Einfluß habe, gründet sich wahrschein-

lich darauf, daß der Mann, dem jener Gegenstand übertragen ist, Vorlesungen bei mir gehört hat, meine Schriften gern liest, nicht ohne Achtung von mir spricht und in einigen höchst mäßigen Ansprüchen mir nicht entgegen gewesen ist. Eine andere Relation hat zwischen uns beiden nie stattgefunden. Hätte ich nun auf diesen und etwa auf einige andere von dergleichen Stellung einigen Einfluß, so könnte es nur durch meine bekannten und durch offenen Druck vor aller Welt liegenden Maximen und Grundsätze sein. So ist z. B. mein heftiger Haß und Bestreitung gegen die Denkart, die im Leben gehaltene Kraft für Schwäche und Feigheit, im Denken Klarheit für Ohnmacht hält, die in die Dunkelheit und Verworrenheit die Vernunft setzt und keine andere Klarheit kennt als die des sinnlichen Verstandes – als die wahre, den Nicolaismus ablösende Seuche der Zeit – und gegen ihre dermalige Ausgeburt, die Naturphilosophie, welche eine dunkle Naturkraft zum Absoluten macht und das geistige Leben lästert, die an ein Gefühl appellieren will, wo es gilt, klar zu sehen; allen, die mich kennen, und so auch jenem Manne sattsam bekannt, und es würde mir gar nicht leid tun, wenn er und alle Welt denselben Haß teilten.

Ob Sie nun zu dieser Klasse wirklich gehören oder ob Sie zu derselben zu gehören nur scheinen, ferner, ob dieser Schein verschuldet ist oder nicht, weiß ich in der Tat nicht, indem, wie Sie ganz richtig vermuten, Ihre neuern wissenschaftlichen Bemühungen mir, den seine Bahn nach einer andern Richtung führt, durchaus fremd sind. So jemand Sie dazu zählt, ich weiß sogar nicht, ob es geschieht, und ist es vor meinen Ohren nie geschehen, so tut dieser es durchaus auf seine eigene Verantwortung. Ich habe ihn nicht dazu verleitet, ebensowenig als ich Sie auch verteidigen könnte, da, wie schon gesagt, die Data, in diesem Punkte Sie zu beurteilen, mir gänzlich abgehen. Ich wüßte mich nicht zu erinnern, daß seit langen Jahren Ihr Name über meine Lippen gegangen sei, zumal vor jenen Männern.

3. Aber selbst wenn ich jemand aus Überzeugung zu jener Klasse zählen könnte, was, wie gesagt, mit Ihnen der Fall nicht ist, so würde ich doch weit entfernt sein, zumal bei einem Institute, an dem ich auch angestellt wäre, seine Anstellung zu widerraten, sondern ich würde auf die natürli-

che Gewalt der Klarheit zählen und dieser es überlassen, ihn in seine Nichtigkeit zurückzuführen.
4. Mit diesem an seinen Ort zu Stellenden hängt nun die moralische Würdigung durchaus nicht zusammen. Ihr redlicher Eifer ist mir bekannt. Wenn nun dieser, wie ich bei Ihnen nicht zweifle, auch zu redlichem Fleiße führt, nicht beim Pochen auf eine genialische Natur, die sich der Arbeit schämt, beruhen bleibt, so hat er unbedingten Wert und führt zu seiner Zeit auch zur Klarheit.
Kopenhagen betreffend wollen selbst Ihre besten Freunde daselbst Sie nicht ganz vom Ausbruche zu großer Reizbarkeit lossprechen; ich aber bin zu wenig von den Umständen unterrichtet, als daß ich sogar in diesen übrigens nur die Reife, keineswegs aber den sittlichen Charakter überhaupt betreffenden Tadel einstimmen sollte. Darüber aber ist daselbst nur *eine* Stimme, daß Sie in Beziehung auf Ihr Verhältnis zu Preußen sich wie ein Mann von Ehre und Rechtlichkeit benommen haben, und ich bin bereit, dies vor jedermann zu bezeugen.
Ich empfehle mich Ihrem Andenken und bin mit Hochachtung usw.

An Karl Friedrich von Beyme

Berlin, 2. Januar 1808

Zuvörderst meinen, wenn auch etwas verspäteten, darum nicht minder herzlichen Dank für die mir zugeflossene Hülfe. Ich wollte Sie, verehrungswürdigster Gönner und Freund, nicht mit einer solchen Kleinigkeit schriftlich unterbrechen, darum ließ ich es mündlich durch Hufeland, an den ich ohnedies schrieb, ausrichten.
1. In Beziehung auf Errichtung des entworfenen Lehrinstituts allhier erlauben Sie mir vielleicht folgende Bemerkungen. Ich erhalte in diesen Tagen von einem von dorther Kommenden auf meine Frage, ob denn nun die Errichtung überhaupt fest beschlossen sei, zur Antwort: es fehle dortigen Orts sogar, um diese Frage zu entscheiden, an Freiheit und Ruhe des Geistes (er schien besonders vom M. St. zu reden); man wolle sich hier erst *umsehen*, die Leute *hören* usf. Ich wünsche, daß in der Hauptfrage vor diesem Anhö-

ren und Behören uns ein günstiges Geschick bewahre! Was man hören wird, läßt sich genau vorhersehen. Was entweder selbst angestellt zu werden rechnet oder sonst seinen Gewinn dabei sieht, wird *dafür* stimmen, alle übrigen werden den Verlust ihres bisherigen Geltens befürchten und dagegen stimmen. Wie tief der Haß gegen gründliches Wissen und gegen den Stand der eigentlichen Gelehrten unsern gewöhnlichen Geschäftsleuten mit der Seele verwachsen, hat man ja von jeher sehen können; diese wünschen, daß ihnen alles von dieser Art recht weit vom Leibe bleibe, und sie werden niemals dazu stimmen, daß es unmittelbar neben sie gesetzt werde. Jetzt ärgert z. B. Wolf, daß Stimmen der letztern Art sich schon in Flugblättern vernehmen lassen, indem er glaubt, daß dergleichen Skriblereien zuletzt auf die Entscheidung einfließen werden. Ich, der ich das letztere nicht glaube und der ich überhaupt auf dergleichen Blättchen weit weniger Bedeutung setze, wünschte dennoch, daß den Schreiern das Handwerk gelegt würde, welches durch eine öffentliche Erklärung, daß die Sache beschlossen sei (falls sie es ist), leicht getan sein würde.

2. Wage ich einen Konstitutionsgesetzvorschlag, der mit jenem Gegenstande, mit meinem eingereichten Entwurfe, mit unserer ganzen politischen Lage genau zusammenhängt und der, ob er gleich auch mit einer mich selbst betreffenden Angelegenheit zusammenhängt, dennoch durch dieselbe nicht verursacht ist, sondern auch ohne diesen Vorfall geschehen sein würde.

Was kann unter uns aus freier Geistesregung, was kann überhaupt aus der Selbständigkeit unserer Regierung werden, wenn es durch die Fortdauer unserer bisherigen Zensurverfassung dem Auslande offenbleibt, uns über die Verwaltung derselben zur Rechenschaft zu fordern? Zu welchen nie aufhörenden Klagen, zu welchen Beeinträchtigungen, Vorwänden wird von nun an jedweder Laut, den mißzuverstehen oder zu verdrehen dem Auslande gefällt, dienen müssen? Doch ist die unerschöpfliche Quelle sogleich versiegt, wenn man den Schriftsteller auf seine eigene Gefahr handeln läßt und durch ein bei der jetzigen Erneuerung der ganzen Verfassung einzuführendes Grund- und konstitutionelles Gesetz (an welches die Regierung selbst vor den Augen der Nation sich feierlich bindet) *alle*

Zensur und alle öffentliche Aufsicht über den Druck (nichtoffizieller) Schriften gänzlich aufhebt. Auf jede Klage ist nun dieselbe (von England oft in demselben Falle gegebene) Antwort bereit: Darauf zu sehen oder dies zu verhindern haben wir notorisch keine Gewalt.
Damit jedoch den Mißbräuchen einer solchen unbeschränkten Preßfreiheit gesteuert würde, müßte jenes konstitutionelle Gesetz von einem andern Zivilgesetze begleitet sein, das die Verantwortlichkeit des Schriftstellers für seine Äußerungen vor dem gewöhnlichen bürgerlichen Gerichtshofe, keineswegs vor einer *willkürlich verfahrenden Polizeigewalt*, klar bestimmte. Ein solches Gesetz müßte, glaube ich, zwei Hauptrücksichten nehmen: 1. auf *Privatpersonen.* So ein Schriftsteller einer genannten oder unverkennbar bezeichneten Person eine Handlung schuld gibt, welche vor dem Gerichtshofe Verantwortung und Strafe nach sich ziehen würde und die Wahrheit der Anklage nicht gerichtlich dartun kann (im letztern Fall wäre er als öffentlicher Ankläger zu betrachten und loszusprechen), so ist derselbe strafbar. 2. Auf *öffentliche Personen.* Kein regierender Herr (Minister und andere hohe Staatsbeamte sind, was öffentliche Akte anbelangt, unter ihnen begriffen; für Privathandlungen gilt in Rücksicht ihrer der erste Teil des Gesetzes) kann während seines Lebens namentlich der Kritik unterworfen oder sein Name anders denn mit Lob genannt werden. Dagegen ist es erlaubt, als Verfügung der Regierung, des Ministeriums usw. (indem man ja doch wirklich im einzelnen Falle niemals wissen kann, von wem eigentlich ein Beschluß ausgegangen sei) jedweden öffentlichen Akt jeder möglichen Kritik zu unterwerfen. Die Richtigkeit seines Urteils und die Angemessenheit seines Tons hat jeder Schriftsteller selbst zu verantworten, und es fällt die Schande eines verkehrten Urteils oder eines unziemlichen Tons auf seinen eigenen Kopf. Wären die Tatsachen unrichtig angegeben, so kann ja die Regierung auf demselben Wege des Druckes dies berichtigen. Kann sie ja sogar Verteidiger sich halten gegen ihr mißfällige Beurteilungen, und sie wird in jedem Falle durch dieses Eingehen auf die öffentliche Stimme sich selbst ehren.
3. Ich habe einen Kurs von Vorlesungen eröffnet, bei denen ich eine sehr große, in der beiliegenden ersten deutlich aus-

gesprochene Absicht habe. Ich habe, um gar keine Zeit, deutsche Denkweise zu erneuern und zu bilden, zu verlieren, diese Vorlesungen sogleich einzeln, wie sie gehalten worden, durch den Druck verbreiten lassen wollen. Auf die Eingabe der ersten habe ich von meiner Zensurbehörde, dem Oberkonsistorium, die beigelegte Weisung erhalten. Von welcher Bedeutung das darin enthaltene Motiv ist, daß man sich nicht auf einzelne Hefte einlassen könne, hat seitdem diese Behörde selbst dadurch bewiesen, daß sie der zweiten und dritten Vorlesung, die ich abgedruckt beilege, ohne Verschub das Imprimatur erteilt. Deutlicher beweisen es die in meinem Originale gemachten Anstriche, die ich in der beigelegten Abschrift mit diplomatischer Genauigkeit kopiert habe und über deren Sinn mir auch mündliche Eröffnungen geschehen sind, die ich in der schriftlichen Beurteilung dieser Zensurmaximen, die ich beilege, benutzt habe.
Oh, verehrungswürdiger Freund, was soll aus freier Geistesregung, was soll aus Erweckung eines deutschen Sinnes und Mutes erst alsdann werden, wenn *solche* Zensoren uns bevormunden? Ich lasse die würdigen Männer bei Gott in ihrem Werte und ehre sie danach; aber wenn nur eine Silbe von dem wahr ist, was Sie mir bei der Aufforderung zu dem in Ihren Händen befindlichen Entwurfe schrieben, so sind sie wenigstens nicht diejenigen, die *mir* sagen können, wie ich zu meiner Nation sprechen darf oder wie nicht. Ich weiß recht gut, was ich wage; ich weiß, daß ebenso wie Palm ein Blei mich töten kann; aber dies ist es nicht, was ich fürchte, und für den Zweck, den ich habe, würde ich gern auch sterben. Über diese Rücksichten hinweg soll man nun noch mit den kindischen Bedenklichkeiten, den kopflosen Auslegungen und der verzagten Politik solcher Zensoren Rücksprache nehmen?
Ich übergebe diese Sache gänzlich Ihrem Gutachten, ehrfurchtsvoll mich empfehlend.

Fichte.

An Karl Friedrich von Beyme

Berlin, 21.? Februar 1808

Aus nichts wird nichts, auch gibt es keinen Sprung zwischen durchaus entgegengesetzten Zuständen; deshalb glaube ich, teuerster Freund, immerfort, daß ohne eine völlige Umschaffung unsers ganzen Sinnes, d. h. durch eine durchgreifende Erziehung, aus keinem günstigen oder ungünstigen Erfolge Heil für uns zu erwarten ist. Was als Krafterwachen erscheint, ist oft nur Fieber, das sich in Prahlen mit künftigen Großtaten und in einem einfältigen Vertrauen auf andere, die ebenso fertig schwatzen, äußert. Das lebendige Beispiel davon ist das Subjekt, welches aus Königsberg uns zugesendet wurde. So ist dieser, so mögen sein die Herrlichen, die er so rühmt, lauter junge Offiziere, deren Großprahlereien wir ja auch vor der Schlacht von Auerstedt gehört und den Erfolg gesehen haben. Das Treiben der Orden, das er mir von Königsberg, Preußen, Schlesien schildert, ist auch heillos. Dies also dürften kaum die Helden sein, von denen das Vaterland Rettung zu erwarten hat und mit denen jemand, der es wohlmeint mit demselben, sich einzulassen hätte.

An Ernst Wagner

Berlin, 12. April 1808

Ihre tiefe, lebendige und belebende Weltansicht war mir schon früher eine erfreuliche Erscheinung, und ich danke Ihnen herzlich, daß Sie mich mit dem neusten Produkte derselben haben bekannt machen wollen.

Was insbesondere Ihren Plan zu einer gemeinschaftlichen Kunstschule der Deutschen anbelangt, so bin ich zwar im allgemeinen der Meinung, daß der Quell unsrer Übel tiefer liege und ein umfassenderes Heilmittel dagegen gewählt werden müsse; – daß es nicht die Kunst ist, die uns zunächst not tut, und daß, wenn wir nur dieses eine erst hätten, es sich auch mit der Kunst, so wie mit den übrigen Früchten einer guten Gesinnung, von selbst geben werde. Dennoch halte ich dafür, daß jeder angreifen müsse an der Stelle, an die eben ihn der Geist treibt, und daß Ihr Plan von *der* Seite das allgemeine Interesse aller Guten verdiene, weil er den Deutschen eine Gelegenheit bietet, sich als eins und als ein selbständiges und eigne Kräfte habendes Ganzes zu betragen und begreifen zu lernen. Ich werde in dieser Rücksicht denselben befördern, soweit es in meinen Kräften stehet. Zunächst zwar rechnen Sie auf Privatpersonen, was ganz recht ist und zum angegebenen höheren Zwecke dient. Die Welt der gemachten Leute, die bei uns schon ausgestorben war, ist durch die drückende Zeitläufte dermalen noch toter als tot, und es ist von dieser nichts zu erwarten. Dagegen ist auch bei uns allmählig eine jüngere Welt heraufgewachsen, die der Anregung zum Guten schon empfänglicher ist. Die Aufmerksamkeit dieser ist, eben aus dem Gesichtspunkte, den ich oben angegeben und welcher dermalen bei uns angeregt ist, schon auf Ihren Plan gefallen. Ich werde diese Bewegungen im Auge behalten und sehen, was sie ergeben.

Mein eigner nächster Gedanke war der, unsre Regierung dafür zu interessieren, und ich habe in dieser Hinsicht Ihr Buch, so wie ich es selbst nur durchlaufen, an unsern Minister, den Frhrn. *v. Stein* befördert, dessen biederer, deutscher Sinn gewiß nicht kalt bleiben wird. Auch sind andere Wege eingeschlagen, um diejenigen, die in dieser Sache eine Stimme haben, dafür zu interessieren.

Mein Wunsch wäre, daß die Kosten, welche unsre bisherige Kunstakademie – nicht gerade, wie Kenner glauben, zum großen Gedeihen der Kunst – verursacht hat, auf diese nicht ausschließende, sondern gemeinsame deutsche Angelegenheit verwendet würden und daß wir so zuerst auch andern deutschen Regierungen ein Beispiel des Gemeinsinnes geben möchten. Vielleicht könnte Berlin hierdurch (und wenn etwa bis dahin die übrigen Deutschen uns vorteilhafter als bisher sollten kennenlernen) die Ehre verdienen, zur Schulstadt zu werden. Es ist ohnehin der Beschluß gefaßt, hier eine Universität zu errichten, welche, wenn die Ausführung dem Entwurfe entspricht, eine *Kunstschule des wissenschaftlichen Verstandesgebrauchs* werden und keineswegs das Gepräge einer Finanzspekulation, sondern eines allgemeinen Nationalinstituts an sich tragen soll. Damit würde sehr schicklich eine Schule der bildenden Kunst sich paaren. Auch besitzen wir herrliche Kunstschätze, die nur zerstreut und unbekannt sind, in Menge.

Ich wünschte in dieser Absicht, daß Sie an Herrn G[eheimen] K[abinetts]r[at] Beyme (der aber noch zu Königsberg beim Könige) offen und vertrauungsvoll schrieben und *ihn* für die Sache zu gewinnen suchten. Auch bei ihm wird, als deutschvaterländische Angelegenheit, der Antrag guten Eingang finden. Er wird schon, ehe Ihre Zuschrift ankommt, auf den Gegenstand aufmerksam gemacht werden. Ihm ist die Organisation der beschlossenen Universität übertragen, und mit der Wissenschaft vereinigt sich leicht die Kunst.

Ich empfehle mich Ihnen ergebenst und hochachtungsvoll.

Fichte.

An die Immediat-Kommission

Berlin, 2. Mai 1808

Eur Königlichen Majestät überreiche ich in allertiefster Untertänigkeit anliegend ein an mich gerichtetes Schreiben des hiesigen Oberkonsistorium als meiner Zensurbehörde, aus welchem hervorgeht, daß dieses Kollegium eine von mir verfaßte und demselben zur Zensur anvertraute Handschrift verloren hat. Diese Handschrift hat späterhin und bis jetzt nicht aufgefunden werden können; und ich bin genötigt gewesen, mit vieler Mühe und Zeitverlust die im ganzen meines Buchs hierdurch entstandene Lücke auszufüllen, so gut ich es vermocht habe; ohnerachtet der ganze Fortfluß der Denkweise und die Stimmung des Augenblicks niemals sich wiederherstellen läßt und so in dieser Rücksicht der Verlust unersetzt bleibt.

Ohne Zweifel ist es Eur Königlichen Majestät allergnädigste Willensmeinung, daß in der Zensur, der das Gesetz die schriftstellerischen Erzeugnisse unterwirft, wenigsten das Dasein derselben gesichert sei, auf eine der Natur der Sache angemessene Weise; indem jedes andere Dokument, wann es verloren ist, wiederhergestellt werden kann, nur nicht das Produkt des schriftstellerischen Geistes. Indem ich diesem zufolge es der Weisheit Eur Königlichen Majestät anheimstelle, welche Maßregeln Allerhöchstdieselben nehmen werden, damit die leichtnehmenden Begriffe, die in dem angebogenen Schreiben sichtbar zu sein scheinen, berichtigt und ernsthafter gemacht werden und die Schriftsteller in Eur Königlichen Majestät. Landen vor der Widerholung des bei mir eingetretenen Falles auf die Zukunft gesichert werden; so ergehet vorderhand an Allerhöchstdieselben mein alleruntertänigstes Gesuch, die Zensur meiner wiederhergestellten 13. Rede sowie der Anmerkung, durch welche ich zu meiner eigenen Ehrenrettung den Vorfall zur Kunde des Publikum zu bringen genötiget bin, einer andern zuverlässigen Behörde zu übertragen, indem ich unter den obwaltenden Umständen zur Sicherheit des Oberkonsistorium kein Zutrauen fassen kann.

In allertiefster Untertänigkeit ersterbe ich

Euer königlichen Majestät
alleruntertänigster
Der Professor Fichte.

An seinen Vater

Berlin, 10. Mai 1808

Schon vorigen Winter, sogleich nach dem Eintreffen Ihres Briefes an meine Frau, hatte ich Ihnen geantwortet. In Hoffnung, daß bis dahin in unsrer gemeinschaftlichen Lage einige vorteilhafte Veränderungen vorgehen würden, hat meine Frau bis jetzt diesen Brief nicht abgehen lassen.

Das einzige Vorteilhafte, was seitdem vorgefallen, ist die ziemliche Wiederherstellung meines *Hermann*. Es war derselbe damals durch einen Fall auf das Knie an dem einen Beine ganz gelähmt und hat, bei übrigens vortrefflicher Gesundheit, 10 Wochen im Bette liegen müssen. Jetzt geht er wieder; nur noch nicht auf Steinpflaster; es wird, was die Hauptsache ist, keine Folge übrigbleiben. Ich befinde mich dermalen mit ihm und meiner Frau, die nach einem sehr harten Krankenlager im Jahre 6 den ganzen vorigen Winter gekränkelt und vor einer Woche wieder recht ernsthaft krank gewesen, auf ein paar Wochen auf einem Gesundbrunnen bei Berlin, um sie alle wiederherzustellen und mit frischen Kräften in den beginnenden Sommer einzutreten.

Ich für meine Person bin immer gesund und kräftig gewe-

sen. Man organisiert an einer allhier zu Berlin zu errichtenden Universität; mir sind die bedeutendsten Aufträge in dieser Rücksicht erteilt worden.
Ich hatte erst den Vorsatz, diesen Sommer in *Dresden* mit Frau und Kind zuzubringen; hatte auch schon an *Fritzsche* über die zu treffenden Vorkehrungen geschrieben; auch von meiner Behörde den Urlaub dazu eingeholt. Ich sehe aber, daß es für wichtige Zwecke besser ist, wenn ich hier bleibe und Kollegia lese, und ich bin entschlossen, dem allgemeinen Besten dieses freiwillige Opfer zu bringen.
Auch hatte ich, nachdem jener Plan schon aufgegeben war, den Vorsatz, in dieser ersten Hälfte des Mai für meine Person allein (eine Reise mit Frau und Kind ist unter den jetzigen Umständen, da die ehemals Begütertsten leiden, für mich zu kostspielig) Sie zu besuchen. Die Krankheit meiner Frau, die unter solchen Umständen nicht ohne eine nachteilige Gemütsbewegung mich von sich lassen würde, hat auch diesen Plan vereitelt; wie die gegenwärtige Kurzeit vorbei sein wird, werde ich durch meine Vorlesungen an Berlin gefesselt sein. Ich hoffe jedoch im *Herbste* Ferien zu finden, und vielleicht erlaubt es sodann der öffentliche Wohlstand, Frau und Kind mitzubringen.
Ich gebe soeben Ordre an meinen Verleger, daß Ihnen meine neueste Schrift von Leipzig aus überschickt werde. Ich habe diesmal nicht über so viele Exemplare zu befehlen, daß ich auch an den Herrn Pastor *Wagner*, den ich herzlichst zu grüßen bitte, eins beilegen könnte. Sie leihen es ihm vielleicht zum Durchlesen.
Unser aller herzlichste Grüße an Mutter und Geschwister.

[von Johanna Fichte:]
Ich grüße Sie, teure Eltern, von ganzer Seele und empfehle mich Ihrem Andenken: Gott schenkt mir izt wieder Gesundheit, worüber ich mich freue, da es bei unserm guten teuren Fichte sein kann. Leben Sie wohl, Ihre

Johanna F.

An Karl Freiherr von Stein zum Altenstein

Berlin, 10. Juni 1809

Es hat unter meine Tröstungen gehört, von Ew. Exzellenz Teilnahme versichert sein zu können und von Zeit zu Zeit Beweise Ihres gütigen Andenkens zu erhalten; und so hat auch Ihr Schreiben vom 23. Mai mich zur innigsten Freude gerührt. Alles dies legt mir um so heißer den Wunsch an das Herz, daß ich doch bald wieder in meine vorige Kraft hergestellt sein und so Gelegenheit finden möge, die gütigen Urteile so edler Männer nicht ganz ohne Rechtfertigung zu lassen.

Die durch Ihre Vermittelung mir angewiesene Summe gibt die äußern Bedingungen der Erreichung meines nächsten Wunsches vollkommen her, und ich bin fürs erste, bis ich wieder arbeiten zu können hoffe, vollkommen gedeckt. Durch Ihre herzliche Güte eingeladen, lege ich eine andere Sorge, die mich drückt, an Ihr großmütiges Herz; jedoch auf einem abgesonderten Blatte, um keine anderen als die Stunden Ihrer vollkommensten Muße mit meinen Privatangelegenheiten zu behelligen. Es ist allerdings weit besser, daß gar nicht, denn daß schlecht gebaut werde. Auch hier durch Ihr ehrenvolles Zutrauen eingeladen, mache ich davon im festen Vertrauen auf das Geheimnis und auf Ihre Weisheit die Anwendung auf den mir am nächsten liegenden Gegenstand. Es sind in Beziehung auf die projektierte Universität zu Berlin von einem sehr berühmten und nur nicht in Sachen des höheren Denkens sehr verdienten Manne Grundsätze im Umlauf gebracht worden in Libertinismus, Konkurrenz, Zelebrität und den andern Stichwörtern der neuren Universitäts-Windbeutelei. Inwiefern unser neuer Chef des wissenschaftlichen Fachs, wie mehrere Wohlgesinnte teils wegen der Meinung von dem Manne, teils wegen seines Verhältnisses zu jenem, dieses fürchten, in jene Ansichten eingehe, ist mir nicht bekannt, da ich mit demselben nie in eine tiefere Unterhaltung eingegangen und ich nicht liebe, nur vorauszusetzen. Überhaupt aber halte ich jenes Treiben für schlecht und in Anwendung auf Berlin für verderblich, wenigstens würde ich bei Ausführung eines solchen Plans keinen Platz annehmen können. Schon im Spätjahr 1807 habe ich auf Beymes Aufforderung, „ohne

alle Rücksicht auf Vorhandenes einen organischen Plan zu entwerfen", meine Gedanken über diesen Gegenstand, freilich nicht zur Mitteilung für jedermann geeignet, sondern nur zur Beratung des Mannes bestimmt und ohne Rückhalt geschrieben, eingesandt. Bei der empfohlnen Eile und dem Geheimnisse konnte keine Abschrift genommen werden; es wurde mein Brouillon eingeschickt, und ich habe keinen Buchstaben davon mehr in den Händen. In habe seitdem, obwohl ich sicher zu wissen glaube, daß B. in dieser Angelegenheit auf dem rechten Wege und jenem falschen Treiben nicht geneigt ist, von dem Schicksale jenes Aufsatzes nichts erfahren können; und nun ist der Auftrag in andern Händen. Und so ersuche ich denn E[uer] Exz[ellenz], ein Auge darauf zu haben, daß in dieser Angelegenheit nicht gebaut werde, ohne jene Stimme, wie sie auch an sich sein möge, ausgemittelt und angehört zu haben.
Mit inniger Verehrung, Liebe, Dankbarkeit bitte um die Fortdauer Ihres Wohlwollens

Euer Exzellenz gehorsamster
Fichte.

An [? – Unbekannt]

Berlin, 12. Februar 1810

Ihre Schrift atmet, meinem Gefühle nach, den redlichsten Wahrheitssinn. Es ist nicht wohl möglich, daß ein Ausfluß dieses schädlich und verwirrend wirke. Den größten Teil Ihrer Äußerungen würde ich unterschreiben und nicht so wohl urteilen, daß das Unwahre gesagt als daß das Wahre, wenigstens nicht deutlich genug, nicht gesagt worden.
Wenn Sie Zeit finden, so lesen Sie doch auch meine *Reden an die Deutschen.* Diese beschäftigen sich ausdrücklich mit dem Begriffe der Erziehung.
Wo Sie mir im Irrtume zu sein scheinen, da führt Sie Hr. Müller irre, dem es weniger zu verzeihen ist, daß er, nach so tiefer Begründung dieses Thema in der neuern Zeit, durch einfältige Abgabe seines unvorgreiflichen seichten Gutachtens auch noch was zu tun glaubt.
Ich denke so. Alle Belehrungen über Gott und göttliche Dinge sind ja nicht jene Dinge selbst, sondern nur die toten

Begriffe von ihnen. Gott ist wahrhaftig da nur im Leben des ihm ergebnen Menschen. Wollt ihr also die Jugend zur Religiosität erziehen, so bringt sie zuvörderst im Leben und durchs Leben selbst hinein in den Beginn dieses göttlichen Lebens. Hinterher mögt ihr ihnen dieses ihr Leben auch *begreiflich* machen als das, was es ist. Eher hilft der Begriff nichts; denn nur diejenige Belehrung ist wahrhaft klar, die uns unser eignes wohlbekanntes Leben ausspricht.

Jene theoretische Belehrung über Göttliches kann fruchten, wenn sie auf ein natürlicherweise empfängliches Gemüt, gleichsam auf Genie *für* Religion stößt; und nur unter dieser Bedingung hat sie von je gefruchtet. Aber es ist die Pflicht der Erziehung, für alle zu sein, mit Sicherheit des Erfolges zu wirken; sie kann drum nicht diesen, sondern sie muß jenen unfehlbaren Weg einschlagen; der, im Vorbeigehen, auch die Genialität weit höher entwickeln wird.

Wo ist denn der Zeitpunkt in der Geschichte, da man aufgehört hätte, die Jugend in der Religion zu unterrichten? Doch ist das Zeitalter sehr irreligiös geworden. Ist auch der Religionsunterricht säumiger getrieben worden, so ist diese Lauigkeit selbst aus schon früher vorhandener Irreligiosität u. drum jene nicht aus dieser entstanden. Nicht in Vernachlässigung der frühern Mittel der religiösen Entwicklung, sondern in der verhältnismäßig weit größern Entwicklung des eigennützigen Triebes in der neuen Zeit liegt die Quelle unsrer Verschlechterung; daraus erst ist die Irreligiosität hervorgegangen. Daraus kann nun jeder, der bessern will, ersehen, wo die Kur anheben müsse. Ich empfehle mich Ihnen hochachtungsvoll

Fichte.

Joh. v. Müller, den Sie schätzen, war in der letzten Zeit seines Aufenthaltes zu Berlin – ich darf wohl sagen – mein sehr vertrauter Freund; und ich könnte am besten für ihn zeugen gegen die Mißdeutungen derer, die ihn von der Sache des deutschen Vaterlandes für abgefallen hielten.

An Friedrich Heinrich Jacobi

Berlin, 3. Mai 1810

Sie haben, verehrungswürdiger Freund, von meiner langwierigen Krankheit Kunde bekommen und herzlichen Anteil genommen. Der Sommer des vorigen Jahres ist auf die Bemühungen, durch den Gebrauch auswärtiger Bäder meine Gesundheit wiederherzustellen, gewendet worden, der Winter auf die Anstrengungen, mich wieder in die ehemalige Geistestätigkeit hineinzuversetzen. Sie haben in diesen Rücksichten ohne Zweifel mir verziehen, daß ich Ihnen noch nicht meinen innig gefühlten Dank ausgesprochen für die Fortdauer Ihrer Teilnahme und Ihres Wohlwollens und für den Beweis davon, der mir durch die Aufnahme in die Münchner Akademie zuteil geworden. In jeder Rücksicht, und besonders in der letzten, schätze ich durch diese Aufnahme mich für höchlich geehrt.

Die beigelegte Schrift spricht durch sich selbst ihren Zweck aus.

Wollten Sie mir noch eine besondere Unterhaltung mit Ihnen gönnen, so sei es über Ihr gedrucktes Schreiben an mich, zu dessen Erwägung ich von Zeit zu Zeit zurückkehre, auf welches auch öffentlich, wiewohl spät, zu antworten, ich mir oft vorgenommen, aber immer verhindert worden. Vielleicht wird dieser Vorsatz doch noch einmal ausgeführt. Jetzt nur über ein paar Hauptpunkte.

Alles beiseite gesetzt, wo Sie mir, teils gemeinschaftlich mit Kant, teils mir allein, indem Sie mich aus Kant erklären, durch Mißverständnisse unrecht tun; uns beide aus Ihrer apriorischen Ansicht von Spekulation überhaupt (über welchen Punkt tiefer unten) interpretierend, – scheint mir eine wirkliche und die Hauptdifferenz zwischen Ihnen und mir ausgesprochen zu sein S. 68 Ihrer Schrift: „Die Vereinigung von Naturnotwendigkeit und Freiheit in einem und demselben Wesen ist ein schlechterdings unbegreifliches Faktum, ein der Schöpfung gleiches Wunder und Geheimnis. Wer die Schöpfung begriffe, würde dieses Faktum begreifen, wer dieses Faktum, die Schöpfung und Gott selbst."

Meine Philosophie begreift zwar weder Gott selbst noch dasjenige, was ich Schöpfung nennen würde, wenn ich dieses Wortes mich bedienen müßte; die letztere ist ihr ein ab-

solutes Faktum: – und dieses nicht zwar, als ob in Gott oder jenem Faktum etwas läge, das dem Begreifen positiv zuwider wäre, sondern weil das Faktum des Begreifens Gott und das absolute Faktum seines Erscheinens voraussetzt und das Begreifen innerhalb seines faktischen Seins nicht die Wurzel seines Seins vernichten kann. Aber die Vereinigung von Naturnotwendigkeit und Freiheit in einem – begreift nicht sowohl diese Philosophie, da sie vielmehr die Nichtigkeit der ganzen Unterscheidung und des vermeinten Widerstreites deutlich begreift und darlegt, indem sie das eine Glied des Gegensatzes ganz aufhebt.
Ein Widerstreit könnte entstehen nur unter der Voraussetzung, daß man beiden, der Freiheit sowie der Naturnotwendigkeit, die gleiche Realität zuschriebe. Die Wissenschaftslehre ist weit davon entfernt, diese Voraussetzung zuzugeben.
Nur das absolute Schema Gottes, so wie es ist, schlechthin durch das bloße Erscheinen Gottes, ist, nach ihr, das Reale in der Erscheinung. Dieses ist schlechthin, wie es ist, durch sich selbst ohne allen äußern Grund, einfach, unveränderlich, zeitlos, unter keine Anschauungs- oder Denkform zu bringen: – das Freie, d.i. Selbständige und Absolute in der Erscheinung. So ist es *an und für sich.* Indem es aber *erblickt* wird und in seiner Beziehung auf das sich selbst erblikkende Vermögen (das Ich) erblickt wird, bricht, nach darzulegenden Gesetzen, jene Einheit sich in eine Mannigfaltigkeit; der *Zusammenhang* aber dieses Mannigfaltigen (vermittelst dessen allein die Rückkehr des Blickes auf die Einheit möglich ist) ist die *Notwendigkeit.* Und so ist denn alle Notwendigkeit durchaus nichts Reales, sondern nur die Anschauungsform des einen, wahrhaft Realen in der Erscheinung.
Man kann dies verfolgend sagen: Nur durch das Werden zum absoluten Schema Gottes (zu einem *Willen*) wird das Vermögen (das Ich, der Mensch) wirklich real; ohne dies ist er gar nicht, weder frei noch notwendig, sondern eben nichts. Dieses an sich und in seiner Unsichtbarkeit einfache Sein ist dem aus einem Mannigfaltigen es herauskonstruierenden Blicke und durch diesen Blick, – das absolut Notwendige; das aus dem Totalzusammenhange des Mannigfaltigen als resultierend Erscheinende. Und so ist denn das

Erzeugnis der absoluten Freiheit (das Leben in Gott) eben dadurch, daß es dies ist, zugleich auch das Notwendige in der soeben erklärten Bedeutung des Wortes.
Ist das Vermögen (das Ich, der Mensch) nicht dies, so ist es in der Tat gar nicht; es ist nicht einmal Schema (Gottes nämlich, was allein es zu *sein* vermag), sondern Schema des Schemas, vielleicht vom Schema usf. – eine bloße leere Ansicht und Truggestalt (seiner selbst, wie dies nicht anders sein kann). Das Materiale dieser Ansicht ist weder das *Freie* (Absolute der Erscheinung) noch auch das *Notwendige.* In der letzten Rücksicht ist es zwar immer *Zusammenhang* irgendeiner Region der Mannigfaltigkeit und notwendiges Resultat *dieser* Region, Ordnung, Reihe (z. B. das aus der sinnlichen Individualität in einem solchen Systeme sinnlicher Individuen erfolgende), keineswegs aber Resultat der gesamten und erschöpften Mannigfaltigkeit (wie in dem erst beschriebenen Falle), indem auf diesem Standpunkte ganze Reihen der Mannigfaltigkeit dem Blicke verborgen bleiben und in seine Organisation nicht mit eintreten.
Zu diesem wahrhaftigen Sein wird nun das Vermögen nicht durch irgendeine außer ihm liegende Kraft emporgehoben oder davon zurückgehalten, sondern beides schlechthin nur durch sich selbst: und dies ist die *formale* Freiheit, die innere Selbständigkeit der Erscheinung als solcher, die auch ein Leben ist, keineswegs ein totes und geschlossenes Sein. Und da sind nur zwei Fälle möglich; entweder es ist dies; so ist es dasselbe ganz, auf immer, hinweg über die Zeit und ihren Wechsel, der nur noch in dem Blicke liegt, keineswegs im Sein; oder es ist es nicht; so ist es eben nichts, und es ist ganz gleichgültig, wie dieses Nichts gefärbt sei.
Über dieses unser wahres Wesen kann uns nun keine faktische Selbstbeobachtung Aufschluß geben; denn gegeben (worauf doch allein die Beobachtung geht) werden wir uns in diesem Zustande nie; sondern wir können uns dazu nur *machen,* indem wir uns selbst ja nur als Leben, keinesweges als ein totes Sein gegeben sind; und dieses *Machen* findet nur statt zufolge einer Erkenntnis, die hier eine rein apriorische, nur durch Intelligieren zu erwerbende ist.
Und dieses führt mich denn auf den zweiten Punkt unserer wirklichen Differenz, der formalen, über das Wesen, den Wert und den Erfolg des Philosophierens.

Seite 15, 16 Ihrer Schrift: „Wenn ein Wesen ein von uns vollständig begriffener Gegenstand werden soll, so müssen wir es objektiv – als für sich bestehend in Gedanken aufheben, um es ein bloßes Schema werden zu lassen.“ Richtig und trefflich ausgedrückt. In dieser Verwandlung der dichten Wesen in durchsichtige Schatten besteht allerdings das Geschäft der Spekulation. Aber wie ist doch dem Menschen dieses wunderbare Vermögen zuteil geworden? Warum ist er nicht lieber gleich durch seine Natur in die Objektivität fest hineingebannt, also daß ihm jener Mutwille vergehen müsse? Da er spekulieren *kann*, so muß er wohl spekulieren *sollen*; und da dies in seinem ursprünglichen Vermögen liegt, so muß auch wohl die Entwicklung dieses Vermögens zur vollständigen Entwicklung seines Wesens gehören. Der Grund davon findet sich auch bald. Wir werden durch unsere natürliche Geburt keineswegs in eine Welt der Wahrheit, sondern in eine Schatten- und Nebelwelt hineingeboren. Um diesen *unfreien* Schematismus abzustreifen, erhielten wir das freie Vermögen zu schematisieren, damit wir die Schemen, die wir ohnedies nicht dafür ansehen, durch andere, die wir als solche erkennen, auflösen.
Dieses Verfahren der Spekulation durchgeführt kann freilich nur damit endigen, *daß das höchste für sich Bestehende* (als das absolute Faktum der Erscheinung Gottes) vernichtet und in ein bloßes Schema verwandelt werde (nicht Erscheinung schlechtweg, schema primum bleibe, sondern Erscheinung der Erscheinung, schema secundum werde). Nun wird aber hoffentlich unser Philosoph wissen, was er selbst getrieben hat und nicht dieses letztere, sein Produkt, sondern das erste für das Wahre und Rechte halten, und diesem sich hingeben. Er wird nicht das Wissen an die Stelle des Lebens setzen und durch dieses sich mit dem Leben abfinden wollen, sondern gerade zufolge seiner Erkenntnis vom Wesen des Wissens eben leben. Dies, das wahre Leben leben, könnte er nun ohne sein Wissen gar nicht; denn das vollendete Leben der Erscheinung ist notwendig ein sich selbst erscheinendes, durchsichtiges, klares, von sich durchdrungenes: und so zeigt sich denn die Spekulation als eine durchaus notwendige Bestimmung des Lebens selbst, als der wahre Paraklet[257], auf den das Christentum, das nur unter gewissen Zeitbedingungen, die dermalen durch dasselbe

selbst vernichtet zu sein scheinen, etwas vermochte, vertröstet hat.
Haben Sie die Güte, Herrn Schlichtegroll in meinem Namen herzlich zu grüßen und zu danken und die unterbliebene Beantwortung durch die sich darbietenden Gründe zu entschuldigen. (Als ich sein Schreiben nebst dem Diplom erhielt, war ich des Gesichts beraubt und bin es noch lange nachher geblieben).
Erhalten Sie mir Ihr Wohlwollen und seien Sie versichert, daß, wie ich immer getan, ich aus ganzer Seele Sie verehre und liebe.

Fichte.

An Johann Erich von Berger

Berlin, 4. Mai 1810

Die Erinnerung an Sie, mein sehr geehrter Herr und Freund, und das Wiederanknüpfen einer Gemeinschaft ist darum nicht weniger wohltuend und erfreulich für mein Herz gewesen, weil ich so spät Ihre Begrüßung erwidere. Bald nachdem Ihre Schrift und Ihr Brief bei mir eingetroffen, verfiel ich in eine schwere Krankheit, mit welcher und deren Folgen ich geplagt gewesen bin bis jetzt, ja noch damit geplagt bin und auch diesen Sommer wieder Bäder besuchen muß. Da wurde alle Tätigkeit, selbst die geringste, mir unmöglich. Obgleich ich über Ihre *Darstellung der Harmonie des Weltalls* teils kein Urteil habe, da meine Spekulation lieber bei den höchsten und allgemeinsten Prinzipien verweilt oder im besondern für Religion und Moral eine entschiedene Vorliebe hat, die Anwendung aber auf Natur gern andern überläßt (nicht etwa aus Nichtachtung dieses Fachs, sondern weil ich glaube, daß dies bei weitem nicht das ist, was der Menschheit am meisten not tut, auch weil nicht alle alles tun können noch sollen), teils in Absicht der Form, die Sie vorziehen, anderer Meinung bin; so hat dennoch diese Schrift ein sehr lebhaftes Vergnügen bei mir erregt, da gegen die gemeinsame Sitte aller übrigen über die Natur Philosophierender, in derselben die Natur nicht das Absolute selbst ist und durch sie der Idealismus nicht vernichtet wird.
Sie ersehen aus dieser Äußerung, wie wenig ich in Absicht

einer in Ihrem Briefe berührten Vereinigung in Ihre Ideen eingehen kann. Es ist nicht die Aufgabe der Zeit, einzelne große, wahre, tief eingreifende Gedanken und Ahnungen zu haben, dergleichen ich jenen Männern gar nicht abspreche; sondern Freiheit bis zur besonnenen Kunst, Klarheit, feste und unveränderliche wissenschaftliche Form, dies ist die Aufgabe der Zeit. In Beziehung auf diese erkenne ich Schelling und seine Schule recht eigentlich für das böse, die Zeit zurückführende Prinzip. Wie Schelling mit dem transzendentalen Idealismus daran ist, aus seinen Schriften auszumitteln, möchte vergebliche Arbeit sein; er kann gewisse Hauptresultate desselben nicht leugnen, aber ehe man sich's versieht, sagt er wieder Sachen, die ihm ins Angesicht widersprechen. Kurz, er zeigt deutlich, daß er von diesem wichtigsten Punkte der Spekulation durchaus keinen Begriff hat. Für ihn ist die Wissenschaftslehre, Kant, Leibniz sogar, vergeblich da; er führt in die Finsternis und Verworrenheit des Spinoza zurück.
Dabei die allgemeine erbarmungswürdige Ohnmacht des Mannes in dialektischer Kunst. Ihm ist nie wohl, als wo er rhapsodisch phantasieren kann; macht er einmal die Miene, zwischenein auch zu deduzieren; so stolpert er bei jedem Schritte über seine eigenen Füße.
Man glaube doch ja nicht, daß es aus Mangel an Verteidigungsmitteln geschieht, daß ich zu seinem Unwesen so still schweige. Es geschieht in der Tat aus Nichtachtung desselben sowie des Zeitalters, das sich durch einen solchen irremachen läßt. Er – doch sogar die Ehre hat er nicht, der wahre Urheber zu sein, sondern vor ihm *Jacobi* – haben eine gespenstige Gestalt, die mit der wahren Wissenschaftslehre keinen Zug gemein hat, als diese Lehre dem Publikum dargestellt; dieses, unfähig, sich selbst über die Beschaffenheit der Sache zu unterrichten, glaubt ihnen. Was schadet's mir, wenn sie betrogen sein wollen? Die wahre Wissenschaftslehre bleibt in der Welt, und ich bin auch noch da, und es wird sich wohl noch eine Zeit finden, da man auch auf mich hören wird.

Nehmen Sie beigelegte Kleinigkeit gütig auf.

Ihr Pate, mein Sohn, empfiehlt sich Ihnen verehrungsvoll, so meine Frau. Der erste macht recht gute Fortschritte im

Lernen und ist dabei auch ein recht braves Kind. Ich habe, unter Voraussetzung Ihrer Einwilligung, die ich hiemit nachhole, aus unsers teuren zu früh vollendeten *Hülsens* Verlassenschaft Gesneri thesaurum für meinen Knaben an mich gekauft.
Leben Sie recht wohl, und behalten Sie mich lieb, so wie ich mit herzlicher Hochachtung, Ergebenheit, Freundschaft bin und stets bleiben werde

der Ihrige
Fichte.

An das Departement

Berlin, 11. November 1811

Der unterzeichnete Rektor der Universität ist ungewiß, ob ein hochpreisliches Departement usw. durch Mitteilung des für die Universität unter dem 24. Nov. v. J. ergangenen vorläufigen Reglements an die hiesigen öffentlichen Behörden ihnen eine offizielle Kenntnis von der Existenz und den Rechten und Prädikaten der Universität und ihres Vorstehers zu erteilen geruht hat. Er bittet ganz gehorsamst hierdurch, dies, wofern es noch nicht geschehen, geneigtest zu veranlassen. Gelegenheit zu diesem Antrage hat mir die Bemerkung gegeben, welche ich bei Lesung der Akten der Universität und seit Führung des Rektorats selbst schon gemacht habe, daß die hiesigen öffentlichen Behörden, z. B. das Kammergericht, die kurmärkische Regierung, das Polizeipräsidium usw., sich des Prädikats Magnifizenz gegen den Rektor nicht bedienen. Dies scheint nur eine Kleinigkeit zu sein, kann aber zu etwas Bedeutenderm führen. Ein hochpreisliches Departement usw. hat aber gewiß nicht ohne gute Gründe für die Beilegung jenes Prädikats in § 12 des vorgedachten Reglements entschieden. Bei der Bestimmung desselben würde ich es sogar für gesetzwidrig halten, diese durchaus nicht der Person, sondern der Universität selbst geltende Auszeichnung fallenzulassen. Einem hochpreislichen Departement usw. stelle ich daher die desfallsige Veranlassung ganz gehorsamst mit der Bitte anheim, mich von dem Verfügten gefälligst zu benachrichtigen.

(gez.) Fichte.

An das Departement

Berlin, 14. Februar 1812

Ein Student namens Brogi hatte, nachdem er in der klaren Absicht, zum Duelle aufgereizt zu werden, von einem andern erst mit Ohrfeigen, sodann mit Peitschenhieben auf dem freien Platze vor dem Universitätsgebäude behandelt worden war, diesen, namens Melzer, bei der Universität angeklagt, und es waren beide, indem auch dem B[rogi] einiges zuschulden gekommen, bestraft worden.

Später hat demselben B[rogi] ein anderer Student namens Klaatsch auf dem anatomischen Theater, als derselbe mit ihm der Demonstration eines Präparats durch einen andern Studenten zuhören wollen, geboten, ihm aus den Augen zu gehen, indem er im Studentenbanne sei und unter honetten Studenten sich nicht dürfe sehen lassen, und als derselbe nicht gegangen, hat er ihm eine Ohrfeige gegeben und die Worte hinzugefügt: „Nun gehen Sie hin und zeigen es beim Rektor an."

Ich kann diese Handlung nicht anders ansehen denn als eine tätige Einführung des Grundsatzes, daß ein Studierender, der, statt sich zu duellieren, bei der akademischen Obrigkeit klage, als ein Ehrloser zu behandeln sei, und besonders die letzten Worte muß ich ansehen als eine höhnende Herausforderung der Obrigkeit. Dagegen will der Syndikus sie angesehen wissen als eine bloße Ehrensache unter erschwerenden Umständen, und die Majorität des Senats tritt ihm bei. Diese Ansicht gründet sich auf Übergehung des Punktes, der mir der eigentliche scheint, auf Beruhen in Nebendingen, z. B. der großen Unwürdigkeit des B[rogi] und den andern guten Seiten des K[laatsch], auf einer gewissen Politik und auf der Denkart, von welcher ich tiefer unten reden werde.

Der wesentliche Unterschied, der von der Entscheidung dieser vorläufigen Frage abhängt, ist der, daß im ersten Falle der Senat allein entscheidet, im zweiten fünf Beisitzer des Ehrengerichts mit entscheidender Stimme zugelassen werden. Auf diese Weise ist schon die frühere Sache zwischen B[rogi] und M[elzer] behandelt worden, mit meinem Widerspruche, indem ich glaube, daß das Ehrengericht nur in verwickelten Studentenverhältnissen, über die das gemeine Gesetz wenig entscheidet, einberufen werden solle, nicht aber in einem so einfachen und durch die Gesetze so bestimmten Falle, als Peitschenhiebe auf offener Straße sind. Das Urteil hat damals, wie nebst mir auch der Staatsrat Hoffmann glaubt, der bei dieser Gelegenheit die Senatsversammlung verlassen, zu keinem genügenden Resultate geführt, und wir haben ihm ohne Zweifel diesen neuen Auftritt zu danken. Ich glaubte bestimmt vorauszusehen, daß bei gleicher Behandlung auch jetzt dasselbe erfolgen werde, daß es klarwerden würde, wie der Rektor keinen schützen könne, der sich nicht duellieren wolle, daß er mit gutem Gewissen daher solchen Schutz auch nicht versprechen, sondern die Klage abweisen und zum Duelle ermahnen müsse und daß K[laatsch] mit Recht gehöhnt haben werde.

Ungeachtet nun ohne Verletzung der Form, nach welcher die Einleitung der Sache allein vom Rektor abhängt, der Senat seine Meinung nicht hätte durchsetzen können, wie ich demselben in einem Zirkular bemerkt, so würde doch ein Gericht in einer aufgedrungenen Form auch zu keinem Resultate geführt und so ohne Gewinn für die Sache Auftritte veranlaßt haben, welche besser vermieden werden.

Ich habe aus diesem Grunde die ganze Sache, da gleichwohl auf die begehrte Weise an derselben teilzunehmen gegen mein Gewissen wäre, dem Herrn Geheimrat Schmalz, als Exrektor und natürlichem Stellvertreter des Rektors in dessen Behinderungsfalle, übergeben. Die Akten, die auf diese Weise zum Spruche vorliegen, ersuche ich ein königl[iches] Departement sich nachmals vorlegen zu lassen, um den Grund der von mir gewonnenen Ansicht zu beurteilen und sich von der Wahrheit der von mir angegebenen Tatsache zu überzeugen.

Es ist jedoch nicht die Absicht dieses Schreibens, unmittelbar in dieser Sache die Dazwischenkunft eines königl[ichen] Departements aufzurufen, sondern nur die Entschließung, welche besonders durch diese Sache in mir gereift ist und welche pflichtschuldigst vorzulegen die eigentliche Absicht dieses Schreibens ist, dadurch zu begründen. Die Verwilderung unter unsern Studierenden ist nicht die gewöhnliche, die in natürlicher Weise sich erzeugt, sondern sie ist eine bewußte, mit Freiheit und nach

Gesetzen hervorgebrachte. Ich bin oft in Erstaunen gesetzt worden über das konsequente, auf erdichtete Geschichte und Naturphilosophie gegründete System von der Naturgemäßheit und Trefflichkeit der Ausgelassenheit, der Duelle, der landsmannschaftlichen Verbindungen, der Bannauflegungen unter den Studenten, welches von mehreren Studierenden von Zeit zu Zeit mir vorgetragen worden und über die Behauptung, wie es ja notorisch sei, daß dieses alles von der Obrigkeit stillschweigend anerkannt und grundsätzlich darüber durch die Finger gesehen werde. Teilweise beriefen sie sich auf die „Gelegentlichen Gedanken über Universitäten" des Herrn Dr. Schleiermacher. Ich hatte diese Schrift nie gesehen und glaubte, daß diese Berufung entweder auf Mißverständnis oder auf einzelne, aus dem Zusammenhang gerissene, nicht sehr ernste Stellen sich gründe, als ich durch einige Erscheinungen im Senate veranlaßt wurde, diese Schrift selbst zu lesen und z.B. S.126f., 166 jenes System wiederfand. Ich will nicht das viele Vortreffliche, was diese Schrift neben noch anderm, auch Verwerflichem enthält, verkennen, ich will sogar nicht leugnen, daß selbst diese einseitige und leichtsinnige Weise, dasjenige, was nach sittlichen Gesetzen betrachtet werden muß, anzusehen als bloßes Produkt der Natur und Geschichte, ihren Platz in der Reihe der Erkenntnis habe, wo sie polemische Wahrheit besitzt. Aber daß solche Schriften in die Hände der studierenden Jugend fallen, beglaubigt durch die Autorität eines verehrten Lehrers, und ihnen zur Regel der Bildung ihres Studentenlebens dienen, ist grundverderblich. Auch hier sei es fern von mir, dem Verfasser die Gerechtigkeit zu versagen. Er hat (Vorrede, S. VII) seine Schrift zunächst für die bestimmt, die auf diesem Gebiete schaffen, erwägen sollen usw.; aber nachdem sie einmal publiziert war, war es nicht zu vermeiden, daß sie auch in die Hände derer fiel, für die sie nicht bestimmt war. Dies ist geschehen, und so ist der Geist unserer Studierenden gebildet. Und wodurch der Geist unsers Senats? Zuvörderst ist der Verfasser der angezeigten Schrift in demselben von dem bedeutendsten Einflusse, und es ist begreiflich, daß er seine Denkweise besonders gegen mich, der ich ohne mein Wissen durch meine Antrittsrede mit ihm in ein entschieden polemisches Verhältnis gekommen bin, geltend mache.

Mehrere andere Mitglieder des Senats sind auf demselben oder eigenem Wege ungefähr zu derselben Denkart gekommen. Besonders aber ist der neuangestellte Syndikus ganz in ihr befangen, wie ich aus mehreren Stellen seiner Korrespondenz mit mir klar dartun könnte. In einem Senate aber, dessen bei weitem größere Anzahl nicht Juristen sind, wird jedweder Syndikus auch bei den Unbefangensten in Sachen, die juridisch scheinen, über einen Rektor, der auch nicht Jurist ist, ein großes Übergewicht haben.
Unter solchen Umständen muß die Führung des Rektorats durch einen Mann, der gegen einen solchen Geist sich so entschieden ausgesprochen hat, notwendig den heftigsten Widerstand erregen, und sie kann darum unmöglich ersprießlich sein. Entweder fügt er sich der entgegengesetzten Ansicht, so entstehen halbe Maßregeln und ein Schwanken in der Verwaltung, oder er will seine Grundsätze durchführen, so tritt, wie im gegenwärtigen Falle, die Furcht vor größerm Übel und eine Stellvertretung ein, dergleichen ja nicht wiederholt werden muß.
Es ergeht darum an ein königl[iches] Departement mein ganz gehorsamstes Gesuch, schleunigst eine neue Rektorwahl zu veranlassen und mich von der Pflicht dieses Amts zu entbinden. Ein königl[iches] Departement wird sich dadurch zu meinem höchsten Wohltäter machen. Nach den wandelbaren Umständen die Maximen meines Handelns zu bestimmen und dennoch Einheit zu behalten, dazu fehlt es mir gänzlich an Gefügigkeit. Nur indem ich nach einem festen Gesetze und unwandelbarem Grundsatze einhergehe, kann ich ein rechtlicher Mann bleiben. Ich habe bei meiner Wahl diesen meinen Mangel dem Senate deutlich ausgesprochen; derselbe, der jetzt gewiß die Unzweckmäßigkeit derselben einsieht, ist aber dennoch auf ihr verharrt. Trete jetzt ein königl[iches] Departement ins Mittel und verhelfe einem Manne, der auf dem geraden Wege gehend bis in sein funfzigstes Jahr gekommen ist, daß er ferner auf demselben verharren könne.
Meine Wirksamkeit als Lehrer an der Universität, die doch ohne Zweifel meine Hauptbestimmung ausmacht und die bei einem so deutlich zutage gekommenem Widerstreite, bei lästigen Verfügungen, die gegen einzelne zu treffen waren, und bei den mannigfaltigen Verhetzungen und Aus-

streuungen, an denen es nie gefehlt hat, allerdings gefährdet werden könnte, wird durch eine solche Reinigung des Verhältnisses gewinnen. Denn ich sehe so tief ein als einer von der Gegenpartei, daß solche jugendliche Verschrobenheiten einen Menschen nicht durchaus verwerflich machen, daß auch solche späterhin gar wohl sich noch besinnen können, und ich kann mit herzlicher Liebe an ihrer Bildung arbeiten. Nur müssen diese Verkehrtheiten sich mir nicht zur Anerkennung und Unterstützung aufdrängen. Um diese Bitte auch äußerlich zu unterstützen, könnte ich anführen, daß auf andern Universitäten die Dauer des Rektorats auch nur halbjährig ist, daß mit Ende des gegenwärtigen Monats ich gerade ein halbes Jahr Rektor bin und daß ich durch die halbjährige Verwaltung des Amts unter diesen Umständen, dazu gerechnet die einjährige Verwaltung des Dekanats der philosophischen Fakultät beim Beginne der Universität, meinen Anteil an den gemeinsamen Pflichten eines Mitglieds der Universität für geraume Zeit abgetragen zu haben scheinen und ohne Unbescheidenheit den Wunsch hegen könnte, meine Kraft ausschließend dem Amte des Lehrens zurückzugeben.

Ich bitte gehorsamst um baldige Gewährung meines Gesuchs.

Fichte.

An Graf Zichy

Berlin, Mai 1812

[...?] Den Hauptunterricht in der Philosophie an der Universität zu Berlin gibt der unterzeichnete ordentliche Professor derselben. Seiner Überzeugung zufolge ist die Philosophie eine strenge Wissenschaft, die ihren besondern Standpunkt und ihre eigene Sprache hat und die da eben gelernt werden muß, sowie auch Mathematik und andere Wissenschaften gelernt werden müssen. Es kann darum keiner, der sie nicht gelernt hat, über irgendeinen Satz derselben urteilen, und es läßt sich ihm ein bestimmter Begriff von derselben gar nicht beibringen. Überdies ist auch diese Wissenschaft noch nirgends in einer gedruckten Darstellung niedergelegt, die ihren Verfasser befriedigte und auf die er sich berufen könnte, sondern sie wird dermalen nur durch mündliche Mitteilung überliefert. Wohl aber kann dem Ungelehrten die Frage beantwortet werden, wie dieses ihm unbekannte wissenschaftliche System zur Bildung des Lebens und der Ansicht desselben wirke. Hierüber können nun Zeugnis ablegen meine in den neueren Zeiten erschienene populäre Schriften als: die Reden an die deutsche Nation, die Anweisung zum seligen Leben, die Grundzüge des gegenwärtigen Zeitalters, über das Wesen des Gelehrten. Diese selbst zu lesen lade ich alle ein, welche eine ohngefähre und vorläufige Vorstellung vom *Inhalte* meiner Lehre begehren.

Mein Lehrplan ist dieser: Mein Hauptkollegium ist das über die Wissenschaftslehre, d. i. die eigentliche wissenschaftliche Philosophie, dasselbe, was ehedem Metaphysik genannt wurde. Zum Verständnisse dieses Kollegium bereite ich vor durch mancherlei Vorlesungen als: über die Tatsachen des Bewußtseins, über das Verhältnis der gewöhnlichen Logik zur eigentlichen Philosophie u. dgl. Die Wissenschaftslehre wende ich an zur Erzeugung besonderer philosophischer Wissenschaften. So lese ich in diesem Halbjahre die Rechtslehre, sodann die Sittenlehre. So werde ich späterhin eine Philosophie der Natur, vielleicht auch eine Philosophie der Mathematik vortragen. –

J. G. Fichte.

An Ludwig Friedrich Catel[258]

Berlin, 1812

§ 1. Die Idee stellt sich auf eine doppelte Weise dar, teils ihrer bloßen Form nach unmittelbar in einer absoluten Anschauung; teils ihrem Inhalte nach. Obwohl in der letzten Weise sie dem Seher zuerst auch nur in der Anschauung heraustritt, so soll es doch bei der bloßen Anschauung nicht bleiben, sondern sie will praktisch werden. Anschauungen der ersten Art liefert die freie schöne Kunst, Dichtkunst, Malerei, Plastik.

§ 2. Wodurch die Idee auf die *letzte Weise*, etwa als durch ihr Werkzeug ausgedrückt werden soll, ist unmittelbar als solches *begreiflich*, d. h. durch die Form des Begriffs bestimmt; – z. B. der menschliche Körper, der durchaus zweckmäßig gebildet ist. Ganz und durchaus allen seinen Teilen und Verhältnissen nach ist derselbe durch seinen Zweck: Werkzeug zu sein der sittlichen Freiheit und durch die Begreiflichkeit desselben (als zu übersehende und leicht auf Einheit zurückzuführende Mannigfaltigkeit) bestimmt und fertig, und die Anschaubarkeit der bloßen Form der Idee hat mit dieser Bestimmung desselben gar nichts zu tun. Er ist durch den Begriff seines Zweckes ganz fertig. Wird er nun wirklich praktisches Werkzeug der Idee werden, so wird auch die bloße Form dieser Idee sich an ihm anschaulich machen, über jene erste Bestimmung durch den Begriff hinaus, ihr unbeschadet, in der durch sie nur bestimmten Sphäre. Im Auge, das zum Sehen bestimmt ist, wird auch noch überdies, ohne daß es darum schlechter sehe, Freundlichkeit, Milde, Begeisterung, usf. [erscheinen].

§ 3. Die Idee wird praktisch gemacht durch eine Kunst der Begriffe, die selbst durch den Begriff bestimmt ist, z. B. die Redekunst. Diese hat im Fall ihrer Ausübung allemal einen bestimmten Zweck, und ihre allgemeinen Regeln sind ihr vorgeschrieben durch die Begriffmäßigkeit überhaupt; bestimmte Einheit der Mannigfaltigkeit, die Ordnung gibt und Klarheit. Erst jenseits der vollkommenen Erfüllung dieser Gesetze und in der Sphäre, die von diesen unbestimmt bleibt, mag sie auch noch schöne Kunst sein. Anders die Dichtkunst, die durchaus keinen bestimmten Zweck der Belehrung oder Mitteilung sich vorzuschreiben hat. Das Gegenbild der Redekunst im Raume ist die Baukunst, so wie das Gegenbild der Dichtkunst in demselben Raume die Malerei und Plastik.

Das Bauen ist keineswegs wie die Malerei etc. freie Kunst, die es nur mit dem Ausdrucke der Form der Idee zu tun hätte, sondern sie ist eine praktische Kunst für den zwar auch nicht willkürlichen, sondern durch die sittliche Bestimmung des Menschen aufgegebenen Zweck, einen Raum für einen gewissen Gebrauch einzuschließen: bestimmt durch diese Form und seine Begriffsmäßigkeit, als die Form alles vernünftigen Wirkens. Durch diese beiden Stücke sind nun alle Teile eines Bauwerks so durchaus bestimmt wie der menschliche Körper oder eine vollkommene Rede, und sie ist insofern durchaus nur praktische Kunst. Sollte sie auch noch schöne Kunst sein, so könnte sie dies nur werden jenseits jener allgemeinen Bestimmungen. (So jemand Ideen ausdrücken wollte, wo er bestimmte Begriffe (lehrend) mitzuteilen hätte, dichtete, statt zu lehren, eine Statue errichtete statt eines Hauses, so verstieße dieser gegen die praktische Grundform aller Idee. Ob dieser Mißgriff theoretisch schon dagewesen, ist mir nicht bekannt; in der Ausführung ist er häufig dagewesen und hat zu unzähligen Verwirrungen die Veranlassung gegeben.)

§ 4. Die Frage, ob die Baukunst auch eine schöne Kunst sei und inwiefern, hängt wieder ab von der Beantwortung der Frage über die Grenze des ihr gegebenen Begriffes. Durch diesen, den Zweck und seine Begriffsmäßigkeit, sind alle Teile des Gebäudes, *inwiefern sie den Raum absondern*, die Größe desselben, die Verhältnisse der Teile usw. gesetzt. (Eurhythmie, Symmetrie usw. haben mit der Idee nichts gemein, sondern sind durch den Begriff gefordert, sie gehören nicht zur Schönheit, sondern zur Begriffsmäßigkeit – Richtigkeit.) Auch ist eine, einzeln wohl gefühlte, in den Begriff der Sache aber gewöhnlich nicht aufgenommene Bedingung nicht zu vergessen, daß man nicht einzelne Häuser, sondern ganze Städte baut, daß überhaupt ein Bauwerk gar sehr in seinen Verhältnissen bestimmt wird durch den Platz, den es einnimmt.

§ 5. Durch den Zweckbegriff also ist das ganze Gebäude in allen seinen Teilen geschaffen und steht vollendet da. Was bleibt denn also übrig für die schöne Kunst der formalen Idee? Dies: dort habe ich bloß den Raum abschließende Flächen (Wände usw.), diese sind leer. Darüber verordnet der Begriff nichts weiter. Ihre Verzierung bleibt mir übrig; ebenso wie in dem schon sehenden Auge, das übrigens nichts ausdrückte, noch der Ausdruck der Freundlichkeit usw. sich abspiegelte.

§ 6. Es versteht sich wohl, daß es Verzierung durch die Baukunst als solche, nicht etwa durch eine andere schöne Kunst sein solle. Daß ich die leeren Wände z. B. durch Malerei verzieren, in den Nischen Statuen aufstellen kann, findet sich wohl, aber das tut der Maler und Bildhauer, nicht der Baumeister. Wenn die Baukunst nicht einen Ausdruck der idealen Form aufweist, der ihr ausschließendes Eigentum ist, so ist sie überhaupt nicht schöne Kunst.

§ 7. Es findet sich ein Vorliegendes, durch welches sie ein solches ausschließendes Eigentum aufweisen kann, das *Denkmal*. Der durch dasselbe eingeschlossene Raum ist nicht zu irgendeinem Gebrauche bestimmt, wenigstens ist dies nicht der einzige Zweck desselben; es wird also auch nicht durch denselben in seiner Form beschränkt: – sondern es soll bloß ein sichtbarer Gegenstand dargestellt werden für die bloße Anschauung. Hier also wird einmal gebaut, bloß damit gebaut werde, wie überhaupt gedichtet, gemalt usw. wird, weil das Auszudrückende nur auf diese Weise sich ausdrücken läßt. – Ist nun das Denkmal lediglich Hieroglyphe für den Verstand? Dann leistete, seitdem die Buchstabenschrift erfunden worden, die wohlfeilere Inschrift, Sinnspruch auf dem Steine dasselbe. Keinesweges. Es soll Ideen zwar nicht *ausdrücken*, aber *anregen*.
Auf diesen Unterschied kommt alles an. Wer einen ernst nachdenkenden, gerührten Mann malt, drückt Ernst und Rührung objektiv aus: wer in einen einsamen, von düstern Bäumen beschatteten Raum mich einschließt und die Bilder der Vergänglichkeit mir vor Augen stellt, drückt Ernst und Rührung gar nicht objektiv aus, sondern will sie subjektiv in mir erregen. Das erste ist das Gebiet des Malers, das zweite des Baukünstlers: (auch der Gartenkünstler gehört hierher).
§ 8. In diesem Prinzip liegt nun das Prinzip aller Verzierung – des Elements der Baukunst, als *schöner* Kunst: und hieraus ist alles zu erklären – von der Arabeske an, die nur in fester Materie als Stukkatur Eigentum der Baukunst wird, – in Privathäusern oder Konzertsälen, die gleichsam die Phantasie entfesselt und zum leichten Spiele einladet, bis zu den erhabenen Türmen und Säulenhallen der Kirchen und dem andern Eigentümlichen der antiken oder altdeutschen Baukunst, die zur Erhebung des Gemüts einladen.
Nach diesen Grundsätzen, glaube ich, müßten die vorliegenden Ansichten geordnet werden, und es würde dann manches darin ganz anders erscheinen. In das Besondere dabei einzugehen, überhebe ich mich.

An Julius Eduard Hitzig[259]

Berlin, 1813

Ich billige höchlich Fouqués Entschluß, den Sie mir melden, werter Freund, bei seiner so sehr angegriffenen Gesundheit seinen Abschied zu nehmen und sich der Welt zu erhalten.

Früher, als das Ganze den Krieg wohl *wünschte*, aber nicht eigentlich ihn *wollte*, weil es kein rechtes Vertrauen zu dem Erfolge hatte, war es die teure Pflicht jedes Rechtlichen, durch seinen öffentlichen Beitritt die Masse *des wirklichen Kriegsbeschlusses* zu verstärken; damals mußte jeder sein Leben an dieses eine, was damals not tat, setzen, und Fouqué am allerwenigsten konnte sich ausschließen und etwas andres bedenken außer diesem einen; und er tat es auch nicht. Dieser Zustand dauerte fort in der Epoche vor dem Waffenstillstande, während des Waffenstillstandes ganz besonders. Seitdem aber, seit unsern glänzenden Siegen, besonders seit dem letzten entscheidenden, fehlt es nicht mehr am Wollen des Krieges; dieses Ziel ist erreicht, und das sittliche Gewicht, welches Fouqué und andere dafür in die Waagschale legten, hat nun gezogen.

Jetzt wird Fouqué ein Leutnant, wie andere. Aber daß er sein Leben im Lazarette wage, auf die Hoffnung hin, noch einmal mit der Hand tapfer dreinzuschlagen oder andere zum tapfer Dreinschlagen zu ermahnen, dazu ist sein Leben zu teuer. Dazu werden sich andere finden, welche entweder mehr Aussicht haben, dieses Dreinschlagen in guter Gesundheit zu erleben oder, bei denen es auch nicht so viel verschlägt, ob sie eben leben oder nicht leben.

Erführe ich, daß man sich F[ouqués] Rat bediente und daß er an der Leitung irgend bedeutender und allgemein eingreifender Angelegenheiten stände, so würde ich raten, daß er selbst mit Gefahr seiner Erhaltung bliebe: denn dazu ist das Leben da, daß es drangesetzt werden soll, für einen würdigen Zweck nämlich. Ist dies nicht der Fall, so sehe ich so vieles andere Bessere, das F[ouqué] tun kann und tun wird, wenn er jenes Dienstes entledigt ist. – Der Krieg ist mit der Schlacht bei Leipzig nicht zu Ende: wolle Gott nicht, daß er es sei! Er muß fortgesetzt werden; er sollte viel verständiger fortgesetzt werden, als er bis jetzt geführt worden, besonders sittlicher, bildend, nicht verbildend und neuerdings tiefer verwildernd. Alles dieses sieht F[ouqué] ohne Zweifel sehr gut ein, und er kann es sich zu einem eigenen Geschäfte machen, über alle diese Gegenstände öffentlich seinen Rat abzugeben, da man privatim ihm denselben kaum abverlangen wird. Dient er dann nicht besser der öffentl[ichen] Angelegenheit des deutschen Krieges, als ob er mit eigner Hand noch einige Dutzend Franzosen erlegte?

Leben Sie wohl, und wenn Sie Fouqué schreiben, grüßen Sie ihn herzlich von mir.

Der Ihrige
Fichte

An Friedrich Baron de la Motte Fouqué

Berlin, 17. Februar 1813

So gehe denn, teurer innig Geliebter und Verehrter, wohin Dein Herz Dich ruft. Es ist ein großer Moment gegeben; es gehören Männer wie Du dazu, und diese am rechten Platze, um ihn herauszugestalten.

Mich hat die rechte Freudigkeit und Hoffnung noch nicht ergreifen wollen; wenigstens nicht, wenn ich die Menschen ansehe. Doch Gott hat ja gezeigt, daß er noch immer Wunder tue.

Ich habe soeben tiefer denn je in die Wissenschaftslehre mich eingegraben, die ich ununterbrochen für ebenso tief ergriffene Zuhörer vortrage. Es schwebt ein eignes Schicksal über dieser Wissenschaft. Im Jahre 6 sahe ich das Licht, in welchem die Wahrheit allen einleuchten müßte, vor mir liegen und glaubte nur zugreifen zu dürfen. Die Folgen der unglücklichen Schlacht bewogen mich zur Auswanderung. Jetzt, nach Jahren des Wanderns und der Krankheit glaubte ich an demselben Punkte zu stehen; aber es scheint, daß ich wieder werde unterbrochen werden.

Dagegen will ich mich wehren, wenigstens so lange, als ich darf. Ich muß mir drum den süßesten Wunsch versagen, Dich noch einmal in Nennhausen zu besuchen – dagegen bitte ich Dich, auf folgenden Vorschlag einzugehen. Dein Zug nach Breslau muß Dich ja in der Nähe bei Berlin vor-

beiführen; etwa über Spandau, Potsdam – so daß eine Zusammenkunft mir nicht mehr als 1 oder 2 Tage koste. Melde mir Ort u. Zeit, und ich komme.
Übrigens hoffe ich, daß auch ohnedies ich Dich noch vor ausgefochtnem Kampfe gesehen haben würde. Unsere Universität wird wahrscheinlich ganz zusammenschmelzen, und ein Örtgen zu einsamer Meditation wird es auch bald nicht mehr geben. Ich habe auf diesen Fall schon Anträge gemacht, welche auch mich in das Feld der Waffen führen würden, und ich erwarte die Antwort auf diese Anträge. Mein Sohn, der jetzt das gesetzmäßige Alter noch nicht hat, wird mich sodann begleiten. Möchte sodann das Geschick uns einander naheführen, möchte ich meinem Sohne in Dir einen zweiten Vater und Führer geben können!
Ihre eigne innre Großherzigkeit unterstütze Deine Gattin, der ich mich ehrerbietig empfehle, und die Deinigen. Meine Frau grüßt und betet für Dich und für die gute Sache.
Deinen gütigen Antrag an hiesige Freiwillige aus den Studierenden habe ich unserm Rektor v. Savigny zum Gebrauche gemeldet. Was von meiner Bekanntschaft fortwollte, ist schon fort, nach Breslau.
Heil und Segen! Auf baldiges Wiedersehen. Ganz der Deinige

Fichte

Anmerkungen

1 Christian Fichte (1737–1812).
2 Albert Christian Meineke (1757–1807).
3 Christian Friedrich Pezold (1743–1788), Prof. der Theologie und Pastor an der Leipziger Universitätskirche.
4 Johanna Rahn (1755–1819), spätere Frau Fichtes.
5 Johann Friedrich Seeghitz (gest. 1824), aus Plauen.
6 Helena Maria Christine von Titot.
7 Anna Dorothea Ott (1755–1836).
8 Antonius Ott (1748–1800), Fichtes Dienstherr in Zürich.
9 Heinrich Tobler (1737–1803), Kaufmann in Zürich.
10 Johann Christoph Weißhuhn (geb. 1750).
11 Sophie Beate Weißhuhn.
12 Allgemeine Deutsche Bibliothek und Deutsches Museum; zwei namhafte Periodika der Aufklärung.
13 Marie Christiane von Koppenfels (1748–1810), Frau des Kanzlers Koppenfels.
14 Friedrich Schiller.
15 Johann Christoph Rost (1717–1765), Dichter.
16 Kritische Übersicht der neuesten schönen Literatur (Leipzig 1788).
17 Dietrich von Miltitz (1769–1853), bis 1790 Student der Rechte in Leipzig, dann bei der sächsischen Reiterei.
18 Christoph Gottlob Burgsdorff (1736–1807), Oberkonsistorialpräsident in Dresden.
19 Apostel Paulus.
20 Georg Joachim Zollikofer (1730–1788).
21 Johann August Eberhard (1739–1809), Prof. der Philosophie in Halle.
22 Gottlieb Peuker (1764–1830).
23 Paul Thieriot (geb. 1780).
24 Sächsischer Bauernaufstand (1790).
25 Friedrich August III. (1750–1827), seit 1763 Kurfürst von Sachsen.
26 Einleitung in die „Kritik der Urteilskraft" (1790).
27 Johann Gottfried Dyk (1750–1813), Dichter und Buchhändler in Leipzig.
28 Karl Heinrich Heydenreich (1764–1801), Prof. der Philosophie in Leipzig.
29 Johann Kaspar Fäsi (1769–1849), Prof. an der Kunstschule in Zürich.
30 Paulus Usteri (1768–1831), Student in Halle, Mediziner und Botaniker.

31 David Rahn (1769–1848), Medizinstudent in Halle, 1791 Promotion.
32 Carl Friedrich Bahrdt (1741–1792), Geschichte seines Lebens (1790), bekannter Aufklärer.
33 Christoph Friedrich Gottlieb Wenzel (1759–1814).
34 Karl Gottlob Sonntag (1765–1827).
35 Johann Friedrich Schultz (1739–1805).
36 Katharina von Plater (gest. 1832).
37 Ludwig Ernst Borowski (1740–1831), bekannter Kant-Biograph aus dem Königsberger Kant-Kreis.
38 Gottfried Leberecht Hartung (1747–1797), Königsberger Verleger, brachte 1790 Fichtes „Kritik aller Offenbarung" heraus.
39 Ovid, Metamorphosen, lib. 8 v. 874.
40 Johann Christian Viktor Kindervater (1758–1806), Theologiestudent in Leipzig.
41 Christian Daniel Beck (1757–1832), Prof. für Griechisch in Leipzig.
42 Johann Samuel Fest (1754–1796), Pfarrer in Leipzig.
43 Allgemeine Deutsche Bibliothek 91. Bd., 2. Stck. (1790).
44 Johann Kaspar Friedrich Manso (1760–1826).
45 Im „Intelligenzblatt der Allg. Lit.zeitung", Nr. 82 vom 30. 6. 1792 wird diese fälschliche Zuordnung hergestellt; dazu Kants Berichtigung in: ebenda, Nr. 102 vom 22. 8. 1792.
46 Heinrich Theodor von Schön (1773–1856), bedeutender preußischer Beamter, später Regierungspräsident von Westpreußen.
47 Predigt von Sonntag Exaudi 1792 (vgl. auch Fichte, Akademie-Ausgabe II, 2).
48 Franz Volkmar Reinhard (1753–1812), Prof. für Philosophie und Theologie und seit 1792 Oberhofprediger in Dresden.
49 Carl Leonhard Reinhold (1757–1823), von 1787 bis 1794 Prof. für Philosophie in Jena, Vorgänger von Fichte; danach in Kiel. Erster bedeutender Kantianer (vgl. seine „Briefe über die Kantische Philosophie" 1790/92).
50 Gottlieb Hufeland (1760–1817), Prof. für Jura in Jena.
51 Allgemeine Literaturzeitung (Jena).
52 Hufelands Verteidigung in: Intelligenzblatt der A. L. Z., Nr. 133 vom 14. 11. 1792.
53 Johann Andreas Quenstedt (1617–1688), Prof. für Theologie in Wittenberg.
54 David Hollatz (1648–1713), Pfarrer in Jakobshagen.
55 Friedrich Immanuel Niethammer (1766–1848), Philosoph und Theologe, Herausgeber (zusammen mit Fichte) des „Philosophischen Journal" (1795/1800), Freund von Hegel und Schelling.

56 Fichtes „Beitrag zur Berichtigung der Urteile des Publikums über die Französische Revolution" (1793).
57 In: Schleswigsches Journal, August 1793.
58 In: Philosophisches Journal, hrsg. von C. Ch. Schmid und F.W.Snell, Gießen 1793, S.1–72.
59 Heinrich Stephani (1761–1850), Hofmeister.
60 Christian Friedrich, Graf von Castell-Remlingen (1772–1850).
61 „Zurückforderung der Denkfreiheit von den Fürsten Europens, die sie bisher unterdrückten" (1793).
62 Ferdinand Troschel in Danzig.
63 Fichtes Rezension des „Aenesidemus" (In: A. L. Z. vom 11./12.2. 1794).
64 Jens Immanuel Baggesen (1764–1826), dänischer Dichter, Vertrauter des Jenaer Kreises um 1800.
65 Carl Leonhard Reinhold, Über das Fundament des philosophischen Wissens, Jena 1791.
66 Carl Leonhard Reinhold, Beiträge zur Berichtigung bisheriger Mißverständnisse der Philosophen, Jena 1794.
67 Christian Beatus Kenzelmann (1761–1843).
68 Christian Gottlob Voigt (1743–1819), Weimarischer Minister.
69 Friedrich Johann Justin Bertuch (1747–1822).
70 Karl Christian Erhard Schmid (1761–1812), Prof. der Philosophie in Jena.
71 Karl August von Sachsen-Weimar, nahm am 5. Februar 1794 seinen Abschied vom preußischen Militär.
72 Gustav II. Adolf (1594–1632).
73 Bernhard, Herzog von Sachsen-Weimar (1604–1639).
74 Johann Gottfried Ebel (1764–1830), Frankfurter Arzt, Freund Hölderlins.
75 Die Herausgabe der Gesammelten politischen Schriften von Immanuel Sieyès in zwei Bänden (1796).
76 Isaac von Sinclair (1775–1815), Homburgischer Minister, Freund Hölderlins.
77 Johann Rudolf Fischer (1772–1800).
78 Parmenion (400–330 v.u.Z.).
79 Beitrag zur Berichtigung der Urteile des Publikums über die Französische Revolution.
80 Die Horen, hrsg. von F.Schiller (1795–1797).
81 Johann Friedrich Cotta (1764–1832).
82 Claude Camille Perret (1769–1834), Student in Jena, Gründungsmitglied der literarischen Gesellschaft der freien Männer in Jena.
83 Friedrich Heinrich Jacobi (1743–1819), Generalsekretär der Bayrischen Akademie der Wissenschaften.
84 Friedrich Wilhelm von Humboldt (1767–1835).

85 J.G.Fichte, Über die Bestimmung des Gelehrten (1794).
86 Ernst Platner (1744–1818), Prof. der Philosophie in Leipzig.
87 Johann August Heinrich Ulrich (1746–1813), Prof. der Rechte in Jena.
88 Johann August Reichardt (1741–1808), Prof. der Rechte in Jena.
89 Karl Ludwig Woltmann (1770–1817), Historiker in Jena.
90 Johann Jakob Griesbach (1745–1812), Prof. der Theologie in Jena.
91 Karl David Ilgen (1763–1834), Prof. der Theologie und für orientalische Sprachen in Jena.
92 Johann Wilhelm Schmid (1744–1798), Prorektor in Jena.
93 Die literarische Gesellschaft der freien Männer in Jena 1794 bis 1799.
94 Hans Georg von Hammerstein (1771–1841), Student in Jena.
95 Jenaer Studentenorden.
96 Friedrich Christoph Wilhelm von Korf, Student in Jena.
97 Maximilian Friedrich von Plettenberg (1771–1813), Student in Jena.
98 Salomon Maimon (1754–1800), Philosoph in Berlin.
99 Friedrich V. (1723–1766).
100 Theobald Bacher (1748–1813), französischer Gesandtschaftssekretär in der Schweiz.
101 Charlotte Sophie (1753–1796).
102 Johann Friedrich Zwanziger (1777–1810), Prof. der Philosophie.
103 Petrus Phleps (1767–1808), Student in Jena.
104 Es ist unklar, ob der bekannte Jurist oder der Mediziner gemeint ist.
105 „Über Geist und Buchstab in der Philosophie" (in: Die Horen).
106 Gotthold Ephraim Lessing (1729–1781).
107 J. G. Fichte, Grundriß des Eigentümlichen der Wissenschaftslehre (1795).
108 Christian Ernst Gabler, Buchhändler in Jena.
109 Friedrich Wilhelm Joseph Schelling (1755–1854), Generalsekretär der Münchener Akademie der bildenden Künste.
110 Vom Ich (1795).
111 Benedikt de Spinoza (1632–1677).
112 Jenaer Studentenorden.
113 Von Adam Weishaupt 1776 gegründet.
114 Die Studenten Petersen, Bergmann und Holdorf.
115 Reinholds Sohn Friedrich, geb. 1795.
116 Die anderen Kinder von Reinhold: Karoline (geb. 1786), Karl (geb. 1788) und Ernst (geb. 1793).
117 Christoph Martin Wieland (1733–1811).

118 Johann Samuel Ith (1747–1813). Sein „Versuch einer Anthropologie“ erschien in Bern 1794/95.
119 Lazzaro Spallanzani (1729–1799), italienischer Naturforscher, berühmter Experimentator (Vivisektion).
120 Emanuel Haller, in Bern.
121 S. Maimon, Versuch einer neuen Logik, Berlin 1794.
122 David Hume (1711–1776).
123 Johann Gottfried Herder (1744–1803).
124 Detlev Friedrich von Bielfeld (1766–1835), erwarb 1794 in Jena den philosophischen Doktorgrad.
125 Johann Friedrich Herbart (1776–1841), Prof. der Philosophie in Königsberg, Vorgänger von Karl Rosenkranz.
126 Heinrich Eberhard Gottlob Paulus (1761–1851).
127 F. H. Jacobi, Eduard Allwills Briefsammlung (1792).
128 J. G. Fichte, Beitrag zur Berichtigung der Urteile des Publikums über die Französische Revolution (1793).
129 Karl Theodor von Dalberg (1744–1817).
130 Johann Hartmann Rahn starb am 29. 9. 1795.
131 Gottfried Wenzel von Purgstall (1773–1812).
132 Fichtes „Grundlage des Naturrechts“ (1796).
133 F. H. Jacobi, Woldemar (1779).
134 Johann Erich von Berger (1772–1833).
135 D. i. Fichtes Sohn Immanuel Hermann (1796–1879).
136 August Ludwig Hülsen (1765–1810).
137 Johanna Eleonore Schultz (1751–1795), Frau des Königsberger Mathematikprofessors Johann Friedrich Schultz.
138 Hrsg. I. Niethammer und J. G. Fichte, erschien von 1795 bis 1800.
139 Jakob Sigismund Beck (1761–1840), Prof. der Philosophie in Halle, bedeutender Kantianer.
140 In: Philosophisches Journal Bd. 5 (1797), Heft 1, S. 67–116.
141 Friedrich Bouterwek (1766–1828).
142 Göttingische Anzeigen von gelehrten Sachen.
143 Franz Wilhelm Jung (1758–1833), Minister in Mainz, Freund von Hölderlin.
144 Fichtes „Appellation an das Publikum“ (1799), Fichtes große Verteidigungsschrift gegen den Atheismus-Vorwurf.
145 Die Aufsätze F. K. Forbergs und J. G. Fichtes im Philosophischen Journal.
146 Gottlob Ernst Ludwig Schulze (Pseud.: Aenesidemus) (1761–1833).
147 F. H. Jacobi, Über die Lehre des Spinoza in Briefen an Mendelssohn (2. Aufl., 1789).
148 Johann Ernst Christian Schmidt (1772–1831), Prof. der Philosophie in Gießen.

149 Das „Philosophische Journal einer Gesellschaft Teutscher Gelehrten“, hg. Fichte und Niethammer.
150 Wissenschaftslehre nova methodo (1796/97).
151 Grundlage der gesamten Wissenschaftslehre.
152 Christian Ernst Gabler.
153 Johann Philipp Gabler (1753–1826), Prof. der Theologie in Altdorf.
154 Georg Friedrich Heyer (geb. 1770).
155 Heinrich Gottfried Stamm, Gießener Verleger.
156 J. E. Schmidt, Nachricht an das unterrichtete Publikum, den Fichteschen Atheismus betreffend, Gießen 1799.
157 D.i. August Wilhelm Rehberg (1757–1836).
158 D.i. Johann Gottfried Dyk (1750–1813), Leipziger Verleger.
159 Heinrich Eberhard Gottlob Paulus (1761–1851).
160 Wurde nicht veröffentlicht.
161 Johann Gottfried Herder (1744–1803).
162 Friedrich Ludwig Wurmb (1725–1800), der sächsische Minister, der die Atheismusklage zu behandeln hatte. Seine Schrift „Das Grabmal des Leonidas“ erschien 1798.
163 Philipp Albert Stapfer (1766–1840).
164 Theodor Ziemssen (1777–1843).
165 Louis-Marie Turreau (1756–1816), französischer General.
166 Reinhold an Fichte vom 16. April 1799, in: Akademie-Ausgabe Bd. III.3, S. 323 f.
167 F. K. Forberg, Über den Geist des Lutheranismus, in: Philosophisches Journal Bd. VI (1797), Heft 3.
168 „Über die Entwicklung des Begriffs der Religion“, in: Philosophisches Journal (1798), Auslöser des Atheismusstreites.
169 Ermordung der französischen Gesandten am 28. April 1799.
170 Charles-Joseph Mathieu Lambrechts (1753–1823), französischer Justizminister während des Rastatter Mordes.
171 Paul I. (1754–1801), Kaiser von Rußland (1796–1801).
172 William Pitt (1759–1806), englischer Premierminister.
173 C. L. Reinhold, Über die Paradoxien der neuesten Philosophie, Hamburg 1799.
174 Franz Wilhelm Jung.
175 Heinrich Philipp Henke (1752–1809).
176 Ernst Ferdinand Klein (1744–1810).
177 Christian Konrad Dohm (1751–1820).
178 Neue theologische Annalen.
179 Ludwig Tieck (1773–1853).
180 Amalie Tieck, geb. Alberti (1776–1851).
181 Johanna Reichardt, geb. Alberti (geb. 1754).
182 Ludwig Friedrich Heindorf (1774–1816).
183 Friedrich Schleiermacher (1768–1834).

184 Johann Gottlieb Walther (1734–1818).
185 Karl Friedrich Beyme (1765–1838), preußischer Minister.
186 Abraham Abramson (1754–1811).
187 Novalis (1772–1801).
188 Daniel Loos (1735–1819).
189 Friederike Juliane Griesbach (1758–1831).
190 Kants Erklärung zu Fichtes Wissenschaftslehre, in: A. L. Z. vom 7. Aug. 1799 (in: Kants gesammelte Schriften, hrsg. von der Preuß. Akad. d. Wiss., Berlin 1902, Bd.12, S.396–397).
191 Friedrich Wilhelm III. von Preußen (1770–1840).
192 Friedrich Christoph Jensen (1754–1827).
193 Friedrich Spanheim (1632–1701). Fichte nahm irrtümlich an, daß er 1673 Spinoza die Heidelberger Professur vorschlug, tatsächlich beauftragte Kurfürst Karl Ludwig von der Pfalz Johann Ludwig Fabritius mit diesem Vorschlag.
194 Friedrich Gedike (1754–1803), Direktor des „Grauen Klosters".
195 André Masséna (1758–1817).
196 Wilhelm Rein.
197 Schellings Schrift „Ideen von einer Philosophie der Natur" (1797). Rezensent ist J.F. Herbart.
198 Garlieb Merkel (1769–1850).
199 Schlegels Roman „Lucinde".
200 Johann Karl August Fischer (1765–1816).
201 Caroline Böhmer-Schlegel, geb. Michaelis (1763–1809), die spätere Frau von Schelling.
202 Fichtes „Bestimmung des Menschen".
203 Der offene Brief „Jacobi an Fichte" (1799).
204 Salomon Heinrich Michaelis (1768–1844), Verleger in Neustrelitz.
205 J. H. G. Heusinger, Über das idealistisch-atheistische System Fichtes, Dresden 1799.
206 Der Kreis um Christoph Friedrich Nicolai (1733–1811).
207 Ch.M. Wieland, Geschichte des Agathon (1766/67).
208 Anna Marie Fichte, geb. Petzold.
209 Johann Christoph Petzold.
210 C.G. Bardili, Grundriß der ersten Logik (1800).
211 Brüder Schlegel und Schelling.
212 Johannes von Müller (1752–1809).
213 Schellings „Über die Jenaische A.L.Z." (1800).
214 Beleidigungsklage von Schütz gegen Schelling (1800). Christian Gottfried Schütz (1747–1832) war der Redakteur der Jenaischen A.L.Z.
215 Der Plan der „Jahrbücher der Kunst und Wissenschaft".
216 M.G. Herrmann (geb. 1754).
217 L. Tieck, Leben und Tod der heiligen Genovefa (1800).

218 Simon Veit (gest. 1819).
219 Zeitschrift der Brüder Schlegel (1798–1800).
220 In: Athenäum, Bd. 3 (1800).
221 F. Schleiermacher, Vertraute Briefe über F. Schlegels „Lucinde“ (1800).
222 J. G. Fichte, Der geschlossene Handelsstaat (1800).
223 Dorothea Veit, geb. Mendelssohn (1763–1839).
224 Johann Friedrich Unger (1753–1804), Berliner Verleger.
225 Friedrich Karl Forberg (1770–1848).
226 Johann Gottlieb Buhle (1763–1821).
227 Johann Heinrich Abicht (1762–1816), „Hermias oder Auflösung der die gültige Elementarphilosophie Aenesidemischen Zweifel“ (1794).
228 F. W. J. Schelling, Darstellung meines Systems der Philosophie (1801).
229 C. L. Reinhold, Der Geist des Zeitalters als Geist der Philosophie, in: Neuer Teutscher Merkur (1801).
230 Johann Baptist Schad (1758–1834), Prof. der Philosophie in Jena und zwischen 1804 und 1819 in Charkov.
231 Kritisches Journal der Philosophie, hrsg. von F. W. J. Schelling und G. W. F. Hegel (1802/03).
232 Karl Gottlob Schelle, ab 1805 Konrektor in Freiberg.
233 D. i. C. L. Reinhold.
234 Wilhelm Traugott Krug (1770–1842).
235 Spinozas „Ethik“.
236 Georg Wilhelm Friedrich Hegel (1770–1831).
237 Joseph Rückert (1771–1813).
238 Karl Friedrich Zelter (1758–1832).
239 Johann Christoph Schmidt (1727–1807).
240 J. W. v. Goethe, Die natürliche Tochter (1804).
241 Johann Jakob Mnioch (1765–1804).
242 Anne Louise Germaine des Staël, geb. Necker (1766–1817).
243 Friedrich Köppen (1775–1858).
244 Georg Friedrich Hildebrandt (1764–1816).
245 Dieser Plan Fichtes kam dann bei der Gründung der Berliner Universität zur Ausführung; Fichte war der erste gewählte Rektor der Berliner Universität.
246 Johann Friedrich Delbrück (1765–1830).
247 Friedrich Leopold von Schrötter (1743–1815).
248 Charlotte von Knobloch, geb. v. Schrötter.
249 Karl August von Hardenberg (1750–1822), preußischer Minister, Steins Nachfolger (1810).
250 Karl Ferdinand Friedrich von Nagler (1770–1846).
251 Julius Eberhard Wilhelm Ernst von Massow (1750–1816), Wissenschaftsminister Preußens.

252 Karl von Stein zum Altenstein (1770–1840), preußischer Minister.

253 Hans Jakob von Auerswald (1757–1833), preußischer Staatsbeamter.

254 Johann Brahl (1752–1812), Beamter in Königsberg.

255 Gazette nationale, ou le Moniteur Universel, Paris; gegründet 1789.

256 Henrik Steffens (1773–1845).

257 Paraklet (Griech.), wörtl.: Tröster, vgl. Joh.evang.

258 Ludwig Friedrich Catel (1776–1819), Architekt.

259 Julius Eduard Hitzig (1780–1849), Verleger in Berlin.

Zu dieser Ausgabe

Diese Auswahl von Briefen Johann Gottlieb Fichtes vereinigt diejenigen brieflichen Zeugnisse des Philosophen, die wesentliche Aussagen zu seiner Persönlichkeit und Lehre beinhalten. Sie vermitteln ein in sich geschlossenes Bild seines Lebensweges und der Knotenpunkte seiner philosophischen Entwicklung. Die Anmerkungen ergänzen die Briefe durch Hinweise auf das Leben des Philosophen und seiner Briefpartner sowie durch die Anführung von zeitgenössischen Einschätzungen der Persönlichkeit Fichtes und seiner Philosophie.

Die Ausgabe Johann Gottlieb Fichte, Briefe, erschien 1962 zum ersten Mal. Sie wird hier erneut – um 72 Stücke erweitert – vorgelegt. Der Textgestaltung liegt die Ausgabe zugrunde: J. G. Fichte, Briefwechsel. Kritische Gesamtausgabe. Gesammelt und herausgegeben von Hans Schulz. Leipzig: H. Haessel Verlag 1925. Briefe, die in dieser Ausgabe nicht enthalten sind, wurden aus der J.-G.-Fichte-Gesamtausgabe der Bayerischen Akademie der Wissenschaften, Abt. III. Briefe, herausgegeben von Reinhard Lauth, Hans Jacob und Hans Gliwitzky, Stuttgart-Bad Canstatt: Friedrich Frommann (Günther Holzboog) Verlag 1968ff. übernommen (an Ebel vom 16. 6. 1794, an Reinhold vom März/April 1795 – 2. Entwurf, an Baggesen vom August 1795, an Voigt vom 28. 8. 1795, an Böttiger vom 8.1.1796, an Karl August von Weimar vom 18.3.1799, an Stapfer vom 6. 4. 1799 und vom 5. 2. 1800, an die Familie vom 20. 2. 1800), ebenso die bei einzelnen Briefen in der Ausgabe von Schulz fehlenden Textteile. Insgesamt wurden die Briefe mit der J.-G.-Fichte-Gesamtausgabe verglichen.

Die Briefe wurden ungekürzt wiedergegeben. Die Rechtschreibung wurde dem heutigen Stand angeglichen, die Zeichensetzung zurückhaltend modernisiert. Eckige Klammern zeigen erläuternde Zusätze des Herausgebers an.

Der Herausgeber hat Reinhard Lauth zu danken, der ihn bei der Zusammenstellung der Auswahl von Briefen Johann Gottlieb Fichtes sachkundig beraten hat. Für Mitarbeit an der Textgestaltung und an den Anmerkungen ist Jutta Carlin und Steffen Dietzsch zu danken.

August 1985 *Manfred Buhr*

Personenregister

Inhalt

Die Hegelsche Linke

Dokumente zu Philosophie und Politik
im deutschen Vormärz

Herausgegeben und mit einer Einleitung
von H. und I. Pepperle
Band 1104 · Leinen 7,50 M

Die Hegelsche Linke wurde von den Junghegelianern gebildet, jenen radikal gesonnenen Männern, die an Hegels Philosophie anknüpften, sie kritisierten und von ihr zu einer revolutionären Gesellschaftslehre weiterschritten. Auch Marx und Engels fühlten sich ihnen eng verbunden und nahmen von hier aus den Weg zur Schaffung der materialistischen Geschichtsauffassung. Der einzigartige Sammelband dokumentiert die Entwicklungsetappen dieser schnellebigen Bewegung (1835–1843) und stellt die wichtigsten ihrer Vertreter in Text- und Briefauswahl vor: Strauß, Feuerbach, B. Ruge und E. Bauer, Köppen, Fleischer, Stirner, Nauwerk.